Eine Arbeitsgemeinschaft der Verlage

Böhlau Verlag · Köln · Weimar · Wien
Verlag Barbara Budrich · Opladen · Farmington Hills
facultas.wuv · Wien
Wilhelm Fink · München
A. Francke Verlag · Tübingen und Basel
Haupt Verlag · Bern · Stuttgart · Wien
Julius Klinkhardt Verlagsbuchhandlung · Bad Heilbrunn
Lucius & Lucius Verlagsgesellschaft · Stuttgart
Mohr Siebeck · Tübingen
Orell Füssli Verlag · Zürich
Ernst Reinhardt Verlag · München · Basel
Ferdinand Schöningh · Paderborn · München · Wien · Zürich
Eugen Ulmer Verlag · Stuttgart
UVK Verlagsgesellschaft · Konstanz
Vandenhoeck & Ruprecht · Göttingen
vdf Hochschulverlag AG an der ETH Zürich

JÜRGEN PESCH

Marketing

2., überarbeitete Auflage

UVK Verlagsgesellschaft

Zum Autor:
Dipl.-Ökonom Jürgen Pesch ist Freier Dozent und pädagogischer Leiter beim Bildungswerk der Essener Wirtschaft, Dozent der Verwaltungs- und Wirtschaftsakademie Essen sowie Mitglied im Prüfungsausschuss Fachkaufmann für Marketing der IHK Essen.

Bibliografische Information der Deutschen Bibliothek
Die Deutsche Bibliothek verzeichnet diese Publikation in der Deutschen Nationalbibliografie; detaillierte bibliografische Daten sind im Internet über http://dnb.ddb.de abrufbar.

ISBN 978-3-8252-2720-3

2., überarbeitete Auflage 2010
© UVK Verlagsgesellschaft mbH, Konstanz 2005

Einbandgestaltung und Grundlayout: Atelier Reichert, Stuttgart
Einbandmotiv: © Marcel Rolfes / PIXELIO
Satz: Claudia Wild, Konstanz
Druck und Bindung: fgb · freiburger graphische betriebe, Freiburg

UVK Verlagsgesellschaft mbH
Schützenstr. 24 · D-78462 Konstanz
Tel.: 07531-9053-0 · Fax: 07531-9053-98
www.uvk.de

Inhalt

Vorwort zur zweiten Auflage

Das Grundkonzept des Buches wurde beibehalten. Alle Kapitel sind überarbeitet, ergänzt und aktualisiert worden. Neu aufgenommen wurden Ausführungen zu den instrumentellen Ausprägungen des Marketing (= Marketingarten), zum internen Marketing und zum Marketing-Mix. Aspekte des Internet-Marketings wurden themenspezifisch zusätzlich eingearbeitet. Frau Birgitt Hornung und Frau Kerstin Kammann sage ich besten Dank für das Engagement und die vielfältige Unterstützung bei der Fertigstellung dieser Auflage. Frau Birgitt Hornung verdanke ich zahlreiche Anregungen und Vorschläge, Sachverhalte verständlicher zu formulieren.

Essen, im Dezember 2009 Jürgen Pesch

Vorwort zur ersten Auflage

Das vorliegende Buch gibt Studierenden und auch Praktikern einen kompakten Einblick in die Grundlagen des Marketing.

In der Aufbereitung des Stoffes geht das Buch einen besonderen Weg. Die zentralen Begriffe werden am Anfang eines jeden Abschnitts kurz definiert. Die wichtigsten Inhalte erscheinen zusammengefasst stichwortartig in einer Aufzählung. Merksätze am Ende der Abschnitte fassen die wichtigen Inhalte als Fazit kurz zusammen. Nach jedem Kapitel schließen sich Fragen zu jedem Kapitel an, die auf die wesentliche Inhalte des Kapitels abstellen. Es folgt eine Zusammenstellung von aktueller, vertiefender Grundlagenliteratur. Stichwortverzeichnis und Glossar erleichtern die Suche nach Begriffen. Musterklausuren und Musterlösungen bieten die Möglichkeit, den Wissensstand selbst zu überprüfen. Die Hinweise zur Bearbeitung von Prüfungsaufgaben geben wertvolle Tipps für den „Ernstfall" der Prüfungsklausur.

Besten Dank sage ich Frau Erika Weber für die vielfältigen technischen Hilfen, für die Erstellung der Abbildungen und für das Anlegen des Stichwortverzeichnisses. Zusätzlich gebührt ihr ein kollegialer Dank für die zahlreichen inhaltlichen Diskussionen.

Bochum, im Herbst 2005 Jürgen Pesch

Grundbegriffe des Marketing | 1

Marketing-Definitionen

Marketing als Philosophie	Marketing als Management	Marketing als Funktion
ist	ist	ist
▶ Kundenorientierung ▶ Konkurrenz-orientierung ▶ Umfeldorientierung und somit Orientierung am Markt	▶ die Gestaltung systematischer Entschei-dungsprozesse, die sich am Kunden orientieren	▶ Planung, Organisation, Durchführung, Koordination und Kontrolle aller Maß-nahmen, die den Markt betreffen

Begriff des Marketing | 1.1

Für den Begriff des Marketings haben sich unterschiedliche Definitions-richtungen herausgebildet. Marketing als Bündel von marktgerichteten Aktivitäten stellt den Marketing-Mix mit den Marketing-Instrumenten Produktpolitik, Preispolitik, Kommunikationspolitik und Vertriebspoli-tik in den Mittelpunkt. Ein weiterer Definitionsansatz versteht die Kun-denbeziehungen als Kern des Marketings. Ein dritter Ansatz sieht Marke-ting vorrangig als marktorientierte Unternehmensführung.

Die folgende Erläuterung des Marketing-Begriffs versucht, alle drei Definitionsrichtungen zu berücksichtigen. Es werden drei Aspekte des Marketing-Begriffs unterschieden:

1 Marketing als Philosophie
2 Marketing als Funktion im Unternehmen
3 Marketing als Managementaufgabe (= Führungskonzeption)

Marketing als Philosophie ist die Leitidee einer markt- und kundenorientier-ten Unternehmensführung. Die Philosophie der konsequenten Ausrich-tung des gesamten Unternehmens nach den **Bedürfnissen des Marktes** ist in den **Unternehmensgrundsätzen** verankert. Marktorientierung bedeutet neben **Kundenorientierung** aller Unternehmensbereiche auch **Konkurrenzorientierung** durch die Erzielung von langfristigen Wettbewerbsvorteilen. Voraussetzung für eine marktorientierte Unternehmensführung ist eine planmäßige und systematische Marketing-Forschung. **Marketing als Funktion** im Unternehmen übernimmt die **Planung**, **Organisation**, **Durchführung**, **Koordination** und **Kontrolle** aller auf die aktuellen und potenziellen Märkte ausgerichteten Maßnahmen des Unternehmens. Dabei sind strategische und operative Maßnahmen zu unterscheiden. Strategisches Marketing legt fest, auf welchen „Wegen" das Unternehmen langfristig die gesetzten Ziele erreichen will. Operatives Marketing ist die mittel- und kurzfristige systematische Marktgestaltung und Marktbeeinflussung durch den Einsatz der Marketing-Instrumente Produktpolitik, Preispolitik, Kommunikationspolitik und Vertriebspolitik (= Marketing-Mix). **Marketing als Managementaufgabe** verlangt systematische Planungs-, Organisations- und Entscheidungsprozesse. Die Kernprozesse des Unternehmens sind kundenorientiert gestaltet. Die Kundenorientierung aller Mitarbeiter des Unternehmens wird begleitet durch konzeptionelles, zielorientiertes und zukunftsorientiertes Denken und Handeln. Die Koordination und Organisation des Unternehmensverhaltens wird durch eine Unternehmens- und Marketing-Konzeption erreicht. Die **Marketing-Konzeption** → Glossar enthält nach einer internen und externen Situationsanalyse Aussagen zur Zielsetzung, zur strategischen Ausrichtung, zum operativen Marketing und zum Marketing-Controlling. Die **Marketing-Organisation** enthält alle struktur- und prozessbezogenen Regelungen, die zur Erfüllung der Aufgaben des Marketing-Managements erforderlich sind. Die Marketing-Organisation gewährleistet durch die Koordination aller marktorientierten Maßnahmen ein integriertes Marketing, das Synergieeffekte anstrebt.

Aspekte des Marketing-Begriffs

1.2 | Entwicklung des Marketing

Der Marketing-Begriff hat sich mit der Entwicklung der Märkte verändert. Es lassen sich folgende Phasen unterscheiden:
- Produktionsorientierung
- Verkaufsorientierung
- Marktorientierung
- Wettbewerbsorientierung
- Umfeldorientierung

In der **Phase der Produktionsorientierung** kam es darauf an, möglichst kostengünstig zu produzieren. Der Nachfrageüberhang (= **Verkäufermarkt** → Glossar) machte keine besonderen Verkaufsanstrengungen notwendig. Die Unternehmen versuchten, gute Produkte auf den Markt zu bringen und die Grundbedürfnisse der Kunden zu befriedigen. Die **Phase der Verkaufsorientierung** war geprägt durch zunehmende Konkurrenz und durch die Erweiterung des Produktangebotes. Der Nachfrageüberhang wandelte sich langsam zum Angebotsüberhang (= **Käufermarkt** → Glossar). Wichtig wurde der Aufbau eines effizienten Vertriebs. Die **Phase der Marktorientierung** war gekennzeichnet durch eine allgemeine Marktsättigung. Die Situation des Käufermarktes führte zu einer differenzierten Marktbearbeitung. Durch **Marktsegmentierung** → vgl. S. 97, 113 und Produktdifferenzierung wurde versucht, die unterschiedlichen Kundenwünsche und Kundenbedürfnisse zu berücksichtigen. Durch den zunehmenden Wettbewerb wurde es wichtig, sich gegenüber der Konkurrenz abzugrenzen. In der **Phase der Wettbewerbsorientierung** stand der Aufbau von wahrnehmbaren, bedeutsamen und dauerhaften Wettbewerbsvorteilen im Mittelpunkt. In der **Phase der Umfeldorientierung** wurde verstärkt den ökologischen, politischen, technologischen und gesellschaftlichen Veränderungen Rechnung getragen.

Entwicklungsphasen des Marketings

Merksatz

In den verschiedenen Entwicklungsphasen des Marketings waren Märkte, Kundenbedürfnisse, Wettbewerbssituationen und Umfeldbedingungen höchst unterschiedlich. Die Erscheinungsformen des Marketings in diesen Phasen zeigen deshalb situationsgerechte Zielsetzungen, Strategien und Maßnahmen. Die Ausprägungen des Marketings sind abhängig von den Strukturen der Märkte.

Markt, Marktstrukturen, Abgrenzung von Märkten | 1.3

Der **Markt** → Glossar ist der Ort des Zusammentreffens von Angebot und **Nachfrage** → Glossar. Das Zusammentreffen kann an einem realen Ort (z. B. Supermarkt) oder an einem virtuellen Ort (z. B. Telefon, Internet) geschehen. Durch das Zusammentreffen von Angebot und Nachfrage bildet sich der Preis. Das Handeln auf den Märkten wird durch eine Vielzahl von Marktteilnehmern bestimmt, die ein komplexes Beziehungsgefüge bilden. Marktteilnehmer sind z. B. Hersteller, Dienstleistungsunternehmen, Vertriebspartner (z. B. Großhandel und Einzelhandel als Absatzmittler), Konsumenten, Investoren, Interessenvertretungen und staatliche Institutionen. Die Marktteilnehmer lassen sich in eine Anbieter- und Nachrageseite einteilen. Nachfrager (= Käufer) kaufen Produkte, um ihre Bedürfnisse und den daraus abgeleiteten **Bedarf** → Glossar zu befriedigen. **Bedürfnis** → Glossar ist das subjektive Gefühl eines Mangels. Damit verbunden ist der Wunsch, diesen Mangel zu beseitigen. Bei latenten Bedürfnissen ist dieser Wunsch noch nicht vorhanden. Bedarf beschreibt den Teil der Bedürfnisse, der durch Kaufkraft gedeckt werden kann. Nachfrage entsteht, wenn die Produkte auf dem Markt nachgefragt werden. Ein Produkt ist ein Bündel von Eigenschaften (= Merkmale, Teil-Qualitäten), das bestimmte Bedürfnisse befriedigt.

Marktstrukturen lassen sich durch die Marktteilnehmer beschreiben und durch die folgenden **Marktgrößen** (Kenngrößen):

- Marktpotenzial
- Absatzpotenzial
- Marktvolumen
- Absatzvolumen
- Marktanteil
- Relativer Marktanteil
- Marktsättigung

Marktgrößen   Das **Marktpotenzial** → Glossar beschreibt die unter optimalen Bedingungen maximal mögliche Absatzmenge eines Produkts. Dabei wird angenommen, dass alle möglichen Käufer mit der notwendigen **Kaufkraft** → Glossar ausgestattet sind und andere Umstände keine Kaufschwellen darstellen. Das Marktpotenzial spiegelt den Bedarf nach einem Produkt wider, der von den Anbietern gedeckt werden könnte. Das **Absatzpotenzial** → Glossar gibt den Anteil am Marktpotenzial an, den ein Unternehmen maximal unter bestmöglichen Bedingungen für sich erreichen zu können glaubt. Das Absatzpotenzial enthält das eigene **Absatzvolumen** → Glossar, den Anteil vom Marktvolumen, der von den Wettbewerbern erkämpft werden könnte und einen Anteil am Marktpotenzial durch die Gewinnung potenzieller Kunden. Das **Marktvolumen** → Glossar ist das in einer Periode von allen Anbietern am Markt realisierte Absatzvolumen (= Absatzmengen) oder Umsatzvolumen (= mit Preisen bewerteter Absatz). Auf der Grundlage des Marktvolumens werden die Marktanteile berechnet. Der **Marktanteil** → Glossar eines Unternehmens ist der prozentuale Anteil des Absatzes (= mengenmäßiger Marktanteil) oder Umsatzes (= wertmäßiger Marktanteil) eines Unternehmens am Marktvolumen eines Marktes. Der **Relative Marktanteil** → Glossar ist der Marktanteil des Unternehmens bezogen auf den Marktanteil des stärksten Wettbewerbers. Der Marktanteil und der relative Marktanteil sind wichtige Zielgrößen. **Marktsättigung**

→ Glossar liegt vor, wenn das Marktpotenzial weitgehend ausgeschöpft ist. Das Marktpotenzial entspricht dann annähernd dem bisherigen Marktvolumen. Ein Marktwachstum ist nicht mehr möglich. Es dominiert der Ersatzbedarf. Marktanteilsgewinne können nur auf Kosten des Wettbewerbs erzielt werden.

Merksatz

Markt und Marktstrukturen lassen sich durch Kenngrößen beschreiben. Kenngrößen sind Marktpotenzial, Absatzpotenzial, Marktvolumen, Marktanteil, relativer Marktanteil und Marktsättigung.

Für das Marketing ist es eine zentrale Frage, auf welchem Markt das Unternehmen seine Produkte anbieten will. Das Unternehmen legt den für seinen Marktauftritt **relevanten Markt** fest. Dies geschieht über die Marktabgrenzung. Die **Marktabgrenzung** → Glossar (= Marktstrukturierung, Marktaufspaltung) trennt Teilmärkte eines globalen Marktes nach zweckmäßigen Kriterien. Bei der Abgrenzung des relevanten Marktes können folgende Kriterien herangezogen werden:

Marktabgrenzung

- Anbieterorientierte Marktabgrenzung
- Produktorientierte Marktabgrenzung
- Nachfrageorientierte Marktabgrenzung
- Bedürfnisorientierte Marktabgrenzung
- Zeitorientierte Marktabgrenzung
- Raumorientierte Marktabgrenzung

Die **anbieterorientierte Marktabgrenzung** fasst eine bestimmte homogene Gruppe von Unternehmen einer Branche oder eines Wirtschaftssektors zusammen. Beispiele: Biermarkt, Chemiemarkt. Der Chemiemarkt wird von Chemieunternehmen bedient. Bei einer **produktorientierten Marktabgrenzung** erfolgt die Definition des Marktes über Produkte oder Produktgruppen. Beispiel: Fernreisen. Die **nachfrageorientierte Marktabgrenzung** bestimmt den Markt über Kunden und Kundengruppen. Beispiele: Markt für Privatkunden, Markt für Geschäftskunden. Die **bedürfnisorientierte Marktabgrenzung** definiert den Markt über spezifische Bedürfnisse oder Bedürfniskategorien. Beispiele: Markt für Weiterbildung, Markt für Unterhaltung. Die **zeitorientierte Marktabgrenzung** legt für den Marktauftritt bestimmte Zeiten fest. Beispiel: Saisonmärkte. Die **raumorientierte Marktabgrenzung** definiert den Markt über seine geographische Ausprägung. Beispiele: Vertretergebiete, regionale Märkte, Ländermärkte. In der Praxis werden meist mehrere Kriterien zur Marktabgrenzung herangezogen. Eine marketingorientierte Abgrenzung ist eine Abgrenzung über die Kriterien „Nachfrager" und „Bedürfnis".

Die Bestimmung des relevanten Marktes ist die Voraussetzung für die strategischen und taktischen Entscheidungen im Marketing. Der **Relevante Markt** → Glossar gibt das Betätigungsfeld für die **Marketing-Forschung** → Glossar vor. Durch die Marktstrukturierung werden **Marktlücken** → Glossar oder **Marktnischen** erkennbar. Marktlücken und Marktnischen beschreiben Marktbereiche (= Bedarf), die noch von keinem Unternehmen oder nur von wenigen Unternehmen bedient werden. Die Marktstrukturierung kann Hinweise für neue Produkte oder für die Veränderung von vorhandenen Produkten liefern. Mögliche Kannibalisierungen im eigenen Programm können erkannt werden. Nach der Marktabgrenzung erfolgt die **Marktsegmentierung** → vgl. S. 87.

Merksatz

Der Markt, auf dem das Unternehmen seine Produkte anbieten will, ist der relevante Markt des Unternehmens. Der relevante Markt wird durch die Marktabgrenzung bestimmt. Es werden sachliche (bezogen auf Anbieter, Produkte, Nachfrager und Bedürfnisse), räumliche und zeitliche Marktabgrenzungen unterschieden.

1.4 | Marketing-Arten

Infokasten

Marketing-Arten:
- → Konsumgüter-Marketing
- → Industriegüter-Marketing
- → Dienstleistungs-Marketing
- → Handels-Marketing
- → Non-Profit-Marketing
- → Internationales Marketing
- → Internet-Marketing

Die **Marketing-Definition** → vgl. Kap. 1.1, S. 9 kann durch spezielle Ausprägungen des Marketing (= Marketing-Bereiche, Marketing-Formen) auf unterschiedlichen Märkten ergänzt werden. Diese institutionellen Besonderheiten werden nun dargestellt.

Konsumgüter-Marketing

1.4.1

Definition

Konsumgüter-Marketing (= Business-to-Consumer-Marketing) ist Marketing für Produkte und Dienstleistungen, deren Nachfrager (= Käufer) private Personen (= Konsumenten) sind.

Konsumgütermärkte lassen sich gliedern in Märkte für Verbrauchsgüter, Gebrauchsgüter und Dienstleistungen. Eine andere Typologie unterscheidet zwischen Gütern des täglichen Bedarfs (= convenience goods oder fast moving consumer goods [= FMCG], z. B. Butter und Milch), langlebigen Konsumgütern (= shopping goods, z. B. Kleidung, Uhren) und Konsumgütern des gehobenen Bedarfs (= speciality goods, z. B. Häuser, Autos).

    B2C

    Zielgruppen des Hersteller-Marketings sind Konsumenten und Handelsunternehmen beim indirekten Vertrieb → vgl. Handelsmarketing, S. 18. Je nach Art der Konsumgüter ergeben sich unterschiedliche Kaufentscheidungsprozesse bei den Konsumenten → vgl. Kap. 3.5, S. 76. Die Dauer des Kaufprozesses ist kurz (= Produkte des täglichen Bedarfs) bis mittelfristig. Die Kaufentscheidung ist mehr emotional als rational geprägt. Kaufrisiken, Informationsbedürfnisse und **Involvement** → Glossar sind bei Konsumgütern des täglichen Bedarfs eher gering. Sie steigen mit der Langlebigkeit und der Wertigkeit der Konsumgüter entsprechend an. Entscheidungen für den Kauf von Konsumgütern werden meist von einer Person getroffen (= Individualentscheidungen). Entscheidungen zu Urlaubsreisen oder zum Autokauf sind oft auch kollektive Entscheidungen (= Familienentscheidungen, Haushaltsentscheidungen). Auf Konsumgütermärkten werden Massenprodukte angeboten. In der Kommunikationspolitik steht die Massenkommunikation (z. B. Werbung) im Vordergrund.

    Die 4 klassischen Marketing-Instrumente (= 4 P's) Produktpolitik (= product), Preispolitik (= price), Kommunikationspolitik (= promotions) und Vertriebspolitik (= place) haben ihren Ursprung im Konsumgüter-Marketing.

1.4.2 | Industriegüter-Marketing

Definition

Industriegüter-Marketing (= Business-to-Business-Marketing) ist Marketing für Produkte und Dienstleistungen, deren Nachfrager Wirtschaftsunternehmen oder Institutionen sind.

B2B　Auf Industriegütermärkten setzen die Käufer die gekauften Produkte und Dienstleistungen zur Erstellung von weiteren Produkten und Dienstleistungen ein. Die Nachfrage nach Produkten auf Industriegütermärkten ist abhängig von Absatzmöglichkeiten der Industrieunternehmen und damit eine abgeleitete (= derivative) Nachfrage.

Industriegüter können unterteilt werden in Rohstoffe (z. B. Zucker), Energie (z. B. Strom) und Produktionsgüter (z. B. Maschinen). Eine andere Gliederung unterscheidet Produktgeschäfte (z. B. Ersatzteile, Komponenten, Aggregate), Systemgeschäfte (z. B. EDV-Anlagen), Anlagengeschäfte (z. B. Kraftwerke) und Zuliefergeschäfte (z. B. Teile für die Automobilproduktion). Wird die Komplexität der Produkte betrachtet, können Commodies (= standardisierte Massenprodukte), Design-in-Produkte (= Produkte werden an die technischen Bedingungen der Kunden angepasst) und Customized Produkte (= maßgeschneiderte, kundenindividuelle Problemlösungen) unterschieden werden.

Durch die Art der Industriegüter werden die Kaufentscheidungsprozesse beeinflusst → vgl. Kap. 3.6, S. 78. Die Kaufprozesse im Industriegütermarketing sind unterschiedlich lang und komplex. Der Kauf von Büromaterial ist ein Routinekauf, während bei Anlagengeschäften der Kaufprozess mehrere Jahre dauern kann. Die Kaufprozesse auf Industriegütermärkten sind eher rational, aber auch emotional geprägt. Im Kaufprozess sind oft auf der Käuferseite (**Buying Center** → Glossar) und auf der Verkäuferseite (**Selling Team** → Glossar) mehrere Personen eingebunden. Im Marketing-Mix haben der direkte Vertrieb und damit der persönliche Verkauf eine große Bedeutung. Ebenso wichtig sind Kundendienst, Service und Garantieleistungen.

Dienstleistungs-Marketing | 1.4.3

Dienstleistungs-Marketing ist Marketing für selbstständige, marktfähige Leistungen, die mit der Bereitstellung oder dem Einsatz von Leistungsfähigkeiten verbunden sind.

Leistungsfähigkeiten werden durch personelle, sachliche und immaterielle Ressourcen bereitgestellt. Den Einsatz von Leistungsfähigkeiten erfahren Kunden z. B. durch Beratungsleistungen der Banken. Zu weiteren typischen Anbietern von Dienstleistungen zählen z. B. Hotels, Reisebüros, Frisöre und Krankenhäuser. Für Unternehmen, die wissens- und beratungsintensive Dienstleistungen anbieten (z. B. Unternehmens- und Marketing-Beratungen, Anwalts- und Wirtschaftskanzleien, IT-Unternehmen und Kommunikations- und Werbeagenturen), hat sich der Begriff Professional Service Firms (PSF) durchgesetzt.

4 P's plus 3 P's ergeben 7 P's

Im Dienstleistungs-Marketing werden die vier klassischen Marketing-Instrumente Produktpolitik, Preispolitik, Kommunikationspolitik und Vertriebspolitik (die vier klassischen P's Product, Price, Promotion und Place) um drei weitere Marketing-Instrumente erweitert:

- Personalpolitik (= Personnel)
- Ausstattungspolitik (= Physical Facilities)
- Prozesspolitik (= Process-Management).

Durch diese drei Marketing-Instrumente wird das kundenorientierte Marketing als Leitidee auch auf die internen Kunden übertragen → vgl. Kap. 4.7 Internes Marketing, S. 148. Die Qualität der Dienstleistungen hängt ganz entscheidend von den Leistungsfähigkeiten der Mitarbeiter ab. Die Aufrechterhaltung und die kontinuierliche Verbesserung des Leistungspotenzials der Mitarbeiter ist deshalb eine wesentliche Aufgabe des internen Marketings. Durch die Integration des externen Faktors (= der Kunde bringt sich ein) haben Maßnahmen des internen Marketing einen direkten Einfluss auf das Verhalten (z. B. Kaufverhalten) des externen Kunden. Internes Marketing ist auch deshalb wichtig, da aufgrund der Immaterialität der Dienstleistung oft die Leistung des Mitarbeiters als Ersatz für die eigentliche Dienstleistung angesehen wird. Die Immaterialität der Dienstleistung bedingt die Notwendigkeit der Materialisierung der Leistungspotenziale. Dies geschieht durch das Erscheinungsbild des Personals und durch die Räumlichkeiten und die Ausstattung des Dienstleistungsunternehmens. Die Prozesspolitik bezieht sich auf alle kundenorientierten Prozesse → vgl. Kap. 4.5.6, S. 138 und die Integration des externen Faktors in Form von Objekten (z. B. Auto in der Werkstatt) oder Subjekten (z. B. Patient in der Arztpraxis) in den Dienstleistungserstellungsprozess.

1.4.4 Handels-Marketing

Definition

Handels-Marketing ist das Marketing von Handelsunternehmen. Handelsunternehmen sind Institutionen, die Handel in funktionellem Sinn betreiben. Handel im funktionellen Sinn liegt vor, wenn Unternehmen Güter, die sie in der Regel nicht selbst bearbeiten oder verarbeiten (= Handelsware), von anderen Unternehmen beschaffen und an Dritte verkaufen.

Infokasten

Idealtypische Eigenschaften von Handelsunternehmen sind
→ der Handel mit beweglichen Gütern (= Waren)
→ die Übernahme des Preisrisikos
→ die Autonomie (= das Handelsunternehmen ist nicht der ausgelagerte Vertrieb eines Herstellers).
Es gibt zahlreiche weitere Merkmale von Handelsunternehmen, z. B. Standort, Wirtschaftsstufe (Einzelhandel, Großhandel) und die Betriebsformen → vgl. Kap. 9.3 Vertriebswege, S. 261. Die Betriebsform ist das durch den Einsatz und die Kombination der Marketing-Instrumente geprägte Erscheinungsbild des Handelsunternehmens in seinem Markt.
Handels-Marketing ist gekennzeichnet durch – je nach Betriebsform – unterschiedliche Kombinationen von Marketing-Instrumenten mit besonderen Schwerpunkten innerhalb der **Marketing-Instrumente**:
→ Sortimentspolitik (z. B. Sortimentsbreite, Sortimentstiefe, Verhältnis Herstellermarken zu Handelsmarken, **Category Management** → Glossar)
→ Personalpolitik (z. B. Anzahl und Qualifikation des Verkaufspersonals, Art und Umfang der Beratung, Mitarbeiter-Motivation, Steuerung von Verkaufsgesprächen)
→ Standortpolitik (z. B. Entscheidungen über Standortlagen)
→ Kommunikationspolitik (z. B. Handzettel, Zeitungsbeilagen, Gestaltung von Katalogen, Web-Seiten und Schaufenstern)
→ Preispolitik (z. B. Preislage, Rabatte, Sonderangebote)

→ Verkaufsraumpolitik (z. B. Ladengestaltung und Ausstattung, Größe der Verkaufsfläche).

Durch den Einsatz der Marketing-Instrumente soll die Vertriebsleistung des Handelsunternehmens effizienter erbracht werden als in anderen Vertriebsformen (→ vgl. Kap. 9.5, S. 276; **Efficient Consumer Response** → Glossar, **Category Management** → Glossar).

Non-Profit-Marketing | 1.4.5

Definition

Non-Profit-Marketing ist das Marketing für nicht-kommerzielle Leistungen.

Die Non-Profit-Organisationen (= NPO) unterscheiden sich durch ihre Austauschbeziehungen und ihre Aufgaben und Ziele. Austauschprozesse beziehen sich meist auf Sachgüter, Dienstleistungen, Informationen, Nutzungsrechte und Geld. Bedarfsdeckung und Bedürfnisbefriedigung sind oft qualitative Oberziele der NPO (z. B. bedarfsgerechte Altenbetreuung). Quantitative ökonomische Unterziele können z. B. Gewinnung und Sicherung von nicht-monetären und monetären Ressourcen sein (z. B. unentgeltliche Leistungen Dritter, Spenden, Einnahmen aus Leistungen und Sponsoring [**Fundraising** → Glossar], Subventionen, Kostenziele, Deckungsquoten). Es gibt eine Vielzahl von Mischformen zwischen Profit-Unternehmen und Non-Profit-Unternehmen.

Es lassen sich staatliche und private NPO unterscheiden. Die staatlichen NPO erfüllen öffentliche Aufgaben und erbringen Leistungen für den Bürger (z. B. Stadtverwaltungen, Krankenhäuser, Schulen, Theater, Museen).

Staatliche und private NPO

Infokasten

Private NPO sind
→ wirtschaftliche NPO (z. B. Wirtschaftsverbände, Arbeitnehmerorganisationen, Verbände, Genossenschaften). Die Aufgabe liegt in der Förderung der wirtschaftlichen Interessen der Mitglieder.
→ soziokulturelle NPO (z. B. Vereine, Kirchen). Die Aufgaben liegen in der Planung und Durchführung von Veranstaltungen, die im gesellschaftlichen Interesse der Mitglieder liegen.

→ politische NPO (z. B. Parteien, Umweltschutzorganisationen). Die Aufgaben liegen in der Durchsetzung politischer und ideeller Wertvorstellungen.

→ karitative NPO (z. B. Hilfsorganisationen für alte, behinderte und kranke Menschen, Organisationen der Entwicklungshilfe, Selbsthilfegruppen).

In Abhängigkeit von den aus den Oberzielen der NPO abgeleiteten Marketing-Zielen lassen sich alle klassischen Marketing-Instrumente einsetzen. Werden von der NPO Dienstleistungen erbracht, erweitern sich die klassischen (externen) Marketing-Instrumente um die internen Marketing-Instrumente → vgl. Kap. 1.4.3 Dienstleistungsmarketing, S. 17.

1.4.6 Internationales Marketing

Definition

Internationales Marketing ist Marketing auf mehreren Ländermärkten. Die Interdependenzen zwischen den Märkten erfordern eine Koordination des Marketing auf Heimat- und Auslandsmärkten.

Internationales Marketing ist gegenüber dem klassischen Marketing gekennzeichnet durch einen höheren Informationsbedarf, durch eine größere Komplexität und durch ein erhöhtes Risiko. Marketing auf Auslandsmärkten ist geprägt durch unterschiedliche ökonomische, politische, rechtliche, kulturelle und ökologische Rahmenbedingungen. Durch die zunehmende **Globalisierung** → Glossar hat die Bedeutung des internationalen Marketings zugenommen.

Marketingstrategien Internationales Marketing kann in folgenden Internationalisierungsformen auftreten:

● Export
● Lizenzvergabe
● Franchising
● Vertragsfertigung
● Strategische Allianz
● Joint Venture
● Auslandsniederlassung
● Produktionsbetrieb
● Tochtergesellschaft

Beim **Export-Marketing** produziert ein nationales Unternehmen im Inland und vermarktet die Produkte über direkte oder indirekte Exportstrategien im Ausland (= ethnozentrisches Marketing). **Indirekter Export** ist der Verkauf an Unternehmen im Inland (= Exporteure), die den Verkauf der Produkte im Ausland übernehmen. **Direkter Export** ist der Verkauf der Produkte über eine eigene Verkaufsorganisation direkt in das Ausland. Bei der **Lizenzvergabe** vergibt ein inländisches Unternehmen (= Lizenzgeber) an ein ausländisches Unternehmen (= Lizenznehmer) die Nutzung immaterieller Vermögenswerte gegen Entgelt für ein bestimmtes Gebiet und für einen festgelegten Zeitraum. Immaterielle Vermögenswerte können Patente, Gebrauchs- und Geschmacksmuster, Warenzeichen, Urheberrechte und Know-how sein. **Franchising** → Glossar kann als Sonderform der Lizenzvergabe betrachtet werden. Beim Franchising wird jedoch durch den Franchise-Nehmer mehr Kapital eingesetzt und meist ist auch eine höhere Management-Leistung notwendig. Der Franchise-Geber hat zwar höhere Kontrollkosten, jedoch auch einen stärkeren Einfluss auf die Unternehmenspolitik des Franchise-Nehmers. Bei der **Vertragsfertigung** überträgt ein inländisches Unternehmen einzelne oder mehrere Fertigungsstufen auf ein ausländisches Unternehmen. Die Produkte müssen dabei nicht im Ausland abgesetzt werden. Eine **Strategische Allianz** ist eine Kooperationsform von mindestens zwei Partnern, die beide rechtlich selbständig bleiben. Das Ziel ist die Bündelung von Kernkompetenzen. Ein **Joint Venture** ist ein gemeinsames Unternehmen zweier oder mehrerer Partner mit eigener Rechtspersönlichkeit. Durch Direktinvestitionen erhöhen sich Kapitaleinsatz und Management-Leistung gegenüber Export und Lizenzvergabe. Der Kapitalbedarf liegt jedoch meist unter dem für einen eigenen Produktionsbetrieb oder einer Tochtergesellschaft. Während bei einer **Auslandsniederlassung** meist nur eine **Verkaufsniederlassung** entsteht, wird beim **Produktionsbetrieb** die Fertigung im Ausland vorgenommen. Die **Tochtergesellschaft** ist im Hinblick auf den Kapitaleinsatz und die Management-Leistungen die intensivste Internationalisierungsform. Die Tochtergesellschaft ist rechtlich selbständig, trägt das gesamte politische und wirtschaftliche Risiko und haftet mit dem im Ausland investierten Kapital. Das **multinationale Marketing** ist gekennzeichnet durch mehrere Tochterunternehmen im Ausland (= polyzentrisches Marketing) mit differenzierter Marktbearbeitung. **Global-Marketing** ist weltweites und weitgehend standardisiertes Marketing (= geozentrisches Marketing).

Markteintrittsstrategien

1.4.7 | Internet-Marketing

Definition

Internet-Marketing ist der Einsatz der Marketing-Instrumente im Internet.

Die Bedeutung des Internets als digitales und interaktives Medium hat für das Marketing in der letzten Zeit stark zugenommen. Die Besonderheiten des Internets liegen in folgenden Punkten: Die Initiative für die Informationssuche, für Kontakte und für Kaufabschlüsse geht meist vom Kunden aus (= Market-Pull-Prinzip). Die Nachfragemacht des Kunden wird durch Markttransparenz und vielfältige Wahlmöglichkeiten gestärkt (= Customer Empowerment). Durch die Interaktivität kommt es zu einem kundenindividuellen Marketing (= One-to-one-Marketing). Die Reichweite des Internets erleichtert die internationale und globale Präsenz. Der Vorteil für das Marketing liegt in den zahlreichen multimedialen Gestaltungsformen (= Audio, Video, Text, Bild und Grafik). Ein Marketing-Problem liegt darin, die Aufmerksamkeit und die Wahrnehmung der Internetnutzer auf das Leistungsangebot des Unternehmens zu lenken. Durch das Internet lassen sich in vielen Fällen Zeitvorteile und Kostenvorteile erzielen. Internet-Produkte zeichnen sich durch einen hohen Fixkostenanteil und durch geringe variable Stückkosten aus.

Internationale und globale Präsenz

Wesentliche Aufgaben liegen in der Integration des Internets in die Wertschöpfungskette des Unternehmens und in der Verzahnung mit den klassischen Marketing-Instrumenten.

Ein wesentliches Instrument des Internet-Marketings ist die Homepage. Die Homepage enthält die Leistungspräsentation des Unternehmens sowie relevante interaktive Inhalte (= Content) und Links, um Kunden zu gewinnen und zu halten. Die Erleichterung des Dialogs zwischen den Kunden wird zur Kundenbindung und Kundenzufriedenheit beitragen. Das Internet kann alle Marketing-Instrumente im Marketing-Mix unterstützen. In der Produktpolitik können Produkteigenschaften, z. B. Kundendienst und Service, verändert werden (Produktdifferenzierung). Ein höherer Bekanntheitsgrad wird den Markenwert der Produkte verbessern. Durch das Internet entstehen neue Produkte (z. B. **Informationsprodukte**). In der Kommunikationspolitik erleichtert es die Interaktion innerhalb und außerhalb des Unternehmens. Innerhalb des Unternehmens ist das **Intranet** als Instrument des internen Marketings → vgl. Kap. 4.7 Internes Marketing, S. 148 ein Netzwerk, das allen Mitarbeitern den Zugriff auf unternehmensinterne Informationen erlaubt. Das **Extranet** ist die Erweiterung des Intranets um Zugriffsmöglichkeiten von Kunden und Geschäftspartnern (= Stakeholdern wie z. B. Lieferanten, Händler, Agenturen). Neue Formen der Kommunikation sind z. B. E-Mail-Werbung, Banner-Werbung und Werbung in Suchmaschinen. **Virales Marketing** tritt auf, die Internetform der klassischen „Mundpropaganda". Das Internet kann als neuer Vertriebsweg (**E-Commerce** → Glossar**, Multi-Channel-Strategie** → Glossar) internationale Märkte und Zielgruppen erschließen. In der Preispolitik werden durch den neuen Vertriebsweg z. B. Preisreduzierung und Preisdifferenzierung möglich. Die Preispolitik im Internet ist geprägt durch eine hohe Preistransparenz. Die **Online-Marketing-Forschung** erlaubt einen schnellen und kostengünstigen Zugriff auf primäre und sekundäre Marktdaten.

Merksatz

Durch die vielen unterstützenden Marketing-Funktionen übernimmt das Internet-Marketing eine integrative Querschnittsfunktion im Marketing-Mix.

Kontrollfragen

1 Erläutern Sie die Rolle des Marketings im Unternehmen. Nehmen Sie dabei Bezug auf die Definition des Marketings.

2 Für die Entwicklung des Marketings war der Übergang von Verkäufermärkten zu Käufermärkten eine entscheidende Phase. Beschreiben Sie die unterschiedlichen Marktsituationen auf Verkäufermärkten und Käufermärkten.

3 Marktanteil und relativer Marktanteil sind wichtige Kenngrößen zur Beschreibung einer Marktsituation. Definieren Sie diese Kenngrößen. Welche unterschiedliche Aussagekraft kommt diesen Kenngrößen zu?

4 Zeigen Sie auf, welche Bedeutung die Bestimmung des relevanten Marktes für das Marketing hat.

Literatur

Backhaus, K./**Buschken**, J./**Voeth**, M. [2003]: Internationales Marketing, 5. Aufl. Stuttgart
Backhaus, K./**Voeth**, M. [2007]: Industriegütermarketing, 8. Aufl., München
Bruhn, M. [2005]: Marketing für Nonprofit-Organisationen, Stuttgart

Bruhn, M. [2008]: Relationship Marketing, 2. Aufl., München
Bruhn, M./**Homburg**, C. (Hrsg.) [2004]: Gabler Lexikon Marketing, 2. Aufl., München
Bruhn, M./**Homburg**, C. (Hrsg.) [2003]: Handbuch Kundenbindungsmanagement, Wiesbaden
Bruhn, M./**Meffert**, H. (Hrsg.) [2001]: Handbuch Dienstleistungsmanagement, Wiesbaden
Chaffey, D./**Mayer**, R./**Johnston**, K./**Ellis-Chadwick**, F. [2001]: Internet-Marketing, München
Diller, H. [2007]: Grundprinzipien des Marketing, 2. Aufl., München
Esch, E. R./**Herrmann**, A./**Sattler**, H. [2008]: Marketing, 2. Aufl., München
Freter, H. [2004]: Marketing, Die Einführung mit Übungen, München
Fritz, W./**von der Oelnitz**, D. [2006]: Marketing, 4. Aufl., Stuttgart
Haller, S. [2005]: Dienstleistungsmanagement, 3. Aufl., Wiesbaden
Haller, S. [2001]: Handelsmarketing, 2. Aufl., Ludwigshafen
Hermanns, A./**Kindl**, S./**van Overloop**, P. [2007]: Marketing, München
Hünerberg, R. [2003]: Marketing, 2. Aufl., München
Kleinaltenkamp, M./**Hellwig**, Andrea [2007]: Business- und Dienstleistungsmarketing, Stuttgart
Kollmann, T. [2007]: Online-Marketing, Stuttgart
Kotler, P./**Armstrong**, G./**Saunders**, J./**Wong**, V. [2007]: Grundlagen des Marketing, 4. Aufl., München
Kotler, P./**Keller**, K.L./**Bliemel**, F. [2007]: Marketing-Management, 12. Aufl., München
Kuhlmann, C. [2004]: Grundlagen des Marketing, München
Kreutzer, R. T. [2006]: Praxisorientiertes Marketing, Wiesbaden
Liebmann, H.-P./**Zentes**, J./**Swoboda**, B. [2008]: Handelsmanagement, 2. Aufl., München
Meckl, R. [2006]: Internationales Management, München
Meffert, H./**Burmann**, C./**Kirchgeorg**, M. [2008]: Marketing, 10. Aufl., Wiesbaden
Meier, A./**Stormer**, H. [2008]: E-Business und E-Commerce, 2. Aufl., Berlin
Müller, S./**Gelbrich**, K. [2004]: Interkulturelles Marketing, München
Müller-Hagedorn, L. [2005]: Handelsmarketing, 4. Aufl., Stuttgart
Müller-Hagedorn, L./**Schuckel**, M. [2003]: Einführung in das Marketing, 3. Aufl., Stuttgart
Nieschlag, R./**Dichtl**, E./**Hörschgen**, H. [2002]: Marketing, 19. Aufl., Berlin/München
Oehme, W. [2001]: Handelsmarketing, 3. Aufl., München
Pepels, W. [2004]: Marketing, 4. Aufl., München
Ramme, I. [2004]: Marketing, 2. Aufl., Stuttgart
Scharf, A./**Schubert**, B. [2001]: Marketing, 3. Aufl., Stuttgart
Steffenhagen, H. [2008]: Marketing, 6. Aufl., Stuttgart
Weis, H.-C. [2007]: Marketing, 14. Aufl., Ludwigshafen
Wolf, V. [2007]: E-Marketing, München
Zentes, J./**Swoboda**, B. [2001]: Grundbegriffe des Marketing, 5. Aufl., Stuttgart
Zentes, J./**Swoboda**, B./**Schramm-Klein**, H. [2006]: Internationales Marketing, München
Zerres, M./**Zerres**, C. [2006]: Marketing, 2. Aufl., Stuttgart

Marketing-Forschung | 2

Begriff und Aufgaben der Marketing-Forschung | 2.1

Definition

Marketing-Forschung (= Absatzforschung) ist die Sammlung, Aufbereitung, Analyse und Interpretation von Informationen, die für Marketing-Entscheidungen benötigt werden.

Die **Marketing-Forschung** → Glossar beschäftigt sich mit externen Informationen über den Absatzmarkt des Unternehmens und mit unternehmensinternen Informationen zur Lösung von Marketing-Problemen.

Der Begriff **Marktforschung** bezieht sich neben der Analyse des Absatzmarktes auch auf die Beschaffungsmärkte (z. B. Geld- und Kapitalmarkt, Arbeitsmarkt, Rohstoffmarkt, Energiemarkt). Die Begriffe **Markterkundung** und **Absatzerkundung** werden für zufällige und eher gelegentliche Analysen des Marktes verwendet.

Marketing-Forschung stellt Informationen für die Marketing-Planung und die Marketing-Kontrolle bereit. **Externe Informationen** über den Markt (z. B. Marktpotenzial, Marktvolumen, Marktanteil), über Kunden (z. B. über das Kaufverhalten), potenzielle Kunden, Konkurrenten (z. B. Anzahl und Stärke), Marktpartner (z. B. den Handel), gesamtwirtschaftliche Daten, technische und rechtliche Entwicklungen usw. gehen in eine Markt- und Umweltanalyse ein. Gegenstand der unternehmensinternen Marketing-Forschung ist die Untersuchung der Wirkungen der Marketing-Instrumente (= Produktforschung, Kommunikationsforschung, Preisforschung und Vertriebsforschung) und die Erforschung marketingrelevanter Unternehmenstatbestände (z. B. Absatz- und Umsatzstatistiken, Vertriebskostenanalysen, Lagerhaltung, Kapazitäten). **Interne Informationen** über Anfragen, Aufträge, Absatz, Umsatz, Reklamationen, Kosten usw. gehen in eine Unternehmensanalyse ein, die Stärken und Schwächen des Unternehmens aufzeigen soll. Die Auswertung dieser internen und externen Informationen beschreibt die Marketing-Situation des Un-

Marketing-Forschung

Marktforschung

ternehmens. Aus der Analyse der Marketing-Situation sind Ziele, Strategien und der Einsatz der Marketing-Instrumente zu planen. Die Marketing-Kontrolle stellt Informationen über die Zielerreichung (kurz-, mittel- und langfristige Ziele) der Marketing-Strategien und Marketing-Maßnahmen zur Verfügung.

Datenmessung

An die durch die Marketing-Forschung gewonnen Informationen sind folgende Anforderungen zu stellen:

- relevant
- vollständig
- zuverlässig
- gültig
- aktuell

Consumer Insights: Wissen über Kunden, deren Präferenzen und Kaufverhalten

Informationen müssen **relevant** sein. Relevante Informationen haben einen Bezug zur Zielsetzung und zum jeweiligen Entscheidungsproblem. Die Informationen sind **vollständig**, wenn alle sachlich notwendigen Informationen zur Lösung des Entscheidungsproblems vorhanden sind. Zu vermeiden sind Informationsüberschüsse, da sie Kosten verursachen und den Erhebungszeitraum unnötig verlängern. Die Genauigkeit von Informationen umfasst formale und materielle Aspekte. Die formale Genauigkeit bezieht sich auf die **Zuverlässigkeit** der Messung → vgl. Reliabilität, S. 53. Die materielle Genauigkeit bedeutet die **Gültigkeit** der Informationen → vgl. Validität, S. 53. Die Informationen müssen **aktuell** und rechtzeitig verfügbar sein. Die Informationsbeschaffung ist nur dann effizient, wenn die Informationen rechtzeitig zur Lösung des Entscheidungsproblems vorliegen und die aktuelle Situation wiedergeben. Kosten und Nutzen von Marketing-Informationen müssen gegeneinander abgewogen werden. Probleme treten bei der Schätzung des Informationsnutzes auf. Es gilt abzuschätzen, inwieweit durch weitere Informationen die Entscheidungen zu verbessern sind und zusätzliche Erträge entstehen.

Die Marketing-Forschung tritt in unterschiedlichen Erscheinungsformen auf:

- Demoskopische und ökoskopische Marketing-Forschung
- Marktanalyse und Marktbeobachtung
- Marktprognose
- Quantitative und qualitative Marketing-Forschung

Die **demoskopische Marketing-Forschung** ermittelt die mit den Marktteilnehmern unmittelbar verbundenen objektiven Tatbestände (z.B. Alter, Einkommen, Geschlecht, Beruf) und subjektiven Tatbestände (z.B. Einstellungen, Motive, Meinungen, Bedürfnisse). Die **ökoskopische Marketing-**

Forschung erhebt objektive Tatbestände wie z. B. Umsätze, Marktanteile. Die **Marktanalyse** → Glossar (= Querschnittsanalyse) stellt einmalig oder in unregelmäßigen Abständen alle relevanten Informationen zu einem bestimmten Zeitpunkt über den Markt zusammen. Bei der **Marktbeobachtung** → Glossar (= **Längsschnittanalyse** → Glossar) steht die Analyse des Marktes im Zeitablauf im Vordergrund. Die **Marktprognose** → Glossar beschreibt, wie der Markt in der Zukunft aussehen könnte. Die **quantitative Marketing-Forschung** ermittelt numerische Werte über den Markt. Die **qualitative Marketing-Forschung** zeigt Motive (Beweggründe) für ein bestimmtes Marktverhalten auf und untersucht Erwartungen und Einstellungen.

Aufgabengebiete der Marketing-Forschung sind die Marktforschung (= Erforschung neuer Märkte), die Marketing-Kontrolle im Unternehmen, die Käufer-, Anwender- und Verwenderforschung, die Produktforschung, die Testmarktforschung, die Vertriebsforschung und die Kommunikationsforschung (= Wirkungsforschung).

Erscheinungsformen und Aufgaben der Marketing-Forschung

Die Marketing-Forschung hat u. a. die folgenden Aufgaben:
→ Marktrisiken, Marktprobleme und Marktchancen sollen frühzeitig erkannt und berechenbar gemacht werden.
→ Für die im Marketing notwendigen Entscheidungen wird mit relevanten Informationen für die Präzisierung und Objektivierung der Sachverhalte gesorgt.
→ Zusammenstellung der relevanten Marktdaten, Kundendaten und Konkurrenzdaten für Ziele, Strategien und Maßnahmen.
→ Bereitstellung von Kontrollinformationen für die Zielwerte.
→ Förderung des Verständnisses für die Zielvorgaben und die Lernprozesse im Unternehmen durch die Bereitstellung von Kontrollinformationen.

Die Marketing-Forschung liefert die Daten für die interne Situationsanalyse (= Stärken-Schwächen-Analyse) und die externe Situationsanalyse (= Chancen-Risiken-Analyse) → vgl. Abbildung 4.1, S. 82.

Die Aufgaben der Marketing-Forschung können intern **(= betriebliche Marketing-Forschung)** oder extern **(= Instituts-Marketing-Forschung)** wahrgenommen werden. Auch bei einer im Unternehmen vorhandenen Marketing-Forschungsabteilung stellt sich grundsätzlich die „make-or-buy"-Frage. Bei umfangreichen, laufenden und selbst durchführbaren Marktforschungsaufgaben ist es sinnvoll, eine Marktforschungsabteilung im Marketing-Bereich anzusiedeln. Ist der Umfang eher gering, kann eine Stabsstelle ausreichend sein. Die Vorteile der betrieblichen Marketing-Forschung liegen in den guten Produkt- und Marktkenntnissen der Entscheidungsträger und in der effizienten Koordination und Kontrolle der Marketing-Forschung. Nachteilig wirken sich begrenzte Methodenkenntnisse und Betriebsblindheit aus. Für die Instituts-Marketing-Forschung sprechen die größere Objektivität bei der Planung und Durchführung von Marktforschungsstudien, umfangreiche Methodenkenntnis und Projekterfahrung. Kosten entstehen nur bei Auftragsvergabe. Nachteilig können sich Kommunikationsprobleme zwischen Auftraggeber und Institut auswirken und fehlende Kenntnisse unternehmensspezifischer Tatbestände. Das Risiko von Indiskretionen ist nicht auszuschließen.

Infokasten

Der **Marketing-Forschungs-Prozess** (= Marktforschungsplan) lässt sich idealtypisch in mehrere aufeinander folgende Phasen einteilen:
→ Beschreibung des Marketing-Forschungsproblems
→ Entscheidung zur Eigen- oder Fremdforschung
→ Festlegung der Informationsquellen und der Erhebungsmethoden
→ Organisation, Durchführung und Kontrolle der Datenerhebung
→ Auswertung und Interpretation der gewonnenen Daten
→ Erstellung der Berichts- und Tabellenbände
→ Präsentation der Ergebnisse

Merksatz

Informationen über den Markt (= externe Informationen) und Informationen über marketingrelevante unternehmensinterne Tatbestände (= interne Informationen) bilden die Grundlage des Marketing-Handelns. Je besser diese Informationen sind, desto besser sind die Entscheidungen im Marketing.

Datenerhebung | 2.2

Sekundärforschung | 2.2.1

Sekundärforschung → Glossar **(= Sekundärerhebung, desk research) ist die Auswertung bereits vorhandener Daten. Die Daten der Sekundärforschung sind ursprünglich für andere Zwecke erhoben worden.**

Quellen für die Sekundärforschung sind betriebsinterne und betriebsexterne Daten. **Betriebsinterne Quellen** sind die Marketing-Statistik (Anfragen, Angebote, Aufträge, Absatz-, Umsatz- und Verkaufsstatistiken), das Beschwerdemanagement (= Reklamationsstatistik), Außendienstberichte, die Marketing-Kostenrechnung (z. B. Deckungsbeiträge pro Produkt, Kosten der Marketing-Maßnahmen) und Kunden-Datenbanken (→ vgl. Customer Relationship Management, S. 83, 89). **Betriebsexterne Quellen** sind z. B. Veröffentlichungen der Statistischen Landesämter und des Statistischen Bundesamtes, Berichte von Industrie- und Handelskammern und von Verbänden, Veröffentlichungen von Werbeträgern (z. B. von den Verlagen), Fachbücher und Fachzeitschriften, Forschungsergebnisse von Instituten, Preislisten, Kataloge, Prospekte von Wettbewerbern, Datenbanken (z. B. Adressdatenbanken, Länderdatenbanken) und Internet.

Die **Vorteile** der Sekundärforschung liegen in der schnellen und kostengünstigen Informationsbeschaffung. Die Daten der Sekundärforschung dienen der Unterstützung der Primärforschung. Die Sekundärforschung liefert oft genaue Daten (z. B. Daten aus der Kostenrechnung). Sie gibt einen schnellen Überblick über das Informationsproblem. **Nachteilig** wirkt sich meist aus, dass die Daten der Sekundärforschung nicht genau auf das Informationsproblem zugeschnitten sind. Nachteilig ist weiterhin, dass die Konkurrenz ebenfalls Zugriff auf diese Informationen hat. Es ist zu prüfen, ob die Daten der Sekundärforschung noch die notwendige Aktualität besitzen oder ob sie bereits veraltet sind.

Vorteile und Nachteile der Sekundärforschung

Daten der Sekundärforschung sind Basis-Informationen. Grundsätzlich sind bei jeder Informationsbeschaffung zunächst vorhandene Daten zu beschaffen und auszuwerten.

2.2.2 | Primärforschung

Primärforschung → Glossar (= **Primärerhebungen, field research**) ist die Beschaffung von Daten durch Befragungen und Beobachtungen.

Bei einer **Vollerhebung** → Glossar werden Daten über alle Einheiten der Grundgesamtheit erhoben. Die **Grundgesamtheit** → Glossar enthält alle Einheiten (z. B. Personen) auf die definierte Untersuchungskriterien zutreffen (z. B. alle Haushalte einer Stadt). Bei einer **Teilerhebung = Stichprobe** wird nur ein Teil der Einheiten betrachtet. Ziel der Stichprobenbildung ist es, repräsentative Aussagen über die Grundgesamtheit zu machen. Dies ist nur dann zulässig, wenn die Stichprobe möglichst genau die Verhältnisse der Grundgesamtheit widerspiegelt.

Inhalt der Primärforschung ist die Erhebung subjektiver Sachverhalte (z. B. Einstellungen, Meinungen, Motive, Präferenzen) und die Erhebung objektiver Sachverhalte (z. B. Kaufhandlungen, Käufergruppen). In der Primärforschung findet die Datenerhebung durch Befragung und **Beobachtung** → Glossar statt. Bei Experimenten, Tests und Panels werden Informationen aus Befragung und/oder Beobachtung genutzt.

Unterschiede zwischen quantitativer und qualitativer Marketingforschung

Methoden der Datengewinnung	
Quantitative Forschung	Qualitative Forschung
Das Informationsproblem ist bekannt und strukturiert. Es geht um Fakten und Zahlen. = möglichst wenig Subjektivität	Das Informationsproblem ist wenig bekannt und unstrukturiert. Es geht um Stimmungen, Motive, Trends und Einschätzungen. = Subjektivität ist die Basis
Quantitative Methoden	Qualitative Methoden
Befragungen Beobachtungen Panel Experiment Tests Regressionsanalyse Korrelationsanalyse Clusteranalyse	Explorationen Tiefeninterviews Gruppendiskussion Expertenbefragungen Delphi-Methode Szenario-Technik Online-Focus-Gruppen Projektionen Assoziationen

Auswahlverfahren | 2.3

| **Definition** |

Auswahlverfahren sind Verfahren zur Bildung von Stichproben. Eine Stichprobe (= Teilerhebung) ist eine Auswahl von Erhebungseinheiten (z. B. Personen, Unternehmen) aus einer Grundgesamtheit. Die Auswahl soll diese Grundgesamtheit möglichst gut repräsentieren.

Verfahren der Zufallsauswahl | 2.3.1

Es werden zufallsorientierte und nicht-zufallsorientierte Auswahlverfahren unterschieden:

Zufallsorientierte Auswahlverfahren (= random sampling)
- Einfache Zufallsauswahl
- Geschichtete Zufallsauswahl
- Klumpenauswahl
- Flächenauswahl
- Mehrstufige Zufallsauswahl
- Random-Route-Verfahren

Bei der **einfachen Zufallsauswahl** → Glossar müssen alle Einheiten der Grundgesamtheit die gleiche Chance haben, in die Stichprobe (Auswahl) zu gelangen. Die Auswahl muss sicherstellen, dass für alle Einheiten die gleiche Wahrscheinlichkeit besteht, in die Stichprobe aufgenommen zu werden. Auswahltechniken sind z. B. Zufallszahlentabellen. Voraussetzung ist, dass alle Einheiten der Grundgesamtheit bekannt und identifizierbar sind. Zufallsstichproben für telefonische Befragungen können durch Random Digit Dialing erstellt werden. Dabei werden Zufallszahlen so ausgewählt, dass sie in der Struktur (z. B. Anfangsziffern) den Telefonnummern im Untersuchungsgebiet entsprechen. Die **geschichtete Zufallsauswahl** → Glossar ist sinnvoll, wenn die Grundgesamtheit heterogen ist. Die Grundgesamtheit wird in möglichst homogene Schichten aufgeteilt. Aus diesen Schichten werden zufallsgesteuerte Stichproben gezogen. Die Schichtung bewirkt eine Reduzierung des **Zufallsfehlers** → vgl. S. 53. Aus den Schichten können proportionale oder **disproportionale** → Glossar Stichproben gezogen werden. Die Ergebnisse der einzelnen Schichten werden nach dem Verhältnis der Schichten gewichtet. Beim **Klumpenaus-wahlverfahren** → Glossar **(= Klumpenstichprobe)** wird die Grundgesamtheit in eine Anzahl von Erhebungseinheiten (Klumpen) aufgeteilt. Aus diesen Klumpen wird eine Zufallsstichprobe gezogen. Bei den gezogenen Klumpen wird eine Vollerhebung durchgeführt. Klumpeneffekte entstehen, wenn die gezogenen Klumpen für die Grundgesamtheit untypisch sind. Das **Flächenauswahlverfahren (= Flächenstichprobe** → Glossar**)** ist eine Art Klumpenstichprobenverfahren. Dabei werden die Klumpen geografisch abgegrenzt (z. B. **Nielsen-Gebiete** → Glossar, Bezirke, Kreise, Gemeinden, Häuserblocks). Die ausgewählten Klumpen werden wie beim Klumpenstichprobenverfahren vollständig erhoben. Die **mehrstufige Zufallsauswahl** → Glossar ist eine Kombination von mindestens zwei Auswahlverfahren. Dieses Auswahlverfahren ist vorteilhaft, wenn die Grundgesamtheit hierarchisch gegliedert ist. Beispiel: Deutschland wird in Bundesländer, Regierungsbezirke und Gemeinden aufgeteilt. Das **Random-Route-Verfahren** → Glossar ist eine Mischform der zufälligen und nicht-zufälligen Auswahlverfahren. Nach dem Zufallsprinzip werden Ausgangspunkte oder Startadressen (z. B. Wegstraße Nr. 10) ausgewählt. Es wird festgelegt, wie der Interviewer ab diesem Startpunkt zu seinen Interviewpartnern kommt. Beispiel: In jedem zweitem Gebäude auf der linken Straßenseite ist eine Person als Untersuchungseinheit in die Stichprobe aufzunehmen.

Auswahlverfahren sorgen für die Repräsentativität der Stichprobe

Merksatz

Bei den zufallsorientierten Auswahlverfahren hat jede Einheit der Grundgesamtheit die gleiche Wahrscheinlichkeit, in die Stichprobe zu gelangen.

2.3.2 | Nicht-zufallsorientierte Auswahlverfahren

Definition

Die nicht-zufallsorientierten Auswahlverfahren sind Verfahren der bewussten Auswahl:
➜ Quotenverfahren
➜ Konzentrationsverfahren (= typische Auswahl, Abschneideverfahren)
➜ Auswahl aufs Geratewohl (= willkürliche Auswahl)

Das **Quotenverfahren** → Glossar bietet sich an, wenn eine Zufallsauswahl nicht oder nur mit hohem Aufwand durchgeführt werden kann. Voraussetzung ist, dass die relevanten Merkmale der Grundgesamtheit bekannt sind. Nach diesen Merkmalen werden Quoten zusammengestellt, die ein repräsentatives Abbild der Grundgesamtheit darstellen. Die Auswahl der Personen nimmt der Interviewer anhand einer Quotenanweisung (= Quotierungsplan) vor. Beispiel: Gesamtzahl der Interviews 10, Anzahl männlicher Personen 4, Anzahl weiblicher Personen 6, 2 Personen im Alter von 16 bis 25 Jahren, 3 Personen im Alter von 26 bis 49 Jahren, 3 Personen im Alter von 50 bis 65 Jahren, 2 Personen im Alter über 66 Jahren. Weitere Vorgaben sind meist sinnvoll. Beim **Konzentrationsverfahren** → Glossar erfolgt bei der Zusammensetzung der Stichprobe die bewusste Konzentration auf bestimmte Elemente der Grundgesamtheit. Spezielle Verfahren sind die typische Auswahl und das Abschneideverfahren (= Cut-off-Verfahren). Bei der **typischen Auswahl** → Glossar werden nur solche Einheiten aus der Grundgesamtheit in die Stichprobe aufgenommen, die charakteristisch für die Grundgesamtheit sind. Was typisch für die Grundgesamtheit ist, unterliegt der subjektiven Einschätzung der auswählenden Personen. Beim **Abschneideverfahren** werden alle Einheiten der Grundgesamtheit abgeschnitten, die das Ergebnis nur unwesentlich verändern. Es werden nur die Einheiten untersucht, die für das Ergebnis von Bedeutung sind. Bei der **Auswahl aufs Geratewohl (= willkürliche Auswahl)** werden die Einheiten ausgewählt, die leicht zu erreichen sind. Das Verfahren ist einfach und kostengünstig. Durch die willkürliche Auswahl der Erhebungseinheiten ist die Stichprobe nicht repräsentativ für die Grundgesamtheit.

Merksatz

Bei den nicht-zufallsorientierten Auswahlverfahren erfolgt die Auswahl der Einheiten gezielt nach sachlich relevanten Merkmalen für die **Repräsentativität** → Glossar der Stichprobe.

2.4 | Erhebungsmethoden

2.4.1 | Befragung

Bei einer Befragung werden Personen durch gezielte Fragen zur Weitergabe von Informationen (z. B. Aussagen, Einstellungen, Meinungen) veranlasst.

Die Befragung dient der Beschaffung von Informationen über das bisherige Kaufverhalten, über zukünftiges Kaufverhalten und über personenbezogene Faktoren, die das Verhalten beeinflussen (z. B. Einstellungen).

Bei der Festlegung der **Befragungsstrategie** wird der Standardisierungsgrad der Fragen festgelegt. Es lassen sich das standardisierte Interview, das strukturierte Interview und das freie Gespräch unterscheiden. Das **standardisierte Interview** → Glossar ist durch genau festgelegte Fragen in einer genau festgelegten Reihenfolge gekennzeichnet. Bei einem **strukturierten Interview** → Glossar sind gewisse Kernfragen festgelegt. Der Interviewer kann jedoch noch Zusatzfragen stellen. Die Reihenfolge der Fragen ist nicht festgelegt. Bei einem **freien Gespräch** ist nur das Thema vorgegeben. In Einzelinterviews wird jeweils nur eine Person befragt. Bei Gruppeninterviews werden mehrere Personen gleichzeitig befragt. In Gruppeninterviews (= Gruppendiskussionen) sollen Hemmungen abgebaut und kreative Prozesse angeregt werden. Beispiel: Gruppendiskussion zur Gewinnung von Produktideen. Wird der Befragungsgegenstand betrachtet, dann lassen sich Einthemenbefragungen und Mehrthemenbefragungen unterscheiden. Bei Mehrthemenbefragungen (= **Omnibusbefragungen** → Glossar) werden die Befragten in einem Interview zu mehreren Themen befragt. Mehrthemenbefragungen haben Kostenvorteile, da sich die Fixkosten der Befragung auf mehrere Auftraggeber verteilen. Nachteilig bei Mehrthemenbefragungen ist, dass die Anzahl der Fragen begrenzt ist und die Themen sich nicht wechselseitig beeinflussen dürfen.

Im Rahmen der **Befragungstaktik** werden folgende **Fragearten** eingesetzt:

- Offene und geschlossene Fragen
- Alternativfragen
- Mehrfachauswahlfragen
- Skalafragen
- Direkte und indirekte Fragen

(Randnotiz: Interviewformen)

Geschlossene Fragen → Glossar enthalten vorgegebene Antwortmöglichkeiten. Bei geschlossenen Fragen lassen sich Alternativfragen und Mehrfachauswahlfragen unterscheiden. Bei einer **Alternativfrage** → Glossar wird nur die Antwort zwischen zwei Antwortalternativen zugelassen. Beispiel: Ja, trifft zu; Nein, trifft nicht zu. Bei **Mehrfachauswahlfragen** wird ein Antwortkatalog vorgegeben. Beispiel: „Wer wird Deutscher Fußballmeister?" – Vorgabe aller Vereine der Ersten Fußballbundesliga. Eine besondere Form der Mehrfachauswahlfrage ist die Skalafrage. Bei einer **Skalafrage** werden verbale oder numerische Skalen vorgegeben, auf der die Befragten ihre Position angeben sollen. **Offene Fragen** → Glossar enthalten keine vorgegebenen Antwortkategorien. Beispiel: „Was ist derzeit das Hauptthema in der Politik?" Eine besondere Form der offenen Frage ist der **Satzergänzungstest** → Glossar. Beispiel: „Das Hauptthema in der Politik ist derzeit …?" Geschlossene Fragen werden meist bei standardisierten Befragungen gestellt. Offene Fragen werden eher in nicht-standardisierten Befragungen eingesetzt. Bei **direkten Fragen** ist das Ziel der Befragung sofort erkennbar. Beispiel: Besitzen Sie einen DVD-Player? Bei **indirekten Fragen** ist das Ziel der Befragung nicht offensichtlich. **Indirekte Fragen** → Glossar werden gestellt, wenn zu vermuten ist, dass auf direkte Fragen keine oder unrichtige Antworten gegeben werden. Beispiel: Besitzt jemand in Ihrem Bekanntenkreis einen DVD-Player?

Fragearten

Bei der **Formulierung der Fragen** sind einige Grundsätze zu beachten. Die Fragen sollen einfach, kurz, eindeutig und verständlich sein. Soweit es möglich ist, sollte die Alltagssprache verwendet werden. Allgemeine Fragen, Fremdwörter und Suggestivfragen sind zu vermeiden. Ziel ist es, die Antwortbereitschaft der Befragten zu erhöhen.

Es lassen sich folgende **Befragungsformen** unterscheiden:

Befragungsformen

- Schriftliche Befragung
- Mündliche Befragung
- Telefonische Befragung
- Online-Befragung

Eine **schriftliche Befragung** liegt vor, wenn die gestellten Fragen schriftlich durch die befragte Person anhand eines Fragebogens zu beantworten sind. Die Fragebogen werden meist mit der Post oder per Fax zugestellt und sind innerhalb einer bestimmten Frist zu beantworten. Da keine Hilfestellung durch einen Interviewer möglich ist, muss besonders auf die Eindeutigkeit der Fragen geachtet werden. Zur besseren Auswertung der Fragebögen sollten überwiegend geschlossene Fragen verwendet werden. Durch schriftliche Befragungen werden kostengünstig große räumliche Befragungsgebiete abgedeckt. Auch schwer erreichbare Personen können angesprochen werden. Interviewereinflüsse treten nicht auf. Die oft geringen Rücklaufquoten gefährden die Repräsentativität der Stichprobe. Schwer verständliche Fragen können nicht erläutert werden. Es lässt sich nicht nachprüfen, unter welchen Umständen, zu welchem Zeitpunkt und durch wen die Beantwortung der Fragen erfolgt. Eine Beeinflussung durch andere Personen ist möglich.

Die **mündliche Befragung** ist das persönliche Interview zwischen der befragten Person und dem Interviewer auf der Grundlage eines Fragebogens. Mündliche Befragungen finden meist in standardisierter Form im Konsumgüterbereich statt. Der Interviewer ist an die Formulierung und die Reihenfolge der Fragen fest gebunden. Durch die persönliche Kommunikation steht die Identität der befragten Person fest. Der Interviewer kann bei Verständnisproblemen die Fragen wiederholen und Erläuterungen abgeben. Durch optische Vorlagen und Produktmuster kann das Interview abwechslungsreich gestaltet werden. Der Befragungsumfang (= Befragungsdauer) ist durch die persönliche Kommunikation größer als bei den anderen Befragungsformen. Die Kosten sind durch den Interviewereinsatz relativ hoch. Es findet eine wechselseitige Beeinflussung der Gesprächspartner statt. Die Interviewer können durch Auftreten und Verhalten Einfluss auf die Beantwortung der Fragen nehmen.

Bei der **telefonischen Befragung** werden die gewünschten Informationen auf der Grundlage eines Fragebogens durch ein Telefongespräch erhoben. Dabei wird meist die Methode des **Computer Assisted Telephone Interviewing (CATI** → Glossar) eingesetzt. Auswahl der Personen und telefonische Anwahl erfolgt durch den Computer. Der Interviewer hat die Fragen auf dem Bildschirm und gibt die Antworten direkt ein. In Abhängigkeit von der Antwort gibt der Computer dem Interviewer die nächste Frage vor. Vorteile der telefonischen Befragung: Telefonische Befragungen sind kostengünstig und schnell durchzuführen. Viele Personen zeigen am Telefon eine größere Auskunftsbereitschaft als beim persönlichen Interview, da sie die Befragungssituation anonymer einschätzen. Telefonische Interviews lassen nur einfache Fragestellungen zu. Die Befragungsdauer ist meist kürzer als bei der persönlichen Befragung. Das Telefoninterview sollte nicht länger als 20 bis 30 Minuten dauern. Der Interviewer kann Einfluss auf die Beantwortung der Fragen nehmen.

Bei **Online-Befragungen** → Glossar füllen die befragten Personen den Fragebogen im Internet aus. E-Mails an die Zielgruppe, insbesondere im Investitionsgütersektor, rufen zur Teilnahme an Online-Befragungen auf. Die Daten werden sofort in Datenbanken gespeichert. Die Antworten vieler Personen können schnell und kostengünstig erfasst werden. Online-Befragungen auf der Grundlage von allgemein zugänglichen Fragebogen im Internet führen nicht zu repräsentativen Ergebnissen. Dies gilt auch für Pop-up-Befragungen, bei denen zufällig eingeblendete Pop-up-Fenster zur Teilnahme an der Befragung einladen. Die Stichproben-bildung durch das Internet selbst (= selbstselektierende Stichprobe) be-einträchtigt die Repräsentativität der Stichprobe. Die Repräsentativität der Stichprobe wird zusätzlich verringert, wenn die Zielgruppe nur zum Teil aus Internet-Anwendern besteht. Repräsentativität kann durch eine genau definierte Gruppe von Testpersonen gewährleistet werden, die in ihrer Struktur der untersuchten Grundgesamtheit entspricht. Nur die Teilnehmer dieser Gruppe erhalten einen Zugangscode für den Frage-bogen.

Beim **Aufbau des Fragebogens** werden neben den Sachfragen zum Befra-gungsthema auch Fragen gestellt, die ablauftechnische und psychologi-sche Aspekte betreffen: Fragebogenaufbau
- Kontakt- und Eisbrecherfragen
- Übergangs- und Vorbereitungsfragen
- Ablaufordnungsfragen
- Ablenkungs- und Pufferfragen
- Motivationsfragen
- Kontrollfragen
- Fragen zur Person

Kontakt- und Eisbrecherfragen → Glossar sollen Interesse am Befragungsthema wecken. Sie sind möglichst einfach und neutral zu stellen. **Übergangs- und Vorbereitungsfragen** sollen zum Thema führen oder einen Themenwechsel einleiten. **Ablaufordnungsfragen** → Glossar sind **Gabelungs- und Filterfragen** → Glos-sar. Sie schränken den Kreis der Personen ein, die befragt werden sollen. Bei Filterfragen werden die Personen, die nicht betroffen sind, bei der Befragung ausgelassen. Bei **Gabelungsfragen** → Glossar werden zwei Per-sonengruppen gebildet, die unterschiedliche Fragen erhalten. **Ablenkungs- und Pufferfragen** → Glossar haben die Aufgabe, vom bisherigen Thema abzu-lenken, um Ausstrahlungseffekte bei der Beantwortung der folgenden Fragen zu vermeiden. **Motivationsfragen** → Glossar sollen die Antwortbereit-schaft erhöhen. Mit **Kontrollfragen** → Glossar soll festgestellt werden, ob bis-her gestellte wichtige Fragen wahrheitsgemäß beantwortet wurden. Die **Fragen zur Person** werden grundsätzlich am Ende der Befragung gestellt, da die Personen dann auskunftsbereiter sind. Erfasst werden relevante Merkmale der Befragten. Beispiele: Alter, Geschlecht, Einkommen, Fami-lienstand. Bei telefonischen Befragungen wird vorher geklärt, ob die an-gerufene Person zur definierten Zielgruppe gehört.

Die **Befragungskonzeption** (= Ablauf der Befragung) hat folgende Inhalte:

→ Beschreibung des Marketingforschungsproblems (= **Briefing** → Glossar des Marktforschungsinstituts bei Fremdforschung)

→ Sammlung, Sichtung und Analyse des vorhandenen Datenmaterials
→ vgl. Sekundärforschung, S. 29

→ Problemumsetzung in Fragen

→ Festlegung der Zielgruppe, Bestimmung von Stichprobengröße und Auswahlverfahren für die Stichprobe

→ Festlegung von Befragungsstrategie, Befragungsform und Befragungstaktik

→ Informationsinterviews und Expertenbefragungen

→ Entwurf einer Fragebogengrobstruktur, Erstellung eines Testfragebogens und Durchführung einer Testbefragung

→ Überarbeitung des Fragebogens und Fragebogendruck

→ Erstellung eines Interviewerleitfadens, Auswahl und Schulung der Interviewer

→ Festlegung des Befragungszeitraums

→ Durchführung der Befragung, Durchführung der Interviews

→ Aufbereitung, Auswertung und Interpretation der Daten

→ Erstellung des Berichts- und Tabellenbands (= Statistikband)

→ Präsentation der Ergebnisse

2.4.2 | Beobachtung

Die Beobachtung ist eine planmäßige direkte Erhebung von Gegebenheiten, Eigenschaften und Verhaltensweisen. Gegenstand der Beobachtung sind Personen (z. B. Beobachtung von Kaufverhalten) und Sachen (z. B. Regalplatzierungen von Produkten).

Die **Beobachtung** → Glossar erfolgt meist nicht durch die Personen selbst (= Selbstbeobachtung), sondern durch unabhängige dritte Personen (= Fremdbeobachtung) und durch technische Geräte (= apparative Beobachtung). Die Beobachtung ist eine visuelle und instrumentelle Form der Datenerhebung. Sinnlich wahrnehmbare Sachverhalte, non-verbale Verhaltensweisen, werden zum Zeitpunkt ihres Geschehens durch beobachtende Personen oder Instrumente (z. B. Tonbandgeräte, Videokameras) erfasst.

Es lassen sich folgende **Arten der Beobachtung** unterscheiden:

Formen der Beobachtung

- Selbst- und Fremdbeobachtung
- Persönliche und unpersönliche Beobachtung
- Teilnehmende und nicht-teilnehmende Beobachtung
- Feld- und Laborbeobachtung

Bei der **Selbstbeobachtung** erfasst und beschreibt die Person eigene Verhaltensweisen und psychische Vorgänge. Die **Fremdbeobachtung** ist die Beobachtung durch dritte Personen. Bei einer Fremdbeobachtung ist das Erhebungsresultat unabhängig von der Auskunftsbereitschaft der beobachteten Person. **Unpersönliche Beobachtungen** erfolgen durch den Einsatz von Geräten (z. B. **Lichtschranken** → Glossar, Trittmatten, Videokameras). Bei einer **teilnehmenden Beobachtung** ist der Beobachter selbst in den ablaufenden Prozess einbezogen. Beispiel: Der Beobachter gibt sich als Kunde aus. In der **nicht-teilnehmenden Beobachtung** nimmt der Beobachter die Verhaltensweisen von Personen wahr, ohne in den Prozess integriert zu sein. Beispiel: Beobachtung durch einen Einwegspiegel. **Feldbeobachtungen** erfolgen unter realen Lebensumständen in der natürlichen Umwelt. Beispiele: Verkehrszählungen und Erfassung von Passantenströmen vor und in Handelsunternehmen. Es werden Bewegungswege untersucht und Verweildauern an bestimmten Regalen. **Beobachtungseffekte** → Glossar, d. h. Verhaltensänderungen aufgrund der Beobachtung, treten nicht auf, da die beobachteten Personen nicht über die Beobachtung informiert sind. **Laborbeobachtungen** finden in einem künstlichen, bewusst gestalteten Umfeld statt. Beispiel: Beobachtung einer Person beim Lesen einer Zeitschrift. Beobachtungseffekte sind nicht auszuschließen.

Beobachtungen lassen sich auch dahingehend unterscheiden, inwieweit die beobachtete Person sich der Beobachtungssituation bewusst ist. Bei einer offenen und durchschaubaren Beobachtungssituation ist der Versuchsperson das Ziel der Beobachtung und der eigentliche Beobachtungsgegenstand bekannt. Bei einer nicht-durchschaubaren Beobachtungssituation ist der Versuchsperson nur der Gegenstand der Untersuchung nicht aber das Ziel der Beobachtung bekannt. In einer quasi-biotischen Situation ist der Versuchsperson nur die Rolle als Versuchsperson bekannt. In der biotischen Situation wird die Versuchsperson vollkommen im Unwissen gelassen. Ihre Reaktionen sollen in einer lebensechten Situation untersucht werden. Je nach Bewusstseinsgrad der Beobachtung treten **Beobachtungseffekte** auf, die erhebliche Verzerrungen der Untersuchungsergebnisse nach sich ziehen können.

Anwendungsgebiete der Beobachtung:
- Beobachtung des Kauf- und Verkaufsverhaltens
- Verwendungsverhalten bei der Produktanwendung
- Blickregistrierung zur Analyse von Aufmerksamkeitswirkungen
- Verhalten gegenüber Werbeträgern
- Physiologische Messung von psychischen Variablen
- Zählen und Beobachten von Passanten
- Beobachtung des Leseverhaltens
- Beobachtung des Fernsehverhaltens

Beobachtungsformen in der Praxis

Kundenlaufstudien → Glossar werden in Handelsgeschäften zur Ermittlung des Kundenlaufs eingesetzt. Dadurch kann der Kontakt der Kunden zu den verschiedenen Warenplatzierungen ermittelt werden. Untersucht werden die rechtsseitige Orientierung, die Beachtung von abzweigenden Gängen, die Nutzung des Ladeninneren, die Stauung durch Laufhindernisse (Sonderplatzierungen) und Warteschlangen. Die Überprüfung von Marktchancen neuer oder veränderter Produkte kann durch die Beobachtung des **Einkaufsverhaltens** im realen Umfeld vorgenommen werden. Im Gegensatz zur Kundenlaufstudie werden die Personen nur an bestimmten Regalabschnitten beobachtet. Es wird erfasst, wie viele Kunden am Regal vorbeigehen, das Testprodukt betrachten, aus dem Regal herausnehmen und es zurücklegen oder kaufen. Die Beobachtung von **Verwendungsverhalten bei der Produktanwendung** soll klären, ob die Produkte funktionsgerecht gestaltet sind. Die **Blickregistrierung** → Glossar oder **Blickaufzeichnung** mit einer Augenkamera ist eine Vorrichtung zur Erfassung der Pupillenbewegungen auf einer Vorlage (z. B. auf einer Anzeige). Die Blickverläufe auf der Vorlage werden lokalisierbar. Für schnelle Augenbewegungen (= **Saccaden** → Glossar) wird keine oder nur eine geringe Wahrnehmung unterstellt. Nur bei längeren Ruhepausen (größer als zwei Sekunden = Fixationen) wird eine beachtenswerte Wahrnehmung angenommen. Es wird die Frage beantwortet, welche Elemente einer Vorlage wie lange und in welcher Reihenfolge von den Testpersonen betrachtet werden. Die Blickregistrierung wird zur Beurteilung von Werbemitteln und Produkt- und Verpackungsdesigns herangezogen. **Tachistoskopische Tests** sind standardisierte Wahrnehmungssituationen. Die Testpersonen werden nach ihren subjektiven Wahrnehmungseindrücken befragt. Das **Tachistoskop** → Glossar ist ein Projektionsgerät, das Bilder von Testobjekten (z. B. Produkte, Packungen, Anzeigen) nur Bruchteile von Sekunden auf einer Leinwand sichtbar macht. Die Testobjekte können jedoch auch real in einem Raum gezeigt werden, der kurzzeitig beleuchtet wird. Die Darbietungszeiten reichen von wenigen Millisekunden bis zu mehreren Sekunden. Dadurch sollen erste, unbewusste

Anmutungen von Testobjekten erfasst werden. Die Darbietungszeiten können sukzessive gesteigert werden, um festzustellen, ab welcher Zeit das Testobjekt richtig erkannt wird. Beispiel: In einem **Produkttest** → Glossar geht es darum, den Eindruck zu messen, den das Produkt bei flüchtiger Betrachtung im Regal oder im Schaufenster hinterlässt. Der erste Eindruck ist für das Zustandekommen der Produktpräferenz entscheidend. Die **Schnellgreifbühne** → Glossar dient zur Analyse von Wahrnehmungs-, Entscheidungs- und Handlungsabläufen in einem Produkttest. Sie ist ein großer Kasten, in den mehrere Produkte gestellt worden sind. Die Produkte werden für die Testpersonen nur kurzzeitig sichtbar gemacht. Die Testperson hat gerade noch Zeit, das Produkt aus dem Kasten zu nehmen. Ein längeres Nachdenken oder in Ruhe auswählen ist nicht zulässig. So kann auf die spontane Anmutung eines Produkts oder einer Verpackung geschlossen werden. Mit der Hilfe von Augenkameras und Pupillometern werden auch die **Veränderung der Pupillen** gemessen. Angenehme Reize führen zu einer Pupillenvergrößerung und zu einem längeren Verweilen des Auges auf dem Testobjekt. Unangenehme Reize haben gegenteilige Reaktionen zur Folge. Bei der **Blutdruckmessung** wird ausgehend von einem Ruhezustand die Veränderung der peripheren Durchblutung bei der Vorlage eines Testobjekts gemessen, um die Eindrucksstärke festzustellen. Aus der Höhe der Veränderung wird auf die Intensität der Werbung bzw. die Werbewirkung (= Impactstärke) geschlossen. Bei der **Gehirnstrommessung** werden durch Messsonden auf der Kopfhaut die Aktionsströme des Gehirns erfasst und aufgezeichnet (Elektroenzephalogramm = EEG). Betawellen mit hoher Frequenz und geringer Amplitude zeigen an, dass eine bewusste Auseinandersetzung stattfindet. Messungen der elektrischen **Hautwiderstandswerte** geben Auskunft über unterschiedlich wahrgenommene Reize. Diese psychogalvanischen Reaktionen werden durch Veränderungen der Schweißabsonderung der Haut gemessen. Den Versuchspersonen werden auf den Händen Elektroden befestigt, durch die ein schwacher Strom geleitet wird. Die Veränderungen des Hautwiderstands nach der Vorlage des Testobjekts (z. B. Anzeigen) werden über ein Aufzeichnungsgerät (= Polygraph) in Kurven registriert. Die Kurven werden in Zahlen umgerechnet, die einen Vergleich der Testobjekte ermöglichen. Der Polygraph kann auch Atmung, **Pulsfrequenz** → Glossar und Lidschlag erfassen. Der **Lidschlag** → Glossar wird als ein Maß für die Aktivierung bei der Betrachtung einer Vorlage angesehen. Die Lidschlagfrequenz beträgt durchschnittlich 30 Lidschläge pro Minute. Der Lidschlag erhöht sich bei Anspannung und verringert sich bei Entspannung. Gemessen werden soll das **Involvement** → vgl. S. 77 des Betrachters. Das **Fernsehpanel** → Glossar (Zuschauerforschung) erfasst Einschaltquoten durch apparative Beobachtung. Das Messgerät

Telecontrol XL ist in 5.600 repräsentativen Haushalten mit rund 13.000 Personen als Zusatzgerät an das Fernsehgerät angeschlossen. Mit einer speziellen Fernbedienung melden sich die verschiedenen Haushaltsmitglieder an. Die ermittelten Seh-Kontakte werden jede Nacht an das Marktforschungsinstitut übertragen und stehen morgens den in der Arbeitsgemeinschaft Fernsehen (AgF) zusammengeschlossen Fernsehsendern zur Verfügung.

Merksatz

Die Vorteile der Beobachtung liegen darin, dass keine Auskunftsbereitschaft der Personen notwendig ist und kein Interviewereinfluss stattfindet.
Als Nachteile der Beobachtung sind zu nennen, dass die Motive des Verhaltens nicht erkannt werden und im Labor die Laborsituation das Verhalten beeinflusst.

2.4.3 | Experiment

Definition

Ein **Experiment** → Glossar **ist eine wiederholbare, unter kontrollierten Bedingungen ablaufende Versuchsanordnung. Ziel des Experiments ist die Überprüfung von Kausalhypothesen (= Ursache-Wirkungs-Zusammenhänge). Gemessen wird die Wirkung der unabhängigen Variablen auf die abhängigen Variablen.**

Es wird untersucht, inwieweit alternative Marketing-Maßnahmen (unabhängige Variablen sind z. B. alternative Verpackungen für ein Produkt, unterschiedliche Produkt-Designs, unterschiedliche Preise) auf relevante Marketing-Ziele (abhängige Variablen sind z. B. Absatz, Umsatz) wirken.

Arten des Experiments Für die Datenbeschaffung werden die Befragung (**Befragungsexperiment**) und die Beobachtung (**Beobachtungsexperiment**) eingesetzt. **Feldexperimente** finden unter natürlichen Bedingungen (Alltagsbedingungen) statt. **Laborexperimente** → Glossar finden unter Bedingungen statt, die speziell für dieses Experiment zusammengestellt wurden (künstliche Bedingungen).

Auf die Marketing-Ziele wirken jedoch nicht nur die Marketing-Maßnahmen des Unternehmens. Andere Einflüsse, die nicht bekannt sind

und auch nicht untersucht werden sollen, sind z. B. Konkurrenzmaß-
nahmen, saisonale und konjunkturelle Schwankungen der Nachfrage,
das Wetter. Diese **Störvariablen**, falls sie nicht konstant gehalten werden
können, sind zu eliminieren bzw. zu kontrollieren, um deren Einflüsse
auf das Messergebnis zu berücksichtigen. Um den Einfluss von Störvariablen zu messen, wird neben der Experimentalgruppe eine Kontrollgruppe gebildet. Die **Experimentalgruppe** → Glossar **E** oder Versuchsgruppe
wird dem Experiment ausgesetzt, die **Kontrollgruppe** → Glossar **C** jedoch
nicht. Experimentalgruppe und Kontrollgruppe sollten repräsentativ
für die **Grundgesamtheit** → Glossar sein. Je nach Versuchsanordnung können
folgende Effekte (= Störfaktoren) das Ergebnis verzerren: Störfaktoren
- **Carry-over-Effekte** → Glossar
- **Spill-over-Effekte** → Glossar
- Entwicklungseffekte
- Gruppeneffekte

Carry-over-Effekte (= Zeitaspekt) treten auf, wenn vorgelagerte Maßnahmen
und Ereignisse in der Untersuchungsperiode nachwirken. Sie sind ein
nicht-kontrollierter Störfaktor und nicht auf den Einfluss der unabhängigen Variablen zurückzuführen. **Spill-over-Effekte** (= sachlicher Aspekt)
entstehen, wenn parallele Maßnahmen und Ereignisse – also außerhalb
des experimentellen Umfelds – sich auf die Untersuchungsperiode auswirken. **Entwicklungseffekte** wirken sich aus, wenn im Verlauf des Experiments Lerneffekte eintreten, die nicht allein auf die Wirkung der unabhängigen Variablen zurückzuführen sind. **Gruppeneffekte** treten auf, wenn
Experimentalgruppe und Kontrollgruppe strukturelle Unterschiede bei
relevanten Variablen aufweisen.

Die gebräuchlichsten experimentellen Versuchsanordnungen sind: Versuchsanordnungen
- EBA
- CB-EA
- EA-CA
- EBA-CBA

Der Zeitpunkt der Messung wird durch **B** (before, Messung vor dem Experiment) und durch **A** (after, Messung nach dem Experiment) bezeichnet. Ein **EBA-Experiment** ist ein **Sukzessivexperiment** mit einer Experimentalgruppe. Diese wird mit den Marketing-Maßnahmen (= Einsatz der
unabhängigen Variablen, z. B. Preissenkung) konfrontiert. Es werden
zwei Messungen vorgenommen. Eine Messung findet vor dem Experiment statt (= Bezugswert), eine Messung nach dem Experiment (=End-
wert). Gemessen wird die Wirkung der unabhängigen Variablen auf die

Versuchsanordnungen abhängigen Variablen (z. B. Absatz) durch den Vergleich von Bezugswert zu Endwert. Carry-over-Effekte, Spill-over-Effekte und Entwicklungseffekte können auftreten. Das **CB-EA-Experiment** ist ein **Sukzessivexperiment** mit Kontrollgruppe und Experimentalgruppe. Die Vormessung findet in der Kontrollgruppe statt und liefert den Bezugswert. Die Nachmessung erfolgt bei der Experimentalgruppe und liefert den Endwert. Es können Entwicklungseffekte auftreten. Bei einem **EA-CA-Experiment** handelt es sich um ein **Simultanexperiment**. Experimentalgruppe und Kontrollgruppe werden nach der Durchführung des Experiments gemessen. Es wird die gleiche Ausgangslage unterstellt. Deshalb kann auf die Anfangsmessung verzichtet und Kosten eingespart werden. Die Messung der Kontrollgruppe liefert den Bezugswert. Die Messung der Experimentalgruppe stellt den Endwert. Durch die simultane Messung gibt es keine Entwicklungseffekte. Carry-over-Effekte und Spill-over-Effekte können zwar auftreten, machen sich jedoch nicht störend bemerkbar. Das **EBA-CBA-Experiment** ist ein **simultanes Sukzessivexperiment**. Die Messungen bei Experimentalgruppe und Kontrollgruppe liefern drei Bezugswerte und einen Endwert. Die Wirkung der unabhängigen Variablen wird durch die Differenz der Messung bei beiden Gruppen bestimmt. Beim EBA-CBA-Experiment schlägt sich der Einfluss der Störvariablen in der Experimentalgruppe und der Kontrollgruppe nieder. Deshalb lässt sich die Wirkung der Störvariablen vom Einfluss der unabhängigen Variablen isolieren. Carry-over-Effekte und Spill-over-Effekte können auftreten, machen sich aber nicht störend bemerkbar. Entwicklungseffekte lassen sich berechnen.

Infokasten

→ Bei der Überprüfung der Kausalhypothesen sollten die Versuchsanordnungen versuchen, die Störeffekte zu vermeiden oder zu kontrollieren.

→ Experimentelle Versuchsanordnungen finden sich bei Konzepttests, Produkttests, Storetests (Ladentest), Minimarkttests und Markttests.

→ Bei diesen Tests geht es darum, Informationen über die Absatzchancen von neuen oder veränderten Produkten zu bekommen, um die Risiken dieser Marketing-Maßnahmen beurteilen zu können.

Tests

2.4.4

Definition

Ein Test ist eine experimentelle oder quasi-experimentelle Überprüfung der Wirkung von Marketing-Maßnahmen.

Tests lassen sich nach unterschiedlichen Kriterien einordnen. Danach können verschiedene **Testformen** unterschieden werden. Nach dem Ort des Tests lassen sich Markttest, Studiotest (= Labortest) und Home use Test (= Test im Haushalt der Testperson) unterscheiden. Wird die Testdauer als Kriterium herangezogen, kann von Langzeittests (= Prüfung von Erfahrungswerten) und Kurzzeittests (= Prüfung eines Eindrucks) gesprochen werden. Ist das Produkt Gegenstand des Tests werden u. a. Produkttests, Preistests, Verpackungstests, Namenstests und Geschmackstests durchgeführt. Volltest und Partialtest beschreiben den Testumfang. Einzeltests und Vergleichstests beziehen sich auf die untersuchte Anzahl von Produkten. Markttests (= Feldtests) und Labortests beschreiben die natürliche oder künstliche Testsituation. Pre-Tests und Post-Tests stellen darauf ab, ob der Test vor der Markteinführung oder nach der Markteinführung vorgenommen wurde. Bei einem Blindtest bleibt das untersuchte Produkt anonym, während bei einem Brandingtest (= Markentest) das Produkt als Marke ausgewiesen wird.

Bei einem **Konzepttest** → Glossar werden im Zuge der Produktentwicklung Produktkonzepte oder Produktmuster getestet. Es geht um die Frage, ob die Produktideen weiterverfolgt werden sollen oder nicht. Konzepttests können als Einzelinterviews oder als Gruppendiskussion durchgeführt werden. Der Einsatz von **Conjoint-Measurement** → S. 57 bietet sich an. Bei einem **Produkttest** → Glossar wird ein marktreifes Produkt vor der Markteinführung auf seine Marktfähigkeit getestet. Der Produkttest ist meist ein Labortest. Der Produkttest kann sich sowohl auf das gesamte Produkt **(Volltest)** als auch auf bestimmte Merkmale des Produkts **(Partialtest)** beziehen (z. B. Geschmackstest, Preistest, Namenstest, Verpackungstest). Ziele des Produkttests: Informationen über die Marktakzeptanz des Produkts, Finden von Produktalternativen, Bewertung von Produktalternativen, Bewertung des Produktimages. Produkttests sind relativ schnell und kostengünstig durchzuführen. Die Testbedingungen entsprechen aber nicht den realen Kaufsituationen. Durch **Preistests** können die Preiserwartung ermittelt und ein mögliches Kaufverhalten bei bestimmten Preishöhen untersucht werden. Bei einem **Preisschätzungstest** werden die Preisvorstellungen von potenziellen Käu-

Testformen

fern ermittelt (Frage: „Wie viel kostet das Produkt ihrer Meinung nach?"). In einem **Preis-Reaktions-Test** werden die Personen befragt, ob sie den Produktpreis für angemessen, für zu hoch oder für zu niedrig halten. Dabei können die vorgegeben Preise das Ergebnis eines Preisschätzungstest sein. Das Ziel eines **Kaufbereitschafts-Tests** ist es festzustellen, ob die Testpersonen das Produkt zu den vorgegebenen Preisen tatsächlich kaufen würden. Der **Verpackungstest** liefert z. B. Erkenntnisse über Aufmerksamkeitswert, Markenprägnanz, Design, Material, Verpackungsgröße, gattungstypisches Aussehen und Display-Wirkung. **Namenstests** prüfen z. B. die Merkfähigkeit von Produktnamen und die mit den Namen verbundenen Assoziationen. Bei einem **Diskriminanztest** werden die Testpersonen über Unterschiede zwischen dem Testprodukt und dem üblicherweise verwendeten Produkt befragt. **Akzeptanztests** ermitteln aktuelle oder potenzielle Kaufabsichten. Bei einem **Home use Test** → Glossar erhalten die Testpersonen das Produkt zum längeren Gebrauch nach Hause. Die Beurteilung erfolgt durch einen Fragebogen. Dieser Test eignet sich bei innovativen Konsumgütern.

Beim **Storetest** → Glossar werden in 20 bis 30 Ladengeschäften Produkte versuchsweise in Verbindung mit einer speziellen Marketing-Maßnahme (z. B. neue Produkte, alternative Preise, alternative Regalplatzierungen) zum Kauf angeboten. Neben dieser Testgruppe kann die Wirkung auch in anderen Geschäften (= Kontrollgeschäfte) beobachtet werden, bei denen diese Marketing-Maßnahme nicht durchgeführt wurde. Der Storetest ist relativ schnell und kostengünstig durchzuführen. Er liefert jedoch keine repräsentativen Ergebnisse. Bei einem **Markttest** wird ein Produkt versuchsweise auf einem regional begrenzten Teilmarkt (**Testmarkt** → Glossar) unter kontrollierten Bedingungen eingeführt. Gemessen wird die Absatzentwicklung. Der Markttest findet unter realen Bedingungen statt. Er ist ein Feldexperiment. Der Testmarkt muss repräsentativ für den Gesamtmarkt sein. Dann können die erzielten Ergebnisse als Indikator für das Abschneiden des Produkts auf dem Gesamtmarkt dienen. Durch den Markttest werden Informationen über die Reaktion der Käufer, der Konkurrenz und des Handels zusammengetragen. Marktrisiken und Marktchancen können dadurch erkannt werden. Der Markttest kann Hinweise auf Verbesserungen beim Einsatz der Marketing-Instrumente liefern. Lange Durchführungszeiten und der Einsatz der gesamten Marketing-Instrumente verursachen relativ hohe Kosten. Durch den Markttest besteht die Gefahr, dass die Konkurrenz von der Einführung des neuen Produkts vorzeitig erfährt. Die Konkurrenz kann dann marketingpolitische Gegenmaßnahmen einleiten, die die Testergebnisse beeinflussen. Ein weiteres Problem ist die Kontrolle der Einflussfaktoren auf den Testmarkt (z. B. Witterung, Konjunktur,

Konkurrenz). Marktforschungsinstitute bieten **lokale Testmärkte** (= **Mini-Test-märkte**, z. B. TELERIM und Behavior Scan) an. Lokale Testmärkte sind meist kleinere Orte, deren Bevölkerung in verschiedene Gruppen einge-teilt wurde. Diese Gruppen können dann gezielt durch Marketing-Maß-nahmen angesprochen werden. Beispiel: Die Einführung eines neuen Produkts wird durch kommunikationspolitische Maßnahmen wie z. B. spezielle Fernsehspots im Kabelfernsehen und Anzeigen in speziell für diese Gruppen aufgelegten Programmzeitschriften begleitet. Durch die Verwendung von Identifikationskarten der Testteilnehmer in den Ein-kaufsstätten kann die Wirkung der Marketing-Maßnahmen getestet werden. Dabei werden meist Experimentalgruppe und Kontrollgruppe unterschieden → vgl. Experiment, S. 42 (34).

Merksätze

Ein Produkttest ist ein Test von Produkteigenschaften durch ausge-wählte Testpersonen unter kontrollierten Bedingungen.
Ein Storetest ist ein Test von handelsorientierten Marketing-Maßnah-men in ausgewählten Betriebsformen des Handels unter realen Bedin-gungen.
Ein Markttest ist ein Test unter Einsatz des gesamten Marketing-Instru-mentariums zur Prüfung der Absatzchancen von Produkten.

Panel 2.4.5

Definition

Ein Panel → Glossar **ist ein spezieller, gleich bleibender und repräsenta-tiver Kreis von Personen oder Unternehmen, bei dem in regelmäßi-gen zeitlichen Abständen Befragungen oder Beobachtungen zum gleichen Untersuchungsgegenstand durchgeführt werden.**

Zur Auswahl der Panelteilnehmer kann grundsätzlich jedes Auswahl-verfahren eingesetzt werden. Voraussetzung ist, dass die Panelteilneh-mer repräsentativ für die Grundgesamtheit sind. Die Repräsentativität des Panels kann durch die Panelsterblichkeit und den Paneleffekt beein-trächtigt werden. Ziel des Panels ist eine **Längsschnittanalyse** → Glossar.

Es lassen sich Herstellerpanels, Handelspanels und Verbraucherpanels unterscheiden. **Unternehmenspanels = Herstellerpanels** erfassen allgemeine be-

Marktbeobachtung
Längsschnittanalyse

triebswirtschaftliche Daten. Repräsentative Stichproben beziehen sich auf die Gesamtwirtschaft oder auf bestimmte Branchen. Ein **Handelspanel** → Glossar (**= Großhandelspanel und Einzelhandelspanel**) ist eine repräsentative Auswahl von Handelsunternehmen einer Handelsstufe mit einer bestimmten Ausrichtung (z. B. Lebensmitteleinzelhandel). Die Warenbestände, Bestellmengen, Verkaufspreise u. a. dieser Handelsunternehmen werden regelmäßig durch Fremdbeobachtung festgehalten. **Verbraucherpanels (= Individualpanels und Haushaltspanels** → Glossar) sind repräsentative Stichproben aller deutschen Privatpersonen und aller deutschen Haushalte. Für Marktsegmente und Zielgruppen gibt es repräsentative Spezial-Panels (z. B. Autofahrerpanel, Sport- und Freizeitpanel, Fernsehpanel). Innerhalb der Haushaltspanels gibt es Verbrauchsgüterpanels und Gebrauchsgüterpanels.

Beispiele: Das ConsumerScope Haushaltspanel der GfK (= Gesellschaft für Konsumforschung) umfasst 20.000 Panelteilnehmer und ist repräsentativ für rund 34 Mio. deutsche Privathaushalte. Es finden laufende Einkaufsberichterstattungen und monatliche Mehrthemenbefragungen statt. Die haushaltführende Person gibt Auskunft über die Einkäufe aller Haushaltsmitglieder, über Haushaltsausstattungen und geplante Anschaffungen. Die Daten werden monatlich meist durch eine Befragung per Post erhoben. Das Homescan Consumerpanel von AC NIELSEN basiert auf 8.400 Haushalten, die per Handscanner die Einkäufe des täglichen Bedarfs erfassen. Das GfK ConsumerScope Individualpanel erfasst bei 10.000 meist nicht haushaltführenden Personen ab 10 Jahren private Einkäufe des persönlichen Bedarfs und die Nutzung individueller Dienstleistungen. Es ist repräsentativ für eine Grundgesamtheit von rund 64 Mio. Personen. Die Daten werden monatlich über eine Tagebuch-Software Online und über zugestellte Fragebögen (= Einkaufstagebücher) erhoben.

Auswertungs-
möglichkeiten
von Panels
Panels lassen eine Vielzahl von Auswertungsmöglichkeiten zu: Daten über den Gesamtmarkt, Marktanteile, Käuferstrukturen, Zielgruppenanalysen, Packungsgrößen, Packungsarten, Geschmacksrichtungen, Durchschnittspreise, Loyalitätsanalysen, Markentreue, Markenwechsel, Einkaufstättentreue, Käuferwanderungen, Wanderungsanalysen, Einführungsanalysen neuer Produkte, Erstkauf- und Wiederkaufdaten, Aktionsanalysen (z. B. Verkaufsförderung, Preisänderungen), Kaufhäufigkeit, Einkaufsintensität, Preisklassenanalysen sowie kumulierte Käufer/Wiederkäufer.

Die **Repräsentativität des Panels** wird durch die Panelsterblichkeit und die Paneleffekte beeinflusst. **Panelsterblichkeit** → Glossar bedeutet das Ausscheiden der Teilnehmer aus dem Panel. Gründe sind z. B. Geburt, Tod, Umzug, Heirat oder Ermüdung (Panelroutine). Die natürliche Panelsterblichkeit ist der Austausch von Panelteilnehmern zur kontinuierlichen Anpassung des Panels an die sie repräsentierende Grundgesamtheit. Die künstliche Panelsterblichkeit ist der Austausch von Panelteilnehmern durch bewusste **Panelrotation** → Glossar. Durch die Panelrotation soll der Panelsterblichkeit, der Panelroutine und den Paneleffekten entgegengewirkt werden.

Paneleffekte → Glossar sind Veränderungen des Kaufverhaltens durch die Beteiligung an einem Panel. Lern- und Bewusstseinsprozesse bewirken Abweichungen vom „normalen" Kaufverhalten der Grundgesamtheit. Panelteilnehmer kaufen dann bewusster, überlegter und weniger spontan ein. Panelteilnehmer können aber auch dazu neigen, aus Prestigegründen bei bestimmten Produkten überhöhte Einkäufe anzugeben (= **Overreporting** → Glossar). Bei der **Panelroutine** → Glossar („Ermüdungserscheinungen") kann es vorkommen, dass Käufe nicht mehr oder nur noch unvollständig eingetragen werden (= **Underreporting** → Glossar). Paneleffekte treten bei Verbraucherpanels auf.

Beispiele: Mini-Testmarkt-Panel der Gesellschaft für Konsumforschung (GfK). Das Erim-Testmarkt Panel der GfK ist ein kombiniertes Handelspanel und Haushaltspanel. In ausgewählten Teststädten werden ein **Verbrauchermarkt** → Glossar und 600 repräsentative Testhaushalte im Einzugsgebiet des Verbrauchermarkts im Panel erfasst. Alle Haushalte haben eine Identifikationskarte, die beim Einkauf vorgelegt wird. Problematisch ist die mangelnde **Marktabdeckung** → Glossar (= **Coverage** → Glossar) der Händler und Haushalte. Je höher die Marktabdeckung, desto aussagefähiger sind die Panelergebnisse. Die Händler verkaufen jedoch auch an Haushalte, die nicht im Panel erfasst sind und die Haushalte kaufen bei Händlern, die nicht im Panel enthalten sind. Zusätzlich beeinträchtigt die Beschränkung auf Verbrauchermärkte die Repräsentanz des Panels. Der elektronische Minitestmarkt ist eine Kombination von Haushaltspanel zur Erfassung des Konsumverhaltens mit Scannerkasse zur Abverkaufskontrolle über **EAN-Code** → Glossar mit Identitätskarte und örtlich gesteuertem TV- und Print-Werbeeinsatz in ausgewählten Orten (z. B. GfK-Behavior Scan, NIELSEN Telerim).

Motivforschung | 2.5

Definition

Die Motivforschung analysiert Wünsche, Erwartungen, Neigungen, Einstellungen, Meinungen und Verhaltensweisen.

Motive → Glossar sind Beweggründe in Bezug auf ein Ziel. Ein Motiv ist die Bereitschaft einer Person zu einem bestimmten Verhalten. Die Motivforschung untersucht diese Beweggründe (z. B. Wünsche, Bedürfnisse, subjektive Wertvorstellungen). Es sollen Motive des Verhaltens erfasst werden, die nicht direkt erfragbar sind. Die Probleme bei der Motivforschung liegen darin, dass Personen aus Unwilligkeit oder Unfähigkeit oft über ihre Motive nicht adäquat Auskunft geben. Notwendig ist deshalb die Messung von Indikatoren, Assoziationen und Projektionen.

Im Marketing werden in der Motivforschung u. a. die folgenden qualitativen Erhebungsverfahren eingesetzt:

- Exploration
- Tiefeninterview
- Gruppenexploration (= Gruppendiskussion)
- Online-Fokus-Gruppen
- Projektion
- Assoziation

Verfahren der
Motivforschung

Die **Exploration** → Glossar ist eine Voruntersuchung, die Einblick in die grundlegenden Untersuchungsprobleme geben soll (**freies Interview** → Glossar). Ein nicht-standardisiertes Interview dient zur Erhebung von Informationen über unbewusste oder unterbewusste Motive, Gefühle und Einstellungen. Es ist durch die häufige Verwendung von indirekten Fragen gekennzeichnet. Die Exploration geht gleitend in das Tiefeninterview über. Das **Tiefeninterview** → Glossar ist ein langes, intensives Gespräch zur Gewinnung von Einblicken in unbewusste Denkstrukturen. Das Interview wird vollständig auf die Individualität des Befragten abgestellt. Explorationen und Tiefeninterviews werden nur in kleinen Fallzahlen durchgeführt. Die qualitativen Ergebnisse sind oft als Vorlauf (Pilotstudie) zu einer quantitativen Erhebung gedacht. Die **Gruppenexploration (= Gruppendiskussion** → Glossar) ist die gleichzeitige Befragung mehrerer Personen. Während der Befragung ist die Kommunikation zwischen den Befragten erlaubt. Dies führt zu einer offenen Gesprächsrunde, die die Interviewsituation in den Hintergrund treten lässt. Es werden Meinungen geäußert, die bei einem Einzelinterview nicht genannt worden wären. Die Gruppendiskussion kann verdeckt beobachtet werden. Die Ergebnisse sind nicht repräsentativ, geben jedoch meist wertvolle Hinweise. Gruppendiskussionen sind meist schnell und kostengünstig durchzuführen. **Online-Fokus-Gruppen** basieren auf Internet-Chats mit eindeutig bestimmten und zusammengestellten Testpersonen. Die Testpersonen treffen sich zu einem festen Termin im virtuellen Chat-Raum. Ein Moderator steuert den Verlauf des Chats. Alle Meinungsäußerungen der

Chat-Teilnehmer werden für eine spätere Auswertung in einer Textdatei protokolliert. Bei der **Projektion** (= projektive Fragen) werden die Befragten aufgefordert, in Bezug auf eine andere Person oder die Allgemeinheit zu einer Frage Stellung zu nehmen. Dabei wird unterstellt, dass die Person ihre eigene Meinung, die sie bei einer anderen Fragetechnik so nicht zum Ausdruck bringen würde, in andere hineinprojiziert. Projektionsverfahren sind der thematische Apperzeptions-Test und der ROSENZWEIG-Test. Der ROSENZWEIG-Test wird auch als **Picture-Frustration-Test** → Glossar, **Ballon-Test** → Glossar, Comic-Strip-Test oder Cartoon-Test bezeichnet. Bei der **Assoziation** wird versucht, spontane qualitative Sachverhalte zu erheben. Assoziationsgrundlage sind Reizwörter, Satzanfänge oder Abbildungen. Die Personen werden aufgefordert, dazu schnell, unkontrolliert, spontan und unwillkürlich Stellung zu nehmen. Zu den Assoziationsverfahren gehören der **Satzergänzungstest** → Glossar, der Wortassoziationstest und der Zuordnungstest.

   Der **thematische Apperzeptions-Test** → Glossar (Apperzeption = **Wahrnehmung** → Glossar) besteht aus einer Serie von Schwarz-Weiß-Bildern, die bestimmte Lebens- und Konsumsituationen (z. B. Kaufhandlungen) in rätselhaften und unklaren Bildern darstellen. Die Versuchsperson soll Aussagen (z. B. eine Geschichte erzählen) darüber machen, wie die Situation entstanden sein könnte, wie sie sich weiterentwickeln wird und was die beteiligten Personen fühlen, denken und sagen. Zeigt z. B. die Bilderserie ein bestimmtes Produkt, wird die Rolle des Produkts in dieser Geschichte untersucht. Der **Rosenzweig-Test** → Glossar zeigt 24 karikaturartige Zeichnungen, die unterschiedliche und miteinander nicht zusammenhängende Situationen darstellen. Meist werden zwei Personen in einer Konfliktsituation gezeigt. Die Versuchsperson soll sich in die Rolle des beteiligten Gegenspielers versetzen und für ihn antworten. Der Dialog ist in großen Sprechblasen wiedergegeben. Die Antworten werden in vorgezeichnete leere Sprechblasen eingetragen. Der **Bilder-Erzähl-Test** gibt in bewusst undeutlich gestalteten Bildern typische Lebenssituationen wieder. Die Testpersonen werden aufgefordert, dazu eine Geschichte zu erfinden. Die **Produkt-Personifizierung** beschreibt einen typischen Produktverwender. Die Testperson wird gebeten, sich den typischen Verwender vorzustellen und ihn möglichst genau zu charakterisieren. Bei einer anderen Vorgehensweise wird der Testperson eine Reihe von Bildern verschiedener Personentypen vorgelegt. Die Testperson wählt die Typen aus, die als Käufer in Frage kommen. Beim **Satzergänzungs-Test** werden den Versuchspersonen unvollständige Sätze vorgelegt. Die einzelnen Sätze werden so formuliert, dass sie ein Thema jeweils aus unterschiedlichen Aspekten beleuchten. Beispiele: „Männer, die morgens als erstes eine Zigarette rauchen …." „Personen, die ein Fahrzeug der Marke X fahren, …"

„Frauen, die ein Kleid der Marke Y tragen …" Im **Wortassoziations-Test** werden die Versuchspersonen aufgefordert, zu gesagten oder gezeigten Reizwörtern möglichst schnell Wörter, Begriffe oder Sätze (spontane Assoziationen) zu nennen, die ihnen gerade einfallen. Bei den Reizwörtern kann es sich z. B. um einen Markennamen handeln. Beim **Zuordnungs-Test** werden den zu untersuchenden Produkten z. B. alternative Packungsentwürfe oder Eigenschaften zugeordnet. Durch das Zuordnungsverfahren soll festgestellt werden, welche Verhaltensweisen Personen mit unterschiedlichen Persönlichkeitsstrukturen zeigen.

Merksätze

Die Motivforschung gehört zur demoskopischen Marktforschung.
Die Demoskopie ist auf die Erhebung von Merkmalen und Verhaltensweisen von Menschen angelegt.
Es werden subjektiv persönliche Daten erhoben.
Die Motivforschung wird zur qualitativen, psychologischen Marketing-Forschung gerechnet.

2.6 | Datenmessung

Definition

Eine Messung ist die systematische Erfassung empirischer Sachverhalte durch Befragung oder Beobachtung.

Bei quantitativen Größen wie z. B. Absatz, Umsatz und Einkommen ist die Messung unproblematisch. Dies sind direkt beobachtbare Größen. Schwierig ist die Messung qualitativer, nicht beobachtbarer Merkmale (= hypothetische Konstrukte). Dazu gehören z. B. Einstellungen und Image. Für solche Begriffe müssen operationale Definitionen beobachtbarer Merkmale angegeben werden. Das Image eines Kaufhauses kann z. B. nicht direkt gemessen werden. Operationalisiert und damit messbar wird das Image, wenn Personen u. a. über die wahrgenommene Preiswürdigkeit der Produkte, über die Auswahl an Waren und über die Qualität der Beratung befragt werden.

Ziel der Datenerhebung ist es, eine möglichst hohe Messgenauigkeit zu erhalten. Die **Qualität der gemessenen Daten** lässt sich danach beurteilen, inwieweit die Messung objektiv, zuverlässig und gültig ist. **Objektiv** ist eine Messung dann, wenn die Messergebnisse frei von subjektiven Einflüssen sind. Messen verschiedene Personen unabhängig voneinander den gleichen empirischen Sachverhalt, müssen sie zu identischen Ergebnissen kommen. **Reliabilität** → Glossar **(= Zuverlässigkeit)** einer Messung liegt vor, wenn bei wiederholter Messung des gleichen Sachverhalts identische Messwerte erzielt werden. Die **Validität** → Glossar **(= Gültigkeit)** einer Messung ist gewährleistet, wenn genau der empirische Sachverhalt gemessen wird, der gemessen werden soll.

Die Qualität der Daten wird durch **Zufallsfehler** → Glossar und **systematische Fehler** beeinflusst. Zufallsfehler (= Standardfehler) entstehen, da statt der Grundgesamtheit eine Stichprobe erhoben wird. Zufallsfehler streuen gleichmäßig um den richtigen Wert. Der Zufallsfehler ist berechenbar. Durch eine Erhöhung des Stichprobenumfangs lässt sich der Stichprobenfehler reduzieren. Systematische Fehler treten durch Erfassungsfehler (z. B. durch Interviewereinfluss) und technische Fehler (z. B. Codierungsfehler) auf. Weitere Fehlerquellen liegen in der Formulierung von Fragen, in der Datenauswertung und in der Dateninterpretation. Stichprobenausfälle (= ein Teil der Befragten antwortet nicht, Non-Response-Problem) erhöhen den systematischen Fehler zusätzlich.

> Eine Messung muss objektiv, zuverlässig und gültig sein.

Infokasten				
Eigen-schaften ▼	**Skalentypen**			
	Nominalskala	Ordinalskala	Intervallskala	Verhältnisskala
	Beispiele			
	männlich, weiblich	Bewertung von Produkten	Image-messung auf 5er-Skala[*]	Absatz, Umsatz
Nullpunkt vorhanden?	nein	nein	Nullpunkt wird definiert.	natürlicher Nullpunkt
gleiche Abstände?	nein	nein	ja	ja
Rangbildung möglich?	nein	Ja	ja	ja
Identität	Ja	Ja	ja	ja
metrisch	nein	nein	ja	ja

[*] Die Skala hat zunächst ordinales Niveau. Sie nimmt die Eigenschaft einer Intervallskala an, wenn die Hypothese zugrunde gelegt werden kann, dass die Abstände zwischen den Skalenwerten als gleich eingeschätzt werden (Rating-Skala).

Damit den Ausprägungen der untersuchten Merkmale Zahlen zugeordnet werden können, muss ein Maßstab (= Skala) festgelegt werden. Skalieren ist das Zuordnen von Zahlen nach ganz bestimmten Verfahren. Grundsätzlich lassen sich vier Skalentypen unterscheiden:

- Nominalskalen
- Ordinalskalen
- Intervallskalen
- Verhältnisskalen

Skalentypen   **Nominalskalen** → Glossar klassifizieren Besitz oder Nichtbesitz eines qualitativen Merkmals. Beispiel: männlich = 1, weiblich = 2. Bei einer **Ordinalskala** → Glossar lassen sich die Untersuchungsobjekte in eine Rangfolge bringen. Beispiel: Wenn die Anzeige A bezüglich des Merkmals „Aktivierung" auf Rang 1 und die Anzeige B auf Rang 2 liegt, dann hat die Anzeige A einen höheren Aktivierungsgrad als die Anzeige B. Eine **Intervallskala** → Glossar hat gleichgroße Abstände (Intervalle) zwischen den Skalenabschnitten. Die Unterschiede zwischen zwei Messwerten können quantifiziert und ein Nullpunkt kann definiert werden. Die Messwerte können addiert (z. B. Bildung von Durchschnittswerten) und subtrahiert werden. Beispiel: Temperaturmessungen. Bei nicht direkt beobachtbaren Merkmalen (z. B. Einstellungen, Image, Motive, Kaufwahrscheinlichkeiten) kommen **Rating-Skalen** zur Anwendung. Rating-Skalen werden im Hinblick auf mathematische und statistische Verfahren als „quasi-intervallskaliert" betrachtet. Die untersuchten Objekte (z. B. Produkte, Unternehmen, Einkaufsstätten) werden hinsichtlich wesentlicher Merkmale auf einer mehrere Stufen (oft 5-Skala oder 7-Skala) umfassenden Skala beurteilt. Die Abstände zwischen den Merkmalsausprägungen werden verbal, numerisch und manchmal grafisch unterstützt, um die Einstufung zu erleichtern. **Verhältnisskalen** → Glossar unterscheiden sich von Intervallskalen durch einen „natürlichen" Nullpunkt. Dies bedeutet, dass das Merkmal bei einer Ausprägung von Null nicht mehr vorhanden ist. Beispiel: Messung des Marktanteils eines Produkts.

Bei den Skalierungsverfahren werden eindimensionale und mehrdimensionale Verfahren unterschieden. Bei der **Messung von Einstellungen** (= **Image** → Glossar) lassen sich folgende unterschiedliche Aspekte (= Dimensionen, Komponenten) untersuchen:

- Affektive Aspekte
- Kognitive Aspekte
- Konative Aspekte

Skalierungsverfahren   Die **affektiven Aspekte** (z. B. Sympathie, Interesse) beruhen auf einer gefühlsmäßigen Einschätzung oder Wertung, die **kognitiven Aspekte** beziehen sich auf das subjektive Wissen (z. B. Erinnerung, Kenntnis) und die **konativen Aspekte** geben Hinweise auf die mit der Einstellung verbundene Verhaltensabsicht (z. B. Kaufbereitschaft, Probierkäufe). Eindimensionale Skalierungsverfahren messen einen Aspekt, während mehrdimensionale Skalierungsverfahren mehrere Aspekte erfassen. Manchmal wird zur Einstellung einer Person zu einem Objekt nur der gefühlsbetonte (= emotionale) Aspekt und der verstandsbetonte (= kognitive) Aspekt gerechnet. Einstellungen und Verhalten können sich wechselseitig beeinflussen: Einstellungen bestimmen das Verhalten und Verhalten bestimmt die Einstellung. Ein Standardverfahren zur mehrdimensionalen Einstellungsmessung ist das **Semantische Differential** → Glossar (= Polaritätenprofil, = Multi-Item-Profil). Die Befragten geben ihren Eindruck (z. B. über ein Produkt oder ein Unternehmen) über eine Reihe von einzelnen Aspekten (= Items, Statements, Merkmale, Eigenschaftswörter) an. Auf einer meist siebenstufigen Rating-Skala wird pro Aspekt kenntlich gemacht, inwieweit der zum Ausdruck gebrachte Sachverhalt zutrifft. Dabei werden die Aspekte als Gegensatzpaare formuliert, die im wörtlichen Sinne zu verstehen sind und sich direkt auf das Objekt beziehen. Beispiele: Beschreibung einer Stadt: teuer – billig, historisch – modern, leise – laut. Beschreibung eines Einzelhandelsgeschäfts: freundliche Bedienung – unfreundliche Bedienung, gute Parkmöglichkeiten – schlechte Parkmöglichkeiten. Die Einzelbeurteilungen können durch eine Linie verbunden werden. So ergeben sich Einstellungsprofile (= Imageprofile) als Ist- bzw. als (Ziel-)Soll-Profile oder als Idealprofile. Die Einstellungsmessung soll nicht nur die Zuordnung von relevanten Merkmalen zu einem Objekt leisten, sondern auch die relative Bedeutung (= Stellenwert) dieser Merkmale erfassen. Die verwendeten Gegensatzpaare haben beim klassischen semantischen Differential keinen direkten Bezug zum untersuchten Objekt. Sie sind nicht wörtlich, sondern im übertragenen Sinn (= metaphorisch) zu verstehen. Dadurch können mit den gleichen Eigenschaftspaaren Einstellungen zu verschiedenen Objekten ermittelt und verglichen werden. Die Gegensatzpaare leicht – schwer, gut – schlecht und leise – laut können so zur Beurteilung eines Künstlers, eines Schokoriegels aber auch eines Bundeslandes verwendet werden.

Einstellungsmessung

Imagemessung

Merksatz

Affektive, kognitive und konative Zielgrößen (= Erfolgsgrößen) lassen sich über Skalierungsverfahren messen.

Einstellungsmessungen – in der Praxis meist auf der Grundlage von wörtlich gemeinten Eigenschaften – sind für ein konzeptionelles Marketing unverzichtbar.

Einstellungsmessungen liefern vorrangig (Kontroll-)Ergebnisse für produktpolitische Maßnahmen (z. B. für eine Produktvariation) und kommunikationspolitische Maßnahmen (z. B. für das Herausstellen relevanter Produktmerkmale).

2.7 | Datenaufbereitung und Datenanalyse

Der Datenerhebung folgt die Aufbereitung, Auswertung und Analyse (Interpretation) der gewonnenen Daten. Ziel der **Datenaufbereitung** ist die übersichtliche Darstellung des Datenmaterials und das Aufstellen von Datenkategorien. Beispiel: Erstellen von Tabellen und Grafiken über Einkommensklassen. Eine einfache Form der Tabelle ist z. B. die eindimensionale Häufigkeitsverteilung oder die Bildung von Prozentwerten.

Deskriptive Analyseverfahren

Bei der **Datenanalyse** werden deskriptive Analyseverfahren und analytische Analyseverfahren unterschieden. **Deskriptive Analyseverfahren** erfassen und beschreiben die gewonnenen Informationen. Sie können keine Beziehungen erklären. Es geht z. B. um die Erfassung und Beschreibung des Marktes über die Kenngrößen Marktpotenzial und Marktvolumen und die demografische, sozioökonomische und psychografische Zielgruppenbeschreibung. Die **analytischen Verfahren** versuchen, wechselseitige Beziehungen **(= Interdependenzen)** zu finden und die Stärke der Zusammenhänge aufzuzeigen **(Korrelation)** sowie **Abhängigkeiten (= Dependenzen)** darzustellen. Die **Regressionsanalyse** → Glossar ist ein Verfahren zur Analyse von Abhängigkeiten. Sie untersucht die Beziehungen zwischen einer abhängigen und einer bzw. mehrerer unabhängiger Variablen. Dabei wird eine eindeutige Richtung des Zusammenhangs unterstellt, die nicht umkehrbar ist (= Dependenzanalyse). Die Einteilung der Variablen in abhängige und unabhängige Variable ergibt sich aus dem sachlogischen Zusammenhang. Die Regressionsanalyse versucht in einer Ursachenanalyse z. B. die Frage zu klären, welchen Einfluss der Preis (= unabhängige Variable) auf den Umsatz (= abhängige Variable) hat. In einer Wirkungsprognose wird gefragt, wie sich die abhängige Variable (z. B. Umsatz) verändert, wenn die unabhängige Variable (z. B. Preis) geändert wird. In einer Trendprognose wird dargestellt, wie sich eine abhängige Variable (z. B. Absatz, Umsatz) bei gleich bleibendem Einsatz der Marketing-Instrumente im Zeitablauf entwickelt. Die Güte der Regressions-

Analytische Analyseverfahren

funktion und damit die Verlässlichkeit der Aussage ist abhängig von der Stärke des Zusammenhangs zwischen den Variablen. Diese Messung ist Aufgabe der **Korrelationsanalyse** → Glossar. Die Stärke und Richtung des Zusammenhangs wird durch den Korrelationskoeffizienten wiedergegeben. Der Korrelationskoeffizient nimmt Werte zwischen +1 und –1 an. Durch die Größe des Wertes wird die Stärke, durch das Vorzeichen die Richtung des Zusammenhangs angezeigt.

Bei der Datenanalyse werden univariate Verfahren, bivariate Verfahren und multivariate Verfahren unterschieden. Bei den univariaten Verfahren ist nur eine Variable Gegenstand der Untersuchung (z. B. Zeitreihenanalyse, Trendanalyse). Bei den bivariaten Verfahren werden zwei Variablen untersucht (z. B. zweidimensionale Häufigkeitsverteilung, Korrelationsanalyse). Multivariate Verfahren berücksichtigen mehr als zwei Variablen (z. B. Faktorenanalyse, Clusteranalyse, Conjoint Measurement).

Die **Faktorenanalyse** → Glossar ist ein Verfahren zur Analyse von Zusammenhängen. Sie ist ein multivariates Analyseverfahren zur Analyse wechselseitiger Beziehungen zwischen Variablen. Eine größere Menge an messbaren Variablen soll auf eine dahinter stehende kleinere Zahl voneinander unabhängiger nicht messbarer Variablen (= „Supervariablen", Faktoren) verdichtet werden. Diese Faktoren sollen einen größeren Erklärungsbeitrag leisten. Grundlage ist eine Ermittlung von Korrelationen zwischen den Variablen. Die **Clusteranalyse** → Glossar ist ein Klassifikations- und Typisierungsverfahren. Bei der Clusteranalyse wird eine Vielzahl von unterschiedlichen Objekten in homogene Gruppen zusammengefasst. Ziel ist es meist, Zielgruppen bzw. Käufertypologien zu ermitteln, die in sich möglichst homogen sind. Gleichzeitig sollen die Gruppen untereinander jedoch höchst unterschiedlich sein. Die **Conjoint Analyse** → Glossar (= Conjoint Measurement) ist ein multivariates Analyseverfahren zur Dekomposition (Zerlegung) von Einstellungsurteilen zu Objekten (z. B. zu Produkten). Aus empirisch erhobenen Präferenzurteilen wird versucht, den Beitrag einzelner Merkmale zum Gesamturteil zu ermitteln. Die Merkmale müssen relevant und beeinflussbar sein. Die Präferenzmessung kann z. B. über Paarvergleiche erfolgen.

Merksatz

Datenaufbereitung und Datenanalyse bilden die Informationsgrundlage für die Marketing-Planung. Die Datenanalyse liefert die Ist-Daten zur Zielkontrolle und Zielkorrektur sowie Prognose-Daten für die Zielbildung, zur Strategieentwicklung und für die Maßnahmen-Planung.

2.8 | Marketing-Prognosen

Definition

Marketing-Prognosen → Glossar **sind auf empirische Daten, Analysen und Erfahrungen gestützte Vorhersagen über zukünftige Marketing-Situationen von Unternehmen.**

Gegenstand von Marketing-Prognosen ist meist die Absatzsituation. Prognostiziert werden Markt- und Absatzpotenzial, Markt- und Absatzvolumen und der Marktanteil. Diese Daten bilden die Grundlage für die Absatzplanung. **Prognosen** → Glossar lassen sich nach dem Prognosezeitraum und nach dem Vorgehen unterteilen. Nach dem Prognosezeitraum werden kurzfristige Prognosen (bis zu einem Jahr), mittelfristige Prognosen (ein Jahr bis drei Jahre) und langfristige Prognosen (drei Jahre bis zehn Jahre) unterschieden. Nach den eingesetzten Prognoseverfahren gibt es eine Einteilung in qualitative (intuitive) und quantitative (mathematisch-systematische) Prognoseverfahren. Eine weitere Unterteilung trennt zwischen Entwicklungsprognosen und Wirkungsprognose. **Ent-**

Prognosearten **wicklungsprognosen (= Trendprognosen)** unterstellen, dass die in der Vergangenheit beobachteten Werte der Prognosegröße als Grundlage für die Vorhersage über die zukünftige Entwicklung herangezogen werden können. Dazu ist es notwendig, für die in der Vergangenheit beobachteten Werte einen Funktionstyp zu finden, der die empirische Entwicklung und die darin enthaltende Gesetzmäßigkeit am besten wiedergibt. Dazu bieten sich drei mathematische **Trendfunktionen** → Glossar an. Die **Lineare Trendfunktion** → Glossar liefert brauchbare Ergebnisse bei stabilen, relativ konstanten Wachstumsraten. Die **Exponentielle Trendfunktion** → Glossar wird bei starkem Wachstum herangezogen. Die **Logistische Trendfunktion** → Glossar wird bei abnehmenden Wachstumsraten und Sättigungserscheinungen auf dem Markt vorzuziehen sein. Eine besondere Form von Entwicklungsprognosen sind Indikatorprognosen. Bei **Indikatorprognosen** wird die Vorhersage nicht auf der Grundlage von Vergangenheitswerten der Prognosegröße vorgenommen, sondern die Entwicklung eines Indikators zu Grunde gelegt. Der Indikator muss eine enge Beziehung (eine hohe Korrelation) zu der Prognosegröße aufweisen. Die zukünftigen Marktentwicklungen sollen gut wiedergegeben werden. Beispiel: Prognose des Reifenabsatzes über die Zahl der zugelassenen Automobile. Gegenstände von Entwicklungsprognosen sind z. B. Marktpotenzial, Marktvolumen, Absatzpotenzial und Absatzvolumen. **Wirkungsprognosen** stellen z. B. den Preis

Grundformen von Trendfunktionen | Abb. 2.1

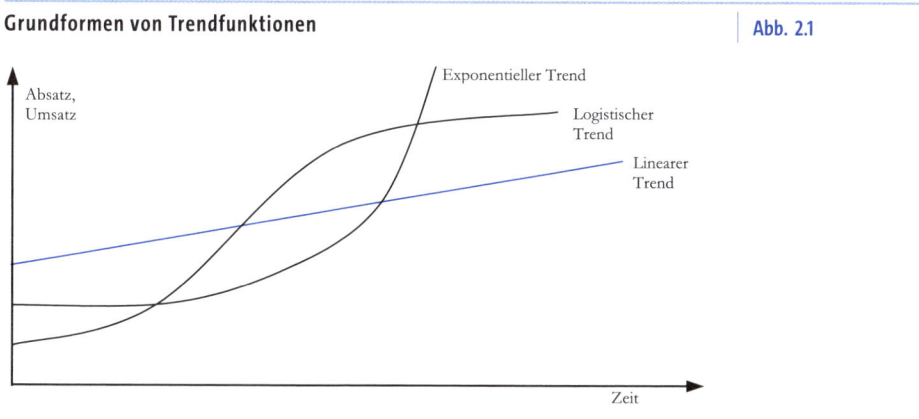

(Preisabsatzfunktion) oder die Werbekosten (Werbewirkungsfunktion, Werbeerfolgsfunktion) als unabhängige Variable dar. Absatz oder Umsatz werden als abhängige Variable dargestellt. Wirkungsprognosen können mit Hilfe der Regressionsanalyse erstellt werden.

Prognosen können auch auf der Grundlage von **Marktexperimenten** vorgenommen werden. Bei Marktexperimenten wird unter kontrollierten Bedingungen in einem abgegrenzten Teilmarkt die Wirkung von Marketing-Maßnahmen überprüft. Es lassen sich regionale Testmärkte (= Markttests) und lokale Testmärkte (= Store Tests) unterscheiden. Die Ergebnisse von Markttests → vgl. S. 45 f. sind meist repräsentativ für den Gesamtmarkt. Ein Beispiel für Wirkungsprognosen auf der Basis von Marktexperimenten, z. B. durch ein Preisexperiment, ist die Ermittlung von Preisabsatzfunktionen. Für ein Produkt wird der Preis in verschiedenen Läden über eine gewisse Zeit variiert. Daraus ergibt sich eine Vielzahl von Preis-Mengenkombinationen, die über eine Regressionsanalyse ausgewertet werden können.

Qualitative Prognoseverfahren | 2.8.1

Qualitative Prognoseverfahren stützen sich auf persönliche Meinungen und Erfahrungen von Kunden und Experten. Es werden z. B. die folgenden **qualitativen Prognoseverfahren** unterschieden:
- Kundenbefragungen
- Händlerbefragungen
- Expertenbefragungen
- Delphi-Methode
- Szenario

Prognosemethoden Prognosen auf der Grundlage von **Kundenbefragungen** sind im Konsumgüterbereich oft nur bei kurzfristigen **Absatzprognosen** → Glossar sinnvoll. Im Investitionsgüterbereich sind Kundenbefragungen besser geeignet, da hier meist die Anzahl der Kunden überschaubar ist und die Kaufentscheidungen sich auch im Hinblick auf ihre Fristigkeit besser abschätzen lassen. **Händlerbefragungen** sind dann sinnvoll, wenn es darum geht, das Verhalten des Handels zu prognostizieren, z. B. das Verhalten bei der Aufnahme von neuen Produkten in das Sortiment. Kundenbefragungen und Händlerbefragung können als Panel-Erhebungen angelegt sein. **Expertenbefragungen** sind z. B. Befragungen von Futurologen, Managern, Verkäufern und Außendienstmitarbeitern. Experten sind Personen, die über Fachwissen verfügen und daraus fachliche Autorität ableiten. Es wird auf die subjektiven Bewertungen von Personen zugegriffen, die aufgrund ihrer Markt- und Unternehmenskenntnis besonders gute Einschätzungen von zukünftigen Entwicklungen geben können. Die **Delphi-Methode** → Glossar ist eine besondere Form der Expertenbefragung in mehreren Befragungszyklen. Die Fragen werden von Runde zu Runde verändert. Ein Moderator entscheidet, welche Informationen aus der jeweils vorhergegangenen Runde den Experten zukommen, damit sie ihre Einschätzung überprüfen und gegebenenfalls ändern können. Nach drei bis vier Runden ist meist ein zufrieden stellendes Ergebnis erreicht. Schriftlich oder mündlich befragt werden 20 bis 100 Experten, die untereinander anonym bleiben. Die Prognosen der Experten können nach deren vermuteter Kompetenz gewichtet werden. Die **Szenario-Technik** identifiziert Einflussgrößen auf die Prognosegröße und bildet Hypothesen über deren langfristige Entwicklung. Kritische Ereignisse (Strukturbrüche) und Störeinflüsse im Zeitablauf werden mit einbezogen. Dabei wird ein optimistisches Szenario (Best Case-Szenario) als Obergrenze der Entwicklung entworfen. Ein pessimistisches Szenario (Worst Case-Szenario) bildet die Untergrenze. Die beiden extremen Szenarien sollen die Spannweite zukünftig denkbarer Entwicklungen aufzeigen. Das wahrscheinlichste Szenario liegt dazwischen → vgl. Abbildung 2.2, S. 61.

Merksatz

Die qualitativen Prognoseverfahren bieten sich für langfristige Prognosen an, wenn die vorhandenen Informationen über die Vergangenheitswerte oder die Dynamik des Marktes quantitative Prognosen nicht zulassen.

Szenariotrichter – Modell zur Darstellung von Szenarien | Abb. 2.2

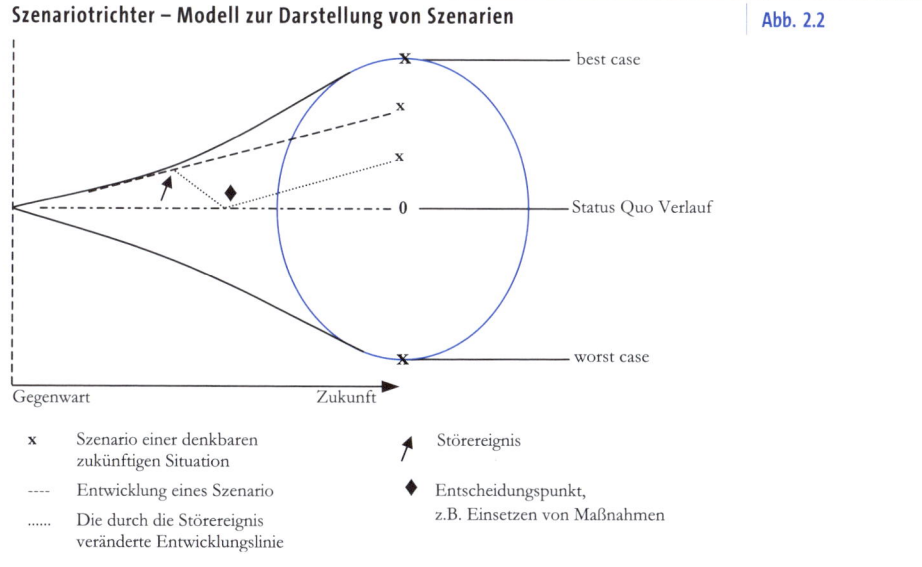

- best case
- Status Quo Verlauf
- worst case

Gegenwart   Zukunft

x	Szenario einer denkbaren zukünftigen Situation
----	Entwicklung eines Szenario
......	Die durch die Störereignis veränderte Entwicklungslinie

- ↗ Störereignis
- ◆ Entscheidungspunkt, z.B. Einsetzen von Maßnahmen

Quantitative Prognoseverfahren | 2.8.2

Quantitative Prognoseverfahren beruhen auf einer Vorhersage der Prognosegröße auf der Basis von mathematischen Funktionsverläufen oder mathematischen Verknüpfungen. Es lassen sich z. B. die folgenden **quantitativen Prognoseverfahren** unterscheiden:

- Gleitende Durchschnitte
- MARKOFF-Ketten
- Trendextrapolation
- Regressionsanalyse
- Exponentielle Glättung

Bei den **gleitenden Durchschnitten** werden nur die letzten Werte von Zeitreihen für die Prognose berücksichtigt. Bei den Berechnungen fallen jeweils am Anfang der Reihe „alte" Werte aus und gehen am Ende aktuelle neue Werte ein. Das **Markoff-Ketten-Modell** dient zur Prognose von Marktanteilen. Es geht von der Annahme aus, dass die Markenwahl, die Kaufwahrscheinlichkeit, durch die Käufe der letzten Periode bestimmt wird. Übergangswahrscheinlichkeiten geben an, wie groß die Wahrscheinlichkeit ist, dass ein Käufer nach der Wahl einer Marke in einer Periode in der folgenden Periode eine andere Marke wählt (Markentreue). Grundlage sind Daten aus Haushaltspanels. Die **Trendextrapolation** geht

Mathematische Prognoseverfahren

von der Entwicklung in der Vergangenheit aus, die für die Zukunft fortgeschrieben wird. Es wird dabei unterstellt, dass die in der Vergangenheit festgestellte Gesetzmäßigkeit sich auch in der Zukunft fortsetzt. Auf der Grundlage der Vergangenheitsdaten (= Zeitreihen) wird eine Trendfunktion ermittelt. Auf die Qualität der Prognose wirkt sich aus, welcher Funktionstyp für die zukünftige Entwicklung zugrunde gelegt wird. Es werden lineare, exponentielle und logistische Trendfunktionen unterschieden → vgl. Abbildung 2.1, S. 59. Die Trendextrapolation wird häufig bei Absatz- und Umsatzprognosen eingesetzt. Mit der **Regressionsanalyse** → vgl. Dependenzanalyse, S. 56 werden Daten einer abhängigen Variablen anhand der Daten einer oder mehrerer unabhängiger Variablen erklärt (= erklärende Variable) und prognostiziert. Welche Variable dabei als abhängig (z. B. Absatz, Umsatz) und welche als unabhängig (z. B. Werbung, Verpackung, Preis) betrachtet wird, ist eine Frage der Plausibilität. Ziel der Regressionsanalyse ist sowohl die Prognose der festgelegten Variablen als auch eine empirische Überprüfung der Abhängigkeiten zwischen den Variablen. Bei der **exponentiellen Glättung** werden die zuletzt betrachteten Vergangenheitsdaten stärker gewichtet. Grundgedanke ist, dass diese Daten über die zukünftige Entwicklung aussagekräftiger sind als weiter zurückliegende Daten.

Merksätze

Mathematische Prognoseverfahren unterstellen einen mathematischen Zusammenhang zwischen den zu prognostizierenden Variablen (z. B. Absatz, Umsatz) und erklärenden Variablen (z. B. Werbung).
Meist ist es sinnvoll, die mathematischen Prognoseverfahren durch eine intuitive qualitative Prognose zu ergänzen.

Kontrollfragen

1 Grenzen Sie die Begriffe Marketing-Forschung und Marktforschung gegeneinander ab.
2 Nennen Sie die wichtigsten Phasen im Marketing-Forschungsprozess.
3 Welche Anforderungen sind an die Informationen zu stellen, die den unternehmerischen Entscheidungsprozess verbessern sollen?
4 Bei der Datenerhebung wird zwischen Primärforschung und Sekundärforschung unterschieden. Erläutern Sie bitte diese Formen der Datenerhebung.

5 Zeigen Sie den Unterschied zwischen einer Vollerhebung und einer Teilerhebung auf. Wann ist eine Vollerhebung sinnvoll?

6 Nennen Sie möglichst viele Quellen der Sekundärforschung.

7 Zeigen Sie die Grenzen der Sekundärforschung auf.

8 Welche Anforderungen sind an die Messung von Daten zu stellen?

9 Kennzeichnen Sie die vier Messniveaus der Skalierung.

10 Nennen Sie möglichst viele zufalls- und nicht-zufallsorientierte Auswahlverfahren für Stichproben.

11 Bei einer Befragung werden offene und geschlossene Fragen sowie direkte und indirekte Fragen unterschieden. Bilden Sie jeweils ein Beispiel für diese Fragearten.

12 Diskutieren Sie die Vorteile und Nachteile der verschiedenen Befragungsformen.

13 Beim Aufbau des Fragebogens werden neben Sachfragen auch ablauftechnische Fragen gestellt. Erläutern Sie bitte diese Fragearten.

14 Beschreiben Sie den Ablauf einer Befragung.

15 Nennen Sie die wesentlichen Anwendungsgebiete der Beobachtung.

16 Charakterisieren Sie das Experiment als Erhebungsmethode.

17 Beschreiben Sie Wesen und Aufgabe von Markttests.

18 Wodurch kann die Repräsentativität von Panelinformationen eingeschränkt werden?

19 Nennen Sie die wesentlichen Verfahren und Methoden der Motivforschung.

20 Wodurch unterscheiden sich Entwicklungsprognosen und Wirkungsprognosen?

21 Nennen Sie drei grundsätzliche Funktionstypen von Entwicklungsprognosen und deren Prämissen. Zeichnen Sie die Kurvenverläufe.

22 Verdeutlichen Sie die Unterschiede zwischen quantitativen und qualitativen Prognosen.

23 Nennen Sie möglichst viele qualitative und quantitative Prognoseverfahren.

Literatur

Bauer, E. [2002]: Internationale Marketingforschung, 3. Aufl., München

Berekoven, L./**Eckert**, W./**Ellenrieder**, P. [2006]: Marktforschung, Methodische Grundlagen und praktische Anwendung, 11. überarb. Aufl., Wiesbaden

Böhler, H. [2004]: Marktforschung, 3. Aufl., Stuttgart

Ellinghaus, U. [2000]: Werbewirkung und Markterfolg, Marktübergreifende Werbewirkungsanalyse, München

Geuel, R./**Lauer**, H. [2004]: Das kleine Lexikon der Marketingforschung, 3. Aufl., Stuttgart

Hammann, P./**Erichson**, B. [2000]: Marktforschung, 4. Aufl., Stuttgart

Hermann, A./**Homburg**, C. (Hrsg.) [2000]: Marktforschung, 2. Aufl., Wiesbaden

Herrmann, A./**Homburg**, A./**Klarmann**, M. (Hrsg.) [2008]: Handbuch Marktforschung, Wiesbaden

Hüttner, M./**Schwarting**, U. [2002]: Grundzüge der Marktforschung, 7. Aufl., München

Kamenz, U. [2001]: Marktforschung, 2. Aufl., Stuttgart

Koch, J. [2001]: Marktforschung, Begriffe und Methoden, 3. Aufl., München

Kuss, A. [2004]: Marktforschung, Wiesbaden

Theobald, A./**Dreyer**, M./**Starsetzki**, T. (Hrsg.) [2003]: Online-Marktforschung, 2. Aufl., Wiesbaden

Weis, H. C./**Steinmetz**, P. [2002]: Marktforschung, 5. Aufl., Ludwigshafen

Welker, M./**Werner**, A./**Scholz**, J. [2005]: Online-Research, Markt- und Sozialforschung mit dem Internet, Heidelberg

Kaufverhalten | 3

Kaufverhalten beschäftigt sich mit dem Verhalten von Nachfragern beim Kauf, Gebrauch und Verbrauch von Produkten und Dienstleistungen. Die Analyse des Kaufverhaltens dient der Erkenntnis der Beeinflussungsmöglichkeiten von Kaufentscheidungen.
Es lassen sich vier Grundtypen von Kaufentscheidungen klassifizieren:1. Individuelle Kaufentscheidungen von Konsumenten, 2. Kollektive Kaufentscheidungen von Haushalten → vgl. Kap. 3.3.2, S. 71, 3. Individuelle Kaufentscheidungen in Organisationen (z.B. durch Einkäufer) und kollektive Kaufentscheidungen in Organisationen → vgl. Kap. 3.6, S. 78 f.

Black-Box-Modell | 3.1

Der Black Box-Ansatz ist ein Modell aus der Consumer Behavior-Theorie. Behavioristische Ansätze verzichten auf die subjektive Erfahrung und auf die auf Erlebnissen beruhenden Aussagen. Sie untersuchen nur beobachtbare Reize (= Stimuli) und Reaktionen (= Response). Es werden nur die Beziehungen zwischen Input (= Stimuli) und Output (= Response) dargestellt. **Black-Box-Modelle** → Glossar werden deshalb auch als Stimulus-Response-Modelle (**S-R-Modelle** → Glossar) bezeichnet. Es wird nicht untersucht, wie ein bestimmter Input mit einem bestimmten Output zusammenhängt. Die intrapersonellen Abläufe des Konsumenten werden bewusst ausgeblendet. Der Konsument wird als „black box" betrachtet. Dieses Modell hat deshalb nur einen geringen Erklärungswert.

Consumer
Behavior-Theorie

Abb. 3.1 | **Black-Box-Modell**

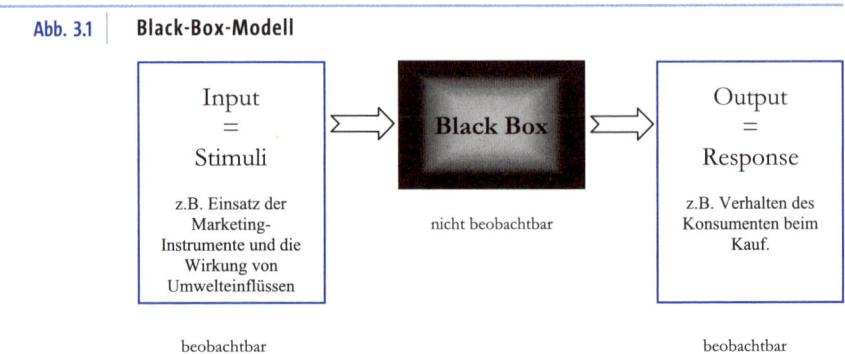

Der Behaviorismus erklärt menschliches Verhalten durch Beobachtung von Reizen und Reaktionen.

3.2 | Stimulus-Organismus-Response-Modell

Das **Stimulus-Organismus-Response-Modell (S-O-R-Modell)** versucht die Erklärung des Käuferverhaltens nicht nur aus den direkt beobachtbaren, auf die Käufer einwirkenden Stimuli heraus, sondern auch über die nicht direkt beobachtbaren Prozesse im Inneren (Organismus) der Käufer (= Neobehaviorismus).

Beispiel: Ein bestimmter Stimulus (S = Anzeige, Werbebotschaft) wird im Organismus (O = Gedächtnis) verarbeitet und führt dann zur Reaktion (R = Kauf des Produkts).

Als Stimuli wirken alle Marketing-Maßnahmen und Umwelteinflüsse. Der Organismus enthält einen emotionalen und einen kognitiven Teil (kognitiv = die Erkenntnis betreffend). Der Response zeigt das Konsumentenverhalten (z. B. Kauf, Präferenzen, Kenntnisse über Produkte). Die Größen S und R sind beobachtbar, die Größe O ist nicht beobachtbar.

Wie Stimuli zu einer bestimmten Reaktion führen, hängt von intervenierenden Variablen ab, über die bestimmte Vorstellungen (= hypothetische Konstrukte) bestehen. Beim S-O-R-Modell werden die intervenierenden Variablen in eine überwiegend aktivierende Variable (z. B. Emotionen, Motive, Einstellungen) und eine überwiegend kognitive Va-

Stimulus-Organismus-Response-Modell | Abb. 3.2

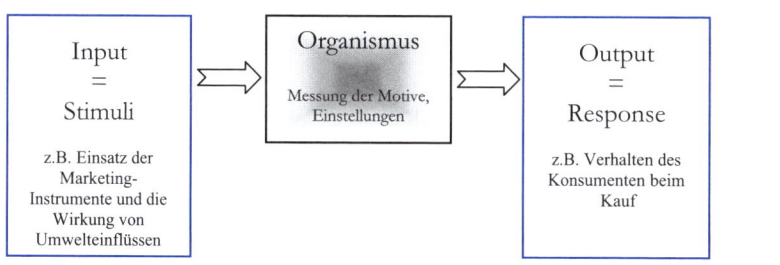

riable (z. B. Aufmerksamkeit, Erinnerung) unterteilt. Die hypothetischen Konstrukte bzw. die **intervenierenden Variablen** werden über geeignete **Indikatoren** → Glossar gemessen. Intervenierende Variablen sind Begriffe für nicht-beobachtbare Sachverhalte, die innerhalb von Personen wirksam werden (z. B. Gefühle, Gedächtnis). Diese Größen können zur Verhaltenserklärung herangezogen werden, wenn eine Verknüpfung mit dem beobachtbaren Sachverhalt gesichert ist. Für die intervenierenden Variablen sind nun Indikatoren zu suchen. Indikatoren sind unmittelbar messbare Sachverhalte. Ein Indikator für ein Produkt-Image ist z. B. die Äußerung einer Person über die Qualität des Produkts. Danach ist die Messtechnik für die Einstellungsmessung festzulegen → vgl. Befragung, S. 36, Rating-Skalen, S. 54.

Merksatz

Beim Neobehaviorismus werden die intervenierenden Variablen nicht als Black-Box betrachtet, sondern ausdrücklich in die Untersuchung mit einbezogen.

Partialmodelle des Konsumentenverhaltens | 3.3

Defintion

Partialmodelle → Glossar konzentrieren sich bei der Erklärung des Käuferverhaltens auf ausgewählte Einflussgrößen.

3.3.1 | Psychologische Partialmodelle

Zu den Psychologischen Partialmodellen des Konsumentenverhaltens zählen u. a.:

- Motivtheorie
- Einstellungstheorie (= vereinfachend Einstellung = Image)
- Risikotheorie
- Dissonanztheorie

Die **Motivtheorie** beschäftigt sich mit den Motiven (= Beweggründen), die dem Kaufverhalten zugrunde liegen können. Ein **Motiv** → Glossar ist die Bereitschaft einer Person zu einem bestimmten Verhalten. Motive sind Kräfte, die eine Person in eine bestimmte Richtung zu einem bestimmten Zweck bewegen. MASLOW hat dazu eine Hierarchie menschlicher Motive entwickelt → vgl. Abbildung 3.3, S. 68.

Die **Motivhierarchie** enthält physiologische Motive (z. B. Hunger, Schlaf), Sicherheitsmotive (z. B. Gesundheit, Arbeitsplatz), soziale Motive (z. B. Freundschaft), Selbstachtungsmotive (z. B. Leistung, Geltung) und Selbstverwirklichungsmotive (z. B. Entfaltung der eigenen Persönlichkeit). Da-

---

Abb. 3.3 | **Motivhierarchie nach MASLOW**

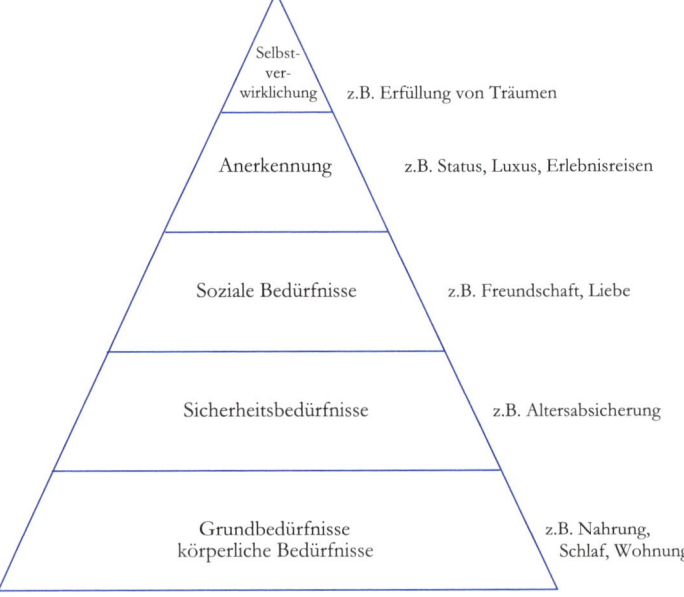

bei nimmt MASLOW an, dass ein übergeordnetes Motiv erst dann für das Verhalten relevant wird, wenn das untergeordnete Motiv auf einem bestimmten Anspruchsniveau erfüllt ist. Welches Anspruchsniveau im Einzelfall erreicht werden muss, ist von individuellen Einflussfaktoren abhängig. Ein Einflussfaktor kann die Erfahrung aus Kaufentscheidungen in der Vergangenheit sein. Aus Marketing-Sicht kann daraus abgeleitet werden, dass bei steigenden Einkommen eher die oberen Schichten der Motivhierarchie für Kaufentscheidungen relevant sind. Produktgestaltung und Kommunikation werden auf Selbstachtungsmotive und Selbstverwirklichungsmotive abstellen.

Eine herausragende Bedeutung zum Käuferverhalten haben Untersuchungen zur Einstellung. Die **Einstellung** (z. B. zu einem Produkt oder zu einem Unternehmen) ist die innere Bereitschaft eines Menschen, gegenüber bestimmten Reizen eine relativ stabile positive oder negative Reaktion zu zeigen. Im Marketing werden vorrangig die Reize untersucht, die von Produkten und Unternehmen ausgehen. Die **Risikotheorie** geht davon aus, dass Kaufentscheidungen mit Risiken verbunden sein können. Es besteht Ungewissheit darüber, ob und in welchem Umfang nachteilige Konsequenzen bzw. negative Folgen von Kaufentscheidungen auftreten. Entscheidend sind dabei nicht die objektiven Risiken, sondern die subjektiv wahrgenommenen Risiken (= das empfundene Risiko). Es werden soziale Risiken, finanzielle Risiken, funktionale Risiken und psychologische Risiken unterschieden. Ein **soziales Risiko** tritt auf, wenn durch den Kauf „falscher" Produkte negative Meinungen bei relevanten Referenzgruppen auftreten. Der soziale Aspekt betrifft also die gesellschaftliche Akzeptanz des Produkts. **Finanzielle Risiken** können in der Angemessenheit des Preises gesehen werden. Das Unternehmen könnte später den Preis senken oder andere Unternehmen könnten dasselbe Produkt zu einem günstigeren Preis anbieten. Ein weiterer Aspekt ist ein hoher Kaufpreis, der in Zukunft zu Einschränkungen beim Kauf anderer Produkte führen könnte. **Funktionale Risiken** betreffen die funktionale Sicherheit des Produkts. Es können z. B. beim Autokauf Risiken in der Reparaturanfälligkeit des Produkts gesehen werden. **Psychologische Risiken** beziehen sich auf die persönliche Identifikation mit dem Produkt.

Inhaltlich ergibt sich das wahrgenommene Risiko aus der Verknüpfung zwischen der Unsicherheit in Bezug auf die negativen Folgen des Kaufs mit der empfundenen Wichtigkeit der negativen Folgen.

Konsumenten streben grundsätzlich danach, die mit Kaufentscheidungen verbunden Risiken zu begrenzen oder zu vermeiden. Dazu dienen Informationen aus neutralen Quellen (z. B. Testberichte), Meinungen von Bezugspersonen und Informationen der Unternehmen. Durch den Kauf von kleinen Mengen, durch Probierkäufe und durch Garantien

Theorien des
Konsumverhaltens

und Rückgaberechte lassen sich ebenfalls Risiken reduzieren. Marken-treues und händlertreues Verhalten kann auch die Risiken von Fehlkäu-fen verringern.

Die **Dissonanztheorie** befasst sich mit Spannungen, die zwischen Kogni-tionen vor dem Kauf, nach dem Kauf und in der Produktanwendung auftreten können. Kognitionen sind Inhalte des Bewusstseins wie z. B. Wissen, Erfahrungen oder Ansichten. Die Beziehungen zwischen den Kognitionen können neutral, konsonant oder dissonant sein. Ist die Be-ziehung neutral oder konsonant, dann ist das psychische Gleichgewicht nicht gestört. Bei einer dissonanten Beziehung entsteht ein psychisches Ungleichgewicht. **Kognitive Dissonanzen** treten insbesondere nach Kaufent-scheidungen auf wenn z. B. festgestellt wird, dass das Produkt vergleichs-weise teuer war und erhebliche Qualitätsmängel hat. Diese beiden Ko-gnitionen stehen im Widerspruch zueinander. Dissonanzen können aus dem Vergleich der negativen Aspekte des gewählten Produkts mit den positiven Aspekten des nicht gewählten Produkts entstehen. Neue Infor-mationen über das gewählte Produkt und das nicht gewählte Produkt sowie eigene schlechte Erfahrungen mit dem Produkt können ebenfalls Dissonanzen hervorrufen.

Einflussfaktoren Das Auftreten und das Ausmaß der kognitiven Dissonanzen ist u. a. abhängig von folgenden Faktoren: Wichtigkeit der Entscheidung, An-zahl der Kaufalternativen, Vorhersehbarkeit der Konsequenzen, Attrak-tivität der unberücksichtigten Alternativen, Widerrufbarkeit des Kaufs, Abweichung der Kaufalternativen voneinander, Informationsgrad, Pro-duktinformation und Freiwilligkeit des Kaufs.

Konsumenten streben grundsätzlich danach, den Zustand der Kon-sonanz zu bewahren oder entstandene Dissonanzen abzubauen. Sie wer-den Erfahrungen und Informationen ausweichen, die den Dissonanz-grad erhöhen, und sie werden Erfahrungen und Informationen suchen, die den Kauf nachträglich legitimieren. Die Dissonanztheorie betont da-mit die Wichtigkeit der Marketing-Maßnahmen nach dem Kauf. Das Marketing muss das Suchverhalten der Konsumenten nach dem Kauf nach konsonanten Kognitionen zur Bestätigung und Sicherung vorhan-dener Einstellungen in adäquater Weise unterstützen. Werbung die nach dem Kauf wahrgenommen wird, kann die Vorteilhaftigkeit des Kaufs bestätigen.

Merksatz

Psychologische Partialmodelle sind intrapersonale Erklärungsansätze des Kaufverhaltens. Sie beschäftigen sich mit Emotionen, Bedürfnissen,

Motiven, Einstellungen, Wahrnehmungen, Lernen, Involvement, Risiko und Werten.

Soziologische Partialmodelle | 3.3.2

Definition

Kaufentscheidungen von Konsumenten sind von der sozialen Umwelt abhängig. Die engere soziale Umwelt setzt sich zusammen aus Familienmitgliedern, Bezugsgruppen und Meinungsführern. Das weitere soziale Umfeld wird bestimmt durch Kultur, soziale Schicht und Massenkommunikation.

Es werden folgende Einflussgrößen dargestellt:
- Familie
- Bezugsgruppen
- Meinungsführer
- Diffusion

Kaufentscheidungen in Familien können männlich (z.B. technische Produkte, Geldanlage, Versicherungen) oder weiblich (z.B. Spielzeug, Haushaltsgegenstände) dominiert sein. Eine Vielzahl von Kaufentscheidungen wird gemeinsam getroffen. Kollektive Kaufentscheidungen finden sich z.B. bei Möbeln oder bei Entscheidungen zum Urlaub. Ein weiterer Teil der Kaufentscheidungen erfolgt autonom (z.B. Kleidung). Diese traditionelle Rollenverteilung unterliegt im Zeitablauf erheblichen Wandlungen. Im zunehmenden Maße beteiligen sich Frauen und Männer gleichrangig an allen Entscheidungen im Haushalt. Kaufentscheidungen sind auch im Lebenszyklus der Familie zu betrachten. Alter, Familienstand, Alter der Kinder und Haushaltsgröße verändern das Kaufverhalten. Kinderlose, jung verheiratete Ehepaare verhalten sich anders als Ehepaare mit schulpflichtigen Kindern. Kaufentscheidungen in Familien werden in dieser Phase zunehmend durch Kinder beeinflusst.

Bezugsgruppen (= Referenzgruppen) sind Gruppen, mit denen sich Personen identifizieren. Der Einfluss der Bezugsgruppe sorgt für **konformes Verhalten**. Die Personen passen ihr Verhalten dem Verhalten der Bezugsgruppe an. Die Bezugsgruppe liegt meist über der eigenen sozialen Klasse. Der Einfluss der Bezugsgruppe wirkt besonders bei sozial auffälligen Produkten. Sozial auffällig sind solche Produkte, die von der Umwelt beachtet werden. Das sind Produkte, die öffentlich konsumiert werden und nicht jeder besitzt. Dies gilt z. B. für Luxusautos, Marken-Anzüge, Segelboote und Armbanduhren. Dabei sind die Markenwahl und der Prestigewert des Produktes von entscheidender Bedeutung. Die sozial auffälligen Produkte dienen der Selbstdarstellung der Konsumenten, die in der sozialen Interaktion immer wichtiger zu werden scheint. Um den Einfluss von Bezugsgruppen für das Marketing zu nutzen, können in der Kommunikation Hinweise auf die Mehrheit der Konsumenten oder direkt Hinweise auf die relevante Bezugsgruppe erfolgen. Beispiel: „Bis heute haben sich schon 200.000 Käufer gefunden."

Meinungsführer → Glossar **(= Opinion Leader** → Glossar**)** sind die Mitglieder einer Gruppe, die im Kommunikationsprozess einen stärkeren persönlichen Einfluss als andere Personen ausüben. Der Einfluss bezieht sich auf die Meinungen und auf das Kaufverhalten von anderen Personen. Meinungsführung ist eine besondere Form des Kommunikationsverhaltens in kleinen Gruppen. Es wird angenommen, dass 20 bis 25 Prozent der Personen innerhalb einer Gruppe Meinungsführer sind. Meinungsführer zeigen besonders folgende persönliche Merkmale: Sie zeigen ein aktives Kommunikationsverhalten und haben mehr Kontakte als andere Personen in der Gruppe. Sie werden um ihre Meinung gefragt, geben von sich aus Ratschläge und Informationen. Sie suchen aber auch selber aktiv nach Informationen. Meinungsführer sind kommunikationsfreudig, innovativ und gesellig. Sie haben ein hohes anhaltendes **Involvement** → Glossar vgl. S. 77 und eine kommunikative und sachliche Kompetenz. Meinungsführerschaft bezieht sich meist auf eine Produktkategorie. An diesen Produkten sind Meinungsführer überdurchschnittlich interessiert. Über diese Produktkategorie sind sie deshalb besonders gut informiert. Sie informieren sich in Massenmedien, insbesondere in solchen Medien, die ihren Kompetenzbereich betreffen. Da die Meinungsführung innerhalb der Gruppe zustande kommt, werden sich die Meinungsführer im sozialen Status nicht von den übrigen Gruppenmitgliedern unterscheiden.

Die Bedeutung für das Marketing ergibt sich daraus, dass die von Meinungsführern vermittelten Informationen als glaubwürdiger gelten als die von Massenmedien verbreiteten Informationen und Botschaften. Die Berücksichtigung von Meinungsführern ist dann sinnvoll, wenn Käufer sich hoch involviert mit dem Produkt auseinandersetzen. Insbesondere bei Käufen mit hohem Risiko werden mehr persönliche Gespräche über das Produkt geführt als bei Käufen mit geringem Risiko. Meinungsführer werden dann zu direkten Zielgruppen der Kommunikationspolitik. Für überschaubare kleine Märkte (z. B. im Investitionsgüterbereich) kann die individuelle Feststellung von Meinungsführern sinnvoll sein. Im Konsumgütermarketing werden in der Massenkommunikation (z. B. in

Rundfunk- und Fernsehspots) symbolische Meinungsführer (z. B. Ärzte, Sportler) eingesetzt.

Die **Diffusionstheorie** → Glossar beschreibt die Verbreitung einer **Innovation** → Glossar (z. B. Informationen, Ideen, Verhaltensweisen, Produkte, Dienstleistungen) im Zeitablauf vom Beginn bis zum Ende. Die Akzeptanz einer Innovation erfolgt nicht gleichzeitig bei allen Konsumenten. Die zeitliche Reaktion auf eine Innovation wird üblicherweise in folgende Adopterklassen (Adopter-Übernehmer) eingeteilt → vgl. Abbildung 3.4, vgl. S. 74. Die Adopterklassen weisen eine enge Beziehung zum Produktlebenszyklus → vgl. S. 103 auf:

- Innovatoren (treten in der Einführungsphase des Produktlebenszyklusses auf)
- Frühe Übernehmer (Wachstumsphase)
- Frühe Mehrheit (Reifephase)
- Späte Mehrheit (Sättigungsphase)
- Späte Übernehmer (Degeneration)
- Nachzügler (Degeneration = Verfall)

Der Aufnahmeprozess (Diffusionsprozess) wird als annähernd normal-verteilt angesehen. Idealtypisch ergibt sich somit eine Glockenkurve. Werden die Käufer oder die Umsätze auf der Ordinate kumuliert dargestellt, ergibt sich eine S-förmige Diffusionskurve. *Diffusionsprozess*

Diffusionskurven geben an, welcher Prozentsatz der Konsumenten die Innovation bereits angenommen hat. So treten z. B. im Laufe eines Produktlebens nacheinander in unterschiedlicher Zahl verschiedene Käufertypen auf. Die Dauer des Adoptionsprozesses ist abhängig von produkt-, käufer- und umweltbezogenen Einflussfaktoren. Als wesentliche produktbedingte Einflüsse gelten der relative Produktvorteil gegenüber ähnlichen, substitutiven Produkten, der Grad der Verträglichkeit der Produktinnovation mit den Normen und Werten der sozialen Umwelt des Käufers (Kompatibilitätsgrad), die Kommunizierbarkeit der Innovation und der Einsatz der Marketing-Instrumente des Unternehmens. Personenbedingte Einflüsse sind Risikofreude, Einstellung gegenüber Änderungen, Alter, Ausbildung, Einkommen, sozialer Status, Mobilität, Informationsverhalten und Umweltbeziehungen. Die erste Antriebskraft des Diffusionsprozesses geht von den Innovatoren aus. Sie beeinflussen als Meinungsführer die nächste Gruppe. Die Gruppe der frühen Übernehmer ist meinungsbildend für die Gruppe „frühe Mehrheit" usw.. Umfeldbedingte Einflüsse sind Normen und ökonomische, politische und technische Rahmenbedingungen.

Der Erklärungswert des Diffusionsmodells für das Konsumentenverhalten liegt in der Klassifizierung der Käufer nach dem Adoptionszeitpunkt. Marketing-Maßnahmen müssen sich zuerst an die Gruppe der Innovatoren wenden. Innovatoren können aufgrund ihrer persönlichen Merkmale und Verhaltensweisen mit Meinungsführern gleichgesetzt werden. Bei der frühen Mehrheit ist der Aspekt der Vorsicht noch ausgeprägt, jedoch werden Innovationen noch überdurchschnittlich früh akzeptiert. Die späte Mehrheit und die späten Übernehmer übernehmen neue Produkte erst, wenn sich die Mehrheit dazu entschlossen hat. Die **Nachzügler** → Glossar sind so sehr der Tradition verhaftet, dass sie Innovationen erst dann aufgreifen, wenn diese bereits Tradition geworden sind. Manchmal wird zwischen „späten Übernehmern" und „Nachzüglern" nicht differenziert. Dann werden 16 % als „Nachzügler" ausgewiesen.

Merksatz

Die soziologischen Partialmodelle beschreiben die Einflussfaktoren des Kaufverhaltens, die sich aus den sozialen Abhängigkeiten des Konsumenten von seiner Umwelt ergeben. Werte und Normen seines Umfeldes beeinflussen ebenso das Kaufverhalten wie die Zugehörigkeit zu Personengruppen (z. B. Familie, Bezugsgruppen, Meinungsführer, Adopterklassen).

Abb. 3.4 | **Diffusionsmodell**

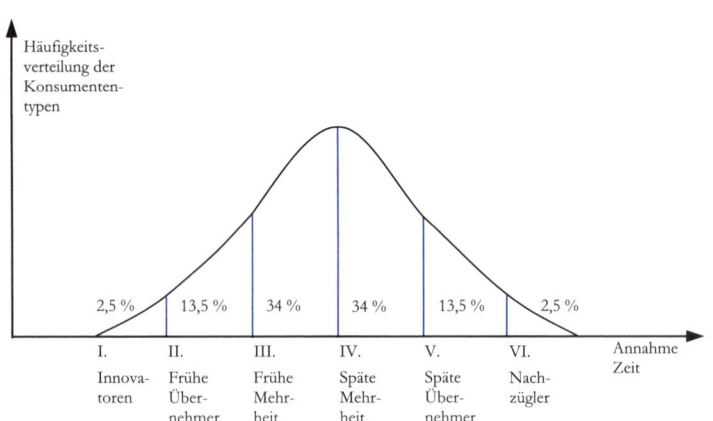

Totalmodelle des Kaufverhaltens | 3.4

Definition

Totalmodelle → Glossar versuchen, das Konsumentenverhalten unter simultaner Einbeziehung möglichst aller relevanten Variablen in allen möglichen Situationen umfassend zu erklären.

Bekannte Totalmodelle sind das ENGEL-KOLLAT-BLACKWELL-Modell und das HOWARD-SHETH-MODELL.

Infokasten

Das **Engel-Kollat-Blackwell-Modell** beschreibt die psychischen Vorgänge von Käufern während des Kaufentscheidungsprozesses. Der Kaufentscheidungsprozess wird in fünf Entscheidungsphasen (Stufen) eingeteilt:
→ Erkennen des Problems
→ Suche nach Informationen und Alternativen
→ Bewertung der Alternativen
→ Kauf
→ Nachträgliche Bewertung des Kaufs
Die einzelnen Stufen werden insbesondere beim Erstkauf durchlaufen. Bei Wiederholungskäufen kann nach dem Erkennen des Problems sofort der Kauf folgen.

Das **Howard-Sheth-Modell** geht davon aus, dass der Käufer verschiedene psychische Phasen beim Kaufprozess in einer bestimmten Folge durchläuft. Die psychischen Phasen werden durch Wahrnehmungs- und Lernkonstrukte gekennzeichnet. Die zwischen den Konstrukten bestehenden Beziehungen werden ebenso berücksichtigt wie Informationsflüsse und Rückkopplungseffekte. Das Modell von HOWARD-SHETH setzt sich aus vier Bestandteilen zusammen:
● Inputvariable (= Stimuli)
● Wahrnehmungskonstrukte (= hypothetische Konstrukte)
● Lernkonstrukte (= hypothetische Konstrukte)
● Outputvariable (= Response)

Als **Inputvariable** wirken auf den Käufer die Informationen, die sich auf das Produkt beziehen (Preis, Qualität, Eigenart, Service, Erhältlichkeit) und Informationen aus dem sozialen Umfeld des Käufers (Familie, Referenzgruppen, soziale Klassen). Zur Filterung und Bewertung dieser Informationen laufen beim Käufer Wahrnehmungs- und Lernprozesse ab. **Wahrnehmungskonstrukte** sind Suchverhalten, Stimulus-Mehrdeutigkeit, Aufmerksamkeit, Wahrnehmungsverzerrung. Die Mehrdeutigkeit der Stimuli kann zu einer Suche nach weiteren Informationen führen. Die Auseinandersetzung des Käufers mit den Informationen führt aufgrund der vorhanden Einstellungen und Motive zu einer Wahrnehmungsverzerrung. **Lernkonstrukte** sind Kaufabsicht, Einstellung, Wahl- bzw. Entscheidungskriterien, Motive, Markenkenntnis, Sicherheit, Befriedigung. Die Lernkonstrukte werden als entscheidend für das Verhalten angesehen. Die Einstellung gegenüber einem Produkt wird als abhängig von der Markenkenntnis und den Entscheidungskriterien betrachtet. Die Kaufabsicht hängt wiederum u. a. von der Einstellung ab. Die Messung der Konstrukte erfolgt über Indikatoren. Als **Outputvariable** gelten der Kauf, die Lernkonstrukte Kaufabsicht, Einstellung und Markenkenntnis sowie das Wahrnehmungskonstrukt Aufmerksamkeit. Beim Kauf treten Rückkopplungseffekte zu den Lernkonstrukten Befriedigung und Markenkenntnis auf.

Merksätze

Totalmodelle sind nur bedingt in der Lage, das Kaufverhalten in bestimmten Kaufsituationen zu erklären. Partialmodelle, die jeweils nur ausgewählte Erklärungsansätze untersuchen, sind für Marketingentscheidungen aussagekräftiger, da sie das Kaufverhalten in situationsspezifischen Zusammenhängen untersuchen.

3.5 | Praxisorientiertes Kaufverhalten

Praxisorientierte Kaufentscheidungen lassen sich wie folgt systematisieren:

- Habitualisierte Kaufentscheidungen (= gewohnheitsmäßige Kaufentscheidungen)
- Extensive Kaufentscheidungen (= Kaufentscheidungen mit starkem Engagement)
- Limitierte Kaufentscheidungen (= Kaufentscheidungen aus einer begrenzten Anzahl von Produkten)
- Impulsive Kaufentscheidungen (= spontane Kaufentscheidungen)
- High-Involvement Kaufentscheidungen
- Low-Involvement Kaufentscheidungen

Bei **habitualisierten Kaufentscheidungen** → Glossar handeln die Personen ge-
wohnheitsmäßig wie bisher in vergleichbaren Situationen. Die Anzahl
neuer Informationen ist gering. Es liegt nur eine geringe kognitive
Steuerung vor. Beispiele: Kauf von Gebrauchsgütern und Verbrauchsgüter des täglichen Bedarfs. **Extensive Kaufentscheidungen** → Glossar sind
durch ein sehr starkes Engagement des Käufers gekennzeichnet. Er
sucht aktiv und intensiv nach Informationen und vergleicht die relevanten Kaufalternativen. Beispiele: Neue technische Produkte, hochpreisige Produkte. **Limitierte Kaufentscheidungen** → Glossar liegen vor, wenn nur
eine begrenzte Anzahl von Produkten in eine engere Auswahl kommt
(**Evoked Set** → Glossar). Ziel des Marketings ist es, das Evoked Set möglichst
klein zu halten. Dies bedeutet für den Kunden eine vereinfachte Entscheidungsfindung und für das Unternehmen einen geringen Wettbewerb. Nur bekannte Alternativen werden miteinander verglichen.
Dies ist oft bei Wiederholungskäufen der Fall. Beispiele: Schuhe, Urlaubsreisen. **Impulsive Kaufentscheidungen** → Glossar entstehen, wenn Käufer
unmittelbar auf bestimmte Reize (Form, Aussehen, Geruch, Werbung)
reagieren. Ausschlaggebend sind die vom Produkt ausgehenden Reize
und die Reize am Point of Sale (= Verkaufsort). Der **Impulskauf** → Glossar ist
geprägt durch den großen Einfluss von Emotionen als spontane Eindrücke. Der Impulskauf ist hauptsächlich affektgesteuert und unterliegt
nur mit sehr geringem Ausmaß kognitiver Steuerung. Meist handelt es
sich um Produkte, die nicht unbedingt benötigt werden, aber die Le-
bensfreude steigern. Beispiele: Spontankäufe am Point of Sale, Kauf von
Blumen, Süßigkeiten, Bücher.

Involvement → Glossar (**= innerer Zustand der Aktivierung**) ist die innere Beteiligung, das Engagement, mit dem sich Käufer dem Kauf oder der Kommunikation zuwenden. Das Involvement eines Käufers ist durch persönliche, situative und reizabhängige Einflüsse und durch das Objekt
bestimmt. Der **High-Involvement-Kauf** → Glossar ist durch ein hohes Aktivierungsniveau gekennzeichnet. Er wird als persönlich wichtig empfunden. Dies ist u. a. dann der Fall, wenn ein hohes finanzielles, soziales oder
psychologisches Risiko vorliegt → vgl. Risikotheorie, S. 69 Das finanzielle Risiko wird bestimmt durch die Preishöhe und durch die Bindungsdauer
an das Produkt. Das soziale Risiko ergibt sich aus der Einschätzung der
Bezugsgruppen zum Kauf. Das psychologische Risiko ist durch die Erwartung von **Dissonanzen** → Glossar (= Missklang aus nachteilig empfundenen Folgen eines Kaufes) nach dem Kauf begründet → vgl. Dissonanztheorie,
S. 70. Daher wird viel Zeit auf den Kaufentscheidungsprozess verwendet.
Charakteristisch sind die hohe Bedeutung der Produkte für den Käufer,
die bewusste Informationssuche, die erhöhte Wahrnehmung der Werbung, ein starker Einfluss von Bezugsgruppen und die Suche nach der

Arten von
Kaufentscheidungen

besten Alternative. **Low-Involvement-Käufe** → Glossar sind weniger wichtig für den Käufer. Es lohnt sich nicht, sich intensiv mit ihnen auseinander zu setzen. Kennzeichen sind die geringe Bedeutung der Produkte für den Käufer, die eher zufällig wahrgenommenen Informationen, das Lernen durch Wiederholung der Botschaft, ein geringer Einfluss von Bezugsgruppen und die Auswahl einer zufrieden stellenden Alternative. Es ist kaum möglich, Low-Involvement-Konsumenten so zu aktivieren, dass sie sich stark involviert der Kommunikation zuwenden.

Merksatz

Die Berücksichtigung des Involvements des Kunden bei der Kommunikations-Konzeption für ein Produkt ist von entscheidender Bedeutung für den Erfolg der Kommunikationsmaßnahmen.

3.6 | Kaufverhalten von Organisationen

Definition

Kaufentscheidungsprozesse von Unternehmen (= Organisationen) finden statt zwischen staatlichen Einrichtungen (z. B. Polizei), öffentlichen Institutionen (z. B. Krankenhäuser), Handelsunternehmen (= Produktionsverbindungshandel), Dienstleistungsunternehmen und Industrieunternehmen (= Business-to-Business-Marketing).

Das Kaufverhalten von Unternehmen ist durch folgende Merkmale gekennzeichnet:
- Abgeleitete Nachfrage
- Multipersonalität (Buying Center, Selling Center)
- Multiorganisationalität
- Hoher Formalisierungsgrad
- Hoher Individualisierungsgrad
- Bedeutung von Dienstleistungen
- Hoher Grad der Interaktion
- Multitemporalität
- Langfristigkeit der Geschäftsbeziehung

Entscheidungen im Industriegütersektor sind abhängig von der Nachfrage der Konsumenten (= **derivative Nachfrage**). Die Nachfrage reagiert meist unelastisch auf Preisänderungen. Das Kaufverhalten von Organisationen ist dadurch gekennzeichnet, dass mehrere Personen an diesem Kaufprozess beteiligt sind (= **Multipersonalität**). Die Kaufentscheidungen sind in den meisten Fällen **Kollektiventscheidungen**. Alle in irgendeiner Weise am Kaufprozess beteiligten Personen oder Gruppen zählen zum **Buying Center** → Glossar. Das ist eine informelle Gruppe, die sich aus Einkäufer, Nutzer, Beeinflusser, Entscheider und Informationsselektierer zusammensetzt. Es ist möglich, dass Personen mehrere Rollen im Entscheidungsprozess wahrnehmen. Das **Selling Center** → Glossar muss die Rollenverteilung im Buying Center erkennen und die Verhandlungsführung danach ausrichten. Im Industriegütermarketing steht dem Buying Center auf der Verkäuferseite meist ein Selling Center oder ein Selling Team gegenüber. Dem Selling Team gehören alle Personen an, die Vertrieb und Kundenbetreuung im Team vornehmen. Zum Selling Center gehören auch Personen, die Aufgaben außerhalb des Selling Centers wahrnehmen. Das Selling Center kann z. B. aus dem Geschäftsführer, einem Techniker oder Vertriebsingenieur, einem Key-Accounter, einem Anwendungsberater und einem Verkaufsaußendienstmitarbeiter bestehen. Wichtig ist, dass bei Verhandlungen die Mitglieder von Buying Center und Selling Center den gleichen Rang und die gleiche Kompetenz haben. Auch die Rollen im Selling Center sollten klar definiert sein (z. B. Angreifer, Nachfasser, Moderator, Experte). Das Entscheidungsverhalten von Organisationen wird von den individuellen Zielen, vom Sachverstand und vom Machtpotenzial der Rolleninhaber beeinflusst. Machtpromotoren haben durch ihre hierarchische Stellung Entscheidungsmacht. Fachpromotoren verfügen über Fachwissen und können darüber den Entscheidungsprozess beeinflussen. Der Kaufabschluss ist davon abhängig, in wie weit es gelingt, die Entscheidungsstrukturen zu erkennen und auf die individuellen Zielsetzungen der beteiligten Personen einzugehen. Auf der Anbieter- und auf der Nachfrageseite können mehrere Unternehmen beteiligt sein (= **Multiorganisationalität**). Beispiel: Unternehmensberatungen, Banken. Die Kaufentscheidung in Organisationen läuft meist nach vorgegebenen organisatorischen Regelungen ab. Richtlinien bestimmen, welche Abteilungen und welche Mitarbeiter in den Entscheidungsprozess einzubinden sind. Unterschriftsregelungen legen formale Kriterien fest (= **Formalisierungsgrad**). Das anbietende Unternehmen muss so weit wie möglich im Angebot und im Vertrag die individuellen Anforderungen des Kunden berücksichtigen (= **Individualisierungsgrad**). Umfangreiche **Dienstleistungen** z. B. Finanzierung, Beratung, 24 Stunden-Ersatzteillieferungen, ergänzen das

Kaufentscheidungen B2B

Angebot. Die Phasen der Akquisition, des Angebots und der Vertragsverhandlung sind durch **intensive Interaktion** der beteiligten Personen gekennzeichnet. Dabei können die persönlichen Beziehungen für die Kaufentscheidung von Bedeutung sein. Die dargelegten Merkmale des Kaufprozesses von Organisationen zeigen, dass der Kaufprozess von Organisationen sich oft über mehrere Phasen (z. B. Akquisition, Vertragsverhandlung, Bau und Inbetriebnahme, Finanzierung) über einen längeren Zeitraum erstreckt (= **Multitemporalität**). Es können aber auch Routineentscheidungen auftreten. Beispiel: Just-In-Time-Lieferbeziehungen. Das Kaufverhalten von Organisationen ist meist auf eine **langfristige Geschäftsbeziehung** ausgerichtet.

Wird auf den Grad der Neuartigkeit der Kaufsituation abgestellt, lassen sich **Erstkauf (= Neukauf)**, **modifizierter Wiederkauf** und **identischer Wiederkauf** unterscheiden. Die Kaufklassen bestimmen die Länge des Entscheidungsprozesses und in der Art und der Intensität der Informationsbeschaffung.

Merksätze

Beim Einsatz der Marketing-Instrumente, insbesondere im Vertrieb, sind die Besonderheiten des individuellen Kaufverhaltens zu berücksichtigen.

Aus praxisorientierter Sicht kommt der Ausrichtung des Selling Centers auf das Buying Center eine wesentliche Bedeutung zu.

Entscheidungsgremien und die darin ablaufenden Informations- und Beeinflussungsprozesse stehen im Mittelpunkt der Betrachtungen.

Kontrollfragen

1 Stellen Sie die Unterschiede zwischen dem Black-Box-Modell und dem Stimulus-Response-Modell heraus.

2 Erläutern Sie die Grundzüge der Motivtheorie. Nehmen Sie dabei insbesondere kritisch Stellung zum Ansatz von MASLOW.

3 Welche Möglichkeiten haben Käufer, die mit dem Kauf verbundenen Risiken zu begrenzen? Welche Risiken können Sie unterscheiden?

4 Diskutieren Sie die Bedeutung der Dissonanztheorie. Nennen Sie dabei einige Faktoren, die das Auftreten von Dissonanzen beeinflussen.

5 Erläutern Sie die Bedeutung von Meinungsführern für die Kommunikationspolitik.

6 Nennen und charakterisieren Sie die verschiedenen Adopterklassen in der Diffusionstheorie.

7 Beschreiben Sie, inwieweit das Involvement von Käufern die Kommunikationspolitik beeinflusst.

Literatur

Balderjahn, I./**Scholderer**, J. [2007]: Konsumentenverhalten und Marketing, Stuttgart
Bänsch, A. [2002]: Käuferverhalten, 9. Aufl., München
Foscht, T./**Swoboda**, B. [2007]: Käuferverhalten, Wiesbaden
Kroeber-Riel, W./**Weinberg**, P./**Gröppel-Klein**, A. [2008]: Konsumentenverhalten, 9. Aufl., Stuttgart
Kuss, A. [2000]: Käuferverhalten, 2. Aufl., Stuttgart
Kuss, A./**Tomaczak** T. [2004]: Käuferverhalten, Stuttgart
Scheider, W. [2004]: Marketing und Käuferverhalten, München
Trommsdorf, V. [2008]: Konsumentenverhalten, 7. Aufl., Stuttgart

4 | Marketing-Management

4.1 | Aufgaben des Marketing-Managements

Definition

Management als Institution umfasst alle Personen, die Entscheidungs- und Anordnungskompetenzen haben. Es werden üblicherweise drei Managementebenen unterschieden. In der oberen Führungsebene werden überwiegend strategische Entscheidungen getroffen. In der mittleren Führungsebene werden meist Anordnungen und Entscheidungen im Einzelfall gefällt. In der unteren Führungsebene findet man oft Anordnungen und ausführende Tätigkeiten. Management als Funktion umfasst alle zur Steuerung eines Unternehmens notwendigen Aufgaben und Entscheidungen in den Bereichen Planung, Organisation, Information, Führung und Kontrolle. Management als Führungsfunktion enthält z. B. Regelungen über den im Unternehmen praktizierten Führungsstil. Regelungen zum Führungsstil befinden sich in den Unternehmens- oder Führungsgrundsätzen. Management wird definiert als die Steuerung eines multipersonalen Problemlösungsprozesses. Problemlösungen sollten **effektiv** → Glossar („die richtigen Dinge tun") und **effizient** → Glossar („die Dinge richtig tun") erfolgen.

Merksatz

Aufgabe des Managements ist es, die finanziellen und personellen Ressourcen des Unternehmens zielorientiert, effektiv und effizient einzusetzen.

Marketing-Management ist ein systematisches Planungs- und Entscheidungsverhalten im Marketing-Management-Prozess.

Der idealtypische Marketing-Management-Prozess gliedert sich in die vier Grobphasen: Analyse, Planung, Durchführung, Kontrolle

Die einzelnen Phasen dürfen nicht isoliert betrachtet werden. In den Phasen werden von verschiedenen Funktionsmanagern unterschiedliche phasenübergreifende und phasenbeeinflussende Tätigkeiten wahrgenommen, die vom Marketing-Management gesteuert und koordiniert werden müssen. Der Marketing-Management-Prozess läuft permanent ab. Kern ist dabei die kontinuierliche Marketing-Planung.

Die Kern-Aufgaben des Marketing-Managements lassen sich zu sechs Bereichen zusammenfassen.

Kernaufgaben des Marketing-Managements

1. **Marketingstrategische Ausrichtung des Unternehmens** → vgl. Marketing-Strategien, S. 96 Das Marketing-Management entwickelt in Abstimmung mit dem Top-Management (Unternehmensleitung) die Marketing-Strategien und setzt sie in taktische und operative Marketing-Maßnahmen um. Das Marketing-Instrumentarium wird markt- und konkurrenzorientiert ausgerichtet.

2. **Anpassung des Leistungsprogramms des Unternehmens an die Erfordernisse des Marktes** → vgl. Produktpolitik, S. 167. Zur Gestaltung des Leistungsprogramms gehören die Entwicklung von Produktinnovationen, die Veränderung von Produkten (= Produktvariationen) und Maßnahmen zur Erweiterung der **Programmbreite** → Glossar und **Programmtiefe** → Glossar. Notwendig ist es aber auch, sich mit der Elimination von nicht mehr marktfähigen Produkten zu beschäftigen.

3. **Kundenmanagement (Customer Relationship Management** → Glossar**)** Die systematische Pflege der Beziehungen zu Kunden und potenziellen Kunden ist eine permanente Managementaufgabe. Das Kundenmanagement enthält Maßnahmen zur Kundengewinnung und Kundenrückgewinnung, Kundenbetreuung und Kundenbindung. Angestrebt wird ein möglichst individueller Dialog mit den Kunden. Im Mittelpunkt der Bemühungen steht das Ziel, eine möglichst hohe **Kundenzufriedenheit** → Glossar als Voraussetzung für eine dauerhafte Kundenbindung und **Kundenloyalität** → Glossar zu erreichen.

4. **Handels-Management (Category Management)** Die Ausrichtung des Hersteller-Marketings – insbesondere die Produktentwicklung, die Sortimentsgestaltung und die Verkaufsförderung – auf die Zielgruppe „Handel" wird durch die steigende Macht des Handels immer wichtiger. Das Marketing-Management wird handelsgerichtete Marketing-Maßnahmen konzipieren und die Koordination mit dem Produktmanagement und dem Verkauf gewährleisten → vgl. Handels-Marketing, S. 18.

5. **Konkurrenzorientierung** Der zunehmende Wettbewerb macht es notwendig, das Unternehmen gegenüber der Konkurrenz zu profilieren und zu differenzieren. Dauerhafte Wettbewerbsvorteile (= **komparative Kon-**

kurrenzvorteile → Glossar, **USP** → Glossar) sind herauszuarbeiten und in Marketing-Strategien und Marketing-Maßnahmen einzubinden.

6. **Organisation und Koordination** Die oben genannten marktorientierten Aufgaben müssen intern durch struktur- und prozessorganisatori-

---

Abb. 4.1 | **Marketing als Management-Prozess**

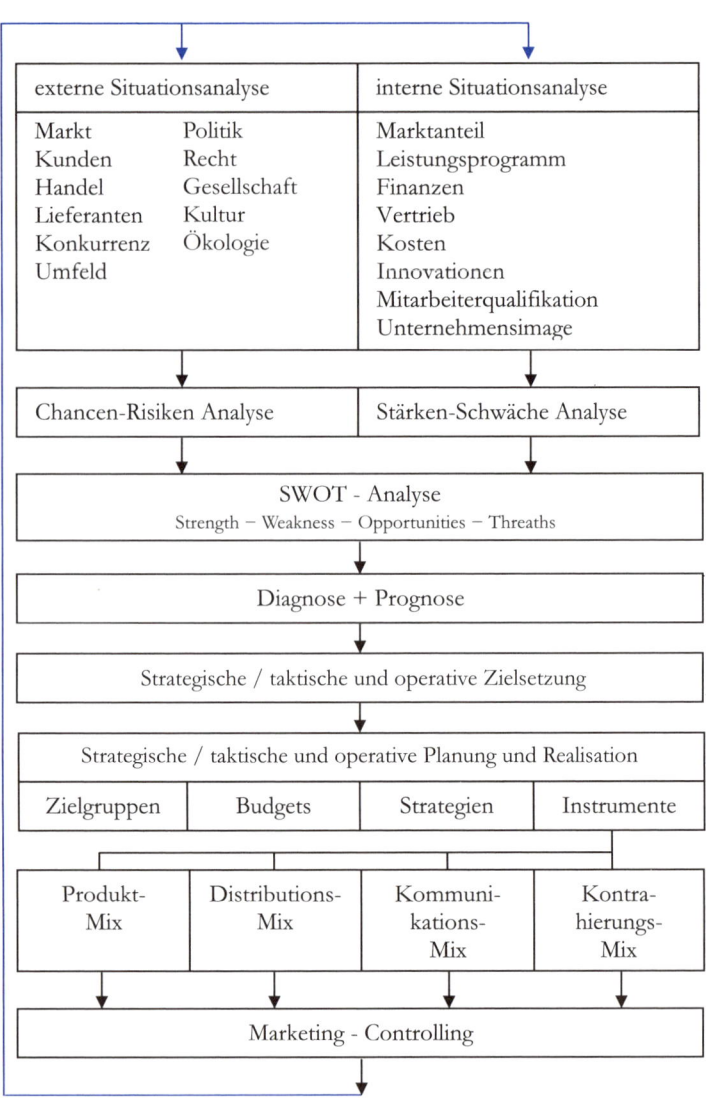

sche Maßnahmen unterstützt werden. Durch eine marktorientierte Organisationsstruktur und die Ausrichtung der internen Prozesse – insbesondere der Kernprozesse – auf die Wünsche und Bedürfnisse der Kunden muss die Koordination und Integration aller marktorientierten Aktivitäten sichergestellt werden. Durch geeignete Führungsinstrumente wird die Information, **Motivation** → Glossar und Koordination der Mitarbeiter erreicht.

Merksatz

Die Aufgabe des Marketing-Managements ist die interne und externe Analyse, die Zielsetzung, die Planung, die Umsetzung der Planung (= Durchführung) und die Kontrolle der Ergebnisse (= Zielwerte).

Marketing-Planung | 4.2

Definition

Marketing-Planung ist die systematisch-methodische Festlegung der erwünschten Zustände und Verhältnisse in der Zukunft (Marketing-Ziele) und die Bestimmung der zur Zielerreichung erforderlichen Marketing-Strategien und Marketing-Maßnahmen.

Die Aufgaben des Marketing-Managements im Zuge der Marketing-Planung sind insbesondere:
→ Identifikation von Marktchancen und Marktrisiken
→ Sicherstellung der Ziel- und Zukunftsorientierung
→ Koordination von Zielen, Strategien und Maßnahmen
→ Information und Motivation der Mitarbeiter

Die Marketing-Planung kann „Top-down", „Bottom-up" oder „Down-up" durchgeführt werden. Bei der Planung „Top-down" ist die Unternehmensplanung maßgebend für den Marketing-Plan, während bei der Planung „Bottom-up" die einzelnen Bereichspläne, u. a. der Marketing-Plan, zum Unternehmensplan zusammengeführt werden. Die Planung „Down-up" (= Gegenstromverfahren) ist durch eine Rahmenplanung auf Unternehmensebene gekennzeichnet, die durch die Bereichspläne konkretisiert wird. Beim **Top-down-Ansatz (= retrograde Planung)** erfolgt die Planung in der Organisationshierarchie von „oben" nach „unten". Das

Top-down-Ansatz

Top-Management legt die obersten Ziele als Rahmenplan fest. Die weiteren Führungsebenen konkretisieren diese Plansätze schrittweise in detailliertere Teilpläne (z. B. Absatzpläne für Verkaufsbezirke). Dadurch werden alle Marketing- und Vertriebspläne auf die übergeordneten Pläne ausgerichtet. Das führt zu einer hohen Konsistenz der Planung. Die Ziel- und Planvorgaben können jedoch auf Akzeptanzprobleme bei den nachgelagerten Hierarchieebenen stoßen. Auch können die Planansätze durch geringe Markt- und Detailkenntnisse der höheren Hierarchieebenen wenig realistisch ausfallen. Die Planung beim **Bottom-up-Ansatz (= progressive Planung)** beginnt bei den unteren Ebenen der Organisation (z. B. beim Verkaufsaußendienst, Produktmanager, Key-Account-Manager). Die Planung findet dort statt, wo es die besten Erkenntnisse über den Markt, die Kunden und die Konkurrenz gibt. Die Planung wird schrittweise nach „oben" geführt. Bei der progressiven Planung gibt es einen hohen Koordinationsbedarf. Es besteht die Gefahr, dass nach der Zusammenführung der Teilpläne der Gesamtplan nicht den Zielvorstellungen des Top-Managements entspricht. Eine Kombination der beiden Vorgehensweisen ist das **Gegenstromverfahren (= Down-up-Ansatz)**. Ausgangspunkt des Gegenstromverfahrens ist die richtungsweisende Zielvorgabe durch das Top-Management. Die nun folgende dezentrale Planung (z. B. Produktgruppen, Verkaufsbezirke) soll sich an der übergeordneten Zielvorgabe orientieren. Nach der Aggregation der Teilpläne muss der Gesamtplan mit der übergeordneten Zielvorgabe abgeglichen und möglicherweise angepasst werden.

Bottom-up-Ansatz

Down-up-Ansatz

Merksatz

Die strategische Planung hat mehr „Top-down" Elemente. Operative Planung ist stärker „Bottom-up"-orientiert.

Die Notwendigkeit einer systematischen Marketing-Planung ergibt sich u. a. aus folgenden Faktoren:
→ Schnelle Veränderungen von Märkten
→ Schnelle Veränderungen des Marktumfelds (z. B. soziale Veränderungen, Veränderungen in der Rechtsprechung, Wirkung von Trends)
→ Hohe Bedeutung von Marketing-Entscheidungen für das Unternehmen (Wachstum und Überlebenssicherung z. B. Produktinnovationen)
→ Wachsende Marketingkosten (bedingt durch den steigenden Wettbewerb)

→ Zunehmender Wettbewerb
→ Verbesserung der Rationalität der Entscheidungen

Das Marketing-Management muss sicherstellen, dass die Marketing-Planung folgende Anforderungen erfüllt: Die Planung muss **rechtzeitig** erfolgen und muss alle wesentlichen Aspekte enthalten **(Vollständigkeit).** Die Planung muss für alle **verbindlich** sein. Die Planung ist deshalb **schriftlich zu dokumentieren.** Sie muss ein gewisses Maß an **Flexibilität** aufweisen, um schnell auf veränderte Marktsituationen reagieren zu können. Es muss **eindeutige Verantwortlichkeiten** für Aufgaben, Budgets und Entscheidungen geben.

Marketing-Situationsanalyse   4.2.1

Ausgangspunkt der Marketing-Planung ist die interne Situationsanalyse (= Unternehmensanalyse) und die externe Situationsanalyse (= Markt- und Umfeldanalyse). Die externe Situationsanalyse untersucht beispielhaft die folgenden Einflussfaktoren:

1. **Marktsituation:**
   - Marktpotenzial
   - Marktwachstum
   - Technologischer Wandel
   - Marktvolumen
   - Marktsättigung
2. **Kundensituation:**
   - Kundenstruktur
   - Einstellungen, Motive
   - Qualitäts- und Serviceanforderungen
   - Wiederkaufverhalten
   - Kaufkraft
   - Kundenzufriedenheit
3. **Handelssituation:**
   - Einkaufsentscheidungsverhalten
   - Handelsbedürfnisse
   - Technische Ausstattung
   - Machtausübung durch den Handel
   - Handelskonzentration
   - Kooperationsbereitschaft

4. **Lieferantensituation:**
   - Anzahl, Größe der Lieferanten
   - Abhängigkeit von Lieferanten
   - Lieferzuverlässigkeit
   - Kooperationsbereitschaft
   - Technische Ausstattung
5. **Konkurrenzsituation:**
   - Anzahl, Größe, Marktanteil, Image
   - Wettbewerbsverhalten
   - Machtverhältnisse
   - Kooperationsmöglichkeiten
6. **Umfeldsituation:**
   - Politische Rahmenbedingungen
   - Wettbewerbsrechtliche Restriktionen
   - Rechtliche Regelungen zum Umweltschutz
   - Gesellschaftliche Normen
   - Gesamtwirtschaftliches Wachstum

Die Analyse erfasst qualitative und quantitative marketingrelevante Faktoren. Aus der Analyse der Ist-Situation ist die zukünftig erwartete Entwicklung abzuleiten (Prognose). Für die Analyse und Prognose sind geeignete **Analyse- und Prognoseinstrumente** → Glossar auszuwählen → vgl. Datenanalyse und Marketing-Prognose, S. 56 ff..

SWOT-Analyse   Die identifizierten Markt- und Entwicklungstendenzen aus der externen Situationsanalyse sind in einer **Chancen-Risiken-Analyse** zusammenzufassen. Die **Marktchancen** sollen z. B. Wachstumsmöglichkeiten, Produktideen und neue Marktsegmente aufzeigen. **Marktrisiken** können z. B. durch neue Konkurrenten, Sättigungserscheinungen im Markt und neue Technologien auftreten.

Die **interne Situationsanalyse** (Unternehmensanalyse) untersucht beispielhaft die folgenden Einflussfaktoren:

→ Marktstellung (z. B. Marktanteile, relative Marktanteile)
→ Leistungsprogramm (z. B. Qualität der Produkte, Produkte und Dienstleistungen)
→ Kapitalausstattung (z. B. Eigenkapital, Fremdkapital)
→ Vertriebsorganisation (z. B. Größe, Motivation)
→ Innovationsstärke (z. B. Patente)
→ Management-Know-How (z. B. Führungsverhalten)
→ Mitarbeiter (z. B. fachliche Qualifikation)
→ Kostenstrukturen (z. B. in Produktion, Verwaltung und Vertrieb)
→ Image (z. B. Unternehmensimage, Produktimage)
→ Produktionskapazitäten (z. B. Auslastungsgrad)

Auf der Grundlage der internen Situationsanalyse sind die Stärken und Schwächen des Unternehmens im Vergleich zur Konkurrenz bzw. zum stärksten Konkurrenten herauszuarbeiten. Die Stärken und Schwächen können graphisch in Form von Profilen dargestellt werden. Eine besondere Form der Stärken-Schwächen-Analyse ist das **Benchmarking** → Glossar. Das Benchmarking ist der Vergleich mit dem jeweils besten Unternehmen in der eigenen Branche oder auch anderer Branchen („best practice"). Die unternehmensexternen Marktchancen und Marktrisiken werden mit den unternehmensinternen Stärken und Schwächen verknüpft. Das Ergebnis ist die SWOT-Analyse (= Strength, Weakness, Opportunities, Threats).

Das Fazit der Situationsanalyse ist eine Kurzfassung (= Executive Summary), in der das zentrale Marketingproblem dargestellt wird.

SWOT-Analyse   Abb. 4.2

Ist-Analyse

Interne Situations-Analyse	Externe Situations-Analyse
= unternehmensinterne Faktoren	= unternehmensexterne Faktoren
	= Umweltfaktoren
▼	▼
Stärken- und Schwächen-Analyse	Chancen- und Risiko-Analyse

Durch die **Stärken- und Schwächen-Analyse** (= Ressourcenanalyse) wird festgestellt, welche Maßnahmen unter Berücksichtigung der gegenwärtigen und zukünftigen Ressourcensituation zu ergreifen sind.

Durch die **Chancen- und Risikoanalyse** sind die Umfeldkräfte (= externe Einflussfaktoren) festzustellen, die im strategischen Planungsprozess von besonderer Bedeutung sind.

SWOT-Analyse = Strength, Weaknesses, Opportunities, Threats

Stärken- und Schwächenanalyse	Chancen- und Risikoanalyse	
Intern Extern → ↓	Chancen	Risiken
Stärken	*Die Stärken einsetzen, um die Chancen zu nutzen.*	*Die Stärken einsetzen, um die Risiken zu begrenzen.*
Schwächen	*Die Chancen nutzen, soweit es die Schwächen zulassen.*	*Die Schwächen entwickeln, um die Risiken zu begrenzen.*

Merksatz

Aufgabe der Situationsanalyse ist es, die relevanten Einflussfaktoren des Marketings zu identifizieren, ihre Entwicklung zu analysieren und zu einer Bewertung für die Zukunft zu kommen (Prognose). Das Ergebnis ist eine externe Marktchancen- und Marktrisiken-Analyse und eine interne Stärken- und Schwächen-Analyse. Die Zusammenführung beider Analysen wird als SWOT-Analyse bezeichnet.

4.2.2 | Ziele, Strategien, Maßnahmen und Budget

Nach Situationsanalyse, SWOT-Analyse, Diagnose und Prognose der relevanten Einflussfaktoren ist eine **Marketing-Konzeption (= Marketing-Konzept)**
Marketing-Konzeption → Glossar → vgl. Abbildung 4.3 zu erstellen. Bestandteile der Marketing-Konzeption sind Ziele, Strategien, Maßnahmen, Budgets und Kontrollgrößen.

Nach der Situationsanalyse und den daraus abgeleiteten Marktprognosen sind auf dieser Informationsgrundlage die Marketing-Ziele und die Ziel-Märkte (= Marktsegmente) zu bestimmen. Zielfestsetzungen erfolgen für ausgewählte Marktsegmente bzw. Kundengruppen → vgl. Marketing-Ziele, Marktsegmentierung, S. 94–97. Zur Zielerreichung werden Marketing-Strategien entwickelt. Das Marketing-Budget schafft die Voraussetzung für das Marketing-Management, die Ziele mit den geplanten Strategien und Marketing-Maßnahmen zu erreichen. Die Kontrollphase beschließt den Planungsprozess und liefert die Informationen für den nächsten Planungsdurchlauf.

Abb. 4.3 | **Planungsprozess für eine Marketing-Konzeption**

Bestandteile einer Marketing-Konzeption	
kurzfristige, mittelfristige und langfristige Marketingziele „Wunschorte in der Zukunft"	Business-Mission = „Was sind wir heute?" Vision = „Was wollen wir in Zukunft sein?"
Marketingstrategien „Wege zu den Wunschorten."	Strategiemix = Festlegung der Schwerpunkte der Marktbearbeitung „Auf welchen Wegen kommen wir zum Ziel?"
Marketingmix Marketing-Instrumente „Wahl der Beförderungsmittel."	Ressourcenplanung Budget- und Personalplanung „Was müssen wir materiell und finanziell dafür einsetzen?"
Kontrolle „Haben wir die „Wunschorte" erreicht?"	Controlling Soll-Ist-Vergleiche, Audits

Konzeptionelles Marketing ist die Voraussetzung für das Überleben im Markt.

An **Marketing-Ziele** sind folgende Anforderungen zu stellen:
- Kompatibilität
- Komplementarität
- Beachtung der Zweck-Mittel-Relation
- Operationalität

Die Marketing-Ziele müssen mit den Unternehmenszielen vereinbar sein (= **Kompatibilität, Vereinbarkeit**). Sie sollten von den obersten Unternehmenszielen abgeleitet sein. Es sind mögliche **Zielbeziehungen** zu anderen Zielen zu beachten. Grundsätzlich lassen sich komplementäre Ziele, indifferente Ziele und konkurrierende Ziele (= konfliktäre Ziele) unterscheiden. Bei einer komplementären Zielbeziehung unterstützt die Erreichung eines Zieles die Erreichung eines anderen Zieles. Bei indifferenten Zielen gibt es keinen Zusammenhang. Bei konkurrierenden Zielen beeinträchtigt die Erreichung eines Ziels die Erreichung eines anderen Ziels. Ziele stehen durch die Unterscheidung von Ober- und Unterzielen in einer **Mittel-Zweck Relation** und damit in einer **Zielhierarchie** → Glossar. Unterziele (z. B. Marketing-Ziele) sind Mittel zur Erreichung der Oberziele (Unternehmensziele). Marketing-Ziele müssen konkret und überprüfbar formuliert sein (= **Operationalität, Messbarkeit**) → vgl. auch Kap. 4.3 Marketing-Ziele, S. 94.

Die operationale Zielformulierung muss mindestens den Zielinhalt, das Ausmaß des Ziels und den Zeitbezug enthalten. Beispiel: Umsatzsteigerung (= Inhalt) um 10 % (= Ausmaß) im nächsten Jahr (= Zeitbezug).

Marketing-Strategien (= Grobe Richtung zum Ziel, Festlegung der „Route") legen die mittel- bis langfristigen Schwerpunkte in der Marktbearbeitung fest. Sie enthalten insbesondere grundlegende Aussagen zu den zu bearbeitenden Märkten, zum Verhalten gegenüber Kunden, Handel und Konkurrenten sowie zur strategischen Ausrichtung der Marketing-Instrumente → vgl. Marketing-Strategien, S. 96. Durch die Marketing-Strategie soll das Marketing-Problem → vgl. Situationsanalyse, S. 88 gelöst und die Marketing-Ziele erreicht werden.

Die **Festlegung der Marketing-Maßnahmen** (= die genauen Wege zum Ziel) wird über die Planung des Marketing-Mix vorgenommen. Der Einsatz der Marketing-Instrumente Produktpolitik, Preispolitik, Kommunikationspolitik und Vertriebspolitik wird quantifiziert, konkret und detailliert festgelegt. Für jedes Marketing-Instrument werden Einzelmaßnahmen geplant.

Aus der Planung der Marketing-Instrumente ergibt sich das **Marketing-Budget**. Budgets in Form von Erlösen, Umsätzen und Kosten werden bestimmten Organisationseinheiten (z. B. strategischen Geschäftseinheiten, Funktionsbereichen) zugeordnet. Sie sind Orientierungsgrößen für die Erreichung der Ziele. Durch die Aufteilung in Teil-Budgets (z. B. Werbebudget, Budget für Verkaufsförderung) erfüllen sie Koordinations-, Motivations-, Kontroll- und Integrationsaufgaben. Budgets bieten für Mitarbeiter Handlungsspielräume, die die Motivation erhöhen. Ein Vergleich von Soll- und Ist-Budget erfüllt die Kontrollfunktion. Budgets sollen nicht auf der Grundlage von Fortschreibungen früherer Budgets entstehen. Für jede Planungsperiode gehören alle bisherigen und alle zukünftigen Maßnahmen auf den Prüfstand (= **Zero-Based-Budgeting**). Bei der Bestimmung des Marketing-Budgets kann grundsätzlich zwischen vier Methoden der Marketing-Budgetierung unterschieden werden:

- Orientierung an einem Prozentwert einer Bezugsgröße
- Budget als Restgröße der Gewinnplanung
- Orientierung am Budget der Konkurrenz (Budgetentscheidung vor der Planung)
- Orientierung an Zielen und Maßnahmen (Budgetentscheidung nach der Planung)

Methoden der
Budgetierung

Die **Orientierung an einem Prozentwert einer Bezugsgröße** ist ein in der Praxis häufig angewendetes Verfahren. Der Marketing-Plan enthält für eine Planungsperiode Bezugsgrößen wie z. B. Umsatz, Deckungsbeitrag, Gewinn, Marktanteil. Das Marketing-Budget kann durch einen bestimmten Prozentwert dieser Bezugsgrößen bestimmt werden. Der Prozentwert kann sich auch auf die Ist-Werte des Vorjahres beziehen oder sich am branchenüblichen Prozentwert orientieren. Der Vorteil dieser Verfahren liegt in der Einfachheit. Das Vorgehen vernachlässigt jedoch den Ursache-Wirkungs-Zusammenhang zwischen Marketing-Budget und der Bezugsgröße. Das Marketing-Budget soll die Bezugsgröße beeinflussen und nicht umgekehrt. Sinkende Umsätze hätten z. B. sinkende Marketing-Budgets zur Folge. Das Marketing-Budget wirkt dann pro-zyklisch. Bei der **Budgetberechnung als Restgröße (= Residualgröße) der Gewinnplanung** wird ebenfalls nicht der Ursache-Wirkungs-Zusammenhang berücksichtigt. Auch hier wirkt das Marketing-Budget pro-zyklisch. Die **Budgetberechnung durch die Ori-**

entierung an der Konkurrenz kann durch starke Budgeterhöhungen bei der Konkurrenz ausgelöst werden. Das Budget kann sich an der Höhe des Budgets des stärksten Konkurrenten ausrichten. Unter Berücksichtigung der Marketing-Ziele und der Marketing-Strategie kann das Budget höher (z. B. bei einer Angriffsstrategie), niedriger oder auf gleichem Niveau angesiedelt werden. Eine Gewichtung kann über das Verhältnis des eigenen Marktanteils zum Marktanteil des stärksten Konkurrenten erfolgen. Auch bei diesem Verfahren ist der fehlende Ursache-Wirkungs-Zusammenhang zu kritisieren. Die Situation des eigenen Unternehmens wird vernachlässigt. Probleme liegen in der Datenbeschaffung und in der Reaktion auf das Konkurrenzverhalten. Die an Zielen und Maßnahmen orientierte Budgetberechnung ist theoretisch fundiert. Das Budget ist die logische Folge der Zielplanung. Die zur Zielerreichung notwendigen Maßnahmen werden zusammengestellt und die Kosten dafür ermittelt. Diese Summe wird als Marketing-Budget angesetzt. Vorteilhaft ist die Berücksichtigung des Ursache-Wirkungs-Zusammenhangs → vgl. auch Kap. 8.3.4 Werbebudget, S. 228.

Merksatz

Die an Zielen und Maßnahmen orientierte Budgetermittlung ist das sinnvollste Verfahren, da indirekt auch eine Markt- und Konkurrenzorientierung vorliegt.

Durchführung und Kontrolle der Marketing-Maßnahmen | 4.2.3

Im Marketing-Plan wird festgehalten, welcher Mitarbeiter der Marketing-Abteilung für die Detailplanung, Durchführung und Kontrolle der einzelnen Marketing-Maßnahmen verantwortlich ist. Damit ist auch die Verantwortung für das Einhalten des Budgets festgeschrieben. Im Marketing-Plan sind ebenso die Aufgaben und Budgets z. B. für Marktforschungs-Institute und Werbeagenturen enthalten. Die Marketing-Kontrolle überprüft die Durchführung der Maßnahmen, die Zielerreichung, die Einhaltung der Budgets und die Effizienz der Maßnahmen.

Bereiche der Marketingplanung | 4.2.4

Die strategische Marketing-Planung (= langfristige Marketing-Planung) hat einen Planungszeitraum von über fünf Jahren. Der langfristige Marketing-Plan enthält Aussagen zur zukünftigen Angebotspolitik des Unternehmens und beschreibt, auf welchen Märkten das Unternehmen sich betätigen will. Ziele und Strategien werden meist nur qualitativ formuliert. Ausgangspunkt für die langfristige Marketing-Planung sind Portfolio-Analysen und Analysen über die Produktlebenszyklen der vorhandenen Produkte. Auf dieser Grundlage werden z. B. Produktinnovationen, Produktvariationen, Qualitätsverbesserungen und Veränderungen von Produktpositionierungen geplant. Der langfristige Marketing-Plan stellt das Rahmenwerk und damit Basis und Kontrollinstrument für die mittelfristige Planung dar.

Die **taktische Marketing-Planung (= mittelfristige Marketing-Planung)** hat einen Planungshorizont von 1 bis 5 Jahren. Unter der Beachtung der strategischen Rahmenplanung ergeben sich eine Vielzahl taktischer Entscheidungstatbestände, die im Detail ausgearbeitet und aufeinander abstimmt werden müssen. Der mittelfristige Plan enthält quantitative Ziele in Form von Marketing-Kennziffern. Der mittelfristige Plan ist die Fortschreibung der kurzfristigen Planung unter Berücksichtigung neuer Entwicklungen und Investitionen. Mit seinen Absatz- und Umsatzplänen sowie Kosten- und Erfolgsplänen bildet der mittelfristige Marketingplan die Grundlage der mittelfristigen Unternehmensplanung.

Die **operative Marketing-Planung (= kurzfristige Marketing-Planung)** bezieht sich auf einen Planungshorizont von bis zu einem Jahr. Die operative Marketing-Planung ist eine Detailplanung. Sie enthält Jahrespläne, Quartalspläne und Monatspläne. Der Schwerpunkt der kurzfristigen Marketing-Planung liegt in der Absatz-/Umsatzplanung, der Budget-Planung und der Planung der Marketing-Maßnahmen. Die Maßnahmenpläne beschreiben ablaufartig, wann, durch wen, in welchem Umfang und zu welchen Kosten die verschiedenen Marketing-Maßnahmen durchgeführt werden.

Der Marketing-Plan enthält auf der Ebene der Marketing-Funktionen bzw. der Marketing-Instrumente z. B. die Werbeplanung, den Verkaufsförderungsplan und den Vertriebsplan. Der Marktforschungsplan ist ebenfalls ein Teil des Marketing-Plans. Ein produktbezogener Marketing-Plan enthält z. B. eine Produktplanung, eine Produktklassenplanung und eine Markenplanung.

4.3 | Marketing-Ziele

Definition

Marketing-Ziele („Wunschorte") sind Orientierungsgrößen für das Marketing-Handeln. Sie sind konkrete Aussagen über angestrebte Zustände, die durch Marketing-Maßnahmen erreicht werden sollen.

Marketing-Ziele → vgl. auch Kap. 4.2.2, S. 90 sind keine autonomen Ziele. Sie sind aus den Unternehmenszielen (Oberzielen) abzuleiten. Marketing-Ziele als Unterziele leisten so ihren Beitrag zur Erreichung der Unternehmensziele (z. B. Gewinn, Rentabilität). Marketing-Ziele lassen sich in zwei Zielbereiche unterscheiden:

● Ökonomische Marketing-Ziele
● Psychologische Marketing-Ziele

Ökonomische Marketing-Ziele sind z. B. Absatz, Umsatz, Marktanteil, Preisposition und Deckungsbeitrag. Ein herausragendes Marketing-Ziel ist der Marktanteil. Er enthält Absatz-, Umsatz- und Preiskomponenten. Unternehmen mit einem hohen Marktanteil erreichen meist auch eine günstige Kostensituation. **Psychologische Marketing-Ziele** sind z. B. Bekanntheitsgrad, Image, Kundenzufriedenheit, Kaufpräferenzen und Kundenbindung.

Die Erreichung der Marketing-Ziele wird durch die Marketing-Forschung gemessen. Psychologische Marketing-Ziele lassen sich nur sehr schwer messen, da sie nicht direkt beobachtbar sind. Psychologische

---

Zusammenhang zwischen Unternehmens- und Marketing-Zielen | Abb. 4.4

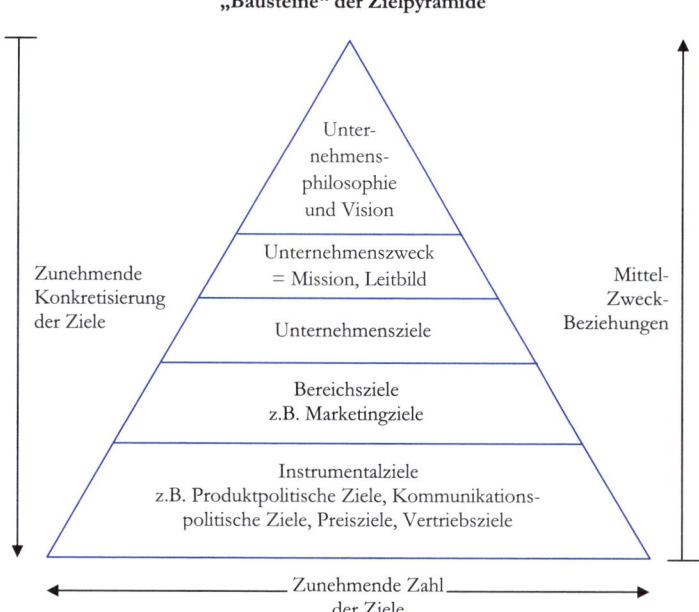

„Bausteine" der Zielpyramide

Unternehmensphilosophie und Vision

Unternehmenszweck = Mission, Leitbild

Unternehmensziele

Bereichsziele z.B. Marketingziele

Instrumentalziele z.B. Produktpolitische Ziele, Kommunikationspolitische Ziele, Preisziele, Vertriebsziele

Zunehmende Konkretisierung der Ziele

Mittel-Zweck-Beziehungen

Zunehmende Zahl der Ziele

Marketing-Ziele sind meist hypothetische Konstrukte, die nur durch Befragungen über Indikatoren erfassbar sind → vgl. Marketing-Forschung, S. 55 f. Damit Marketing-Ziele gemessen werden können, sind sie zu operationalisieren. Zur **Operationalisierung der Marketing-Ziele** sind die folgenden Zielbestandteile festzulegen:

→ Zielinhalt (was soll erreicht werden?)

→ Zielausmaß (in welchem Umfang soll das Ziel erreicht werden?)

→ Zielsegment (in welchem Marktsegment soll das Ziel erreicht werden? Mit welchen Kundengruppen bzw. Zielgruppen soll das Ziel erreicht werden?)

→ Zielgebiet (In welchem Gebiet soll das Ziel erreicht werden?)

→ Zielperiode (In welcher Zeit soll das Ziel erreicht werden?)

Ökonomische Marketing-Ziele und psychologische Marketing-Ziele sind nicht unabhängig voneinander. Meist sind psychologische Marketing-Ziele als Unterziele Voraussetzung zur Erreichung der ökonomischen Marketing-(Ober-)Ziele. Beispiel: Die Erreichung eines bestimmten Bekanntheitsgrades kann Voraussetzung sein zur Erreichung des Absatz- oder Umsatzziels (Mittel-Zweck-Beziehung).

Merksatz

Marketing-Ziele leisten einen wesentlichen Beitrag zur Erreichung der Unternehmensziele (= Oberziele, z. B. Gewinn, ROI).

4.4 | Marketing-Strategien

Definition

Marketing-Strategien legen den Weg fest, wie die strategischen Marketing-Ziele erreicht werden sollen. Sie enthalten Aussagen über die Auswahl der Märkte und über die Art und Weise der Marktbearbeitung. Marketing-Strategien bilden Richtlinien für den taktischen und operativen Einsatz der Marketing-Instrumente. Marketing-Strategien haben einen mittel- bis langfristigen Zeithorizont.

Strategische Basisentscheidungen | 4.4.1

Strategische Basisentscheidungen betreffen – neben der Entscheidung über den relevanten Markt → vgl. Kap. 1.3, S. (13) – die

- Bildung strategischer Geschäftseinheiten (= SGE)
- Bestimmung strategischer Geschäftsfelder (= SGF)
- Marktsegmentierung
- Entscheidungen für Marktbearbeitungsstrategien
- Art und Intensität der Kundenorientierung

Die **SGE** hat einen eigenständigen, strategischen Entscheidungsspielraum. Für die SGE ist eine eigene, strategische Planung notwendig, die Ziele und Marktbearbeitungsstrategien enthält. SGE mit Gewinnverantwortung sind **Profit-Center** → Glossar → vgl. S. 125. Unternehmen, die ein heterogenes Produktprogramm auf unterschiedlichen Teilmärkten anbieten, werden auf diese Teilmärkte ausgerichtete SGE bilden. Sie sollten in der Wahrnehmung ihrer Marktaufgabe eigenständig sein, sich am Markt von der Konkurrenz abheben, eine bedeutende Marktstellung erreichen können sowie in sich möglichst homogen und untereinander heterogen sein. Bei der Bildung von strategischen Geschäftseinheiten soll auf die Funktionserfüllung der Produkte und auf die aktuellen und zukünftig möglichen Kundengruppen und Technologien abgezielt werden. Eine ausschließlich produktbezogene Definition berücksichtigt nicht ausreichend die Markt- und Kundenerfordernisse.

Strategischen Geschäftseinheiten

> **Merksatz**

Eine strategische Geschäftseinheit ist eine organisatorische Einheit im Unternehmen mit einer eigenständigen Marktaufgabe auf einem strategischen Geschäftsfeld.

Die SGE ist auf einem SGF tätig. Innerhalb eines Geschäftsfeldes erfolgt durch die Marktsegmentierung eine weitere Aufteilung nach unterschiedlichen Kundengruppen. Die **Marktsegmentierung** → Glossar ist die Aufteilung des relevanten Marktes in homogene Teilmärkte (= Marktsegmente). Die Marktsegmente müssen in sich möglichst ähnlich sein (= intern homogen) und gegenüber anderen Segmenten möglichst unähnlich sein (= extern heterogen). Die Marktsegmentierung ist die Voraussetzung für eine differenzierte Marktbearbeitung. An die Kriterien zur Marktsegmentierung sind folgende Anforderungen zu stellen:

Marktsegmentierung

- Relevant für das Kaufverhalten
- Zeitstabilität
- Messbarkeit
- Tragfähigkeit, Wirtschaftlichkeit
- Erreichbarkeit

Die Marktsegmentierungskriterien sollen einen unmittelbaren Bezug zum Kaufverhalten haben. Die ermittelten Marktsegmente sollen über einen längeren Zeitraum erhalten bleiben. Sie müssen durch die Methoden der Marketing-Forschung erfassbar (= messbar) sein und ein ausreichendes **Marktpotenzial** → Glossar aufweisen. Die Bearbeitung der Marktsegmente muss ökonomisch sinnvoll sein. Der sich aus der Marktsegmentierung ergebende Nutzen muss größer sein als die Kosten, die die Marktsegmentierung erfordert. Die Zielgruppen innerhalb der Marktsegmente müssen durch die Marketing-Instrumente erreichbar sein.

Die Marktsegmente für Konsumgütermärkte können nach folgenden **Segmentierungskriterien** gebildet werden:

- Demographische Kriterien
- Sozio-ökonomische Kriterien
- Psychologische Kriterien (= psychographische Kriterien)
- Verhaltenskriterien
- Geographische Kriterien

Demographische Kriterien sind u. a. Geschlecht, Alter, Familienstand, Haushaltsgröße und Wohnort. **Sozio-ökonomische Kriterien** sind z. B. Einkommen, Beruf, Ausbildung, soziale Schicht und Besitz- und Ausstattungsmerkmale. **Psychologische Kriterien** sind u. a. Persönlichkeitsmerkmale, Einstellungen, Präferenzen, **Motive** → Glossar, Nutzenerwartungen und **Lebensstile** → Glossar. **Verhaltenskriterien** sind u. a. Markenwahl, Wahl der Einkaufsstätte, Kaufintensitäten, Preisverhalten, Mediennutzung (**AOI-Ansatz** → Glossar, **VALS-Ansatz** → Glossar). **Geographische Kriterien** sind z. B. Länder, Städte, Gemeinden.

Merksatz

Durch die Marktsegmentierung werden Marktsegmente gebildet, die durch unterschiedliche Marketing-Strategien mit einem differenzierten Einsatz der Marketing-Instrumente bearbeitet werden können.

Es lassen sich folgende grundlegende **Marktbearbeitungsstrategien** unterscheiden:

- Nischenspezialisierung

- Produktspezialisierung
- Marktspezialisierung
- Selektive Spezialisierung
- Gesamtmarktabdeckung

Bei der **Strategie der Nischenspezialisierung** konzentriert sich das Unternehmen auf ein Marktsegment. Für eine ausgewählte Kundengruppe können besondere Wettbewerbsvorteile geschaffen werden. Beispiel: Ferrari. Die **Strategie der Produktspezialisierung** legt den Schwerpunkt auf einen Produktbereich oder ein Produkt. Die Produkte werden allen Kundengruppen angeboten. Durch die Spezialisierung auf ein Produkt können Wettbewerbsvorteile erzielt werden. Beispiel: SAP R/3. Bei der **Strategie der Marktspezialisierung** wird das Unternehmen mit mehreren Produkten in einem Marktsegment tätig. Durch die genaue Kenntnis der Kundenbedürfnisse in diesem Marktsegment kann das Unternehmen zielgruppenspezifische Produkte anbieten. Beispiel: Markt für Anglerbedarf. Die **Strategie der selektiven Marktbearbeitung** bezieht sich auf die Bearbeitung ausgewählter Marktsegmente mit ausgewählten Produkten. Die Strategie ist eine Ausweitung der Nischenstrategie auf die Bearbeitung von mehreren Marktnischen. Beispiel: 3M mit Post-it und Videokassetten. Die **Strategie der Gesamtmarktabdeckung** ist die Bearbeitung aller Marktsegmente mit einer Vielzahl von Produkten. Beispiel: Nivea.

Marktbearbeitungsstrategien

Kundenorientierung ist die Ausrichtung des Unternehmens auf Kunden und potenzielle Kunden. Das Ziel ist eine langfristige und profitable Beziehung zwischen Unternehmen und Kunden zum Nutzen beider Seiten. Die strategische Ausrichtung des Unternehmens auf das Ziel, vertrauensvolle und loyale Beziehungen zu den Kunden aufzubauen, zu erhalten und dauerhaft und werthaltig zu verbessern wird als **Customer Relationship Management** → Glossar (= CRM, Kundenbeziehungsmanagement) bezeichnet. CRM ist ein ganzheitlicher und umfassender Ansatz für die Gestaltung der Kundenbeziehungen mit dem Schwerpunkt im Marketing. Es werden **operatives CRM** (z. B. **CAS** → Glossar, Planung, Durchführung und Kontrolle von Kampagnen und Mailings), **kommunikatives CRM** (z. B. Call Center, E-Mails, SMS) und **analytisches CRM** (z. B. Auswertung und Analyse von Daten, Data-Mining) → vgl. S. 142 unterschieden. CRM integriert und optimiert die Prozesse im Marketing-Mix, insbesondere im Vertrieb (= Verkauf) und im Service (z. B. Kundendienst). In der **Wertschöpfungskette** → Glossar soll für das Unternehmen und für den Kunden ein Mehrwert entstehen. CRM bezieht sich auf den gesamten **Kundenlebenszyklus** und orientiert sich am **Kundenwert** → Glossar (= z. B. **Customer Lifetime Value** → Glossar, **Customer Equity**). Ansätze zur Kundenbewertung sind Kundenumsatzanalyse, Kundendeckungsbeitragsanalyse, Kundenloyalitäts-

Kundenorientierung

CRM

analyse, Kundenpotenzialanalyse und Kundenportfolioanalyse. Grundlage von CRM bilden Informations- und Kommunikationstechniken (z. B. Internet, E-Mail, CAS) in Verbindung mit speziellen Softwareprogrammen (z. B. SAP CRM, SAP BW).

CRM Die Ziele von CRM sind Marketing- oder Unternehmensziele und damit den Marketing-Mix-Zielen (= Ziele der Marketing-Instrumente) übergeordnet:

→ Kundenzufriedenheit
→ Kundenbindung, Kundenloyalität
→ Aufbau von Wechselbarrieren
→ Gewinnung von Neukunden
→ Kundenrückgewinnung

CRM enthält Instrumente zur Erfassung, Aufbereitung und Auswertung von Kundendaten für das **Database-Marketing**. Database-Marketing ist die computergestützte Nutzung von personenbezogenen Daten aus der Kundendatenbank für eine differenzierte, individuelle Kundenansprache. Wichtig sind die Möglichkeiten zur Datengenerierung und zur Kundenselektion.

Merksatz

Strategische Basisentscheidungen betreffen die Art der Markt- und Kundenorientierung.

4.4.2 | Strategische Analyse- und Planungskonzepte

Im Vorfeld strategischer Entscheidungen können zur Fundierung und Absicherung Analyse- und Planungsinstrumente eingesetzt werden. Zur Vorbereitung, Entwicklung und Ableitung von Marketing-Strategien werden vielfach die folgenden Instrumente herangezogen:

● GAP-Analyse
● Lebenszyklusanalyse
● Portfolioanalyse
● Positionierungsanalyse

Definition

Die **GAP-Analyse** → Glossar oder **Analyse der strategischen Lücke** zeigt den Unterschied zwischen der erwarteten Absatz- oder Umsatzentwicklung und der erwünschten Absatz- oder Umsatzentwicklung im Zeitablauf.

Aus der GAP-Analyse wird erkennbar, inwieweit der gewünschte Soll- und der erwartete Ist-Zustand voraussichtlich auseinander liegen. Diese **Ziellücke** ist durch die Marketing-Strategien der **Produkt-Markt-Matrix (= An-**

GAP-Analyse mit Ziellücke   Abb. 4.5

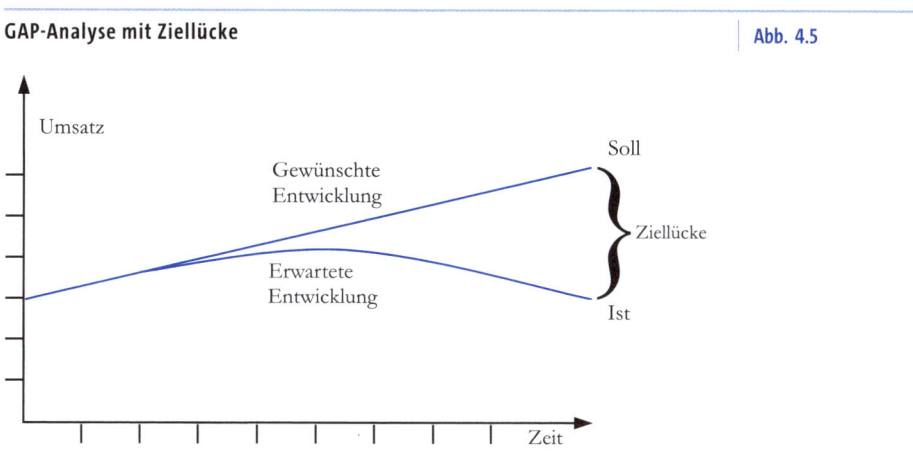

GAP-Analyse mit geschlossener Ziellücke   Abb. 4.6

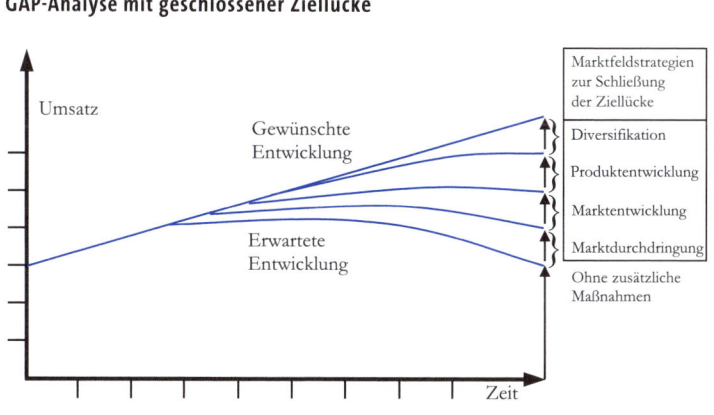

soff-Matrix) → Glossar zu schließen → vgl. Kap. 4.4.3 Marktfeldstrategien, S. 112. Die Reihenfolge der Strategien bzw. die Strategiekombinationen ergeben sich individuell aus der Konkurrenzsituation und dem Leistungspotenzial des Unternehmens.

Definition

Der Produktlebenszyklus ist ein zeitbezogenes idealtypisches Marktreaktionsmodell.

Das **Konzept des Lebenszyklus** besagt, dass Produkte, Marken, Branchen und Märkte eine begrenzte Lebensdauer aufweisen. Auf der Grundlage dieses zeitlichen Entwicklungsprozesses wird versucht, strategische Entscheidungen und Entscheidungen zum Einsatz der Marketing-Instrumente abzuleiten. Der **Produktlebenszyklus** zeigt die zeitliche Entwicklung eines Produkts oder einer Produktgruppe im Markt. Grundlage des Konzepts ist die Annahme, dass der Verlauf eines Produktlebenszyklus grundsätzlich einer bestimmten Gesetzmäßigkeit folgt. Während seiner Lebensdauer wird das Produkt mehrere Phasen durchlaufen. Diese Phasen werden meist wie folgt eingeteilt:

- Einführung
- Wachstum
- Reife
- Sättigung, Stagnation
- Degeneration, Verfall

Phasen des Produktlebenszyklus

Die **Einführungsphase** ist gekennzeichnet durch hohe Anfangsinvestitionen, geringe Umsätze und oft negative Deckungsbeiträge. Der Marktwiderstand gegen das neue Produkt ist hoch. Die Intensität des Marktwiderstands ist abhängig vom Innovationsgrad des Produkts. Je innovativer ein Produkt ist, desto höher ist der Marktwiderstand. Es zeigen sich nur geringe Wachstumsraten, es gibt technische Anfangsschwierigkeiten und die marktorientierten Einführungsanstrengungen sind durch eine temporäre Monopolstellung bestimmt. Marketing-Maßnahmen beziehen sich auf den Aufbau eines Vertriebsnetzes, auf Werbung und Verkaufsförderung. Ziel ist es, für die Bekanntmachung und die Distribution des neuen Produkts zu sorgen. Das Produkt wird von Kunden nachgefragt, die Innovationen aufgeschlossen gegenüberstehen → vgl. Innovatoren, S. 73. Das Erreichen der Gewinnschwelle leitet die Wachstumsphase ein.

In der **Wachstumsphase** steigt der Umsatz überdurchschnittlich an. Die Werbung und Verkaufsförderung zeigen zeitverzögert ihre Wirkung. Das Werbebudget ist vergleichsweise niedrig. Das neue Produkt wird zunehmend vom Käufer akzeptiert. In der Produktion lassen sich erste

Kostendegressionseffekte realisieren. Der Gewinn erreicht in dieser Phase sein Maximum. Durch diese positive Gewinnentwicklung tritt verstärkt Konkurrenz auf. Die Marketing-Maßnahmen richten sich auf die Schaffung von Präferenzen und auf die Abgrenzung von der Konkurrenz. Durch das Auftreten der Konkurrenz kann es bei einer Hochpreispolitik in der Einführungsphase zu ersten Preissenkungen kommen. Qualitative Verbesserungen des Produkts tragen zur Präferenzbildung bei. Die Käufer in dieser Phase des Produktlebenszyklus sind die **Frühaufnehmer** bzw. **frühe Übernehmer** → vgl. S. 74.

Die **Reifephase** zeigt weiterhin ein Umsatzwachstum. Mit dem Übergang zur Sättigungsphase erreicht die Produktlebenszykluskurve ihr

Phasen des Produkt-Lebenszyklus | **Abb. 4.7**

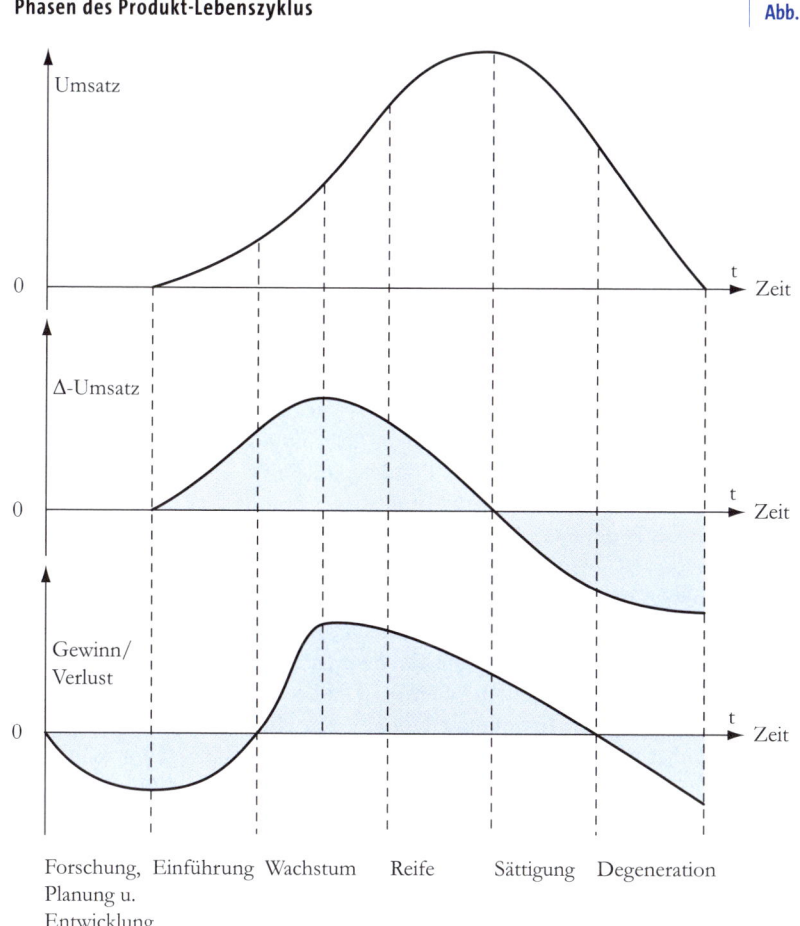

Forschung, Einführung Wachstum Reife Sättigung Degeneration
Planung u.
Entwicklung

Maximum. Umsatzwachstum und Gewinn gehen jedoch zurück. Auf dem Markt herrscht ein intensiver Wettbewerb, da die Konkurrenz durch verstärkte Marktinvestitionen den Innovationsvorsprung einzuholen versucht. Der Konkurrenzdruck kann eine Intensivierung der Werbung notwendig machen. Als Konkurrenten folgen noch einige Nachzügler, die erst spät ihre Marktchancen erkannt haben. Marketing-Maßnahmen betreffen vorrangig den Aufbau von Markentreue und Kundenbindung. Durch Produktdifferenzierungen wird zusätzlich versucht, sich von anderen Wettbewerbern abzuheben. Die Käufer in dieser Phase werden als **„Frühe Mehrheit"** → S. 74 beschrieben.

In der **Sättigungs- oder Stagnationsphase** ist die Umsatzentwicklung rückläufig. Es wird zwar noch Gewinn erzielt, doch mit dem Übergang zur Degenerations- bzw. Verfallphase wird die Verlustschwelle erreicht. Das **Marktpotenzial** → Glossar ist weitgehend ausgeschöpft. Die Nachfrage nimmt ab. Die Käufer in dieser Phase werden im Diffusionsmodell als **„Späte Mehrheit"** bezeichnet. Die Anzahl der Konkurrenz bleibt unverändert oder nimmt ab. Der in der Reifephase einsetzende Preiswettbewerb verschärft sich. Die Produktdifferenzierung nimmt weiter zu. Durch Produktvariation kann eine Modernisierung des Produkts versucht werden. Der mit der Produktvariation einhergehende Werberelaunch aktualisiert das Produkt zusätzlich. Die Marketing-Maßnahmen beabsichtigen, den Absatz- und Umsatzrückgang aufzuhalten und den Produktlebenszyklus zu verlängern.

Die **Degenerations- oder Verfallphase** → Glossar zeigt eine weiterhin rückläufige Umsatzentwicklung. Die Umsätze decken nicht mehr die Kosten. Es können nur noch Verluste erzielt werden. Die Lebenszeit des Produkts ist abgelaufen. Die Käufer in dieser Phase sind die sog. **späten Übernehmer** und **Nachzügler** → Glossar. Die Kundenbedürfnisse werden durch andere Produkte besser, billiger und bequemer befriedigt. Es kann eine Wiederbelebung des Produkts (= Revival, Relaunch → Glossar) versucht werden. Gelingt dies nicht, ist das Produkt unter Beachtung seiner Verbundwirkungen zu eliminieren.

Das Produktlebenszyklus-Konzept soll Entscheidungshilfen bei **Absatz-Prognosen** → Glossar sowie beim Einsatz von Marketing-Strategien und Marketing-Instrumenten liefern. Es lassen sich keine allgemeingültigen operativen Handlungsempfehlungen ableiten, Anhaltspunkte für Marketing-Strategien jedoch schon. Zu berücksichtigen ist, dass eine Vielzahl von Einflussfaktoren auf den Verlauf des Produktlebenszyklus einwirkt. Dies sind u. a. der Einsatz der Marketing-Instrumente, die Kaufkraft, das Käufer- und Konkurrenzverhalten, die technologischen und konjunkturellen Veränderungen.

Das Konzept des Produktlebenszyklus dient als Informationsgrundlage für marketingpolitische Entscheidungen. Es gibt einen Überblick über die Altersstruktur und über „wachsende" und „fallende" Produkte.

Portfolio-Analysen geben in einer zweidimensionalen Darstellung einen Überblick über die Markt- und Wettbewerbssituation von strategischen Geschäftseinheiten, Produkten, Produktgruppen oder Kunden. Das Ziel ist eine Standortbestimmung und die Ableitung von Normstrategien. Auf der horizontalen Achse (= Abszisse) wird eine interne, beeinflussbare Variable und auf der vertikalen Achse (= Ordinate) wird eine externe Variable dargestellt.

Hier sollen zwei Portfolio-Konzepte vorgestellt werden:

● Marktanteils-Marktwachstums-Portfolio (BOSTON CONSULTING Group)
● Wettbewerbsvorteils-Marktattraktivitäts-Portfolio (McKINSEY)

Portfolio-Matrix nach BOSTON CONSULTING GROUP (= BCG-Matrix)   Abb. 4.8

Hoch Feld 1 „Fragezeichen" Stellung im PLZ Einführungsphase Anfang Wachstumsphase Normstrategie Offensivstrategie **Ziel: Marktanteil erhöhen**	Feld 2 „Sterne" Stellung im PLZ Wachstumsphase Normstrategie Investitionsstrategie **Ziel: Marktanteil erhöhen**
Niedrig Feld 3 „arme Hunde" Stellung im PLZ Sättigung Rückgangsphase Normstrategie Desinvestitionsstrategie **Ziel: Aufgabe**	Feld 4 „Milchkühe" Stellung im PLZ Reifephase Normstrategie Abschöpfungsstrategie **Ziel: Marktanteil halten**

Marktwachstum

relativer Marktanteil

Niedrig   Hoch

Definition

Das **Marktanteils-Marktwachstums-Portfolio** ist eine Vier-Felder-Matrix. Für die Beurteilung der Erfolgsaussichten eines Produkts wird einerseits das Marktwachstum (= unternehmensexterner Aspekt) und andererseits die Stärke der Marktstellung (= unternehmensinterner Aspekt) herangezogen.

Portfolio-Matrix nach BCG

Die Achse Marktwachstum basiert auf der Lebenszyklusanalyse. Es wird angenommen, dass das Wachstum eines Marktes ein Indikator für eine bestimmte Phase im Lebenszyklus ist. Der relative Marktanteil ist ein Indikator für die Wettbewerbsposition bzw. für die Marktstellung des Produkts. Die **PIMS-Studie (= Profit Impact of Market Strategies)** → Glossar hat empirisch einen positiven Zusammenhang zwischen der Marktposition – gemessen durch Marktanteil und relativen Marktanteil – und der Profitabilität – gemessen durch den Return on Investment (= ROI) – von Geschäftsfeldern bestätigt. Der **relative Marktanteil** → Glossar ist der Absatz oder Umsatz des betrachteten Unternehmens dividiert durch den Absatz oder Umsatz des stärksten Wettbewerbers. Manchmal wird auch durch den gemeinsamen Absatz oder Umsatz der drei Hauptwettbewerber dividiert. Die Trennlinie zwischen einem hohen und einem niedrigen relativen Marktanteil wird meist bei 1,0, seltener bei 1,5 gezogen. Das **Marktwachstum** ist das Wachstum des Gesamtmarktes oder eines relevanten Teilmarktes zum Analysezeitpunkt. Die Trennlinie zwischen hohem und niedrigem Wachstum wird häufig beim durchschnittlichen Marktwachstum der letzten vier bis fünf Jahre gezogen.

Es wird unterstellt, dass mit steigendem Marktanteil auch die kumulierten Produktionsmengen steigen und somit **Erfahrungskurveneffekte** → Glossar **(= Boston-Effekt, Kostendegressionseffekte)** genutzt werden können. Der Erfahrungskurveneffekt besagt, dass mit zunehmender Produktionserfahrung die Herstellung eines Produktes günstiger wird. Dies bezieht sich sowohl auf die Fixkosten als auch auf die variablen Kosten (= Stückkosten). Die verschiedenen Kostendegressionseffekte können wie folgt differenziert werden: Die **Mengendegression** der Kosten bei gleich bleibender Technologie (gleicher Maschinenpark) ist darauf zurückzuführen, dass die Fixkosten (bis zur Erreichung der Kapazitätsgrenze) auf mehr Produktionseinheiten verteilt werden (**Statische Größeneffekte** = Fixkostendegression + Betriebsgrößendegression, **Economies of Scale** → Glossar). Häufig kann bei größeren Produktionsmengen eine kostengünstigere Technologie eingesetzt werden (**Dynamische Größendegression** = technischer Fortschritt, Lernerfahrung, Rationalisierung), die zu weiteren

Kostensenkungen führt **(Technologiedegression)**. Änderungen im Produktionsverfahren, z. B. durch Verbesserungen von Arbeitsabläufen, die auf **Lerneffekte** bei den Mitarbeitern oder auf **Rationalisierung** beruhen, führen dazu, dass die variablen Kosten mit zunehmender kumulierter Produktionsmenge fallen **(Erfahrungsdegression)**. Der Erfahrungskurveneffekt wird als potenzielle Verringerung (empirisch nachgewiesen sind 20 % bis 30 %) der inflationsbereinigten Stückkosten bei einer Verdoppelung der kumulierten Produktionsmenge angenommen.

Den vier Feldern der Marktanteils-Marktwachstums-Matrix (= Boston Consulting Matrix) werden bestimmte Marktsituationen und Normstrategien zugeordnet. **(Feld 1) Question marks (= Fragezeichen)** sind Produkte, die einen geringen Marktanteil haben und einen geringen Cash Flow (= Gewinn + Abschreibung) erwirtschaften. Der Begriff „Fragezeichen" deutet an, dass das Risiko eines Flops besteht. Das erwartete Marktwachstum ist hoch. Die Produkte haben einen hohen Mittelbedarf, wenn die Marktstellung verbessert werden soll. Falls weitere Analysen einen Markterfolg erwarten lassen, wird als Normstrategie eine **offensive Markterschließungsstrategie** empfohlen. **(Feld 2) Stars (= Sterne)** sind Produkte, die in einem stark wachsenden Markt einen hohen Marktanteil besitzen. Die Produkte haben einen hohen Mittelbedarf, den sie aber selbst erwirtschaften. Durch Mengeneffekte in der Produktion **(Erfahrungskurve** → Glossar) können Kostendegressionseffekte realisiert werden. Als Normstrategie sollte durch eine **Investitionsstrategie** versucht werden, die Position im Portfolio zu halten oder auszubauen. **(Feld 3) Cash cows (= Milchkühe)** sind Produkte, die in einem Markt mit schwachem oder keinem Wachstum einen hohen Marktanteil haben. Der Cash Flow ist hoch. Investitionen sind nur noch zur Erhaltung der Marktstellung zu tätigen. Kostensenkungspotenziale sind weiterhin zu nutzen. Als Normstrategie wird eine **Abschöpfungsstrategie** empfohlen. Der Marktanteil ist zu halten. Frei werdende, finanzielle Mittel sollten in Fragezeichen-Produkte oder Star-Produkte investiert werden. **(Feld 4) Poor dogs (= arme Hunde)** sind Produkte, die in einem Markt mit schwachem oder keinem Wachstum einen niedrigen Marktanteil haben. Diese Produkte sind meist nicht mehr rentabel. Sie weisen oft einen negativen Deckungsbeitrag auf und müssen durch zusätzliche finanzielle Mittel unterstützt werden. Nach der Prüfung der Zukunftsaussichten sollten die Produkte mit einer **Desinvestitionsstrategie** (= Normstrategie) aus dem Markt genommen werden. Bei der Eliminationsentscheidung sind u. a. mögliche Verbundwirkungen und Auswirkungen auf das Unternehmensimage zu berücksichtigen.

BCG-Matrix

Definition

Das **Wettbewerbsvorteils-Marktattraktivitäts-Portfolio** betrachtet mit den relativen Wettbewerbsvorteilen und der Marktattraktivität ebenfalls zwei Dimensionen. Die Bewertung dieser zwei Dimensionen erfolgt jedoch über eine Reihe von Einzelindikatoren.

Diese Einzelindikatoren sind z. B. für die **relativen Wettbewerbsvorteile** (relativ im Vergleich zum stärksten Wettbewerber bzw. zu den stärksten Wettbewerbern):
→ Marktposition (z. B. Marktanteil, Umsatz, Wachstumsrate)
→ Produktionspotenzial (z. B. Kostenvorteile, Know How, Lizenzen, Standortvorteile)
→ Potenzial bei Forschung & Entwicklung (z. B. Innovationspotenzial der Forscher, Innovationsfähigkeit der Mitarbeiter)
→ Qualifikation der Führungskräfte und Mitarbeiter (z. B. Qualität des Führungsstils, Motivation der Führungskräfte)

Die Einzelindikatoren für die **Marktattraktivität** sind z. B.:
→ Marktwachstum und Marktgröße
→ Marktqualität (z. B. Branchenrentabilität, Wettbewerbsintensität, Anzahl potenziellen Kunden, Eintrittsbarrieren für neue Konkurrenten, Substitutionsmöglichkeiten)
→ Energie- und Rohstoffversorgung (z. B. Störanfälligkeit der Versorgung, Existenz alternativer Lieferanten)
→ Umfeldsituation (z. B. Konjunktur, Gesetzgebung)

Die Bewertung der Einzelindikatoren wird mit einem Punktbewertungsmodell vorgenommen. Dabei können die einzelnen Indikatoren nach ihrer Bedeutung unterschiedlich gewichtet werden.

Das Wettbewerbsvorteils-Marktattraktivitäts-Portfolio ist eine Neun-Felder-Matrix. Es lassen sich somit formal neun Normstrategien ableiten. Zusammenfassend können drei strategische Ausrichtungen unterschieden werden:
● Marktführerschafts-, Investitions- und Wachstumsstrategien
● Konsolidierungs- und Selektionsstrategien
● Abschöpfungs- und Desinvestitionsstrategien

Portfolio-Matrix
nach McKinsey

In den **Marktführerschafts-, Investitions- und Wachstumsstrategien** werden die Akzente in der Produktpolitik gesetzt. Der Ausbau des Programms erfolgt über neue Produkte, Produktdifferenzierung und Diversifikation. Es werden neue Märkte erschlossen und für die Produkte neue Anwendungen gesucht. Hochpreis- oder Niedrigpreisstrategien werden konsequent mit dem Ziel der Preisführerschaft verfolgt. Kommunikationspolitik und Vertriebspolitik werden aktiv eingesetzt. Die mit den hohen Investitionen verbundenen Risiken müssen akzeptiert werden. **Konsolidierungs- und Selektionsstrategien** enthalten produktpolitische Maßnahmen der Spezialisierung und Schwerpunktbildung. Es gilt, die erreichte Marktposition zu verteidigen und nur noch gezielt und ausgewählt zu wachsen. Das erreichte Preisniveau ist möglichst zu halten. Tendenziell können Preissenkungen notwendig werden. Investitionen auf mittlerem Niveau müssen sich möglichst kurzfristig amortisieren, um die Risiken zu begrenzen. Die **Abschöpfungs- und Desinvestitionsstrategien** sind durch den Ab-

---

Portfolio-Matrix nach MCKINSEY | Abb. 4.9

Marktattraktivität

Hoch	Hoch	Hoch
Normstrategie	*Normstrategie*	*Normstrategie*
Konsolidierungs- und Selektions- strategie	Investitions- und Wachstums- strategie	Investitions- und Wachstums- strategie
Niedrig	Mittel	Hoch
Mittel	**Mittel**	**Mittel**
Normstrategie	*Normstrategie*	*Normstrategie*
Abschöpfungs- oder Deinvestitions- strategie	Konsolidierungs- und Selektions- strategie	Investitions- und Wachstums- strategie
Niedrig	Mittel	Hoch
Niedrig	**Niedrig**	**Niedrig**
Normstrategie	*Normstrategie*	*Normstrategie*
Abschöpfungs- oder Deinvestitions- strategie	Abschöpfungs- oder Deinvestitions- strategie	Konsolidierungs- und Selektions- strategie
Niedrig	Mittel	Hoch

relativer Wettbewerbsvorteil

bau von Produkten und Produktgruppen gekennzeichnet. Regionen und Kunden werden unter Ertragsgesichtspunkten selektiert. Wirtschaftlich nicht tragfähige Kunden und Regionen werden nicht mehr bedient. In der Preispolitik sollte versucht werden, das vorhandene Preisniveau zu halten. Die vorhandenen Deckungsbeiträge sollten gesichert werden. Kommunikations- und vertriebspolitische Maßnahmen sind auf ein notwendiges Niveau zu reduzieren. Investitionen sind auf ein Minimum zu begrenzen. Risiken sind zu vermeiden.

Definition

Die **Positionierungsanalyse** wird zur Segmentierung von Märkten eingesetzt. Das Positionierungsmodell enthält reale und ideale Produktpositionen in einer meist zwei- oder dreidimensionalen Darstellung (= Eigenschaftsraum, Objektraum) des relevanten Marktes.

Durch die Marktforschung werden die idealen und realen kaufrelevanten Produktmerkmale aus Käufersicht erhoben. Idealpositionierungen erlauben die Darstellung von Produkt-Präferenzen – meist bezogen auf bestimmte Marktsegmente. Je näher die einzelnen Produkte am Idealpunkt eines Segments positioniert sind, desto mehr werden sie von den Kunden dieses Segments vorgezogen. Multivariate Analysemethoden (= mathematische Analysen, z. B. Faktorenanalyse, Clusteranalyse) verdichten die Vielzahl der Produkteigenschaften auf die wesentlichen zwei oder drei kaufrelevanten subjektiv wahrgenommenen Produktmerkmale. Die Produkte, die von den Kunden als ähnlich beurteilt werden, liegen nahe beieinander. Das Positionierungsmodell enthält meist vier Bestandteile:

→ Subjektiv wahrgenommene Produktmerkmale
→ Platzierung des eigenen Produkts und der Konkurrenzprodukte
→ Idealpositionierung
→ Distanzen zwischen der Idealpositionierung und den übrigen realen Produktpositionierungen

Aus dieser Standortbestimmung (Ist-Positionierung) können strategische Entscheidungen über Soll-Positionierungen abgeleitet werden. Die Distanz zwischen den Produkten verdeutlicht die Intensität der Konkurrenzbeziehung. Die Positionierungsanalyse kann **Marktlücken** → Glossar und Marktnischen aufzeigen. Neue Produkte können in Positionierungslücken platziert werden. Vorhandene Produkte werden in die Richtung der Idealpositionierung, in die Nähe eines oder mehrer Konkurrenzprodukte oder in entsprechendem Abstand zu Konkurrenzprodukten in einer Marktnische repositioniert.

Die Produktpositionierung erfolgt meist in einem zweidimensionalen und bipolaren Merkmals- bzw. Eigenschaftsraum im Vergleich zur Konkurrenz und zur idealen Positionierung. Es geht um die Wahrnehmung des Produkts bzw. um die Einstellung zum Produkt aus der Kundenperspektive.

Positionierungsmodell

Abb. 4.10

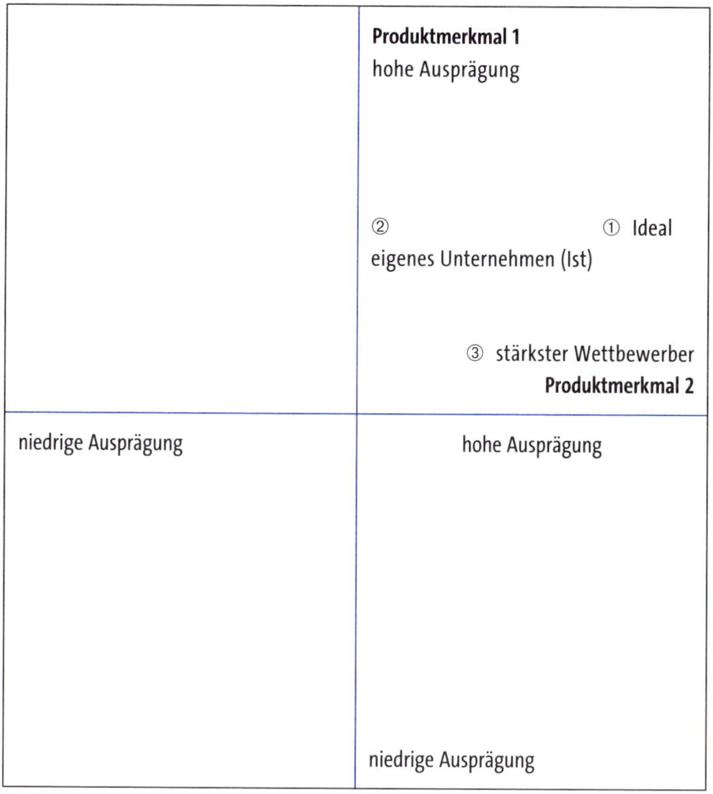

Produktmerkmal 1
hohe Ausprägung

②   ① Ideal
eigenes Unternehmen (Ist)

③ stärkster Wettbewerber
Produktmerkmal 2

niedrige Ausprägung   hohe Ausprägung

niedrige Ausprägung

4.4.3 | Wachstumsstrategien

Strategie-Mix der Wachsstunmsstrategien

Wachstums-strategien	Strategieausprägungen			
Marktfeld-strategien	Marktdurch-dringung	Markt-entwicklung	Produkt-Entwicklung	Diversi-fikation
Marktstimulierungs-strategien	Präferenzstrategie = Qualitätsstrategie		Preis-Mengen-Strategie	
Marktparzellierungs-strategien	totale oder partiale Massenmarktstrategie		totale oder partiale Markt-segmentierungsstrategie	
Marktareal-strategien	lokale und regionale Strategie	über-regionale und nationale Strategie	Multi-nationale und inter-nationale Strategie	Weltmarkt-strategie, globale Strategie

Die vier verschiedenen Wachstumsstrategien lassen sich mit ihren jeweiligen Strategieausprägungen vielfältig kombinieren.

Es lassen sich vier grundlegende wachstumsorientierte Marketing-Strategien unterscheiden:
● Marktfeldstrategien
● Marktstimulierungsstrategien
● Marktparzellierungsstrategien
● Marktarealstrategien

Marktfeldstrategien legen fest, mit welchen Produkten das Unternehmen auf welchen Märkten tätig sein will (Produkt-Markt-Kombinationen nach ANSOFF).

Die Bestimmung eines oder mehrerer Marktfelder legt die Richtung dieser **Wachstumsstrategie** fest. Es lassen sich die folgenden Marktfeldstrategien unterscheiden:

- Marktdurchdringungsstrategie
- Marktentwicklungsstrategie
- Produktentwicklungsstrategie
- Diversifikation

Bei der **Marktdurchdringungsstrategie** werden die gegenwärtigen Produkte auf den gegenwärtigen Märkten angeboten. Ziel ist es, durch einen intensiveren Einsatz des Marketing-Instrumentariums das vorhandene **Marktpotenzial** → Glossar besser auszuschöpfen als bisher. Beispiel: Höherer Einsatz von Werbung und Verkaufsförderung. Angestrebt werden z. B. höhere Absatz- und Umsatzzahlen und ein höherer Marktanteil. Diese Ziele können durch folgende Vorgehensweisen erreicht werden:

→ Erhöhung der Verwendung bei Kunden
→ Gewinnung von Kunden der Konkurrenz
→ Erschließung von Nicht-Verwendern

Produkt-Markt-Strategien

Die **Marktentwicklungsstrategie** ist die Kombination von gegenwärtigen Produkten und neuen Märkten. Die Marktentwicklung in Richtung eines „neuen" Marktes ist abhängig vom definierten relevanten Markt des Unternehmens. Marktentwicklungen sind möglich in zwei Richtungen:

→ Schaffung neuer Verwendungsmöglichkeiten
→ Gewinnung neuer Verwender

Produkt-Markt-Matrix nach ANSOFF

Abb. 4.11

	gegenwärtige Märkte	neue Märkte
gegenwärtige Produkte	Marktdurchdringung	Marktentwicklung
neue Produkte	Produktentwicklung	Diversifikation - horizontal - vertikal - lateral

Beispiele: Sportschuhe werden nicht nur beim Sport, sondern auch in der Freizeit getragen. Elektrowerkzeuge für den Profi-Markt werden geringfügig verändert nun auch im Hobby-Markt angeboten.

Die **Produktentwicklungsstrategie** ist dadurch gekennzeichnet, dass neue Produkte auf den gegenwärtigen Märkten angeboten werden. Bei der Produktentwicklung lassen sich unterschiedliche Intensitätsgrade von neuen Produkten unterscheiden:

→ Neue Produkte (echte Innovationen – Produkte, die es bisher nicht gab)
→ Quasi-neue Produkte (Verbesserungen oder Veränderungen bestehender Produkte)
→ Me-too-Produkte (Nachahmungen von vorhandenen Produkten)

Innovationen sind durch völlig neue Problemlösungen gekennzeichnet (z. B. das erste Handy, der erste DVD-Spieler). Quasi-neue Produkte sind oft Produktdifferenzierungen. Die Produkte werden Kundenwünschen angepasst oder auf kleine Kundensegmente zugeschnitten (z. B. Diätmargarine). Bei den Me-too-Produkten unterscheiden sich bestehende Produkte beispielsweise durch die eigene Marke, durch das Design oder durch die Verpackung.

Bei der **Diversifikation** werden neue Produkte auf neuen Märkten angeboten. Die Diversifikation wird meist dann gewählt, wenn die bisherigen Produkt-Markt-Kombinationen für das angestrebte Wachstum nicht ausreichen oder wenn das Marktrisiko gestreut werden soll. Bei der Diversifikation werden folgende Formen unterschieden:

● Horizontale Diversifikation
● Vertikale Diversifikation
● Laterale Diversifikation

Formen der Diversifikation

Die **horizontale Diversifikation** bedeutet die Erweiterung des bisherigen Produktangebotes um verwandte Produkte auf neuen Märkten gleicher Wirtschaftsstufe. Die Gemeinsamkeiten können in der Beschaffung, in der Produktion oder im Marketing (z. B. gleiche Kunden, gleiche Vertriebswege) liegen. Beispiel: Ein Tankstellenbetreiber erweitert sein Angebot um das Sortiment eines Lebensmitteleinzelhändlers (z. B. Lebensmittel, Bücher, Zeitschriften, Blumen). Eine **vertikale Diversifikation** liegt vor, wenn das Produktprogramm um Produkte der vor- und/oder nachgelagerten Wirtschaftsstufen erweitert wird. Beispiele: Ein Anbieter von Babynahrung baut eigenes Gemüse an. Ein Schuhhersteller betreibt eine Schuheinzelhandelskette. Die **laterale Diversifikation** ist die Erweiterung des bisherigen Produktprogramms um neue Produkte auf neuen Märkten, die keinen Bezug zum bisherigen Produktangebot aufweisen. Beispiele: Ein Stahlhersteller beteiligt sich an einem Softwarehaus.

Definition

Marktstimulierungsstrategien legen die grundsätzliche Art und Weise der Marktbeeinflussung fest.

Es kann zwischen zwei strategischen Alternativen gewählt werden:
- Präferenzstrategie
- Preis-Mengen-Strategie

Die **Präferenzstrategie** ist eine **Markenartikelstrategie**. Die Marketing-Instrumente werden darauf ausgerichtet, die wahrgenommene Produktqualität (Produktnutzen) zu erhöhen. Ziel der Präferenzstrategie ist es, eine Vorzugsstellung (Präferenz) gegenüber den Konkurrenzprodukten aufzubauen und eine eigenständige Produktpositionierung zu erreichen. Dies geschieht über die Gestaltung eines positiven Markenimages und Unternehmensimages. Das Markenimage wird beeinflusst durch hohe spezielle Produktqualität, intensive Kommunikation und hohe Preise. Der Vertriebsweg hat auch imageprägende Wirkung. Der Kundennutzen ist objektiver Art (bezogen auf die wahrgenommene Produktqualität) und subjektiver Art (psychologische Komponente, z. B. durch Image, Prestige). Die **Preis-Mengen-Strategie** stellt den niedrigen Preis in den Mittelpunkt der Marketing-Maßnahmen. Die Produktqualität ist durchschnittlich angelegt. Zielgruppe sind so genannte „Preiskäufer", die in erster Linie durch den Preis angesprochen werden.

Definition

Marktparzellierungsstrategien legen die Art und Weise der Differenzierung in der Marktbearbeitung und der Abdeckung von Märkten fest.

Bei den Marktparzellierungsstrategien lassen sich die Massenmarktstrategie (= undifferenziertes Marketing) und die Marktsegmentierungsstrategie (= differenziertes Marketing) unterscheiden. Beide Strategieansätze können sich auf eine totale (=vollständige) oder eine partiale (= teilweise) Marktabdeckung beziehen. Es ergeben sich somit folgende Strategiealternativen:
- Massenmarktstrategie mit totaler Marktabdeckung
- Massenmarktstrategie mit partialer Marktabdeckung
- Marktsegmentierung mit totaler Marktabdeckung
- Marktsegmentierung mit partialer Marktabdeckung

Die **Massenmarktstrategie** ist eine undifferenzierte Bearbeitung des Gesamtmarktes. Im Mittelpunkt des Marketings steht das Prinzip der Vereinheitlichung und nicht das Prinzip der Differenzierung. Die gemeinsamen Bedürfnisse und Verhaltensweisen der unterschiedlichen Zielgruppen werden angesprochen. Die Massenmarktstrategie versucht mit einem Standardprodukt und einem Marketing-Mix den Markt zu bearbeiten. Die Marketing-Maßnahmen werden so ausgelegt, dass die größtmögliche Anzahl von Kunden erreicht wird. Als wichtigster Vorteil der Massenmarktstrategie gelten die vielfältigen Kosteneinsparungspotenziale. Die **Marktsegmentierungsstrategie** ist eine differenzierte Bearbeitung von Teilmärkten. Teilmärkte werden auch Marktsegmente, Marktfragmente und Marktnischen genannt. Käufergruppen mit unterschiedlichen Bedürfnissen werden identifiziert, um sie mit ganz speziell auf sie zugeschnittenen Produkten (= Produktdifferenzierung) bedienen zu können. **Marktsegmentierung** → Glossar ist die Aufteilung eines Gesamtmarktes in verschiedene Teilmärkte (Kundengruppen), die jeweils mit einem speziell auf sie ausgerichteten Marketing-Mix angesprochen werden sollen → vgl. Kap. 4.4.1 **Marktsegmentierung,** S. 97.

Definition

Marktarealstrategien legen den räumlich-geografischen Markt- oder Absatzraum des Unternehmens fest.

Bei den Marktarealstrategien lassen sich zwei strategische Optionen unterscheiden:
- Teilnationale bzw. nationale Strategien
- Übernationale Strategien

Teilnationale und nationale Strategien sind durch lokale, regionale, überregionale oder nationale Markterschließung gekennzeichnet. Die geografische Ausdehnung eines Unternehmens entwickelt sich mittel- bis langfristig im Zeitablauf meist stufenweise vom lokalen bis zum nationalen Anbieter. Für eine nationale Marktabdeckung sprechen stagnierende regionale Märkte und eine nationale Distribution als Voraussetzung für die Durchsetzung von Markenkonzepten. Bei den **übernationalen Strategien** wird zwischen **internationaler und weltweiter Markterschließung** unterschieden. Bei gesättigten inländischen Märkten und starker inländischer Konkurrenz bieten übernationale Strategien noch Wachstumsmöglichkeiten. Überlegungen zur Risikostreuung oder zur Kapazitätsauslastung können ebenfalls zu übernationalen Strategien führen. Ausgangspunkt übernationaler Strategien ist der Verkauf im Inland hergestellter Produkte im Ausland **(Export)**. Bei einer **multinationalen Strategie** gibt das Unternehmen die Heimatland-Orientierung zugunsten einer Gastland-Orientierung auf. Dann finden meist Produktion und Vertrieb im Ausland statt. Der Einsatz des Marketing-Instrumentariums erfolgt meist länderspezifisch differenziert. Der Übergang zu einer weltweiten Strategie ist fließend. Beispiele für weltweit tätige Unternehmen: McDonald's, Bayer, Nestlé, Siemens.

Kundenorientierte Strategien – Strategieansatz nach PORTER | 4.4.4

Definition

Kundenorientierte Strategien beziehen sich auf die langfristigen Wettbewerbsvorteile, die das Unternehmen im Vergleich zur Konkurrenz den Kunden im relevanten Markt bieten kann.

Die kundenorientierten Strategien (von PORTER Wettbewerbsstrategien genannt) zielen darauf ab, Wettbewerbsvorteile zu schaffen und langfristig zu halten. Ein **strategischer Wettbewerbsvorteil** muss die folgenden Kriterien erfüllen:

Zusammenhang Rentabilität und Marktanteil nach PORTER (U-Kurve) | Abb. 4.12

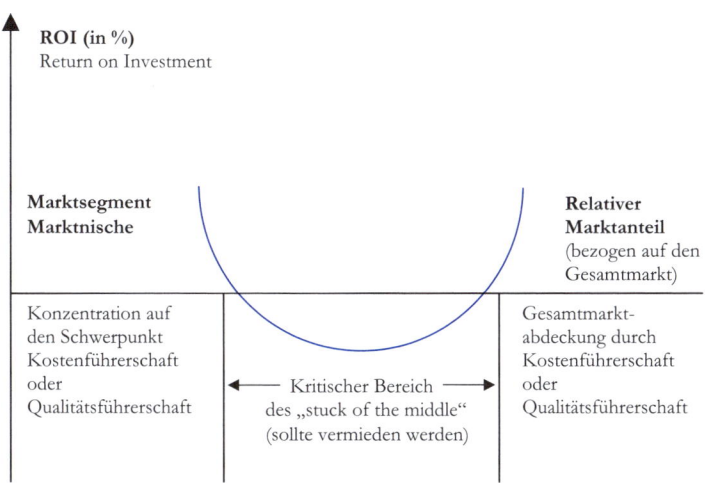

→ Der Wettbewerbsvorteil muss ein wichtiges (= kaufrelevantes) Produktmerkmal betreffen.

→ Der Wettbewerbsvorteil muss vom Kunden wahrgenommen werden.

→ Der Wettbewerbsvorteil muss mittel- bis langfristig haltbar sein.

Grundsätzlich kann zwischen Präferenz- und Preisvorteil unterschieden werden → vgl. Marktstimulierungsstrategie, S. 115 Nach PORTER kann ein Unternehmen eine Strategie der **Qualitätsführerschaft** (Präferenzvorteil) oder eine Strategie der **Kostenführerschaft** → Glossar (Preisvorteil) verfolgen. Weiterhin unterscheidet PORTER, ob das Unternehmen auf dem **Gesamtmarkt** oder auf einem **Teilmarkt** tätig ist. Danach lassen sich vier strategische Ansätze unterscheiden → vgl. Abbildung 4.13:

● Strategie der Qualitätsführerschaft auf dem Gesamtmarkt
● Strategie der Qualitätsführerschaft auf einem Teilmarkt
● Strategie der Kostenführerschaft auf dem Gesamtmarkt
● Strategie der Kostenführerschaft auf einem Teilmarkt

Die Entscheidung für eine der vier Strategien ist nach PORTER die wesentliche Voraussetzung für den Markterfolg.

Die **Strategie der Qualitätsführerschaft (Differenzierungsstrategie)** setzt auf wahrgenommene Produktvorteile gegenüber dem Wettbewerb. Diese Produktvorteile müssen für den Kunden kaufrelevant und dauerhaft sein. Der Produktvorteil darf nicht von der Konkurrenz leicht einholbar sein. Die Produkte des Unternehmens sollen vom Kunden besser beurteilt werden als die relevanten Konkurrenzprodukte. Das Unternehmen verfügt dann über **komparative Konkurrenzvorteile (= KKV)**. Die Differenzie-

---

Abb. 4.13 | **Wettbewerbsmatrix nach PORTER**

Qualitätsführerschaft	Kostenführerschaft
auf dem Gesamtmarkt	
Qualitätsführerschaft	Kostenführerschaft
Konzentration auf Schwerpunkte Beschränkung auf ein Marktsegment	

rung gegenüber dem Wettbewerb kann sich z. B. beziehen auf: Lebensdauer und Zuverlässigkeit, Design, Kundendienst und Service, Technologie, Vertrieb, Produkt- oder Firmenimage.

Die **Strategie der Kostenführerschaft auf dem Gesamtmarkt** (= umfassende Kostenführerschaft) bezieht sich auf die Möglichkeit, die eigenen Leistungen dauerhaft zu niedrigeren Preisen als die Konkurrenz anzubieten oder auf dem Preisniveau der Konkurrenz die höheren Deckungsbeiträge zu erwirtschaften. Kostenvorteile können z. B. durch hohe Produktmengen (größenbedingte Kostendegression), überlegenes Produktions-Know-how, geringe Lagerhaltung durch Just-in-Time Lieferungen und neue Technologien geschaffen werden → vgl. Erfahrungskurve, S. 106. Ein preislicher Wettbewerbsvorteil lässt sich auf Dauer nur aufrechterhalten, wenn das Unternehmen eine günstigere Kostenposition besitzt. Ohne Kostenvorteil kann die Konkurrenz bei Bedarf den preispolitischen Maßnahmen folgen. Preismanagement ist deshalb untrennbar mit Kostenmanagement verbunden.

Die **Qualitätsführerschaft bzw. Kostenführerschaft auf einem Teilmarkt** bedeutet die **Konzentration auf Schwerpunkte**. Wettbewerbsvorteile sollen nur auf einem ausgewählten Teilmarkt erzielt werden. Die Ausrichtung auf den Teilmarkt kann über ausgewählte Leistungen (Differenzierungsschwerpunkt) oder über Kostenvorteile in einem eng begrenzten Bereich (Kostenschwerpunkt) erfolgen.

Outpacing-Strategien (to outpace = Konkurrenten ausstechen) versuchen Wettbewerbsvorteile über eine Kostenführerschaft und Qualitätsführerschaft zu erreichen.

Konkurrenzorientierte Strategien | 4.4.5

Definition

Konkurrenzorientierte Strategien beschreiben das langfristig angelegte Verhalten des Unternehmens gegenüber den relevanten Wettbewerbern.

Voraussetzung für konkurrenzorientierte Strategien ist eine umfassende Konkurrenzanalyse. Die Stärken und Schwächen der Konkurrenz sind den eigenen Stärken und Schwächen gegenüberzustellen. Es lassen sich zunächst die folgenden konkurrenzorientierten strategischen Verhaltensweisen unterscheiden:

Branchenanalyse
Konkurrenzanalyse

- Kooperationsstrategie
- Konfliktstrategie

- Ausweichstrategie
- Anpassungsstrategie

Die Zusammenarbeit mit einem oder mehreren Wettbewerbern wird als **Kooperationsstrategie** bezeichnet (z. B. **Joint Ventures** → Glossar, strategische Allianzen). Kooperationsstrategien werden von Unternehmen bevorzugt, die allein nicht über die erforderlichen Mittel verfügen, um eine Alleinstellung im Markt durchzusetzen. Auch erwartete Synergieeffekte können Anlass zu Kooperationen sein. Die **Konfliktstrategie** ist durch ein aggressives Marktverhalten gekennzeichnet. In der Kommunikationspolitik führt dies zu direkten Produktvergleichen in der Werbung. Preispolitische Maßnahmen werden auf Preisunterbietungen und Preisnachlässe (Rabatte) abzielen. Die **Ausweichstrategie** versucht, dem Wettbewerbsdruck zu entgehen. Dies kann durch besonders innovative Differenzierung erreicht werden, die nur schwer vom Wettbewerb imitiert werden kann. Dadurch können Marktnischen besetzt werden. Bei der **Anpassungsstrategie** wird das eigene Marktverhalten auf das Verhalten des Wettbewerbs abgestimmt.

Wird die Marktstellung des Wettbewerbers berücksichtigt, dann lassen sich die folgenden konkurrenzorientierten Strategien unterscheiden:

- Strategie des Marktführers
- Strategie des Marktfolgers
- Strategien von Nischenanbietern

Abb. 4.14 | **Wettbewerbsbestimmende Faktoren nach PORTER**

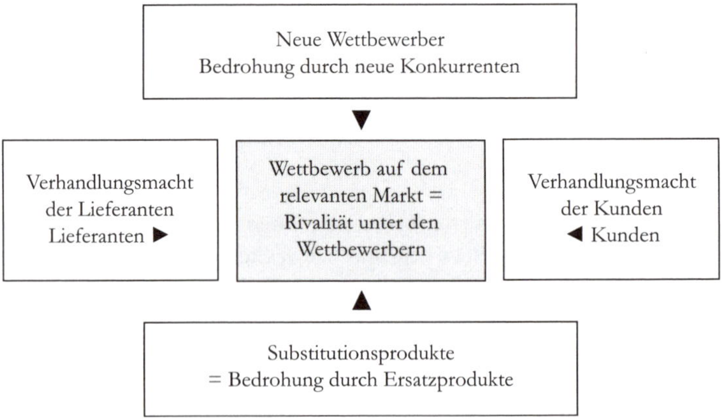

Die Strategie des Marktführers, Qualitätsführers und Kostenführers bzw. Preisführers wird es sein, die erreichte Marktposition zu behaupten oder auszubauen. Die Strategie des Marktfolgers imitiert die Vorgehensweise des Marktführers. Er lernt aus den Fehlern des Marktführers und vermeidet so Marktrisiken. Ein Strategiewandel muss eintreten, wenn der Marktfolger zum Marktherausforderer wird und die Stellung des Marktführers angreift. Strategien von Nischenanbietern beziehen sich auf Marktnischen, die von größeren Unternehmen aus wirtschaftlichen Gründen nicht bedient werden. Nischenanbieter sind anpassungsfähig und flexibel. Sie können durch ein differenziertes Produktangebot Wettbewerbsvorteile erzielen.

Handelsorientierte Strategien | 4.4.6

Definition

Handelsorientierte Strategien beschreiben das langfristig angelegte Verhalten des Unternehmens gegenüber dem Handel.

Die klassischen handelsorientierten Strategien sind die Push-Strategie und die Pull-Strategie. Die **Push-Strategie** → Glossar ist das aktive Hineinverkaufen („Hineindrücken") des Herstellers in den Handel. Die Marketing-Maßnahmen (z. B. Außendiensteinsatz, Handelswerbung) des Herstellers zielen ab auf eine Listung durch den Handel und eine optimale Präsentation der Produkte in den Handelsgeschäften. Die Push-Strategie ist eher eine Strategie der kleineren Hersteller. In der **Pull-Strategie** → Glossar spricht der Hersteller den Endkunden, z. B. durch Anzeigen oder TV-Spots, direkt an. Damit soll ein „Nachfragesog" erzeugt werden, der den Handel veranlasst, das Produkt zu listen und es durch Handelsmarketing zu fördern. Die Pull-Strategie ist eher eine Strategie finanzstarker Hersteller (Hersteller von Markenprodukten).

Push- und Pull-Strategie

Merksatz

Sinnvoll ist eine Kombination von Push-Strategie und Pull-Strategie.

Analog zu den konkurrenzorientierten Strategien lassen sich auch bei den handelsorientierten Strategien folgende grundsätzliche strategische Verhaltensweisen unterscheiden:

- Kooperationsstrategie
- Konfliktstrategie
- Ausweichstrategie
- Anpassungsstrategie

Die Kooperationsstrategie ist die intensive Zusammenarbeit zwischen Hersteller und Handel. Instrumente sind z. B. Category Management und Efficient Consumer Response → vgl. S. 276. In der Konfliktstrategie berücksichtigt der Hersteller nicht die Wünsche des Handels, sondern strebt eine dominante Machtposition an. Der Handel soll den Forderungen des Herstellers nachkommen. Die Ausweichstrategie bedeutet den bewussten Verzicht auf die Einschaltung des Handels. Der Hersteller übernimmt die Handelsfunktionen. Bei der Anpassungsstrategie akzeptiert der Hersteller die Machtposition des Handels. Der Hersteller geht auf die Forderungen des Handels ein (z. B. **Werbekostenzuschüsse** → Glossar, Funktionsverlagerungen vom Handel auf den Hersteller, Listungsgelder).

4.4.7 | Instrumentalstrategien

Definition

Instrumentalstrategien beschreiben den langfristig angelegten Einsatz der Marketing-Instrumente Produktpolitik, Preispolitik, Kommunikationspolitik und Vertriebspolitik.

Instrumentalstrategien stellen die Verbindung her zwischen den Marketing-Strategien sowie den taktischen und operativen Marketing-Maßnahmen. Die Ausgestaltung der Instrumentalstrategien ist somit abhängig von den übergeordneten Marketing-Strategien. Die Produktstrategie bestimmt die Produktmerkmale, das Qualitätsniveau der Produkte und die Gestaltung des Produktprogramms. Die Preisstrategie enthält Aussagen über Hoch- oder Niedrigpreispolitik und Preisdifferenzierung. Die Kommunikationsstrategie legt die Basis-Botschaft und ein Basis-Medium fest. Die Vertriebsstrategie bestimmt die grundsätzlichen Vertriebswege und Vertriebspartner.

Marketing-Organisation | 4.5

Management als Organisationsfunktion | 4.5.1

Organisatorische Management-Aufgaben umfassen die Bildung von Strukturen **(Aufbauorganisation)**, die Gestaltung von Prozessen **(Ablauforganisation, Prozessorganisation)** und die Bereitstellung von organisatorischen Instrumenten (z. B. Budgets, Anreizsysteme, Kennzahlensysteme, Organigramme, Stellenbeschreibungen).

Definition

Die Marketing-Organisation enthält alle struktur- und prozessbezogenen Regelungen, die zur Erfüllung der Aufgaben des Marketing-Managements erforderlich sind.

Organisation ist das Ordnen (= Strukturieren) von Daueraufgaben. Für Vorgänge, die sich wiederholen, werden generelle Regelungen getroffen. Dispositionen sind dagegen Anordnungen, die nur für den Einzelfall gelten. Organisation führt zu einer Vereinheitlichung der Aufgabenerfüllung. Gleiche Fälle werden immer gleich behandelt.

Die mit der Durchsetzung von Entscheidungen beauftragten Mitarbeiter (Organisationseinheiten, Stellen) müssen die Ziele der beschlossenen Maßnahmen kennen. Sie müssen neben der grundsätzlichen Leistungsbereitschaft die notwendigen Fähigkeiten, Ressourcen und Kompetenzen haben. Organisatorische Maßnahmen betreffen z. B. Anordnungen, Richtlinien, Stellenbildung, Stellenbesetzung, Information und Motivation.

Notwendig ist die **Delegation von Entscheidungsbefugnissen** an die Stellen. Maßnahmen sind z. B. Zuweisung von Aufgaben, Information über Zielsetzung, Vorgabe von Ergebnissen sowie Zuweisung von Rechten, Pflichten, Handlungs- und Führungsverantwortung. Die schriftliche Fixierung (= Formalisierung) organisatorischer Regelungen schlägt sich wie folgt nieder: Strukturformalisierung (= Organigramme, Organisationsschaubilder, Stellenbeschreibungen, Auftragsvergaben, Dienstreiseanträge, Unterschriftenregelungen, Arbeitszeit), Informationsflussformalisierung (= Regelungen über Aktendurchläufe), Leistungsdokumentation (= Leistungserfassung, Leistungsbeurteilung).

Die **Stelle** ist die kleinste organisatorische Einheit. Mit der Stellenbildung werden die Aufgaben so auf Stellen verteilt, dass eine sinnvolle

Struktur einer Einheit (Gruppe, Abteilung usw.) entsteht. Aufgaben, Kompetenzen und Verantwortungen werden in der Stellenbeschreibung festgehalten. **Instanzen** sind Stellen mit Leitungsfunktion. **Stellenbeschreibungen** enthalten die Stellenbezeichnung und die Ziele der Stellen. Sie legen die Unter- und Überstellungsverhältnisse fest, regeln die Stellvertretung und nennen Rechte und Pflichten (Aufgaben) des Stelleninhabers. Häufig sind auch die an den Stelleninhaber gestellten Anforderungen und die Gehaltseingruppierung enthalten.

Verfahrensweisen und Regeln bestimmen und koordinieren das Zusammenwirken der Personen im Unternehmen. Die Beziehungen zwischen den Personen werden beeinflusst durch die **Unternehmenskultur** → Glossar, d. h. durch die vorhandenen Werte und Normen. Die Unternehmenskultur bietet den Organisationsmitgliedern eine Orientierung. **Unternehmensgrundsätze** → Glossar und **Führungsgrundsätze** bilden ebenfalls Leitlinien für das Verhalten im Unternehmen.

Merksätze

Ziel ist eine Organisation mit einem ausgewogenen Verhältnis von Stabilität und Elastizität (Organisatorisches Gleichgewicht).
Das Ausmaß organisatorischer Regelungen darf nicht dazu führen, dass die Fähigkeit des Unternehmens, sich an verändernde Markt- und Umweltbedingungen anzupassen, leidet.

4.5.2 | Begriff und Aufgaben der Organisation

Definition

Organisation ist die Gestaltung möglichst effizienter Strukturformen zur Erfüllung von Unternehmensaufgaben und deren Ergebnis. Marketing-Organisation ist danach die Gestaltung möglichst effizienter Strukturformen zur Erfüllung von Marketing-Aufgaben und deren Ergebnis.

Die Marketing-Organisation lässt sich in Aufbau- und Ablauforganisation aufteilen. **Marketing-Aufbauorganisation** ist die Bildung marktorientierter Teileinheiten und deren Koordination. Sie beschäftigt sich z. B. mit der Gliederung der Organisation nach Funktionen, Produkten, Kunden und Regionen. **Marketingablauforganisation** (= **Prozessorganisation**) ist eine raum-zeitliche Strukturierung der zur Erfüllung der marktorientierten Aufgaben erforderlichen Prozesse. Die Ablauforganisation untersucht die Gestaltung bestimmter Arbeitsprozesse im Marketing. Beispiel: Es wird der Prozess der Absatzplanung untersucht. Die Aufgabe der Marketing-Organisation ist es, den Marketing-Bereich im Unternehmen so zu gestalten, dass möglichst effiziente und effektive Entscheidungen getroffen werden.

Die Aufgabe der Organisation ist bewusst auf die Erreichung von Sachzielen und Formalzielen ausgerichtet. Das **Sachziel** ist das konkrete Handlungsprogramm des Unternehmens (z. B. Art und Umfang des Produktions- und Absatzprogramms, Kapazitäten). Die **Formalziele** (Erfolgsziele) geben an, anhand welcher Kriterien die Entscheidungen im Hinblick auf die auszuwählenden Handlungsmöglichkeiten getroffen werden (z. B. Absatz, Umsatz, Gewinn, Marktanteile).

Die **Organisationsstruktur** lässt sich durch die Ausprägungen von Spezialisierung und Koordination beschreiben. Die **Spezialisierung** ist die Zerlegung einer Aufgabe in einzelne, unterschiedliche Aufgaben. Sie gibt als Strukturmerkmal Art und Grad der Arbeitsteilung in einem Unternehmen wider. Es lassen sich zwei Arten der Spezialisierung unterscheiden: Eine **funktionsorientierte Spezialisierung** (funktionale Spezialisierung bezogen auf die zu erfüllenden Aufgaben) und eine objektorientierte Spezialisierung. Die **objektorientierte Spezialisierung** bezieht sich auf Produkte, Kunden oder Regionen. Erfolgt die objektorientierte Spezialisierung auf der oberen Unternehmenshierarchie, so werden diese Unternehmensbereiche mit einer gewissen Autonomie meist als **Profit-Center** geführt. Für diese Organisationseinheiten werden folgende Begriffe verwendet: strategische Geschäftseinheit, Geschäftsbereich, Sparte, Division oder Business Unit → vgl. S. 97. Diese Organisationsstrukturen sind dadurch gekennzeichnet, dass mehrere Produkt- oder Kundengruppen vorhanden sein müssen. Meist kommen Zentralbereiche hinzu, die durch die Bündelung von einzelnen Funktionen in einer zentralen Abteilung entstehen. Sie werden gebildet, um eine kostengünstige, professionelle Versorgung mit Unterstützungsleistungen sicherzustellen. Sie können sowohl „neben" den Divisionen oder Sparten (z. B. in Form von Servicebereichen) oder „über" ihnen (z. B. als Unternehmens-Controlling) angesiedelt sein. Spezialisierung als eine artgerechte Arbeitsteilung erfordert Koordination.

Koordination bedeutet die Abstimmung der arbeitsteiligen Aktivitäten auf ein Gesamtziel. Die Arbeit der Stellen muss unter Berücksichtigung der Organisationsziele aufeinander abgestimmt werden. Die Koordination erfolgt zunächst durch die Bildung einer Organisationsstruktur (Aufbauorganisation, Bildung einer Hierarchie). Durch die Schaffung von Abteilungen und durch die Einführung von Instanzen (mit Entschei-

Strukturformen

dungs-, Anweisungs- und Kontrollbefugnissen) wird die Koordination vereinfacht. Strukturelle Koordinationsinstrumente sind persönliche Anweisungen, Handlungsvorschriften, Richtlinien, Selbstabstimmungen, Programme, Budgets und Pläne. Wird die Organisationseinheit als Profit-Center geführt, erfolgt die Koordination über Verrechnungs- oder Lenkpreise. Sie sind eine Form der Selbstkoordination und regulieren nach dem Angebots- und Nachfrageprinzip den innerbetrieblichen Ressourcen- und Leistungsaustausch.

Bevor sinnvolle Organisationseinheiten gebildet werden können, sind Aufgabenanalyse und Aufgabensynthese durchzuführen. Die **Aufgabenanalyse** ist die stufenweise Aufgliederung der aus dem Sachziel abgeleiteten Aufgaben in Teilaufgaben bis hin zu Tätigkeiten, die sich nicht mehr aufspalten lassen (= Elementaraufgaben). In der **Aufgabensynthese** werden die einzelnen Elementaraufgaben zu komplexen Tätigkeiten derart zusammengefasst, dass sie auf Aufgabenträger (= Stellen, Gruppen, Abteilungen, Bereiche) verteilt werden können.

Bei der **Bildung von Organisationsstrukturen** werden eindimensionale und mehrdimensionale Organisationsstrukturen unterschieden. Bei eindimensionalen Organisationsstrukturen gilt das Prinzip der Einheit der Auftragserteilung. **Eindimensionale Organisationsstrukturen** sind die funktionale Organisation, die Stab-Linien-Organisation und die objektorientierte Organisation. Stäbe haben ausschließlich Beratungsverantwortung und keine Weisungsbefugnisse. Bei **mehrdimensionalen Organisationsstrukturen** ist eine Stelle zwei oder drei spezialisierten Leitungsfunktionen unterstellt. Mehrdimensionale Organisationsstrukturen sind die Matrix-Organisation und die Tensor-Organisation. Eine **virtuelle Organisation** ist ein zeitlich begrenzt kooperierendes Netzwerk aus selbständigen Unternehmen, das gegenüber den Kunden ein einheitliches Erscheinungsbild abgibt. Die Gliederungstiefe (steil oder flach) einer Organisation beschreibt die Anzahl der hierarchischen Ebenen. Eine **flache Organisation** hat den Vorteil der kurzen Wege. Der Nachteil einer flachen Organisation liegt in der dann notwendigen großen Leitungsspanne. Die Leitungsspanne nennt die Anzahl der unterstellten Stellen.

Merksätze

Eine marktorientierte Unternehmensführung muss die Integration der Marketing-Funktion im Unternehmen sicherstellen. Es muss die Koordination aller Marketing-Aktivitäten gewährleistet werden und die Abstimmung mit den übrigen Unternehmensbereichen erfolgen.
Die Gesamtorganisation und die Marketing-Organisation müssen den Erfordernissen des Marktes gerecht werden. Die Effizienz einer Organi-

sation ist abhängig von der Organisationsstruktur und vom Verhalten der Mitarbeiter.

Integration des Marketing in die Unternehmensorganisation | 4.5.3

Eine marktorientierte Unternehmensführung setzt eine marktorientierte Organisationsstruktur und eine marktorientierte Prozessorganisation voraus. In der historischen Entwicklung hat insbesondere die Stellung von Marketing und Vertrieb eine Rolle gespielt. Dabei lassen sich drei Formen der Zusammenarbeit unterscheiden:
- Marketing ist dem Vertrieb untergeordnet
- Marketing und Vertrieb sind gleichberechtigt
- Marketing ist dem Vertrieb übergeordnet

Ist das Marketing dem Vertrieb untergeordnet, dann steht der Verkauf im Vordergrund und das Marketing übernimmt ergänzende Funktionen (z. B. Werbung, Durchführung von Events). Sind Marketing und Vertrieb gleichberechtigt, können Koordinationsprobleme und Machtkämpfe eine einheitliche Ausrichtung des Unternehmens auf den Markt behindern. Ist das Marketing dem Vertrieb übergeordnet, liegt eine wesentliche Voraussetzung für eine konsequente markt- und kundenorientierte Unternehmensführung vor.

Marktorientierung durch Marketing-Organisation

Die Institutionalisierung der Marketing-Orientierung des Unternehmens erfordert folgende Konsequenzen: Die Organisation muss sicherstellen, dass sich das Unternehmen jederzeit auf Änderungen der Kundenbedürfnisse und auf die Veränderungen im Markt und im Umfeld einstellen kann. Die Organisation muss auch sicherstellen, dass die Marktbearbeitung mit adäquaten Methoden effektiv und effizient erfolgen kann.

Merksatz

Die Unternehmensstruktur folgt der Unternehmensstrategie.

Anforderungen (= **Effizienzkriterien**) an die Organisationsstruktur:
→ geringer Koordinationsaufwand
→ wenige Schnittstellen
→ Konzentration auf die Stärken
→ Förderung von Kreativität und Innovationsbereitschaft
→ Zielgruppenausrichtung, Berücksichtigung von Marketing-Abhängigkeiten
→ Förderung von offensivem und strategischem Vorgehen am Markt
→ Gewährleistung von Flexibilität, Anpassungsfähigkeit an Marktveränderungen, Spielräume für Disposition
→ Förderung der Personalentwicklung, der Motivation, der Teamentwicklung und der Entwicklung von Mitarbeiterzufriedenheit
→ Sinnvolle Spezialisierung nach Funktionen, Produkten, Kunden oder Absatzgebieten
→ optimale Ausnutzung der vorhandenen Ressourcen

4.5.4 | Grundformen der Marketing-Organisation

Die Grundformen der Marketing-Organisation sind idealtypische Organisationsformen. In der Praxis treten Kombinationen verschiedener Organisationsprinzipien auf. Damit wird den Besonderheiten der einzelnen Unternehmen und den unterschiedlichen Märkten, Produkten und Kundengruppen Rechnung getragen. Ist im Unternehmen Marketing als Unternehmensphilosophie verankert, kommen allen Mitarbeitern im Unternehmen Marketing-Aufgaben zu. Dies gilt unabhängig von der realisierten Organisationsform.

Es lassen sich folgende Grundformen der Marketing-Organisation unterscheiden:
● Funktionsorientierte Marketing-Organisation
● Regionale Marketing-Organisation
● Produktorientierte Marketing-Organisation
● Kundenorientierte Marketing-Organisation
● Matrixorientierte Marketing-Organisation
● Tensororganisation

Bei einer **funktionsorientierten Organisation** werden die Marketing-Aktivitäten in Funktionen (Aufgaben) gleicher oder ähnlicher Art gegliedert. Die Aufgaben in den verschiedenen Funktionen werden durch erfahrene und qualifizierte Spezialisten wahrgenommen. Dies führt meist zu einer hohen Effizienz („die Dinge richtig tun"). Geeignet ist die Funktionsorientierung bei Einproduktunternehmen und eher kleineren und mittleren Unternehmen mit einem homogenen Leistungsprogramm. Die im Marketing üblichen Funktionen sind z. B. Marktforschung, Marketing-Planung, Produktplanung, Produktentwicklung, Werbung, Verkaufsförderung, Öffentlichkeitsarbeit, Verkauf, Logistik, Kundendienst.

Die funktionsorientierte Organisationsstruktur ist eine Linienorganisation. Die Linie (= Delegationsweg) kennzeichnet den Dienstweg für Anordnungen, Beschwerden und Informationen. Die Einheit der Auftragserteilung schafft schnelle Kommunikations- und Entscheidungsprozesse. Klare Kompetenzen und Anordnungen erleichtern die Kontrolle. Nachteilig kann sich auswirken, dass es keine direkte Koordination zwischen hierarchisch gleichrangigen Instanzen und Stellen gibt. Funktionsorientierte Organisationen als reine Liniensysteme können durch **Stäbe** ergänzt werden. Stabsfunktionen können z. B. Marktforschung und Controlling sein. Produktmanager und Kundenmanager können ebenfalls als Stäbe angesiedelt werden. Stäbe übernehmen Leitungshilfsfunktionen. Sie haben keine Kompetenzen gegenüber der Linie. Sie dienen zur Entlastung der Linieninstanzen und bilden zusätzliche Kapazitäten für sorgfältige und fachkundige Entscheidungsvorbereitungen. Nachteile können sich aus dem Konfliktpotenzial zwischen Stab und Linie ergeben. Es besteht die Möglichkeit, dass die Stabsarbeit von der Linieninstanz nicht ausgewertet wird. Stabsmitarbeiter übernehmen aufgrund ihrer Fachkompetenz quasi die Entscheidungen der Linienvorgesetzten. Stabsmitarbeiter werden zur „grauen Eminenz". Probleme ergeben sich bei dieser Stab-Linien-Organisation dann, wenn Produkt- oder Kundenmanager zusätzlich zu ihrer Koordinationsaufgabe Verantwortung übernehmen sollen, aber formal nicht mit Entscheidungs- und Weisungsbefugnissen ausgestattet sind.

Stab-Linien-Organisation

Merksätze

Der Vorteil der funktionsorientierten Marketing-Organisation liegt in der Spezialisierung der Funktionsmanager und den klaren Zuständigkeiten.
Der Nachteil besteht darin, dass der Markt- und Kundenorientierung zu wenig Beachtung geschenkt werden.

In der **regionalen Marketing-Organisation** erfolgt die Strukturierung nach geografischen Gliederungsprinzipien. Die regionale oder gebietsorientierte

Abb. 4.15 | **Funktionsorientierte Marketing-Organisation**

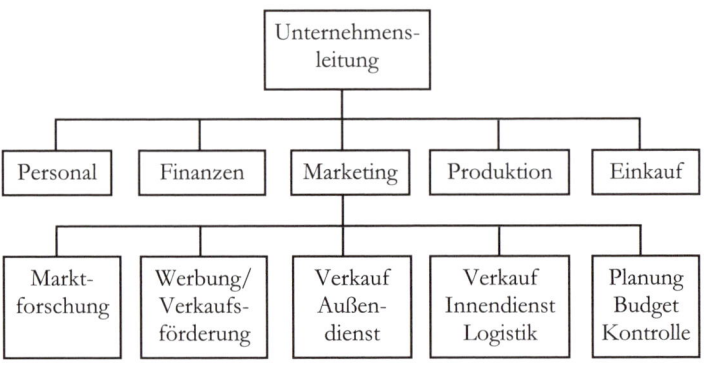

Marketing-Organisation ist gekennzeichnet durch eine Marktsegmentierung in geografisch abgegrenzte Absatzgebiete, die jeweils einem verantwortlichen Regional-Manager unterstellt sind. Die regionale Marketing-Organisation hat den Vorteil, dass auf die speziellen Bedürfnisse der Regionen und Länder eingegangen werden kann. Die regionale Spezialisierung führt zu besonderen Kenntnissen des Marktes, der Wettbewerbssituation und der sozialen, gesellschaftlichen, politischen und recht-

Abb. 4.16 | **Regionale Marketing-Organisation**

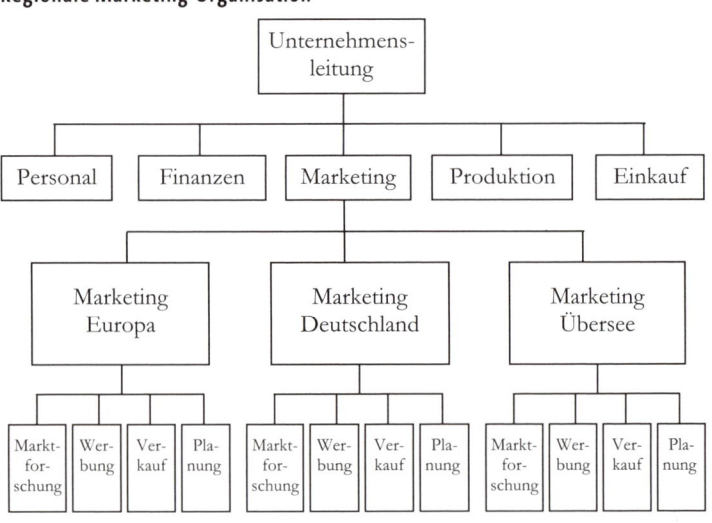

lichen Gegebenheiten der Teilmärkte. Nachteilig wirkt sich aus, dass die länderübergreifende Information und Kommunikation den Übergang von Produktideen und die individuelle Förderung von Produkten erschwert. Bei international tätigen Unternehmen und bei Unternehmen, die auf geografisch stark unterschiedlichen Märkten agieren, ist diese Organisationsform zu bevorzugen.

Merksatz

Heterogene Märkte mit großer räumlicher Trennung und Produktion an verschiedenen Standorten sind Grundvoraussetzungen für die Effizienz dieser Organisationsstruktur.

In der **produktorientierten Marketing-Organisation** erfolgt die Aufteilung der Aufgaben nach Produkten, Produktgruppen, Produktlinien oder Produktkategorien. Produktgruppen, Produktlinien oder Produktkategorien sind Gruppen von verbundenen Produkten, die zueinander eine gewisse Ähnlichkeit aufweisen. Danach wird auf der nächsten Hierarchieebene innerhalb der Produkte z. B. nach Funktionen gegliedert. Der Vorteil der produktorientierten Marketing-Organisation liegt darin, dass die Besonderheiten der Produkte berücksichtigt werden. Damit ist eine schnelle und flexible produktspezifische Reaktion auf Marktveränderungen (z. B. neues Produkt der Konkurrenz) möglich. Dies wird besonders dann der Fall sein, wenn die Organisationseinheit (= Sparte, Division) als Profit-Center geführt wird. Die Organisationsform enthält außerdem wenig Konfliktpotenzial. Nachteilig ist, dass viele Abteilungen mit ähnlichen Aufgaben befasst sind. Dadurch werden Spezialisierungen verhindert und Doppelarbeit geleistet.

(Randnotiz: Produktmanagement)

Die produktorientierte Marketing-Struktur kann in zwei Ausprägungen auftreten: Das **Produktmanagement** wird als Linienorganisation oder als Stab aufgebaut. Der **Produktmanager** ist als Stabsstelle bei der Marketingleitung oder der Vertriebsleitung angesiedelt. Der Produktmanager mit Stabsfunktion hat keine Weisungsbefugnis gegenüber den Linienstellen.

Aufgaben des Produktmanagers bzw. des Produkt-Managements:

→ Markenführung
→ Marktanalyse und Marktbeobachtung
→ Planung der Marketing-Maßnahmen
→ Entwicklung von neuen Produkten
→ Einführung von Produktverbesserungen oder Produktveränderungen
→ Durchführung von Prozess- und Ergebniskontrollen

Die gesamte Koordination und Integration des Marketings von der strategischen Konzeption bis zur operativen Umsetzung ist die Aufgabe des Produktmanagers. Er nimmt somit Informations-, Durchführungs- und Kontrollfunktionen wahr.

Durch die Nachfragemacht des Handels in Konsumgütermärkten werden handelsgerichtete Maßnahmen von Herstellern zusätzlich meist von einem **Category Manager** → vgl. S. 277 betreut. Der Category Manager ist verantwortlich für eine Produktkategorie, Produktgruppe oder Warengruppe, die eine ganze Bedürfniskategorie zusammenfasst. Beispiele: Waschmittel, Körperpflegemittel. Die Aufgaben des Category Managements liegen in der Abstimmung der Maßnahmen innerhalb einer Produktgruppe. Es geht um die Berücksichtigung von Ausstrahlungseffekten zwischen den Produkten einer Produktgruppe. Partizipationseffekte und Synergien sollen gefördert, Substitutionseffekte (= Kannibalisierungen) verhindert werden. Beim Category Management wird meist eine konsequentere Delegation von Gewinnverantwortung betrieben als beim Produktgruppenmanagement.

Gründe für eine produktorientierte Marketing-Struktur liegen z. B. in folgenden Entwicklungen:
→ Differenzierung im Produktprogramm, Entwicklung zum Multiproduktunternehmen
→ Kürzer werdende Produktlebenszyklen
→ Schnelle Veränderungen von Kundenwünschen
→ Schnelle Marktveränderungen
→ Zusammenführung von Produkt- und Gewinnverantwortung

Merksätze

Der Vorteil der produktorientierten Marketing-Organisation liegt in der einheitlichen Ausrichtung auf den Markt. Die Besonderheiten unterschiedlicher Produkte werden berücksichtigt. Dadurch wird eine größere Flexibilität bei Marktveränderungen ebenso gewährleistet wie höhere Innovationsbereitschaft und Kreativität der Mitarbeiter.
Nachteilig kann sich auswirken, dass mehrere Abteilungen mit ähnlichen Aufgaben befasst sind (= Gefahr von Doppelarbeit). Der Nachteil kann abgemildert werden, wenn Aufgaben mit Servicefunktionen für alle Produkte in Zentral-Abteilungen zusammengefasst werden.

Produktorientierte Marketing-Organisation   Abb. 4.17

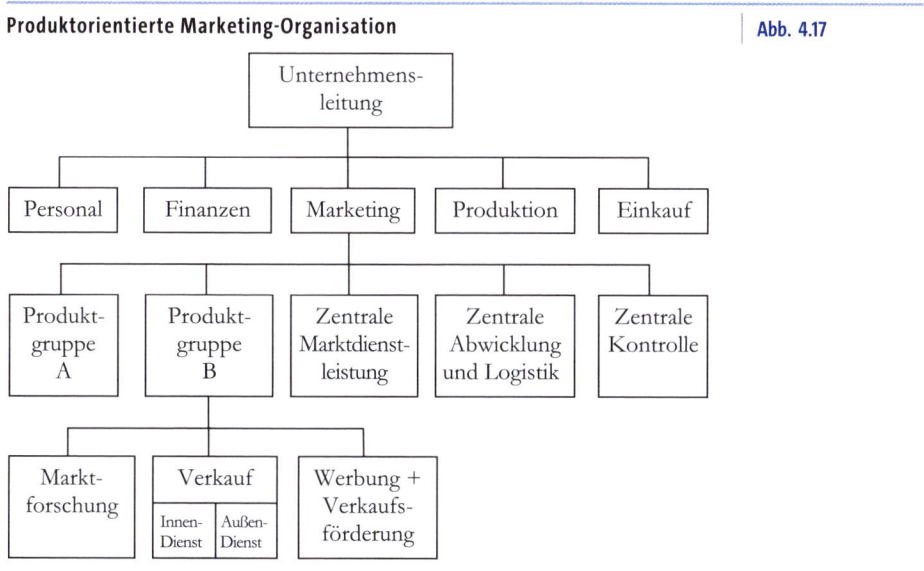

Die **kundenorientierte Marketing-Organisation** untergliedert die Aufgaben nach Kunden oder Kundengruppen. Innerhalb der Kunden oder Kundengruppen wird dann meist nach Funktionen abgegrenzt. Die kundenorientierte Marketing-Organisation hat folgende Vorteile:

→ Individuelle Betreuung der Kunden und Kundengruppen
→ Schnelle und direkte Berücksichtigung von individuellen Kundenwünschen
→ Bessere Kundenkenntnis
→ Bessere Ausschöpfung von Absatzpotenzialen (z. B. durch Cross Selling)

Die kundenorientierte Marketing-Struktur kann im Marketing oder Vertrieb als Kundengruppenmanagement oder Category-Management mit Linienfunktion oder als Kundengruppenmanager, Key-Account-Manager (= Betreuung von Großkunden und Schlüsselkunden) oder Category Manager mit Stabsfunktion gestaltet werden.

Infokasten

Aufgaben des Kunden-Managements:
→ Analyse der Marktsituation
→ Verbesserung der Stellung des Unternehmens bei den Kunden
→ Kundenspezifische Koordination der Marketingmaßnahmen
→ Zusammenarbeit mit dem Handel und der eigenen Vertriebsorganisation
→ Handelsbezogene Marktbearbeitung
→ Analyse der Handelssituation und der Handelsstrategien
→ Handelsbezogene Produktentwicklung (z. B. Zweitmarken)
→ Preis- und Konditionenverhandlungen
→ Planung und Kontrolle handelsbezogener Marketing-Maßnahmen, insbesondere Sonderaktionen

Abb. 4.18 | **Kundenorientierte Marketing-Organisation**

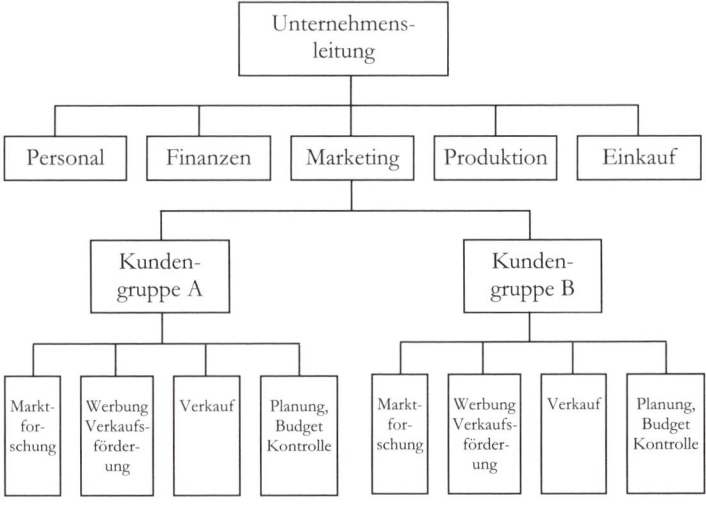

Der Vorteil kundenorientierter Marketing-Organisation liegt in der differenzierten Ausrichtung der Marketing-Aktivitäten auf Käufergruppen (= Zielgruppen).

Bessere Informationen über die Entwicklung von Kunden führen zur Berücksichtigung von individuellen Kundenwünschen und damit zu einer höheren Kundenzufriedenheit.

Die individuelle Kundenbetreuung schafft die Voraussetzung zu einer besseren Ausschöpfung von **Absatzpotenzialen** → Glossar.

Bei der **matrixorientierten Marketing-Organisation** erfolgt die Strukturierung nach zwei Gliederungsprinzipien, die gleichberechtigt nebeneinander stehen. Dadurch entstehen matrixartige Kompetenzüberlappungen. Für eine einzelne Stelle oder Abteilung sind jeweils zwei gleichrangige Instanzen zuständig und verantwortlich. Die Leitung ist zur permanenten

Matrix-Organisation   Abb. 4.19

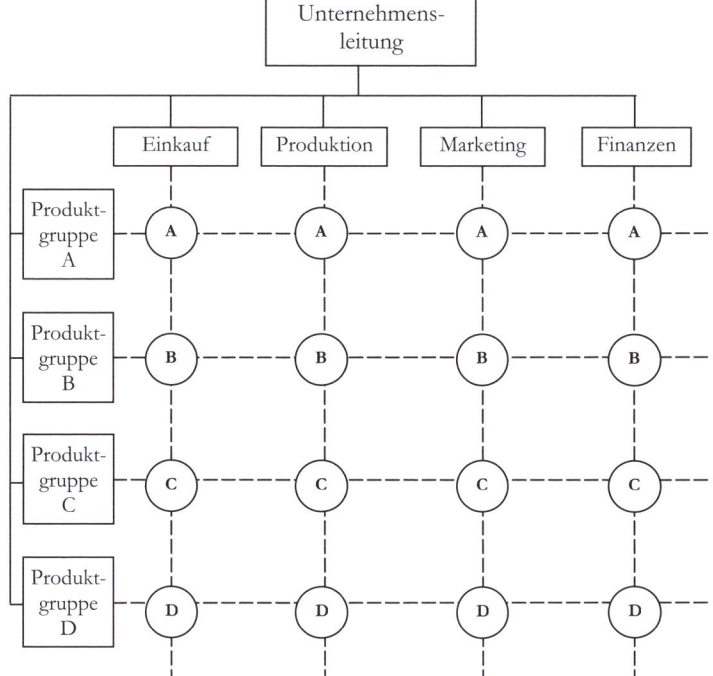

Teamarbeit verpflichtet. Gliederungsprinzipien sind Funktionen, Produkte, Produktgruppen, Kundengruppen und Regionen. Eine **Tensor-organisation** entsteht bei der Anwendung von mehr als zwei Strukturierungskriterien auf der gleichen Hierarchieebene. Beispiel: In einem internationalen Unternehmen kann eine Tensororganisation auf die Merkmale „Funktion", „Gebiet" und „Produktgruppen" aufgebaut werden. Der Vorteil der Matrix-Organisation liegt in der Verknüpfung von unterschiedlichem Spezialwissen verbunden mit der Notwendigkeit der Abstimmung für die Gesamtentscheidung. Traditionelle Hierarchien werden durch die Gleichberechtigung unterschiedlicher Instanzen flacher. Ein partizipativ-kooperativer Führungsstil unterstützt die Vorteile der Matrix-Organisation. Nachteilig ist der hohe Koordinationsaufwand. Durch zahlreiche Abstimmungen wird der Entscheidungsprozess verzögert. Es besteht die Gefahr, dass zu viele Kompromisse eingegangen werden müssen. Durch die Mehrfachunterstellung können Konflikte und Machtkämpfe auftreten.

4.5.5 | Projektorientierte Marketing-Organisation

Definition

Die Projekt-Organisation erledigt eine einmalige, komplexe, innovative und zeitliche begrenzte Aufgabe (= das Projekt) innerhalb der bestehenden Unternehmensorganisation.

Bei der **Projekt-Aufgabe** muss es sich nicht zwangsläufig um eine völlig neue Aufgabe handeln. Es kann auch um eine quasi neue Aufgabe gehen, die in ähnlicher Weise (z. B. bei einem anderen Kunden) bereits in einem Projekt bearbeitet worden ist.

Die zur Koordination, Planung und Durchführung notwendigen Mitarbeiter und Sachmittel werden dazu organisatorisch in einer Projekt-Organisation (= Projektgruppe, Projektteam) zusammengefasst. Die Projekt-Organisation ist eine Form der Team-Organisation. Weitere Formen der Team-Organisation sind Teilautonome Arbeitsgruppen und Qualitätszirkel. Teilautonome Gruppen sind auf Dauer angelegt und erbringen eigenverantwortlich eine bestimmte Leistung. Qualitätszirkel kommen meist regelmäßig zusammen und besprechen Probleme und Verbesserungsmöglichkeiten. Die interdisziplinären Projekt-Teams setzen sich z. B. aus Funktions- und Produktspezialisten aus dem eigenen Unternehmen zusammen (internes Projekt-Management). In der Praxis werden oft z. B. Unternehmensberater hinzugezogen (gemischtes Projekt-Management). Beim externen Projekt-Management werden ausschließlich Betriebsfremde im Projekt eingesetzt. Bei der Zusammensetzung des Projekt-Teams sind Kosten, Zeit, Verfügbarkeit und Qualifikation des Personals zu berücksichtigen. Werden Mitarbeiter für das Projekt nicht von ihren üblichen Aufgaben freigestellt, kann dies zu Überbelastungen führen.

Infokasten

Das Projekt-Management plant, steuert und kontrolliert das Projekt. Die Aufgaben der **Projekt-Planung** sind u. a.:
→ Benennung des Projekt-Leiters und der Projekt-Mitarbeiter
→ Festlegung der Projekt-Organisation
→ Formulierung des Projekt-Auftrags
→ Festlegung von Projekt-Zielen und Prioritäten
→ Definition von Teilaufgaben
→ Terminplanung mit zeitlicher Bestimmung von „Meilensteinen"
  (= Zwischenergebnisse)
Budgetierung
Die **Projekt-Steuerung** umfasst u. a. die folgenden Aufgaben:
→ Führung, Anleitung und Motivation der Projekt-Mitarbeiter
→ Überwachung des Projekt-Verlaufs
→ Ergreifung von Maßnahmen bei Planabweichungen
→ Koordination des Projekts

Die **Projekt-Kontrolle** erstreckt sich auf alle Elemente der Projekt-Planung. Sie findet projektbegleitend statt. Die Wirksamkeit der geplanten Maßnahmen wird ebenso kontrolliert wie die Einhaltung von Terminen und Budgets. An den „Meilensteinen" wird der Lenkungsausschuss über den Stand des Projekts informiert. Der Lenkungsausschuss setzt sich zusammen aus den Leitern der beteiligten Fachressorts und – abhängig von der Bedeutung des Projekts – aus Mitgliedern des Top-Managements

Die Projekt-Organisation kann verschiedene organisatorische Ausprägungen zeigen. Bei der **Projekt-Organisation als Stab** ist das Projekt-Management dem Marketing-Leiter als Stab zugeordnet. Da das Projekt-Management keine Linienfunktionen hat, kann keine Projekt-Verantwortung getragen werden. Ist das **Projekt-Management mit Linienfunktion** ausgestattet, trägt das Projekt-Management die volle Projekt-Verantwortung. Das **Projekt-Management als Matrix-Organisation** stellt die gleichrangige Berücksichtigung des Projekts in der bisherigen Organisationsstruktur sicher. Das Projekt-Management erhält zeitweise Entscheidungs- und Weisungsbe-

fugnisse gegenüber Mitarbeitern anderer Abteilungen und Funktionsbereiche. Die Mitarbeiter im Projekt-Management können einerseits zusätzlich zur Arbeit im Projekt weiterhin in ihren bisherigen Funktionen
tätig sein, andererseits von ihren bisherigen Aufgaben für das Projekt
freigestellt sein und ausschließlich für das Projekt arbeiten. Die Projekt-
Mitarbeiter werden nach Beendigung des Projekts in ihre ursprünglichen Funktionen zurückkehren. Beispiele für Projekte: Einführung eines neuen Produktes, Bearbeitung eines neuen Marktes, Einführung von
Customer Relationship Management → vgl. S. 99.

Merksätze

Das Projekt-Management hat die Erreichung des Projekt-Ziels über alle
Funktionsbereiche des Unternehmens hinweg sicherzustellen.
Das Projekt-Management ist grundsätzlich verantwortlich für den Pro-
jekt-Erfolg.
Die Projekt-Organisation wird nach Erledigung der Projekt-Aufgabe auf-
gelöst.

4.5.6 | Prozess-Organisation

Definition

**Ein Prozess ist eine Tätigkeitsfolge, eine Kombination von Aktivitäten,
die zur Erfüllung einer bestimmten Aufgabe wiederholt durchlaufen werden muss.**

Ein Prozess ist ein systematisches Zusammenwirken von Menschen, Maschinen, Material und Methoden entlang der **Wertschöpfungskette** → Glossar.
Wertschöpfend sind alle Maßnahmen des Unternehmens, die den vom
Kunden wahrgenommenen Wert des Produkts mittelbar oder unmittelbar erhöhen. Beispiele: unmittelbar wertschöpfend: Fertigung eines
PKW, mittelbar wertschöpfend: Weiterbildung der Mitarbeiter. Schlüs-
selprozesse bilden die **Kernkompetenzen** → Glossar des Unternehmens ab.
Das Prozessmanagement plant, organisiert und kontrolliert die Maßnahmen zur zielorientierten Steuerung der Prozesse. Ständige Verbesserungen werden im Hinblick auf Kosten, Qualität und Zeit angestrebt.
Auf der Grundlage von identifizierten Kundenerwartungen sollen feh-
lerfreie Prozesse (= Qualität), schnelle Durchlaufzeiten und geringe Pro-

zesskosten die Kundenerwartungen erfüllen (= **Kundenzufriedenheit** → Glossar bewirken). Die Kundenzufriedenheit ist das Motiv des Prozessmanagement auf eine ständige Verbesserung der Wertschöpfung hinzuarbeiten. **Total Quality Management** (= TQM) ist darauf gerichtet, alle Faktoren, die vom Kunden subjektiv wahrgenommen werden, einem kontinuierlichen Verbesserungsprozess zu unterziehen. TQM ist neben der Kundenorientierung auf **Effektivität** → Glossar und **Effizienz** → Glossar ausgerichtet.

Es können **Konzeptionsprozesse** (z. B. die Erstellung eines Marketing-Plans) und **Leistungserbringungsprozesse** unterschieden werden. Leistungserbringungsprozesse sind z. B.:

→ Beantwortung von Kundenanfragen
→ Erstellung eines Angebots
→ Physische Abwicklung eines Kundenauftrages
→ Bearbeitung einer Kundenbeschwerde

Die **Prozessoptimierung** kann sich auf einzelne Prozesse beziehen und prozessübergreifend bei den Rahmenbedingungen (Schnittstellen) ansetzen. Prozessoptimierung bei einzelnen Prozessen kann z. B. durch folgende Maßnahmen erreicht werden:

→ Verbesserung der Information
→ Neuordnung von Teilaufgaben
→ Erweiterung von Entscheidungskompetenzen

Die prozessübergreifende Optimierung von Rahmenbedingungen (= **Schnittstellenmanagement**) kann z. B. durch folgende Maßnahmen angestrebt werden:

→ Zusammenfassung von Gruppen oder Abteilungen
→ Einrichtung fester Koordinationsgremien
→ Bildung funktionsübergreifender Teams
→ Verringerung von räumlicher Distanz
→ Job Rotation
→ Gemeinsame Schulungen
→ Einrichtung von Zonen für informelle Kontakte (z. B. Teeküche)
→ Prinzip des internen Kunden

Die im Marketing relevanten Schnittstellen beziehen sich – neben Verkaufsförderung, Vertrieb, Vertriebinnendienst, Vertriebaußendienst, Logistik – auch auf die Beziehungen zu Forschung und Entwicklung (Entwicklung von neuen Produkten), zur Anwendungstechnik (Angebote, Beschwerden) sowie zu Finanzen und Controlling (Kosten, Deckungsbeiträge, Budgetüberwachung).

Durch eine ganzheitliche Prozessorientierung soll eine möglichst effiziente Zusammenarbeit der einzelnen Organisationseinheiten erreicht werden. Ziel ist es, Schnittstellenprobleme zu minimieren und funktionale Abgrenzungen, Formalismen und Mehrfachkontrollen innerhalb eines Prozesses zu vermeiden. Die Abgrenzung der Prozesse orientiert sich an den marktspezifischen Kundenbedürfnissen. Klassische Hierarchien und Linienstrukturen werden durch Teamstrukturen ergänzt. Durch die konsequente Nutzung von Informations- und Kommunikationstechnologien werden die Prozesse beschleunigt und die Information und die Koordination verbessert. Es besteht jedoch das Risiko, dass durch eine Konzentration auf Prozess-Optimierung der Blick auf den Gesamterfolg des Unternehmens verloren geht.

Merksätze

Voraussetzung für eine erfolgreiche Prozess-Organisation ist eine detaillierte Prozess-Analyse und die Konzentration auf die marktrelevanten Kernprozesse.
Prozesse müssen effektiv, effizient, schnell und anpassungsfähig sein.

4.5.7 | Neue Entwicklungen in der Marketing-Organisation

Die Netzwerkorganisation, die Selbstorganisation und die lernende Organisation sind neue Organisationskonzepte, die meist neben der **Primärorganisation** → Glossar in der **Sekundärorganisation** → Glossar realisiert sind.

In **Netzwerkorganisationen** sind relativ autonome Unternehmen oder Organisationseinheiten (z. B. Profit Center, Business Unit) in ein kooperatives Netzwerk eingebunden. Die Netzwerkmitglieder verfolgen ein gemeinsames Ziel, durch das sie langfristig miteinander verbunden sind. Sie stimmen sich ab und koordinieren ihre Aktivitäten. Interne Netzwerke bestehen innerhalb eines Unternehmens. In einem externen Netzwerk sind selbständige Unternehmen verbunden. Die **virtuelle Organisation** (= virtuelles Unternehmen) ist eine besondere Form der Netzwerkorganisation. Sie ist gekennzeichnet durch rechtlich und wirtschaftlich selbständige Netzwerkpartner mit unterschiedlichen Kernkompetenzen. Die verschiedenen Teilprozesse werden dezentral von den Netzwerkmitgliedern entsprechend ihrer Kernkompetenzen erbracht. Dadurch entstehen innerhalb des Netzwerks intensive Leistungsbeziehungen. Aus Sicht des Kunden erscheint die Leistungserbringung aus einer Hand. Innerhalb des Netzwerks gibt es keine zentrale Leitungsfunktion und keine hierarchische Koordination. Bei der **Selbstorganisation** werden den Mitarbeitern mehr Verantwortung, mehr Befugnisse und mehr Kompetenzen übertragen. Die flachen hierarchischen Strukturen, der partizipative Führungsstil und kleine Arbeitsgruppen (= Teams) erleichtern Initiativen sowie schnelle Entscheidungen und erhöhen die Anpassungsfähigkeit und Flexibilität der Organisation. Die **Lernende Organisation** ist geprägt durch das ständige Lernen und Weiterbilden der Mitglieder der Organisation zur Erweiterung ihrer Wissensbasis. Dies führt im Zeitablauf zu Verhaltensänderungen und zu einer Erweiterung von Handlungsspielräumen. Das Ziel einer lernenden Organisation ist eine kontinuierliche Organisationsentwicklung.

Marketing-Controlling | 4.6

Begriff, Ziele und Aufgaben | 4.6.1

Definition

Marketing-Controlling ist die Bereitstellung von internen und externen Informationen zur Sicherstellung von Effektivität (= Wirksamkeit) und Effizienz (= Wirtschaftlichkeit) des Marketing-Managements.

Marketing-Controlling ist die letzte Phase im Marketing-Management-Prozess mit den Phasen Analyse, Planung, Durchführung und Kontrolle → vgl. Abb. 4.1 S. 84. Controlling-Aktivitäten finden nicht nur am Ende des Prozesses statt, sondern parallel über alle Phasen damit das Marketing-Management unmittelbar informiert wird.

Ziele des Marketing-Controlling sind u. a.:
→ Sicherung des Unternehmens
→ Früherkennung von Chancen und Risiken
→ Zielorientierte Steuerung der Marketing-Maßnahmen   Ziele
→ Effizienter Einsatz der Marketing-Instrumente
→ Risikominimierung
→ Bereitstellung von Entscheidungs- und Planungshilfen
→ Verbesserung der Entscheidungssicherheit

Zwischen vielen Marketing-Entscheidungen bestehen interdependente Beziehungen. Interdependente Beziehungen liegen dann vor, wenn die eine Entscheidung sich direkt oder indirekt auf eine andere Entscheidung auswirkt. Deshalb ist die **Koordination** dieser Entscheidungen notwendig, um die Durchsetzung von Einzelinteressen zu verhindern. Ziel sind möglichst optimale Entscheidungen im Hinblick auf die Unternehmenszielsetzung. Die Aufgaben des Marketing-Controllings liegen in der Koordination aller Marketing-Aktivitäten. Der Koordinationsbedarf besteht z. B. zwischen dem Marketing und den Bereichen Forschung und Entwicklung sowie Produktion und Beschaffung. Koordinationsbedarf besteht auch innerhalb des Marketingbereichs und zwischen dem Marketing und der Unternehmensleitung. Die Koordinationsaufgaben des Marketing-Controllings werden durch die Informationsversorgung, durch die Marketing-Planung und durch die Marketing-Kontrolle wahrgenommen.

Merksatz

Die zentralen Aufgaben des Marketing-Controllings sind Informationsversorgung, Koordination der Marketing-Planung und Marketing-Kontrolle. Das Marketing-Controlling ist eine Steuerungshilfe für das Marketing-Management.

4.6.2 | Informationsversorgung

Für die Entscheidungen im Marketing-Management-Prozesses sind eine Vielzahl von unternehmensexternen und unternehmensinternen Informationen zusammenzutragen → vgl. Marketing-Forschung, S. 27. Aufgabe des Marketing-Controllings ist es, diese Informationen – insbesondere für die Marketing-Planung und die Marketing-Kontrolle – in der erforderlichen Aktualität, Genauigkeit und Aufbereitung für die Entscheidungsträger bereitzustellen.

Unternehmensexterne Daten werden durch **Marktbeobachtung** → Glossar erhoben. Das sind z. B. Informationen über Kunden und potenzielle Kunden, Handel, Wettbewerber und das allgemeine Marktumfeld. Unternehmensinterne Informationen entstehen durch die Interaktion mit Kunden im Rahmen der Marktbearbeitung. Diese Informationen, z. B. Kundenanfragen, Angebote und Aufträge, werden in Datenbanken der Auftragsabrechnung, der Finanzbuchhaltung und der Kostenrechnung erfasst. Die zunächst dezentral gesammelten Informationen können in einer zentralen Datenbank, dem **Data Warehouse** → Glossar, zusammengefasst und gespeichert werden.

Bei der **Informationsspeicherung** ist bereits auf eine sinnvolle Strukturierung der Daten zu achten. Grunddaten oder Stammdaten sind auf längere Sicht gleich bleibend z.B. Name, Anschrift, Bankverbindung, Kundennummer. Die Potenzialdaten des Kunden weisen einen konkreten Produkt- und Zeitbezug auf z.B. Absatz, Umsatz, Preise, Rabatte, Deckungsbeitrag und geben Hinweise auf die Bedeutung des Kunden. In den Aktions- und Reaktionsdaten werden die durchgeführten Marketing-Aktionen (Kundenkontakte) erfasst und die Reaktionen des Kunden dokumentiert. Dies sind z.B. Mailings, Angebote, Anrufe, Kundenbesuche, Kundenbeschwerden, Katalogzusendungen und Einladungen und Teilnahme an Veranstaltungen und an Events.

Die gespeicherten Informationen stellen die Grundlage für die **Datenanalyse** dar. Im standardisierten **Berichts- und Kontrollwesen** werden automatisch wöchentlich, monatlich, quartalsweise und jährlich Absatz- und Umsatzstatistiken sowie Anfragen-, Angebots- und Auftragsstatistiken erzeugt. Die Statistiken können sich auf Produkte und Produktgruppen, auf Kunden, auf Verkaufsbezirke und auf Regionen beziehen. Für **spezielle Analysen** werden Tabellenkalkulationsprogramme, Programme für statistische Analysen und Techniken des **Data Mining** → Glossar eingesetzt. Die Analyseergebnisse können zentral im Data Warehouse gespeichert werden. Sie stehen damit einheitlich allen Entscheidungsträgern in unterschiedlichen Abteilungen zur Verfügung.

Die vorhandenen Daten sind die Grundlage für die **Marketing-Planung** → vgl. S. 85.

Koordination der Marketing-Planung | 4.6.3

Das Marketing-Controlling hat die Aufgabe, die einzelnen Marketing-Pläne untereinander und mit dem Unternehmensplan abzustimmen. Dies gilt für die Maßnahmenplanung und für die Budgetplanung. Für die Koordination der Marketing-Planung ist eine Vielzahl von Instrumenten geeignet. Meist wird zwischen Instrumenten für die strategische Planung und Instrumenten für die operative Planung unterschieden.

Infokasten

Instrumente für die Koordination der strategischen Marketing-Planung:
- Richtlinien für Planung und Budgetierung
- Frühwarnsysteme (= Früherkennungssysteme)
- **Erfahrungskurvenanalysen** → Glossar vgl. S. 106
- **Lebenszyklusanalysen** → Glossar vgl. S. 102
- **Portfolioanalysen** → Glossar vgl. S. 105
- **Stärken- und Schwächen-Analysen** → Glossar vgl. S. 89
- **Chancen-Risiken-Analysen** → Glossar vgl. S. 89

- **Benchmarking** → Glossar vgl. S. 88
- **Szenariotechnik** → Glossar vgl. S. 61
- **Delphitechnik** → Glossar vgl. S. 60
- **Positionierungsanalyse** → Glossar vgl. S. 110
- **Wirtschaftlichkeitsrechnungen** → Glossar vgl. S. 173
- **Customer Lifetime Value** → Glossar (= Kundenlebenszeitwert)
- Balanced Scorecard → vgl. S. 146
- E-Performance Scorecard → vgl. S. 146

Instrumente für die Koordination der operativen Marketing-Planung:
- **Teilkostenrechnung** → Glossar vgl. S. 188, S. 204
- Marketing-Statistik (Anfragen, Angebote, Aufträge usw.)
- Rechnungswesen (Absatz- und Umsatzstatistiken usw.)
- Verkaufs- und Außendienstberichte
- **Break-Even-Analyse** → Glossar vgl. S. 208
- **ABC-Analyse** → Glossar vgl. S. 184
- Kapazitätsbelegung
- Online-Kennzahlen

4.6.4 | Marketing-Kontrolle

Definition

Die Marketing-Kontrolle ist die kontinuierliche und systematische Überprüfung aller Marketing-Aktivitäten und Marketing-Prozesse. Die Marketing-Kontrolle zeigt auf, inwieweit die Marketing-Ziele und die Marketing-Pläne erreicht wurden.

Die Marketing-Planung enthält die Kontrollgrößen (= Soll-Größen, Zielwerte). Die Kontrollgrößen werden mit den Leistungsergebnissen (Ist-Werte) verglichen (Soll-Ist-Vergleich). Auftretende Abweichungen werden analysiert (Abweichungsanalyse, Ursachenanalyse) und notwendige Plankorrekturen vorgenommen. Die Marketing-Kontrolle kann in die klassische Marketing-Kontrolle und in das Marketing-Auditing gegliedert werden.

Die klassische Marketing-Kontrolle prüft die Ergebnisse der Marketing-Aktivitäten (Ergebniskontrollen) und der Marketing-Prozesse (= Zeit- und Methodenkontrollen).

Bei den **Ergebniskontrollen** können Erfolgskontrollen, Effizienzkontrollen und Budgetkontrollen unterschieden werden. **Erfolgskontrollen** verwenden als Kontrollgrößen die Marketing-Ziele → vgl. S. 94. Es werden **ökonomische Erfolgskontrollen** (z. B. bezogen auf Absatz, Umsatz, Marktanteil) und **psychologische Erfolgskontrollen** (z. B. bezogen auf den Bekanntheitsgrad und die Kundenzufriedenheit) vorgenommen. Die Kostenrechnung liefert Ergebnisse aus der Teilkostenrechnung → vgl. S. 204 und der Vollkostenrechnung → vgl. S. 202.

Kontrollarten

Die Kostenrechnung kann die Ergebnisse differenziert nach Produkten und Produktgruppen, nach Kunden und Kundengruppen sowie nach Verkaufsgebieten und Regionen zusammenstellen. Die Wirkungen von Marketing-Aktionen (z. B. Preissenkungen, Werbeaktionen) lassen sich in Aktionserfolgsrechnungen darstellen. Dabei treten naturgemäß Carry-over-Effekte (= Ausstrahlungseffekte) und Zurechnungsprobleme auf.

Erfolgskontrollen können sich auf den **Markenwert** (= **Brand Equity** → Glossar) und den **Kundenwert** → Glossar (= Customer Equity) beziehen. Für die Bestimmung des Markenwertes werden finanzorientierte Verfahren (z. B. Berechnung des Ertragswertes) herangezogen. Verfahren zur Messung des Kundenwertes sind z. B. ABC-Analyse, Kundenportfolios, Kundendeckungsbeitragsrechnungen und Customer Lifetime Value.

Bei **Effizienzkontrollen** werden Kennzahlen gebildet. Umsatz oder Deckungsbeitrag werden in Beziehung zu knappen Ressourcen (z. B. Kapital, Personal, Verkaufsraum) gesetzt. Kennzahlen werden auch zu den Zielgrößen Kundenzufriedenheit, Kundenbindung und Markenimage gebildet. Die Kennzahlen dienen als Indikatoren zur Effizienzbeurteilung.

Budgetkontrollen beziehen sich auf das gesamte Marketing-Budget und auf die Teilbudgets (z. B. Marketingforschungs-Budget, Werbebudget, Verkaufsförderungsbudget, Vertriebsbudget). Bei der formalen Kontrolle wird die Einhaltung der geplanten Budgetansätze (= Plankosten) überprüft. Bei der inhaltlichen Kontrolle werden den Teil-Budgets (= Kosten) relevante Erfolgs- und Effizienzgrößen gegenübergestellt. Mit **Wertanalysen** (= Gemeinkostenwertanalyse, Zero-Based-Budgeting) kann die Angemessenheit des Marketing-Budgets untersucht werden. In der **Gemeinkostenwertanalyse** werden Kosten und Nutzen von Leistungen untersucht.

Ziel ist eine deutliche Kostensenkung. „Unnötige" Leistungen sollen identifiziert werden, um die Kosten hierfür einzusparen. Für Leistungen mit „schlechten" Kosten-Nutzen-Relationen werden Einsparpotenziale gesucht. Das Ziel des **Zero-Based-Budgeting** → S. 92 ist nicht die Kostensenkung, sondern die geplanten finanziellen Mittel sollen von weniger wichtigen auf wichtige Maßnahmen umgelenkt werden. Dazu müssen alle Maßnahmen neu begründet werden.

Die **Balanced Scorecard** ist ein umfassendes Kontrollinstrument und geht über die Marketing-Kontrolle hinaus. Der Balanced Scorecard Ansatz dient vorrangig der Erfolgskontrolle bei der Umsetzung der Unternehmensstrategie (bzw. Vision) in konkrete Maßnahmen. Die Balanced Scorecard hat vier Bestandteile: die Kundenperspektive, die Perspektive der internen Geschäftsprozesse, die Lern- und Entwicklungsprozesse der Mitarbeiter und die finanzielle Perspektive. Für jede Perspektive werden konkrete Ziele, Kennzahlen, Vorgaben und Maßnahmen gebildet. Der Beitrag des Marketings findet sich in der Kundenperspektive („Wie wollen wir gegenüber unseren Kunden auftreten, um unsere Vision zu verwirklichen?"). Zwischen der Kundenperspektive und der finanziellen Perspektive bestehen enge Zusammenhänge. So beeinflussen die Ergebnisse von Kundenzufriedenheit und Marktanteil in starkem Maß die finanziellen Ergebnisse. Zusammenhänge bestehen aber auch zwischen Kundenzufriedenheit und Mitarbeiterzufriedenheit. Zur Berücksichtigung des Internets können alle vier Perspektiven um Online-Ziele, Online-Kennzahlen und Online-Maßnahmen erweitert werden. Sollen die E-Commerce-Aktivitäten stärker berücksichtigt werden, kann eine fünfte internetspezifische Perspektive eingeführt werden (z. B. **Content-Perspektive** → Glossar, **Front-End-Perspektive** → Glossar).

Die **E-Performance Scorecard** (nach McKinsey) enthält 21 Indikatoren in den Bereichen „Attraction" (= Attraktivität der Web-Seite), „Conversion" (= Umwandlung der Web-Seite Besucher in Käufer) und „Retention" (= Nutzerbindung an die Web-Seite). Aus diesen Indikatoren wird ein gewichteter Durchschnittswert errechnet, der einen Maßstab für die E-Performence des Unternehmens darstellen soll.

Definition

Das Marketing-Audit ist eine zukunftsorientierte Untersuchung aller Entscheidungsprozesse und Verfahrensweisen im Marketing. Nicht die Ergebnisse werden untersucht, sondern es wird untersucht, wie die Ergebnisse zustande gekommen sind.

Marketing-Audit soll durch Schwachstellen-Analysen Systemfehler im Marketing aufdecken und Aussagen zur Qualität und zur Verbesserung des Marketings machen. Gegenstand sind insbesondere die folgenden Bereiche:

- Überprüfung der strategischen Position
- Überprüfung der strategischen Marketing-Planung
- Überprüfung der Planungsprämissen
- Überprüfung der Marketing-Organisation

Durch die **Überprüfung der strategischen Position** soll sichergestellt werden, dass das Unternehmen die Chancen und Risiken im Markt rechtzeitig erkennt und in Ziele und Strategien umsetzt. Untersucht wird die Marktposition bei Kunden, bei potenziellen Kunden, bei Absatzmittlern und gegenüber dem Wettbewerb. Als Analysemethoden werden überwiegend Portfolio-Analysen und Positionierungsmodelle eingesetzt. Bei der **Überprüfung der strategischen Marketing-Planung** wird geprüft, ob die strategischen Ziele erreicht wurden und ob davon ausgegangen werden kann, dass die strategischen Ziele auch in der Zukunft erreicht werden können. Die Marketing-Strategien werden daraufhin untersucht, ob sie noch mit der Marketing-Philosophie (Marketing-Leitbild) des Unternehmens vereinbar sind. Die **Überprüfung der Planungsprämissen** schließt sich an. Die Marketing-Ziele und die Marketing-Strategien basieren auf Prämissen (= Voraussetzungen) über die Unternehmenssituation und über die Einschätzung des Unternehmensumfeldes. Eine Überprüfung der Planungsprämissen kann nur vorgenommen werden, wenn sie ausdrücklich formuliert worden sind. Marketing-Frühwarnsysteme sollen Veränderungen in den Planungsprämissen frühzeitig aufzeigen. Frühwarnindikatoren können z. B. Kundenanfragen, Angebote, Aufträge und Marktanteile sein. Mit dem Konzept der „schwachen Signale" sollen frühzeitig aus Frühwarnindikatoren mögliche Auswirkungen analysiert und für die eigene Marktentwicklung prognostiziert werden. Die **Überprüfung der Marketing-Organisation** soll die Frage beantworten, inwieweit die Strukturorganisation (= Aufbauorganisation) noch den Kunden- und Marktanforderungen gerecht wird. Ebenso geprüft wird, ob die Strukturorganisation den innerbetrieblichen Anforderungen an Innovationsbereitschaft, Anpassungsfähigkeit, Kreativität usw. entspricht. Die Prozessorganisation (= Ablauforganisation) wird auf funktionierende Informations-, Koordinations- und Kontrollprozesse hin untersucht. Das Marketing-Personal wird hinsichtlich Anzahl, Qualifikation und Schulungsbedarf einer Überprüfung unterzogen.

Merksätze

Ergebnisorientierte Kontrollen vergleichen Soll(Ziel)-Werte mit Ist-Werten. Verfahrensorientierte Kontrollen vergleichen tatsächliche Prozesse mit geplanten Prozessen. Prämissenorientierte Kontrollen überprüfen die der Planung zugrunde liegenden Annahmen. Marketing-Audits sind eine kritische Prüfung aller Verfahren und Entscheidungsprozesse.

4.7 | Internes Marketing

4.7.1 | Begriff, Merkmale und Ziele des internen Marketing

Definition

Internes Marketing (= Personal-Marketing) sind alle Maßnahmen, die auf die Gewinnung, Entwicklung und Erhaltung motivierter und kundenorientierter Mitarbeiter gerichtet sind, um Marketing- und Unternehmensziele zu erreichen.

Die **Merkmale des internen Marketing** sind
→ ein systematischer Planungs- und Entscheidungsprozess
→ die gleichzeitige Kunden- und Mitarbeiterorientierung
→ die Ausrichtung auf eine kundenorientierte Denkhaltung aller Mitarbeiter.

Ziele, Strategien und Maßnahmen des internen Marketings müssen geplant, durchgeführt und kontrolliert werden. Dazu ist eine enge Kooperation zwischen Marketing- und Personal-Management notwendig. Die gleichzeitige Kunden- und Mitarbeiterorientierung muss die Wechselbeziehungen (= Kommunikation) zwischen Kunden und Mitarbeitern berücksichtigen. Das interne Marketing hat zum Ziel, Marketing als Unternehmensphilosophie im Unternehmen zu verankern.

Ausgangspunkt der Zielplanung ist die Analyse der Ist-Situation des Unternehmens im Hinblick auf die Kunden- und Mitarbeiterorientierung. Befragungen zur Kunden- und Mitarbeiterzufriedenheit liefern Ergebnisse, die Ausgangspunkt für Ziel-, Strategie- und Maßnahmenplanungen bilden.

Die **Ziele im internen Marketing** lassen sich in interne und externe Ziele (= Zielinhalte) einteilen:

Interne Ziele sind z. B. Kundenbewusstsein, kundenorientiertes Verhalten der Mitarbeiter, Mitarbeitermotivation, Mitarbeiterzufriedenheit, Wissen der Mitarbeiter über Kundenwünsche und Kundenbedürfnisse. Die Erreichung der internen Ziele ist meist Aufgabe des Personalmanagements.

Interne und externe Ziele

Externe Ziele sind z. B. Kundenbindung, Kundenzufriedenheit, Kundenloyalität. Die Erreichung der externen Ziele ist meist die Aufgabe des Marketing-Managements.

Merksatz

Internes Marketing ist eine notwendige Voraussetzung für ein kundenorientiertes Unternehmensverhalten und damit für eine gelebte Marketing-Philosophie.

Strategiebereiche des internen Marketing | 4.7.2

Strategien legen durch langfristige Verhaltenspläne fest, wie langfristige (= strategische) Ziele erreicht werden sollen. Strategieinhalte sind z. B. Zielgruppen, Verhaltensweisen gegenüber Mitarbeitern (= Führungsverhalten, Führungsstile, Führungstechniken), Budgets, Zeit und Organisation.

Die Mitarbeiter des Unternehmens sind zu möglichst homogenen Zielgruppen zusammenzufassen (= Mitarbeitersegmentierung). Grundsätzlich können demographische und psychographische Segmentierungskriterien → vgl. Kap. 4.1, S. 82 zur Bildung der Zielgruppen herangezogen werden. Durch die Kunden- und Mitarbeiterorientierung ist es meist sinnvoll, auch die Häufigkeit des Kundenkontaktes als Segmentierungskriterium anzuwenden. Daraus folgt, dass z. B. Führungskräfte eher wenige Kundenkontakte und Verkäufer (= meist persönlicher Kundenkontakt) und Mitarbeiter im Call-Center (= unpersönlicher Kontakt per Telefon und E-Mail) natürlich häufigen Kundenkontakt haben.

Die **Institutionalisierung** des internen Marketing (= Festlegung der Zuständigkeit und Verantwortlichkeit innerhalb des Unternehmens) kann durch die Schaffung eines Funktionsbereichs „Internes Marketing" durch die Personal- oder Marketing-Abteilung oder durch ein Projekt-Team vorgenommen werden.

4.7.3 | Instrumente des internen Marketing

Die Maßnahmen des internen Marketings zielen darauf ab die Mitarbeiter als interne Kunden zu betrachten, um die externe Kundenorientierung zu fördern. Die Instrumente des internen Marketings sind die persönliche und die unpersönliche Kommunikation.

Infokasten

Persönliche Kommunikation
→ Führungsstil, Führungstechniken
→ Schulungen, Trainings
→ Workshops
→ Mitarbeitergespräche (jährlich, halbjährlich oder pro Quartal)

Unpersönliche Kommunikation → vgl. Kap. 8.10 Öffentlichkeitsarbeit, S. 251
→ Mitarbeiterzeitschrift
→ Intranet
→ Aushänge
→ Rundschreiben

Mitarbeiterführung Eine marktorientierte Unternehmensführung muss ihren Niederschlag in marktorientierten Führungsstilen und Führungstechniken finden. Ein marktorientiertes Führungsverhalten beeinflusst entscheidend das Verhalten der Mitarbeiter. Das Verhalten der Mitarbeiter – insbesondere das Verhalten der Mitarbeiter mit Kundenkontakt – hat Auswirkungen auf Kundenzufriedenheit und Kundenloyalität und damit auf den Unternehmenserfolg. **Führungsrichtlinien** (= Führungsgrundsätze) sollen durch Grundsatzaussagen zu Führungsstilen und Führungstechniken ein einheitliches Führungsverhalten sicherstellen. Führungsgrundsätze sollten Aussagen zum Zielbildungsprozess, zum Informationsverhalten, zum Prinzip der Delegation, zur Entscheidungsfindung, zur Kontrolle, zur Mitarbeiterbeurteilung, zur Mitarbeiterförderung und zur Zusammenarbeit enthalten.

Führungsstil ist das typische Verhalten eines Vorgesetzten. Der Führungsstil beschreibt die Grundausrichtung des Führungsverhaltens, das der Vorgesetzte relativ beständig gegenüber seinen Mitarbeitern zeigt. Bei der Beschreibung von Führungsstilen werden ein- und mehrdimensionale Ansätze unterschieden. Ein eindimensionaler Ansatz, der sich auf die **Entscheidungsautorität** bezieht, charakterisiert das Führungsverhalten auf einem Kontinuum zwischen autokratischem Führungsstil, kooperativem Führungsstil und laissez-faire-Führungsstil. Beim **autoritären (= autokratischen, autoritativen) Führungsstil** legt der Vorgesetzte Ziele und Aktivitäten der Mitarbeiter alleine fest. Die Mitarbeiter haben wenig Entscheidungsspielräume. Die Aufgaben werden kurzfristig angeordnet. Die langfristigen Ziele der Führungskraft bleiben den Mitarbeitern verborgen. Beim **kooperativen Führungsstil** werden die Ziele und Aktivitäten gemeinsam besprochen. Die Vorschläge der Mitarbeiter werden angemessen berücksichtigt. Die Ziele und die Erwartungen der Führungskraft sind den Mitarbeitern bekannt. Der **laissez-faire-Führungsstil** ist eine Form der „Nicht-Führung". Eine Steuerung und Bewertung der Aktivitäten der Mitarbeiter findet kaum statt.

Merksätze

Der im Marketing praktizierte Führungsstil hat einen erheblichen Einfluss auf die Motivation, die Zielorientierung und die Kundenorientierung der Mitarbeiter und damit auf den Unternehmenserfolg.
Bei einem kooperativen Führungsstil ist die Produktivität der Mitarbeiter grundsätzlich am höchsten.

Führungstechnik (= Führungsmodelle, Management-by-Modelle) ist die praktische Ausprägung des Führungsverhaltens.

Management-by-Techniken

Es lassen sich folgende Führungstechniken unterscheiden, die sich in ihren Ausprägungen teilweise überschneiden, sich gegenseitig ergänzen und in Zusammenhang mit dem praktizierten Führungsstil zu sehen sind:
- Management by Objectives
- Management by Exception
- Management by Motivation
- Management by Delegation
- Management by Information
- Management by Results
- Management by Participation

Beim **Management by Objectives** werden zwischen Führungskraft und Mitarbeiter gemeinsam Ziele erarbeitet und festgelegt. Die Zielbildung orientiert sich an den übergeordneten Zielen (= Vertriebsziele, Marketing-Ziele, Unternehmensziele). Es findet ein Prozess der partizipativen Ableitung operationaler Unterziele auf der jeweiligen hierarchischen Ebene statt. Die Art und Weise wie die Ziele erreicht werden, bleibt den Mitarbeitern überlassen. Nach Ablauf einer festgelegten Zeitperiode (z. B.

jedes Quartal oder halbjährlich) überprüfen Führungskraft und Mitarbeiter gemeinsam die Zielerreichung. Durch die gemeinsame Erarbeitung der Ziele wird die Nähe zum kooperativen Führungsstil deutlich. Ein wesentliches Ziel ist die **Motivation** → Glossar der Mitarbeiter zur Erreichung ihrer Ziele. Voraussetzung sind konkret formulierte Oberziele. Aus diesen Oberzielen sind Unterziele abzuleiten, die der hierarchisch gegliederten Organisationsstruktur von oben (= Unternehmensleitung) nach unten (= Stelle im Verkaufsaußendienst) entsprechen. Dadurch wird eine optimale Koordination der Organisationseinheiten zur Erreichung der Unternehmensziele angestrebt. Die Ziele müssen für die Mitarbeiter verbindlich, erreichbar und kontrollierbar sein. Sie müssen quantitativ formuliert und terminiert sein (= operational). Qualitative Ziele müssen über Indikatoren oder Hilfskriterien beschrieben werden, um eine Kontrolle zu ermöglichen.

Management by Exception basiert auf der Unterscheidung zwischen Ausnahmefällen und Normalfällen. Normalfälle sind Routineentscheidungen, Routinemaßnahmen und alltägliche Geschäftsvorfälle. Sie orientieren sich dabei an konkreten Zielvorgaben. Bei Normalfällen gilt für den Mitarbeiter das Prinzip der Selbstkontrolle. Der Mitarbeiter kann so lange selbstständig entscheiden, bis vorgegebene Toleranzgrenzen erreicht werden oder unvorhergesehene Ereignisse eintreten. Ausnahmefälle sind z. B. Zielabweichungen oder Budgetüberschreitungen. In Ausnahmefällen werden Entscheidungen von den übergeordneten Instanzen getroffen. Der Mitarbeiter entscheidet, wann ein Ausnahmefall vorliegt, der eine „Rückdelegation" erforderlich macht. Voraussetzungen sind Kriterien, die normale Geschäftsvorfälle von Ausnahmefällen unterscheidbar machen. Führungskräfte werden von Routineentscheidungen und Routinetätigkeiten entlastet.

Dem **Management by Motivation** liegt ein Anreizsystem zugrunde, um das Leistungsverhalten der Mitarbeiter zu beeinflussen. Zur Leistungsmotivation sind materielle (z. B. Gehalt, Prämien) und immaterielle Leistungsanreize (z. B. Anerkennung, persönliche Entfaltung) bereitzustellen → vgl. Bedürfnishierarchie nach Maslow, S. 68. Die Mitarbeiter haben große Freiräume zur Zielerreichung.

Management by Delegation ist durch ein festgelegtes Aufgabengebiet für jeden Mitarbeiter gekennzeichnet. In diesem Aufgabengebiet kann der Mitarbeiter selbstständig entscheiden und handeln. Der Mitarbeiter trägt die Verantwortung für die Erfüllung der Aufgaben. Er hat die Kompetenz und die Entscheidungsbefugnisse. Vorgesetzte entscheiden nur in den Fällen, die nicht zum Aufgabenbereich des Mitarbeiters gehören.

Management by Information stellt die wechselseitige Information zwischen Führungskraft und Mitarbeiter in den Vordergrund. Regelmäßige Besprechungen, offener Informationsaustausch und ein konstruktiver Umgang mit Konflikten und Kritik kennzeichnen diese Führungstechnik.

Management by Results betont die quantitative Zielvorgabe weniger Zielgrößen (z. B. Deckungsbeitrag). Eine systematische Zielplanung soll dezentrale Entscheidungen koordinieren. Die messbaren und erreichbaren Ziele sollen motivierende Kraft haben. Die Mitarbeiter müssen über die von ihnen erwarteten Verhaltensweisen ausreichend informiert sein. Die Zielkontrolle erfolgt durch den Vergleich der geplanten Leistung mit der tatsächlichen Leistung.

Management by Participation bedeutet eine umfassende Einbeziehung der Mitarbeiter in den sie betreffenden Zielfindungsprozess. Grundlage ist die These, dass die Identifikation der Mitarbeiter mit den Zielen umso höher ist, je mehr sie an der Festlegung der Ziele beteiligt waren.

Merksatz

Die Führungstechniken stellen keine Gegensätze dar. Sie ergänzen sich gegenseitig.

Implementierung und Kontrolle des internen Marketing | 4.7.4

Die Implementierung (= Einführung, Durchsetzung, Umsetzung) des internen Marketing stößt in der Praxis meist auf folgende **Barrieren** (= Hindernisse, Probleme).

Barrieren

- Inhaltlich-konzeptionelle Barrieren
- Organisatorisch-strukturelle Barrieren
- Personell-kulturelle Barrieren.

Die inhaltlich-konzeptionellen Barrieren beziehen sich z. B. auf die Dauer der Implementierung, auf Verständnisprobleme bei Führungskräften und Mitarbeitern über die Inhalte des internen Marketing und auf die Erfahrungen mit implementierten Teil-Konzepten.

Organisatorisch-strukturelle Barrieren beziehen sich auf notwendige Anpassungen in der Struktur- und Prozessorganisation, auf die Informationsversorgung der Mitarbeiter und auf horizontale und vertikale Kommunikationsformen.

Personell-kulturelle Barrieren sind die mangelnde Akzeptanz bei den Mitarbeitern, die fehlende Überzeugungskraft der Führungskräfte, unklare Kompetenzen, Bereichsegoismen (= „Abteilungsdenken"), das Streben nach zu schnellen Lösungen und die mangelnde Kontinuität.

Implementierung　Zur Implementierung des internen Marketings wird idealtypisch nach einem vierstufigen **Phasenkonzept** vorgegangen:

- Verpflichtung des Managements
- Kommunikation mit den Mitarbeitern
- Vermittlung der erforderlichen Kenntnisse und Fähigkeiten
- Verpflichtung der Mitarbeiter.

In den Ziel- und Strategiegesprächen zwischen Unternehmensleitung und dem Management sind Art und Umfang der erforderlichen Veränderungen im Unternehmen verbindlich und schriftlich zu fixieren. Das Management ist zur Umsetzung des internen Marketings zu verpflichten. Die Führungskräfte müssen sich mit der Philosophie des internen Marketings identifizieren und das eigene Verhalten danach ausrichten.

Das Management muss Verständnis und Akzeptanz zur Implementierung des internen Marketings bei den Mitarbeitern erreichen. Dazu sind Einzelgespräche und Besprechungen im kleinen Kreis geeignet. Geplante Veränderungen und Konsequenzen für die Mitarbeiter sind offen anzusprechen und zu diskutieren. Die frühzeitige Einbeziehung in den Veränderungsprozess kann persönliche Barrieren verhindern und die Akzeptanz erhöhen.

Den Mitarbeitern müssen die Techniken, Methoden und Instrumente des internen Marketings vermittelt werden. Dies sind insbesondere Führungsmethoden (z. B. Führen von Mitarbeitergesprächen), Qualitätstechniken (z. B. Moderation von Qualitätszirkeln), Gesprächs- und Verhaltenstechniken im Kundenkontakt (z. B. Umgang mit Beschwerden) und Durchführung von Zufriedenheitsanalysen.

Die Verpflichtung der Mitarbeiter beabsichtigt, die Philosophie des internen Marketings in den Köpfen der Mitarbeiter zu verankern. Das Denken und Handeln der Mitarbeiter soll kundenorientiert und aufgeschlossen für einen kontinuierlichen Veränderungsprozess sein.

Kontrolle　Durch eine systematische und regelmäßige **Erfolgskontrolle** ist zu überprüfen, ob die internen und externen Ziele des internen Marketings erreicht worden sind und die Budgets eingehalten wurden. Verfahren zur Kontrolle und Messung sind z. B. **Mitarbeiterbefragungen** zur Zufriedenheit, Identifikation und Loyalität und **Kundenbefragungen** zur Zufriedenheit, Bindung und Loyalität. Wichtig sind Analysen über die Zusammenhänge zwischen Mitarbeiterzufriedenheit und Kundenzufriedenheit.

Die Implementierung des internen Marketings ist nicht zu einem bestimmten Zeitpunkt abgeschlossen. Die Veränderungen im Umfeld des Unternehmens, neue Mitarbeiter und das ständige Lernen führen zu einem kontinuierlichen Anpassungs- und Gestaltungsprozess.

Kundenbeziehungsmanagement (= Relationship Marketing)

| 4.8

Definition

Kundenbeziehungsmanagement sind alle Maßnahmen, die auf die Gewinnung, Stabilisierung, Intensivierung und Wiederaufnahme von Kundenbeziehungen ausgerichtet sind.

Kundenbeziehungsmanagement (**Customer Relationship Management (= CRM)** → Glossar → vgl. Kap. 4.4.1, S. 97 ff.)) führt zu Kundenorientierung. Kundenorientierung beginnt mit der Analyse der Kundenerwartungen und führt zu einem darauf abgestimmten Leistungsangebot des Unternehmens. Kundenorientierung hat das Ziel, langfristig stabile und profitable Kundenbeziehungen aufzubauen. Innerhalb des Kundenlebenszyklus (= Kundenbeziehungslebenszyklus) werden die Phasen Akquisition, Bindung und Rückgewinnung unterschieden. Kundenbeziehungsmanagement stellt die **Kundenbindung** in den Mittelpunkt der Maßnahmen. Voraussetzung für Kundenbindung ist die Kundenzufriedenheit. Kundenzufriedenheit setzt ein, wenn die Kundenerwartungen erfüllt werden. Werden die Erwartungen übererfüllt, steigt das Niveau der Kundenzufriedenheit. Durch Weiterempfehlungen, Wiederholungskäufe und Cross-Buying entsteht Kundenloyalität. Instrumente (= Maßnahmen) des Kundenbeziehungsmanagements sind:

CRM

→ Kundenclubs
→ Kundenkarten
→ Kundenzeitschriften
→ Beschwerdemanagement
→ Cross Selling
→ Kundenrückgewinnung

Kundenclubs sind Vereinigungen von Kunden eines oder mehrerer Unternehmen. Ziele von Kundenclubs sind z. B.

→ Kundenbindung, Kundenloyalität
→ Steigerung der Kauffrequenz
→ Förderung der Mund-zu-Mund-Kommunikation.

Durch Kundenclubs erreichen Unternehmen eine Intensivierung der individuellen Kundenkommunikation. Die Kommunikation ist dialogorientiert. Durch die vorhandenen Kundendaten ist eine spezifische Kundenansprache ohne große Streuverluste möglich. Kundenclubs können zusätzlich zur Unterstützung der Marktforschung dienen (z. B. wird die Kundendatenbank für schriftliche, telefonische oder Online-Befragungen genutzt). Es kann zwischen geschlossenen und offenen Kundenclubs unterschieden werden. Bei geschlossenen Kundenclubs müssen die Mitglieder bestimmte Bedingungen erfüllen (z. B. einen bestimmten Umsatz pro Jahr). Die geschlossenen Clubs bieten dafür ihren Mitgliedern meist besondere Leistungen (z. B. Bonussysteme, exklusive Leistungen). Offene Kundenclubs sind allen Kunden zugänglich. Bei Kundenclubs mit Mitgliedsbeiträgen lassen sich die Kosten des Kundenclubs ganz oder teilweise durch die Kundenzahlungen decken. Grundsätzlich gehören die Kosten des Kundenclubs in das Kommunikationsbudget. Die Mitgliedschaft in einem Kundenclub muss für die Kunden mit einem ganz bestimmten emotionalen oder ökonomischen Nutzen verbunden sein (z. B. Rabatte, Clubzeitschrift, günstige Sonderangebote, Prämien, Gewinnspiele, gemeinsame Veranstaltungen). Mitglieder von Kundenclubs erhalten meist eine Kundenkarte.

Merksatz

Kundenclubs enthalten Ansatzpunkte aus allen Marketing-Mix-Instrumenten. Die Maßnahmen in Kundenclubs sollen Synergieeffekte im Marketing-Mix bewirken und eine integrierte Kundenkommunikation anstreben.

Kundenkarten sind Karten eines oder mehrerer Unternehmen, die für die Karteninhaber einen ökonomischen oder emotionalen Nutzen bieten.

Kundenkarten haben in den letzten Jahren an Anzahl und Bedeutung zugenommen. Meist werden sie von Unternehmen eingesetzt, die einen hohen Anteil an Privatkunden haben. Sie enthalten eine Kartennummer, unter der die persönlichen Daten des Karteninhabers gespeichert sind.

Ziele von Kundenkarten sind z. B.

→ Kundenbindung, Kundenloyalität
→ Identifikation mit der Marke
→ Verbesserung des Markenimages
→ Informationen über Kaufverhalten

Die Kundenbindung basiert auf der Voraussetzung, dass für Kunden ökonomische oder emotionale Kundenbindungsursachen geschaffen wurden (z. B. durch Kundenclubs). Da Kundenkarten beim Kauf vorgelegt werden, können Daten zum Kaufverhalten erfasst werden. Die Daten aus den registrierten Käufen werden mit den demographischen und sozio-ökonomischen Daten verknüpft. Sie können in der Marketing-Forschung oder in der direkten Kommunikation mit den Kunden genutzt werden. Kundenkarten können unterschiedliche Funktionen haben, z. B. Inanspruchnahme von Clubleistungen, Zahlungs- und Kreditfunktion, Rabatt- bzw. Bonusfunktion. Beim Einsatz von Kundenkarten sollte eine regelmäßige Akzeptanz- und Erfolgsmessung erfolgen.

Merksatz

Kundenkarten haben einen ökonomischen oder emotionalen Nutzen.

Kundenzeitschriften sind meist periodisch erscheinende Publikationen, die unentgeltlich an Kunden verteilt werden. Die Kunden und auch andere Bezugsgruppen des Unternehmens (= Stakeholder) sollen durch einen langfristig und kontinuierlich angelegten Dialog an das Unternehmen gebunden werden. Oft gibt es auch eine Internet-Version der Kundenzeitschrift. Kundenzeitschriften haben in der letzten Zeit an Umfang und Bedeutung zugenommen. **Ziele** von Kundenzeitschriften:
→ Kundeninformation
→ Kundenpflege
→ Verkaufsförderung
→ Cross Selling
→ Imagebildung

Es werden quantitative und qualitative Kundenzeitschriften unterschieden. Quantitative Kundenzeitschriften sind Massenblätter mit hohen Auflagen. Sie zeichnen sich aus durch unspezifische Kundenansprache und eine prospektartige Aufmachung mit überwiegend produktorientierten Themen. Qualitative Zeitschriften sind hochwertig produziert und haben im Vergleich eine eher niedrige Auflage (z. B. Zeitschriften der Automobilhersteller). Qualitative Zeitschriften sind zielgruppenspezifisch und journalistisch aufgemacht. Die Themenauswahl ist unabhängig vom Unternehmen und den Produkten.

Merksatz

Kundenzeitschriften haben im Vergleich zur Werbung eine höhere Glaubwürdigkeit.

Beschwerdemanagement sind alle Maßnahmen, die ein Unternehmen aufgrund von Beschwerden ergreift. Beschwerden sind Äußerungen der Unzufriedenheit gegenüber dem Unternehmen (bezogen auf Produkte, Prozesse, Mitarbeiter). Beschwerden können eingeteilt werden in objektiv berechtigte und unberechtigte Beschwerden. Beide Beschwerdearten erfordern Reaktionen des Beschwerdemanagements. Kunden beabsichtigen die Wiedergutmachung eines Schadens oder wollen eine Änderung von Verhalten bewirken. Kunden, die einen finanziellen Verlust erlitten haben, beschweren sich häufiger, als Kunden ohne finanzielle Einbußen. Je höher der finanzielle Schaden, desto höher ist die Beschwerdebereitschaft. Empirisch ist nachgewiesen, dass sich nur rund 50 % der unzufriedenen Kunden beschweren, die keinen finanziellen Verlust erlitten haben. Dies ist das Problem der verborgenen Unzufriedenheit. Unzufriedene Kunden kommunizieren sehr intensiv ihre Unzufriedenheit gegenüber Dritten. Ziele des Beschwerdemanagements sind z. B.

→ Kundenzufriedenheit wieder herstellen
→ Verhinderung von Kundenverlusten
→ Vermeidung von negativen Imageeffekten
→ Kundenbindung
→ Erfassung von Fehlern und Schwächen

Mitarbeiter sollen Kundenbeschwerden nicht als persönliche Kritik begreifen, sondern als Chance zur Stabilisierung oder Verbesserung der Kundenbeziehung. Ein funktionierendes Beschwerdemanagement kann die Loyalität des Kunden nicht nur auf das ursprüngliche Niveau zurückführen, sondern sogar über dieses Niveau hinaus steigern. Die Informationen aus dem Beschwerdemanagement dienen dem Qualitätsmanagement zur Verbesserung von Prozessen und zur Verringerung von Fehlern. Maßnahmen im Beschwerdemanagement sind Beschwerdeannahme, -bearbeitung, -analyse, -stimulierung und die Erfolgskontrolle.

Merksatz

Beschwerdemanagement ist Kundenorientierung in einer schwierigen Situation.

Cross-Selling sind alle Maßnahmen, die darauf abzielen, die Kundenbeziehung auf andere Leistungen des Unternehmens auszudehnen. Kunden sollen bewegt werden, auch andere Produkte des Unternehmens zu kaufen (= Cross Buying). Neben den Vorteilen aus höheren Umsätzen stabilisiert sich zusätzlich die Kundenbeziehung.

Die **Kundenrückgewinnung (= Customer Recovery)** ist ein Maßnahmen-Bündel, das sich auf die Identifikation und auf die Rückgewinnung abgewanderter Kunden bezieht. Nach der Identifikation der abgewanderten Kunden sind die Ursachen der Abwanderung festzustellen. Die Gründe für die Abwanderung lassen sich durch Auswertungen des Beschwerdemanagements und durch qualitative Methoden der Marketing-Forschung ermitteln. Die Abwanderungsgründe sind zu klassifizieren und die entstandenen Deckungsbeitragsrückgänge sind den Kosten für die Kundenrückgewinnung gegenüberzustellen. Die Maßnahmen zur Kundenrückgewinnung beginnen mit der Kommunikation über die Behebung des Abwanderungsgrundes. Hinzu kommen meist immaterielle und materielle Anreize zur Wiederaufnahme der Kundenbeziehung. Meist besitzt das Unternehmen beim Kunden aufgrund der bisherigen Kundenbeziehung noch einen gewissen Goodwill, der die Basis für die Wiederbelebung darstellt. Nach erfolgreicher Kundenrückgewinnung muss die Kundenbeziehung durch weitere Maßnahmen gefestigt werden.

Merksätze

Durch Kundenbeziehungsmanagement → vgl. Kap. 8.6, S. 246 sollen Kunden langfristig an das Unternehmen gebunden werden. Bei abgewanderten Kunden werden Kundenrückgewinnungsmaßnahmen eingeleitet.

Kontrollfragen

1 Beschreiben Sie ausführlich die wesentlichen Aufgabenbereiche des Marketing-Managements.
2 Erläutern Sie die Notwendigkeit einer systematischen Marketing-Planung.

3 Stellen Sie die Zusammenhänge zwischen der Stärken-Schwächen-Analyse und der SWOT-Analyse dar.

4 Nennen Sie die Bestandteile einer Marketing-Konzeption.

5 Welche Anforderungen sind an Marketing-Ziele zu stellen?

6 Diskutieren Sie die unterschiedlichen Methoden zur Bestimmung des Marketing-Budgets.

7 Zeigen Sie die inhaltlichen Unterschiede zwischen der strategischen Marketing-Planung und der taktischen Marketing-Planung auf.

8 Welche Zielbestandteile sind zur Operationalisierung der Marketing-Ziele festzulegen?

9 Beschreiben Sie das Produktlebenszyklus-Modell. Grenzen Sie die einzelnen Phasen voneinander ab.

10 Vergleichen Sie die Marktanteils-Marktwachstums-Matrix mit dem Wettbewerbsvorteils-Marktattraktivitäts-Portfolio.

11 Verdeutlichen Sie den Zusammenhang zwischen der GAP-Analyse (= Analyse der strategischen Lücke) und der Produkt-Markt-Matrix nach ANSOFF.

12 Charakterisieren Sie kurz die Positionierungsanalyse.

13 Welche Marktfeldstrategien lassen sich unterscheiden?

14 Erläutern Sie kurz die verschiedenen Formen der Diversifikation.

15 Beschreiben Sie die beiden Ausprägungen der Marktstimulierungs-strategie.

16 Zeigen Sie verschiedene Möglichkeiten auf, einen strategischen Wettbewerbsvorteil zu erlangen.

17 Die Push-Strategie und die Pull-Strategie werden als klassische handelsorientierte Strategien bezeichnet. Welche Marketing-Instrumente werden vorrangig in diesen Strategien eingesetzt?

18 Welche grundlegenden strategischen Verhaltensweisen können Hersteller gegenüber dem Handel einnehmen?

19 Stellen Sie die Aufgaben der Marketing-Organisation dar.

20 Nennen Sie die wesentlichen Effizienzkriterien für die Marketing-Organisation.

21 Beschreiben Sie kurz die Grundformen der Marketing-Organisation.

22 In der produktorientierten Organisation übernehmen Produktmanager und Category Manager zentrale Aufgaben. Nennen Sie stichwortartig die wesentlichen Aufgaben.

23 Zeigen Sie die Grundzüge einer Projekt-Organisation auf.

24 Was verstehen Sie unter einem Schnittstellenmanagement?

25 Nennen Sie mindestens fünf Ziele des Marketing-Controllings.

26 Über welche Instrumente erfolgt die Koordination in der Marketing-Planung? Trennen Sie zwischen strategischer Planung und taktischer Planung.

27 Was verstehen Sie unter Marketing-Audit?

28 Stellen Sie den Zusammenhang zwischen dem Führungsverhalten und den Unternehmenszielen „Kundenzufriedenheit" und „Kundenloyalität" dar. Welche Einflussmöglichen bietet das „interne Marketing"?

29 Diskutieren Sie die Bedeutung des Kundenbeziehungsmanagements.

Literatur

Backhaus, K./**Schneider**, H.. [2007]: Strategisches Marketing, Stuttgart

Becker, J. [2006]: Marketing-Konzeption, 8. Aufl., München

Ehrmann, H. [2004]: Marketing-Controlling, 4. Aufl., Ludwigshafen

Freter, H. [2008]: Markt- und Kundensegmentierung, 2. Aufl., Stuttgart

Hildmann, G./**Vossebein**, U. [2003]: Effektives Marketing-Controlling, Wiesbaden

Homburg, C./**Krohner**, H. [2003]: Marketing-Management, Wiesbaden

Jenner, T. [2003]: Markting-Planung, Stuttgart

Meffert, H. [2001]: Marketing-Management, Analyse – Strategie – Implementierung, 2. Aufl., Wiesbaden

Kotler, P./**Bliemel**, F. [2001]: Marketing-Management, Analyse, Planung, Umsetzung und Steuerung, 10. Aufl., Stuttgart

Kuss, A./**Tomczak**, T. [2004]: Marketing-Planung, 4. Aufl., Wiesbaden

Lang, F. [2002]: Die Marketing-Konzeption, 3. Aufl., Düsseldorf

Preissner, A. [1999]: Marketing-Controlling, 2. Aufl., München

Reinecke, S./**Janz**, S. [2007]: Marketingcontrolling, Stuttgart

Sander, M. [2004]: Marketing-Management, Stuttgart

5 | Marketing-Mix

Marketing-Mix ist der zielorientierte, kombinierte und koordinierte Einsatz der Marketing-Instrumente Produktpolitik, Preispolitik, Kommunikationspolitik und Vertriebspolitik innerhalb der Marketing-Strategie.

Der Marketing-Mix ist die operative Umsetzung der Marketing-Strategie innerhalb der Marketing-Konzeption. Der Marketing-Mix setzt sich aus Produkt-Mix, Preis-Mix, Kommunikations-Mix und Vertriebs-Mix (= Submixe) zusammen. Die Submixe enthalten die folgenden Bestandteile:

Produkt-Mix
→ Produktinnovation
→ Produktdifferenzierung
→ Produktvariation
→ Produktelimination
→ Markenpolitik
→ Servicepolitik
Sonderformen im Produkt-Mix sind:
→ Relaunch (= Wiedereinführung)
→ Revival (= Wiederbelebung)

Preis-Mix
→ Preis
→ Preisnachlässe
→ Preiszuschläge
→ Zugaben
→ Absatzkredite
→ Lieferungs- und Zahlungs-
   bedingungen

Kommunikations-Mix
→ Werbung
→ Verkaufsförderung
→ Sponsoring
→ Direkt-Kommunikation
→ Messen + Ausstellungen
→ Events
→ Product Placement
→ Öffentlichkeitsarbeit
→ Corporate Identity

Vertriebs-Mix
→ Vertriebswege
→ Verkaufspolitik
→ Vertriebslogistik

Im Dienstleistungs-Marketing sind zu den klassischen vier P's drei weitere P's hinzugetreten: Personnel (= Personalpolitik), Physical Facilities (= Ausstattungspolitik) und Process-Management (= Prozessorganisation) → vgl. Dienstleistungs-Marketing S. 17.

Marketing als Philosophie → vgl. S. 9 ist die Leitidee einer am Kunden orientierten Unternehmensführung. Diese Kundenorientierung ist nun auch auf die internen Kunden (= Mitarbeiter) zu übertragen → vgl. Kap. 4.7 Internes Marketing, S. 148 ff. In Non-Profit-Marketing tritt als Marketing-Instrument die Ressourcenpolitik hinzu. Damit Leistungen bereitgestellt werden können, ist neben der Personalbeschaffung eine Finanzierungspolitik notwendig. Zu den zentralen Finanzierungsinstrumenten zählen **Fundraising** → Glossar, (z.B. Beschaffung von Spenden) und Sponsoring → vgl. Kap. 8.4 S. 244.

Die Gestaltung des Marketing-Mix ist ein wesentliches Entscheidungsproblem der Marketing-Planung. In der Marketing-Planung sind die Wirkungsinterdependenzen (= wechselseitige Zusammenhänge) zwischen den einzelnen Marketing-Instrumenten zu berücksichtigen. Grundsätzlich lassen sich folgende Wirkungsinterdependenzen unterscheiden:

- Funktionale Wirkungsinterdependenzen
- Zeitliche Wirkungsinterdependenzen
- Hierarchische Wirkungsinterdependenzen.

Funktionale Wirkungsinterdependenzen bestehen, wenn sachliche (= inhaltliche) Wirkungszusammenhänge auftreten. Dies ist der Fall, wenn der Einsatz eines Marketing-Instruments vom Einsatz anderer Marketing-Instrumente abhängt oder die Wirkung anderer Marketing-Instrumente beeinflusst (z.B. Produktqualität und Preispolitik). Dabei können substituierende, komplementäre oder konkurrierende Wirkungen auftreten. **Zeitliche Wirkungsinterdependenzen** können entstehen, wenn die Wirkung mit einer zeitlichen Verzögerung (= Time-Lag-Effekte) oder auch noch in nachfolgenden Perioden (**Carry-Over-Effekte** → Glossar) auftritt. Wird der zeitliche Aspekt bei der Marketing-Planung bereits berücksichtigt, kommen die Marketing-Instrumente parallel, sukzessiv, intermittierend (= zeitweilig aussetzend) oder ablösend zum Einsatz. **Hierarchische Wirkungsinterdependenzen** entstehen durch die Gewichtung der Marketing-Instrumente auf der Grundlage der Marketing-Strategie. Dominierende Instrumente (= Basis-Instrumente) prägen die Strategie. Sie beziehen sich auf die Kernkompetenzen und sollen Wettbewerbsvorteile verdeutlichen und Präferenzen schaffen. Zu den dominierenden Instrumenten treten komplementäre Instrumente, marginale Instrumente und Standard-Instrumente. Komplementäre und marginale Instrumente ergänzen und unterstützen die Basis-Instrumente. Marginalen Instrumenten wird nur eine geringe Wirkung zugeschrieben. Standard-Instrumente bieten wenige Gestaltungsmöglichkeiten. Sie sind marktüblich und deshalb unverzichtbar.

Aus der Unsicherheit über die Wirkung der Marketing-Instrumente ergibt sich ein Prognoseproblem für die Marketing-Planung. Die Vielzahl der möglichen Maßnahmen innerhalb der einzelnen Marketing-Instrumente führt zu einer unüberschaubaren Anzahl von Kombinationsmöglichkeiten innerhalb des Marketing-Mix. Der Einsatz der Marketing-Instrumente kann zudem unbeabsichtigte Ausstrahlungseffekte (**Spill-over-Effekte** → Glossar) auf andere Produkte haben. Die Probleme bei der Marketing-Mix-Planung liegen in der Berücksichtigung der Wirkungsinterdependenzen und in der Vielzahl von Kombinationsmöglichkeiten und Ausprägungen der Marketing-Instrumente. Die Koordination der Marketing-Instrumente kann über die Marketing-Organisation → vgl. Kap. 4.5, S. 123 und über die Budgetierung → vgl. Kap. 4.2.2, S. 92 vorgenommen werden.

Merksatz

Das Ziel des Marketing-Mix ist eine ausgewogene Mischung und harmonische Abstimmung der Marketing-Instrumente (= integriertes Marketing), um die Marketing-Ziele möglichst effizient zu erreichen.

Produktpolitik | 6

Bedeutung, Aufgaben und Ziele der Produktpolitik | 6.1

Infokasten

Handlungsmöglichkeiten der Produktpolitik		
Einführung neuer Produkte	Veränderung von Produkten	Produktelimination
Produktinnovation Marktneuheit Betriebsneuheit Zweitmarke Mee-to-Produkte Lizenz Produktdifferenzierung	Produktvariation Produktmodifikation Facelifting Revival Relaunch	Produkte werden aus dem Leistungsprogramm herausgenommen.

Definition

Die Produktpolitik umfasst alle Entscheidungen, die sich auf die markt- und kundenorientierte Gestaltung des Leistungsprogramms eines Unternehmens beziehen.

Die Produktpolitik gestaltet die Basisleistung (= Produktfunktionen und Produktnutzen) des Unternehmens. Ohne diese grundlegende Teilleistung können die anderen Teilleistungen (= die anderen Marketing-Instrumente) nicht wirksam eingesetzt werden. Mit der Zusammenstellung des Leistungsprogramms wird die Grundlage für die Markt- und Kundenorientierung des Unternehmens geschaffen.

Das Leistungsprogramm enthält Sachleistungen und Dienstleistungen. Es besteht aus dem eigentlichen Produkt und den produktbegleitenden Serviceleistungen. Serviceleistungen haben in der letzten Zeit stark an Bedeutung gewonnen. Dies ist auf die zunehmende Angleichung der Produkte in Qualität, Leistung und Preis zurückzuführen. Hinzu kommt der Wunsch der Kunden nach kompletten Problemlösungen.

Die Gestaltung des Leistungsprogramms enthält Entscheidungen über Produkteinführungen (Innovationen), Produktveränderungen (Produktvariationen) und Produkteliminationen. Bei einer **Produktinnovation** wird ein Produkt, das bisher nicht im Leistungsprogramm eines Unternehmens enthalten war, neu in das Leistungsprogramm aufgenommen. **Produktdifferenzierung** → Glossar tritt ein, wenn durch das neue Produkt die bisherigen Produkte im Markt ergänzt werden. Eine **Produktvariation** → Glossar ist die Veränderung eines im Leistungsprogramm vorhandenen Produkts. An die Stelle des bisherigen Produkts tritt das veränderte Produkt. Bei der **Produktelimination** → Glossar wird ein Produkt aus dem Leistungsprogramm des Unternehmens herausgenommen.

Das Produkt bzw. der Produkt- oder Leistungs-Mix setzt sich aus den Leistungsmerkmalen des Produkts, der Gestaltung des Produkts und den Serviceleistungen zusammen. Das Produkt kann als Bündel von Merkmalen (= Teil-Qualitäten) verstanden werden, die mit Nutzenerwartungen von Seiten der Kunden verbunden sind. Produkte aus der Sicht des Unternehmens sind durch den Produktkern, die Produktfunktion, Design (= Form, Farbe, Ergonomie), Packung, Verpackung, Marke (= Name, Zeichen) und Service (= Kundendienst, Garantie) gekennzeichnet. Der Preis und das Produktimage sind weitere wesentliche Produktmerkmale. Durch die Festlegung der Produktmerkmale wird das Produkt

USP, KKV einzigartig und unverwechselbar. Es wird eine **KKV** bzw. **USP** → Glossar geschaffen. Das Produkt soll sich von den Konkurrenzprodukten unter-

Kundennutzen scheiden. Es gilt, Produktmerkmale zu schaffen, die im Mittelpunkt der Verkaufsargumentation stehen sollen. Diese Produktmerkmale müssen mittelfristig Bestand haben und kaufrelevant sein. Ziel ist es, dem Kunden einen besonderen Kundennutzen zu bieten. Aus der Sicht des Kunden wird **Grundnutzen** → Glossar (= Funktionsnutzen) und **Zusatznutzen** → Glossar unterschieden (= Produkt als Nutzenbündel). Der ökonomische Nutzen drückt sich im Preis aus. Ästhetischer Nutzen (z. B. bei Kunstwerken), individual-psychologischer Nutzen (z. B. Freude an einem Produkt) und soziologischer Nutzen (z. B. Status, Prestige, Image) sind weitere kaufentscheidende Faktoren.

Ziele Die Ziele der Produktpolitik – die aus den Marketing-Zielen abgeleitet werden – sind z. B.

➔ Verbesserung oder Sicherung des Unternehmenserfolgs durch neue Produkte, Verbesserung der Wettbewerbsfähigkeit durch Produktvariation

➔ Verbesserung des Produktimages

→ Sicherstellung der Qualitäts- oder Marktführerschaft des Unternehmens
→ Erschließung neuer Markt- und Kundensegmente
→ Risikostreuung durch ein breites Programm bzw. Sortiment (z. B. durch Diversifikation)

Merksätze

Entscheidungen in der Produktpolitik betreffen die Überprüfung, die Zusammensetzung und die Veränderung des Leistungsprogramms eines Unternehmens.
Neue Produkte werden auf den Markt gebracht (= Produktinnovation), bereits auf dem Markt vorhandene Produkte werden verändert (= Produktvariation, Produktmodifikation) und Produkte werden aus dem Programm genommen (= Produktelimination).

Einführung von neuen Produkten | 6.2

Neue Produkte entstehen durch Produktinnovationen, Produktvariation und Produktdifferenzierung. **Produktinnovationen** sind Produkte, die für den Markt und/oder für das Unternehmen neu sind. Produktinnovationen bieten für den Kunden ein neues Nutzenbündel. Erfolgreiche Innovationen ziehen ähnliche Konkurrenzprodukte (= Me-too-Produkte) nach sich. Bei einer **Produktvariation** werden bestimmte Merkmale oder Eigenschaften von Produkten verändert (z. B. Verpackung, verlängerte Garantiezeit). Aus einer kontinuierlichen Produktbetreuung heraus erfolgt eine Aktualisierung und Anpassung an veränderte Kundenbedürfnisse. Dabei wird das bestehende Produkt durch das veränderte Produkt ersetzt. **Produktdifferenzierung** (= Programmdifferenzierung) ist die Entwicklung zusätzlicher Produkte, durch die die bisher angebotenen Produkte ergänzt werden. Produktdifferenzierung geschieht u. a. durch die Veränderung der Verpackungseinheiten, durch ein zusätzliches „einfacheres" oder zusätzliches „höherwertigeres" Produkt und durch Zweitmarken. **Zweitmarken** → Glossar werden meist auf einem anderen Vertriebsweg angeboten. Produktdifferenzierung erhöht die Programmtiefe. Durch die Produktdifferenzierung können Probleme durch die Absatzverbundenheit der Produkte auftreten. Dabei sind Partizipations- und Substitutionseffekte zu unterscheiden. Der **Partizipationseffekt** ist die Nachfrage der durch das zusätzliche Produkt neu hinzugewonnenen Käufer.

Diese Käufer haben bisher Konkurrenzprodukte erworben oder keine Käufe in dieser Produktkategorie getätigt. **Substitutionseffekte** treten bei einem Wechsel der Kunden von anderen („alten") Produkten des Unternehmens zum neuen Produkt des Unternehmens auf. Diese interne Konkurrenz der Produkte wird auch als **Kannibalisierungseffekt** bezeichnet.

Der **Prozess zur Produkteinführung** verläuft idealtypisch in folgenden Phasen:

→ Suche nach Produktideen (= Ideensammlung)
→ Bewertung von Produktideen (= Machbarkeitsprüfung)
→ Entwicklung und Prüfung von Produktkonzepten (= Feinauswahl durch Wirtschaftlichkeitsanalysen und Produkttests)
→ Produktentwicklung
→ Testphase (z. B. Produkttests, Storetests, Markttests)
→ Produkteinführung

6.2.1 Suche nach Produktideen

Die **Suche nach Produktideen** beginnt mit einer **Ideensammlung**. Dabei sind zunächst unternehmensinterne und unternehmensexterne Quellen zu berücksichtigen. **Unternehmensinterne Quellen** sind z. B. Kundendienstberichte, Kundenbeschwerden, betriebliches Vorschlagswesen, Ergebnisse aus der eigenen Forschung und Entwicklung sowie Befragungen von Mitarbeitern. **Unternehmensexterne Quellen** sind z. B. Befragungen von Kunden, Händlern und Experten, Beobachtung der Konkurrenz (**Benchmarking** → Glossar), Fachzeitschriften, Lizenzgeber, Patentämter, Forschungsinstitute, Technologie- und Innovationsberater.

Die Techniken zur Ideenproduktion werden in intuitive (= spontankreative) Verfahren und diskursive (= systematisch-analytische) Verfahren eingeteilt. **Intuitive Kreativitätstechniken** → Glossar sind:

Kreativitätstechniken

● Brainstorming
● Brainwriting
● Metaplan-Technik
● Synektik
● Reizwortanalyse

Brainstorming → Glossar ist eine 20- bis 40-minütige Gruppensitzung. Brainstorming basiert auf dem Prinzip der **Assoziation** (= Verknüpfung von Vorstellungen, von denen die eine die andere hervorgerufen hat). Die Gruppenzusammensetzung sollte homogen im Hinblick auf die hierarchische Ebene sein. Im Hinblick auf das Fachwissen sollte die Gruppe heterogen besetzt sein. Die Anzahl der Teilnehmer wird meist zwischen

5 und 8 Personen liegen. Die Gruppe entwickelt Ideen zu einer vorgegebenen Problemstellung. Das Problem ist meist klar definierbar und wenig komplex. Die Diskussionsteilnehmer sollen spontan und ungehemmt möglichst viele Ideen produzieren. Auch zunächst unsinnige Ideen sind erwünscht. Die Ideen anderer Teilnehmer können und sollen aufgegriffen und weiterentwickelt werden. Quantität geht vor Qualität. Die wirklich neuen Ideen werden oft erst dann genannt, wenn die nahe liegenden, konventionellen Ideen bereits geäußert wurden. Es findet während der Sitzung keine Kritik oder Bewertung der Ideen statt. Unnötige Diskussionen sollen vermieden werden. Ein Moderator sorgt für die Einhaltung der Regeln. Die Ergebnisse werden protokolliert, bewertet und klassifiziert. Eine gute Brainstorming-Sitzung kann 100 bis 150 Ideen hervorbringen. Ein besonderes Brainstorming-Verfahren ist das **destruktiv-konstruktive Brainstorming.** In der destruktiven Phase werden zunächst alle Schwächen des Produkts zusammengestellt. In der konstruktiven Phase werden für alle Schwächen Verbesserungsvorschläge gesucht. Beim **Brainwriting** werden die Ideen durch die Gruppenteilnehmer schriftlich festgehalten. Ein Brainwriting-Verfahren ist die **Methode 6-3-5.** Sechs Teilnehmer notieren jeweils drei Ideen auf einem Formular. Die Ideen werden in der Runde fünfmal an den nächsten Teilnehmer weitergegeben. Für die Ideenbearbeitung wird eine Zeitspanne festgelegt. Durch das jeweils nächste Gruppenmitglied sollen die vorliegenden Ideen weiterentwickelt werden. Die Formblätter werden solange weitergegeben, bis jeder Teilnehmer jedes Formblatt bearbeitet hat. Jedes Formblatt enthält dann 18 Ideen. Es ergeben sich somit 108 Lösungsvorschläge. Beim **Brainwriting-Pool** schreibt jeder Teilnehmer eine Idee auf ein Formblatt. Dieses Formblatt wird in einen Pool gegeben. In der nächsten Runde entnimmt jeder Teilnehmer dem Pool ein Formular und ergänzt die dort aufgeschriebene Idee um eine weitere Idee. Dieses Verfahren wird solange fortgesetzt, bis jedes Formblatt 18 Ideen enthält. Die **Metaplan-Technik** (= Kartenabfrage-/Pinnwand-Technik) ist eine Weiterentwicklung des Brainwriting. Unter der Leitung eines Moderators werden in einer Gruppe von den einzelnen Teilnehmern Ideen in Kurzfassung auf Karten notiert und nach Themen geordnet auf einer Pinnwand befestigt. So können komplexe Themen in Einzelthemen aufgerastet zur weiteren Diskussion gestellt werden.

Die **Synektik** ist eine Gruppendiskussion mit inhomogenen, unternehmensinternen und unternehmensexternen Teilnehmern. Der Diskussionsleiter beschreibt grob die Problemstellung. Die Teilnehmer werden aufgefordert, das Problem schrittweise zu verfremden, d. h. auf andere Bereiche aus Natur, Technik oder Alltag zu übertragen. Es werden nicht sofort Lösungen gesucht, sondern Gesichtspunkte mit Abstand zum ursprünglichen Problem gesammelt. Durch die Verfremdung in andere Bereiche sollen durch Analogien Ideen gefunden werden. In der **Reizwortanalyse** dienen konkrete Begriffe als Reizworte für eine kreative Konfrontation. Es werden gedankliche Gegensätze zum bestehenden Problem entwickelt. Zwischen den Reizwörtern und dem Problem wird eine neue Beziehung hergestellt.

Kreativitätstechniken

Zu den **diskursiven Kreativitätstechniken** zählen:

- Fragenkataloge, Checklisten
- Funktionsanalysen
- Morphologische Analyse (= morphologischer Kasten)
- Bionik
- Progressive Abstraktion
- Problemanalyse

Fragenkataloge enthalten gedankliche Modifikationen eines Ausgangsproblems durch systematische Infragestellung von Eigenschaften. Modifikationen können Verkleinerungen, Vergrößerungen und Veränderungen sein. Beispiele: Gibt es neue Verwendungsmöglichkeiten für das bestehende Produkt? Kann das Produkt verkleinert werden? **Funktionsanalysen** beschreiben die Funktionen, die die Produkte bereits erfüllen. Durch neue Kombinationen der verschiedenen Funktionen sollen Ideen für neue Produkte entstehen. Bei der **morphologischen Analyse** wird das Problem in seine Bestandteile zerlegt. Diese Problembestandteile werden grafisch in einem Kasten untereinander angeordnet. Neben jedes Problem können möglichst viele Problemlösungen geschrieben werden. Dadurch entsteht der morphologische Kasten. Durch die Kombination der verschiedenen Problemlösungen ergeben sich mehrere Lösungen des Gesamtproblems. In der **Bionik** → Glossar werden für gesellschaftliche oder technische Problemstellungen Lösungsansätze aus der Natur gesucht. Die Ableitung der Lösungsansätze erfolgt über Analogien. Problemlösungen in der Natur werden systematisch untersucht und geeignet erscheinende Prinzipien auf die vorhandenen Probleme übertragen. Beim Verfahren der **progressiven Abstraktion** wird versucht, durch die Frage „Worum geht es eigentlich?" auf ein höheres Abstraktionsniveau zu gelangen. Die Problemlösung soll dann auf diesem höheren Abstraktionsniveau stattfinden. Bei der **Problemanalyse** werden Kunden nach den Problemen mit Produkten befragt. Daraus werden Ideen für neue Produkte abgeleitet.

Morphologischer Kasten | Abb. 6.1

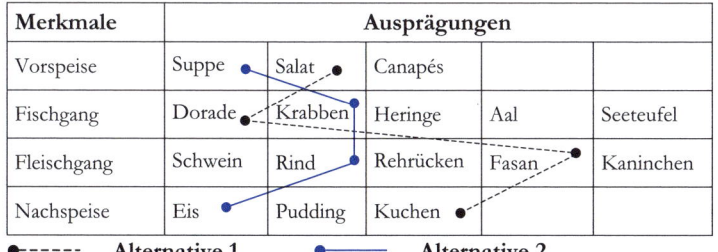

Merkmale	Ausprägungen				
Vorspeise	Suppe	Salat	Canapés		
Fischgang	Dorade	Krabben	Heringe	Aal	Seeteufel
Fleischgang	Schwein	Rind	Rehrücken	Fasan	Kaninchen
Nachspeise	Eis	Pudding	Kuchen		

●----- Alternative 1   ●——— Alternative 2

Bewertung von Produktideen | 6.2.2

Bei der Bewertung der Produktideen muss sichergestellt werden, dass Erfolg versprechende Produktideen nicht voreilig verworfen werden. Die wenig Erfolg versprechenden Produktideen sind dagegen frühzeitig auszusondern, da die Kosten mit zunehmender Produktkonkretisierung überproportional zunehmen. Die Bewertung von Produktideen wird zunächst als **Grobauswahl** (= Screening) erfolgen. Dazu werden Checklisten und Punktbewertungsverfahren eingesetzt.

Prüf- oder **Checklisten** sind die einfachsten Bewertungstechniken. In dieser frühen Phase soll zunächst geprüft werden, ob die Produktidee mit den Unternehmenszielen und den Unternehmensgegebenheiten vereinbar ist. Checklisten enthalten alle für den Erfolg des Produkts relevanten Faktoren. Es werden Mussfaktoren (= Mindestanforderungen), Sollfaktoren und Wunschfaktoren aufgelistet. Die Produktideen werden einzeln einer getrennten Bewertung unterzogen.

Merksatz

Mit Checklisten wird die grundsätzliche Erfolgstauglichkeit von Produktideen überprüft.

Bei **Punktbewertungsverfahren** (= Scoring-Modelle, Nutzwertanalyse) werden Beurteilungskriterien und Gewichtungsfaktoren festgelegt. Die subjektiv ausgewählten Beurteilungskriterien sollen relevant, vollständig und überschneidungsfrei sein. Beurteilungskriterien sind z.B. Marktfähigkeit, Lebensdauer, Produktionsmöglichkeiten und Wachstumspotenzial. Für alle Beurteilungskriterien sind Gewichte festzulegen. Die Gewichtungsfaktoren sollen die unterschiedliche Bedeutung der Beurteilungskriterien verdeutlichen. Es ist sinnvoll, die Gewichte so zu bestimmen, dass die Summer der Gewichte über alle Faktoren 1,0 beträgt. Die Beurteilungskriterien werden auf einer einheitlichen Skala bewertet. Eine Skala könnte z. B. wie nach dem Schulnotensystem aussehen (sehr gut 1, gut 2, zufriedenstellend 3, ausreichend 4, schlecht 5, sehr schlecht 6). Eine andere Möglichkeit ist eine Bewertung auf einer Skala von 1 bis 10. Dabei steht ein Punkt meist für den schlechtesten Wert. Es erfolgt die subjektive Vergabe von Punktwerten. Die Punktwerte werden mit den subjektiv bestimmten Gewichtungsfaktoren multipliziert. Die gewichteten Punktwerte werden anschließend addiert. Die Summe der gewichteten Punktwerte ist der Entscheidungsmaßstab. Die Produktideen, die einen Mindestpunktwert erreichen, werden weiterverfolgt. Mindestpunktwerte können auch für einzelne Beurteilungskriterien festgelegt werden. Ebenso kann die Anzahl der weiter zu verfolgenden Produktideen bestimmt werden. In diesem Fall werden die Produktideen mit den höchsten (niedrigsten) Punktwerten weiterverfolgt. Zusätzlich können Wahrscheinlichkeitsangaben vorgenommen werden. Beispiel: Die Bewertung „gut" tritt mit einer Wahrscheinlichkeit von 0,2 (= 20 %) auf.

Abb. 6.2 | **Punktbewertungsverfahren**

Kriterien	A Relatives Gewicht	B Bewertungsskala										A x B Bewertung
		0,1	0,2	0,3	0,4	0,5	0,6	0,7	0,8	0,9	1,0	
Image des Unternehmens	0,20						x					0,120
Marketing	0,20									x		0,180
Forschung und Entwicklung	0,20							x				0,140
Personal	0,15						x					0,090
Finanzen	0,10									x		0,090
Produktion	0,05								x			0,040
Standort	0,05			x								0,015
Beschaffung	0,05									x		0,045
Summe	1,00											0,720

Bewertungsskala: 0,00 bis 0,40 schlecht, 0,41 bis 0,75 mittel, 0,76 bis 1,00 gut

Produktbewertungsverfahren sind immer dann sinnvoll, wenn ein Vergleich zwischen mehreren Produktideen vorgenommen werden soll. Durch die Variation von Bewertungen und Gewichtungen können Sensitivitätsanalysen die Stabilität der festgestellten Reihenfolge überprüfen.

Entwicklung und Prüfung von Produktkonzepten | 6.2.3

Nach Abschluss der Grobauswahl wird eine kleine Anzahl von Produktideen übrigbleiben. Diese Produktideen werden zu konkreten Produktkonzepten weiterentwickelt. Ein **Produktkonzept** besteht aus der Beschreibung von:

→ Produktmerkmalen (Produkteigenschaften)
→ Kundennutzen
→ Produktpositionierung
→ Verwendungszwecken
→ Produktvorteilen (Konkurrenzvorteilen)
→ Marktsegment und Zielgruppe

Produktkonzepte werden durch **Konzepttests** mit Kunden und im Handel geprüft → vgl. Kap. 2.4.4, S. 45. Schwachstellen können frühzeitig erkannt und behoben werden. Ebenso ergeben sich Möglichkeiten zu Produktverbesserungen. Marktchancen und Marktrisiken müssen deutlich gemacht werden.

Bei der Feinauswahl der Produktkonzepte werden **Wirtschaftlichkeitsanalysen** eingesetzt. Dazu gehören z. B. die **Break-even-Analyse** und die **Kapitalwertmethode**. Wirtschaftlichkeitsanalysen sollen zeigen, inwieweit die Produktkonzepte zur Erreichung der ökonomischen Ziele (z. B. Absatz, Umsatz, Deckungsbeitrag, Gewinn) beitragen. Für die Wirtschaftlichkeitsanalysen und Planungsrechnungen (Gewinnplanung) sind möglichst realistische Absatz-, Umsatz- und Kostenschätzungen notwendig. Absatz- und Umsatzschätzungen bei Verbrauchsgütern basieren auf Annahmen über Erstkäufe (= Probierkäufe) und Wiederkaufraten im zeitlichen Ablauf. Bei Gebrauchsgütern ist neben Abschätzungen über Erstkäufe auch der Ersatzbedarf zu berücksichtigen. Die Kostenschätzungen sollen alle dem Produktkonzept zurechenbare Kosten umfassen. Dies sind u. a. Kosten von Forschung und Entwicklung, Produktionskosten, Investitionskosten, Marketing-Kosten, Personalkosten und Verwaltungskosten.

Wirtschaftlichkeitsanalysen

Mit der **Break-even-Analyse** wird die Absatzmenge berechnet, bei der die Kosten genau durch die Umsatzerlöse abgedeckt sind. Der Gewinn ist dann Null. Die Gleichung sieht dann wie folgt aus:

Gewinn $\quad = \quad$ Umsatz – Kosten

Gewinn $\quad = \quad p\,x - (k_v\,x + K_f)$

$\quad$ mit $\quad$ p $\quad = \quad$ Preis

$\qquad\qquad$ x $\quad = \quad$ Absatzmenge

$\qquad\qquad$ k_v $\quad = \quad$ variable Kosten pro Stück (abhängig von der Produktionsmenge bzw. Absatzmenge)

$\qquad\qquad$ K_f $\quad = \quad$ fixe Kosten (unabhängig von der Produktionsmenge bzw. Absatzmenge).

Der **Break-even-Point** (= Gewinnschwelle) wird errechnet, indem der Gewinn Null gesetzt und die dazugehörige Menge x bestimmt wird.

$0 \qquad\qquad\quad = \quad p\,x - (k_v\,x + K_f)$

$k_v\,x + K_f \quad = \quad p\,x$

$x \qquad\qquad\quad = \quad K_f/(p - k_v)$

Die **Kapitalwertmethode** ist eine Form der dynamischen Investitionsrechnung. Der Kapitalwert ist die Summe aller auf einen bestimmten Zeitpunkt abgezinsten Ein- und Auszahlungen, die mit einer Investition verbunden sind. Der Kapitalwert einer Investition ist also definiert als Barwert der Einnahmen abzüglich des Barwerts der Auszahlungen unter Berücksichtigung des Kapitaleinsatzes bei einem bestimmten Diskontierungszinssatz. Eine Investition ist wirtschaftlich, wenn der Kapitalwert der Investition größer als Null ist. Der Kapitalwert berechnet sich wie folgt:

$$C_0 = -a_0 + \sum_{t=1}^{n} C_t \frac{1}{q^t}$$

wobei:

a_0 $\qquad = \qquad$ Kapitaleinsatz, Investitionssumme

C_0 $\qquad = \qquad$ Überschuss der Einzahlungen über die Auszahlungen, Rückfluss

q $\qquad = \qquad$ $(1 + i)$ mit $i = p/100$, p = Prozentzahl und i = Kalkulationszinsfuß, Diskontierungszinssatz

n $\qquad = \qquad$ Zahl der Perioden, $t = 1, 2, \dots\, n$.

Nach Abschluss der Wirtschaftlichkeitsanalysen muss über die Aufgabe oder die Weiterverfolgung des Produktkonzepts entschieden werden.

Merksatz

Wirtschaftlichkeitsanalysen nehmen eine quantitative Prüfung des Produktkonzepts vor.

Produktentwicklung und Produkteinführung | 6.2.4

Erfolgversprechende Produktkonzepte sind in physische Produkte umzusetzen. Bei der technischen Produktentwicklung wird zunächst durch die Forschungs- und Entwicklungsabteilung ein **Prototyp** erstellt. In einem **Lastenheft** sind die Kundenanforderungen an das Produkt zusammengefasst. In einem **Pflichtenheft** wird festgelegt, wie die Produktanforderungen aus dem Lastenheft erfüllt werden sollen. Die subjektiven Nutzen- und Imagevorstellungen der Kunden müssen durch objektive Produktmerkmale erreicht werden. Folgende grundlegende Produktmerkmale sind zu bestimmen:

→ Funktionale Eigenschaften, Nutzungsmöglichkeiten
→ Größe, Form, Art der verwendeten Werkstoffe
→ Verpackung
→ Markierung
→ Ästhetische Eigenschaften, Design

Neben der technischen Produktentwicklung wird eine **Marketing-Konzeption** → vgl. Abb. 4.3, S. 90 für das neue Produkt entworfen. Die Marketing-Konzeption enthält eine umfassende Planung von Zielen, Strategien und Maßnahmen für das neue Produkt. Der Zeitraum von der Produktidee bis zur Produkteinführung sollte so kurz wie möglich sein. Durch kurze Entwicklungszeiten für neue Produkte lassen sich Wettbewerbsvorteile erzielen. Zeitvorteile können durch simultane Produktentwicklung und Fertigungsvorbereitung erreicht werden.

Produkttests, Storetests und Markttests sind weitere Stufen des **Prüfungsverfahrens** → vgl. Kap. 2.4.4, S. 45. Bei einem **Produkttest** → Glossar wird versucht, die Beziehungen zwischen dem physisch gestalteten Produkt und den Erwartungen der anzusprechenden Zielgruppe aufzudecken. Aus den Produkttests können sich Änderungen der Produkteigenschaften ergeben. Der **Storetest** prüft handelsorientierte Marketing-Maßnahmen (z.B. Verkaufsförderung, Platzierung) in ausgewählten Betriebsformen des Handels auf ihre Wirksamkeit. Im **Markttest** wird das Produkt unter Einsatz aller oder ausgewählter Marketing-Instrumente unter kontrollierten Bedingungen in einem räumlich begrenzten und repräsentativen

Teilmarkt getestet. Über Haushaltspanels werden Absatz, Umsatz, Erst- und Wiederkaufrate sowie Käuferwanderungen erhoben. Die Test- marktergebnisse können zu Produktveränderungen und zu Verände- rungen in der Marketing-Konzeption führen.

Adoptionsprozess

Die Durchsetzung des neuen Produktes im Markt beschreibt der fol- gende **Adoptionsprozess** (**Diffusion** (→ Glossar, **Diffusionsprozess** → Glossar, **Produkt- lebenszyklus** → Glossar):

- → Aufmerksamkeit, Wahrnehmung
- → Interesse
- → Bewertung
- → Versuch
- → Annahme, Adoption

Die Zielgruppe wird, z. B. durch Werbung, auf das neue Produkt auf- merksam. Nachdem Interesse geweckt wurde, wird gezielt nach wei- teren Informationen gesucht. Das Produkt wird dann z. B. im Vergleich zu Konkurrenzprodukten bewertet. Falls die Bewertung positiv ausfällt, kommt es zum Probierkauf. Wiederholungskäufe zeigen, dass das Pro- dukt von der Zielgruppe angenommen wurde. Der Diffusionsprozess be- schreibt die **Adoption** → Glossar (= Übernahme) der Innovation im Zeit- ablauf durch Adopterklassen → vgl. Kap. 3.3.2, S. 73.

6.3 | Markenpolitik

Definition

Markenpolitik sind die mit der Markierung von Produkten durch Namen, Symbole oder Zeichen verbundenen Marketing-Maßnah- men. Markenpolitik sind die Marketing-Maßnahmen, die die Pflege und den Aufbau von Marken zum Inhalt haben.

Ziel der Markenpolitik ist es, für an sich homogene Produkte Präferen- zen aufzubauen, Markenbewusstsein zu entwickeln und Markentreue zu erzeugen. Der Preis als kaufentscheidendes Kriterium tritt damit in den Hintergrund.

Herstellermarken und Handelsmarken | 6.3.1

Die Marke ist ein unverwechselbares Vorstellungsbild von einem Produkt, einer Dienstleistung oder einem Unternehmen.

Die Marke dient zur Unterscheidung, Identifikation und Differenzierung eines Produkts. Die Markierung des Produkts geschieht durch Markennamen und Markenzeichen. Der Markenname ist der verbal wiedergebbare Teil der Markierung. **Markennamen** individualisieren das Produkt und machen es von Konkurrenzprodukten unterscheidbar. Markennamen sollen einen hohen Aufmerksamkeits- und Erinnerungswert haben, positive Produktassoziationen auslösen, Produktnutzen vermitteln, leicht auszusprechen und einprägsam und unverwechselbar sein. Soll die Marke international eingesetzt werden, ist auf mögliche unterschiedliche sprachliche Bedeutungen der Marke zu achten. Vorhandene Schutzrechte beeinflussen ebenfalls die Namensgebung.

Das **Markenzeichen** ist der wahrnehmbare, aber nicht verbal wiedergebbare Teil der Markierung. Es werden Symbole, Formen, Farben, Schriftzüge und akustische Zeichen verwendet. Beispiele: Mercedes-Stern, Coca Cola Flasche, rot-gelb für Maggi und blau-weiß für BMW. Der klassische Markenartikel (= **Herstellermarke**) ist grundsätzlich durch folgende Merkmale gekennzeichnet:

Herstellermarke

→ Hohe, gleich bleibende Produktqualität
→ Überallerhältlichkeit (= Ubiquität)
→ Intensive Produktwerbung
→ Hoher **Bekanntheitsgrad** → Glossar
→ Einheitliches Zeichen (= Markierung)
→ Gleichbleibende Aufmachung (z. B. Verpackung)

Beispiele für Herstellermarken: Persil und Pritt von Henkel, Nutella, Rama (= Einzelmarken), Nivea von Beiersdorf, Maggi von Nestlé (= Markengruppen), Bahlsen, Nestlé (= Firmenmarke).

Markenprodukte sind auf Kundennutzen ausgerichtete standardisierte Leistungen gleich bleibender Qualität.

Der Markeninhaber (= Inhaber eines gewerblichen Schutzrechtes) kann anderen Unternehmen ein Mitbenutzungsrecht gegen Entgelt einräumen (= **Lizenzvergabe/Licensing** → Glossar). 30 bis 40 Agenturen treten derzeit in Deutschland als Vermittler auf. **Brand Licensing** ist ein Markentransfer. Beispiel: BOSS-Brillen. Celebrity Licensing steht für Prominente, deren Name und Bild genutzt werden. Weiterhin treten u. a. Charakter Licensing (= Vergabe von Urheberrechten an imaginäre Figuren, z. B. Mickey Mouse, James Bond) und Film und TV-Licensing (z. B. Werbung mit Tom & Jerry) auf.

Handelsmarken
　　Eine umfassende Definition von Markenprodukten bezieht Handelsmarken, Gattungsmarken und Dienstleistungsmarken mit ein. **Handelsmarken** → Glossar sind Produkte des Konsumgüterbereichs, die von Handelsunternehmen markiert und in eigenen oder angeschlossenen Handelsgeschäften angeboten werden. Zur Herstellung von Handelsmarken kann der Handel zwei Wege gehen. 1. Der Handel kann Markenhersteller mit der Konzeption und Produktion der Handelsmarke beauftragen. Für Markenhersteller bedeutet dies die Auslastung von Produktionskapazitäten und die Nutzung von Kostendegressionseffekten. 2. Der Handel übernimmt selbst die Konzeption und Produktion der Produkte. Dabei werden Hersteller eingeschaltet, die nicht mit einem eigenen Konkurrenzprodukt auf dem Markt sind. Beispiele für Handelsmarken: Tandil, Albrecht-Kaffee (= Einzelmarken von ALDI), Die Weissen, A&P (= Markengruppen), Ikea, OBI (= Firmenmarke). **Gattungsmarken** → Glossar (**No Names** → Glossar) sind Marken von Handelsunternehmen ohne markenartikeltypische Merkmale. Sie werden von preisaggressiven Handelsunternehmen angeboten. Die Qualität bewegt sich auf einem Mindest- oder Standardniveau. Meist sind es nicht erklärungsbedürftige Produkte des täglichen Bedarfs. Gattungsmarken werden typischerweise auf gesättigten Märkten angeboten, auf denen preisaggressives Verhalten die einzige Chance zur Absatzsteigerung darstellt. Beispiel: ja!-Produkte der REWE-Handelsgruppe. **Dienstleistungsmarken** sind z. B. TUI, McDonald's, Allianz und Deutsche Bank.

6.3.2　Markenstrategien

Der strategische Teil der Markenpolitik bezieht sich auf die Gestaltung der Markenstrategien. Es lassen sich folgende Markenstrategien unterscheiden:
- Einzelmarkenstrategie
- Markenfamilienstrategie
- Dachmarkenstrategie
- Mehrmarkenstrategie
- Markentransferstrategie
- Internet-Markenstrategie

Bei **Einzelmarkenstrategien (= Mono-Marken-Konzepte)** werden für einzelne Produkte unterschiedliche Marken entwickelt und im Markt umgesetzt. Jedes Marktsegment wird dabei nur mit einer Marke bedient. Den Kunden bleibt verborgen, dass unterschiedliche Marken von einem Hersteller sind. Der Hersteller bleibt im Hintergrund. Da die Marke nur von einem Produkt getragen wird, kann sie sehr produktspezifisch profiliert und positioniert werden. Die Kosten der Markenpolitik werden dann natürlich auch nur diesem Produkt zugerechnet. Beispiel: Die Marken Punika, Pampers, Ariel und Meister Propper sind vom Hersteller Procter & Gamble. **Markenfamilienstrategien (= Range-Marken-Konzept)** stellen eine einheitliche Marke in den Vordergrund einer Produktgruppe (= Markengruppe). Innerhalb der Markengruppe werden verschiedene Einzelprodukte angeboten. Der Hersteller bleibt im Hintergrund. Alle Produkte profitieren vom Image der Markenfamilie. Beispiel: Die Marke Nivea vom Hersteller Beiersdorf. Neben Nivea Creme gibt es u. a. Nivea Sonnenpflege und Nivea After Shave. Weitere Beispiele sind Tesa, Uhu, Maggi und Milka. **Dachmarkenstrategien (= Company-Marken-Konzept)** bieten unterschiedliche Produkte unter einer Firmenmarke an. Die Kosten für die Markenpolitik werden von allen Produkten getragen. Die Marke kann allerdings nicht so klar und eindeutig wie eine Einzelmarke profiliert und positioniert werden. Es sind positive und negative Ausstrahlungseffekte von den Produkten auf die **Dachmarke** → Glossar möglich. Beispiele: Siemens, Sony, Lindt und Philips. Bei **Mehrmarkenstrategien (= Mehr-Marken-Konzept)** werden verschiedenen Marken auf einem Markt angeboten. Diese Strategie wird häufig in gesättigten Märkten (z. B. Zigarettenmarkt, Waschmittelmarkt) angewandt. Das Ziel ist eine höhere Marktausschöpfung durch zielgruppenspezifischere Produktangebote. Es besteht aber die Gefahr der Substitution im eigenen Produktbereich („Kannibalisierungseffekt"). Beispiele: Der Zigarettenhersteller Philip Morris hat die Marken Philip Morris, Marlboro und Chesterfield im Produktprogramm. Der Sekthersteller Henkell & Söhnlein bietet in unterschiedlichen Preiskategorien die Marken Henkell trocken, Carstens SC und Rüttgers Club an.

Eine **Markentransferstrategie** ist durch eine Markenübertragung von einer Hauptmarke eines Produktbereiches (z. B. Camel/Zigaretten, Boss/Bekleidung) auf einen neuen Produktbereich (z. B. Camel/Bekleidung, Boss/ Kosmetik) gekennzeichnet. Eine Voraussetzung für den Erfolg des Marken- und Image-Transfers ist eine hohe Übereinstimmung von sachlichen und emotionalen Assoziationen beider Produkte.

Die **Internet-Markenstrategie** hat grundsätzlich drei Optionen: E-Brand, reine Internet-Marke wie z. B. Amazon, eBay, kombinierte Markenstrategie (Kombination von traditioneller Marke und Internet-Marke wie z. B.

Markenstrategien

e-Sixt) und Internet-Produkte unter dem Dach der traditionellen Marke
(z. B. Quelle, Otto).

6.4 | Verpackungspolitik

**Verpackungspolitik umfasst alle Marketing-Maßnahmen, die mit der
Umhüllung des Produkts verbunden sind** → vgl. Kap. 9.4.6, S. 275..

Die Verpackung ist die Umhüllung des Produkts (= Packgut). Die Verpackung ist Bestandteil des Produkts, jedoch abtrennbar mit dem Produkt verbunden. Die Gesamtheit von Packgut und Verpackung wird als
Packung bezeichnet.

Funktionen
der Verpackung

Die Verpackung hat folgende **Funktionen** zu erfüllen:

→ Schutzfunktion (z. B. Glasflaschen)

→ Transport- und Lagerfunktion (z. B. Bierkisten)

→ Werbefunktion (z. B. Träger der Marke, eines Slogans oder einer Werbebotschaft)

→ Identifizierungsfunktion (z. B. spezielle Flaschenformen)

→ Mengenabgrenzungsfunktion (z. B. Portionierung von Milch oder
Mehl)

→ Informationsfunktion (z. B. Hinweis auf Produktmerkmale)

Die Verpackung ist vom Hersteller so zu gestalten, dass die physische
Distribution zwischen Hersteller und Handel möglichst geringe Kosten
verursacht. Knappe Transport- und Lagerkapazitäten sind optimal zu
nutzen. Die Regalflächen im Handel müssen effizient belegt werden
können. Produktspezifische Informationen auf der Verpackung erhöhen die Selbstverkäuflichkeit des Produkts. Zusätzlich muss die Produktqualität über die gesamte Distribution bis zum Kunden erhalten bleiben.
Verpackungen können den Gebrauch oder Verbrauch von Produkten erleichtern. Beispiel: Wiederverschließbare Milchverpackungen. Die Verpackung kann auch einen Zusatznutzen vermitteln. Beispiel: Senf wird
in Gläsern verpackt, die auch als Trinkgläser verwendet werden können.
Die Verpackung muss schließlich ökologischen Anforderungen genügen (z. B. umweltfreundliche Entsorgung).

Servicepolitik | 6.5

Definition

Servicepolitik umfasst Dienstleistungen, die den Nutzen der Primärleistung unterstützen (z. B. Mobilitätsgarantie beim PKW-Kauf) sowie eigenständige Leistungen, die den Kundennutzen erhöhen (z. B.
Finanzierung des PKW-Kaufs durch die Bank des PKW-Herstellers).

Grundlage der Servicepolitik bilden die Servicewünsche und Service-
erwartungen der Kunden. Aus Kundensicht lassen sich Muss-Leistungen,
Soll-Leistungen und Kann-Leistungen unterscheiden. **Muss-Leistungen** sind
unbedingt notwendig zur Nutzung der Primärleistung (z. B. Montage, In-
stallation). **Soll-Leistungen** gehören zum Standard der Branche. **Kann-Leistungen** werden von Kunden nicht direkt erwartet, können aber spezielle
Kundenwünsche erfüllen. Durch das Angebot markt- und kundenorientierter Serviceleistungen (= Kundenservice) soll die Servicepolitik zur
Profilierung und Differenzierung des Leistungsprogramms beitragen.

Die Servicepolitik lässt sich in folgende Bereiche gliedern:

Bereiche der
Servicepolitik

- Garantieleistungen
- Lieferleistungen
- Kundendienstleistungen
- Value-Added-Services

Die **Garantieleistung** wird durch Garantieumfang und Garantiedauer bestimmt. Der Garantieumfang beschreibt die Produktteile und Produkt-
leistungen, auf die sich die Garantieleistung beziehen. Die Garantiedauer legt fest, wie lange der Hersteller bereit ist, die Garantieleistungen
zu erbringen. Garantieleistungen können schnell von der Konkurrenz
übernommen werden. Sie sind deshalb oft nur zeitlich begrenzt zur Profilierung geeignet. Die **Lieferleistung** wird durch die Lieferbereitschaft, die
Lieferzuverlässigkeit und die gelieferte Produktqualität beschrieben. Die
Lieferbereitschaft gibt an, wie schnell das Unternehmen Lieferwünsche
erfüllen kann. Die Lieferzuverlässigkeit besagt, wie zugesagte Liefertermine eingehalten werden. Die gelieferte Produktqualität bezieht sich
auf den Zustand des Produkts beim Kunden. Das Unternehmen hat sicherzustellen, dass das Produkt in einem einwandfreien Zustand beim
Kunden ankommt. Auf eine optimale Lieferleistung wird insbesondere
im Business-to-Business-Bereich bei einer Just-in-time-Produktion Wert
gelegt. Bei **Kundendienstleistungen** werden technische Kundendienstleistun-

gen und kaufmännische Kundendienstleistungen unterschieden. Zusätzlich wird unterschieden, ob die Kundendienstleistungen vor der Inanspruchnahme, während oder nach der Nutzung der Unternehmensleistung erfolgen. Die zunehmende Bedeutung der Kundendienstleistungen führt dazu, dass der Bereich nicht nur als Costcenter, sondern vermehrt als Profitcenter geführt wird. Dadurch wird es möglich, Kundendienstleistungen auch für andere Unternehmen auszuführen.

Abb. 6.3 | **Kundendienstleistungen**

Zeit-punkt \ Kunden-service	vor der Nutzung	während der Nutzung	nach der Nutzung
Technischer Service	Beratung Probelieferung Demontage alter Anlagen	Einweisung Installation Reparatur Wartung	Abbau Entsorgung
Kaufm. Service	Beratung Bestelldienst	Schulung Telefon-Hotline	Information über neue Produkte + Dienstleistungen

Value-Added-Services

Value-Added-Services sind Sekundärleistungen, die zusammen mit der Primärleistung dem Kunden einen weiteren, höheren Nutzen stiften als Konkurrenzunternehmen. Je weiter der zusätzliche Service von der Primärleistung entfernt ist (= geringe Affinität), desto eher wird er getrennt von der Primärleistung wahrgenommen. Der Service trägt insbesondere dann zur Profilierung und Differenzierung bei, wenn er als innovativ und positiv überraschend bewertet wird. Das Serviceangebot muss auch berücksichtigen, wie wichtig dem Kunden ein zusätzlicher Service ist. Bei hoher Affinität der Muss- und Soll-Leistungen kann das Unternehmen sich nur über das Übertreffen der Kundenerwartungen profilieren. Die Zufriedenheit mit der Sekundärleistung wird hier oft auf die Primärleistung übertragen.

Merksatz

Serviceleistungen tragen insbesondere bei homogenen Produkten zur Profilierung und Differenzierung des Leistungsangebotes bei. Sie kön-

nen kaufentscheidende Bedeutung haben und zum Erfolgsfaktor
(= komparativer Konkurrenzvorteil, KKV) werden.

Programm- und Sortimentspolitik | 6.6

Definition

**Programm- und Sortimentspolitik sind Marketing-Maßnahmen,
die sich auf die Erstellung, Veränderung, Erweiterung und Elimi-
nierung von Leistungsangeboten beziehen.**

Die Marketing-Maßnahmen beziehen sich auf die **Programm- und Sortimentsbreite** und auf die **Programm- und Sortimentstiefe**. Der Begriff „Breite" beschreibt die Anzahl der unterschiedlichen Produktangebote (= Produktlinien oder Warengruppen). Der Begriff „Tiefe" beschreibt die Anzahl
der Einzelprodukte innerhalb eines Programm- oder Sortimentsteils
(= Anzahl der Produkte innerhalb der Produktlinie, Anzahl der Artikel/
Sorten innerhalb einer Warengruppe). Beispiele: Der Automobilhersteller
ler BMW hat z.B. die Produktlinien „3", „5" und „7" (= Programmbreite).
Innerhalb der Produktlinie „3" gibt es z.B. die Modelle „316i", „318i",
„318tdi" (= Programmtiefe). Ein Handelsunternehmen führt z.B. die Warengruppen Schuhe, Spielzeug und Lebensmittel (Sortimentsbreite). Innerhalb der Warengruppe Schuhe werden Kinderschuhe, Herrenschu-
he, Damenschuhe und Sportschuhe angeboten (= Sortimentstiefe).

Struktur eines Programms | **Abb. 6.4**

Programmbreite = Anzahl der Poduktangebote/Linien

	A	B	C	D
	A1	B1	C1	D1
	A2	B2		D2
		B3		

Programmtiefe = Anzahl der Produkte

Internet

Die Programm- und Sortimentspolitik wird erheblich durch das **Internet** beeinflusst. Das Internet hat in zahlreichen Unternehmen zu einer **Erweiterung des Leistungsangebotes** geführt. Nicht alle Produkte sind für einen Verkauf über das Internet (= **E-Commerce** → Glossar) in gleicher Weise geeignet. Grundsätzlich gelten Produkte mit hoher Digitalisierbarkeit (= viele elektronische Komponenten wie z. B. bei Software, Musik, Zeitschriften) und hohem Selbstbedienungspotenzial (= wenig erklärungsbedürftige Produkte wie z. B. bei Zahlungsgeschäften, Büchern, Flug- und Bahntickets) als gut im Internet vermarktbar. Das Internet ist zudem die Ursache für zahlreiche neue Produkte (z. B. Hard- und Software).

6.6.1 | Programm- und Sortimentsstrukturanalyse

ABC-Analyse

Zur **Situationsanalyse** der Programm- und Sortimentspolitik können die Verfahren der Lebenszyklusanalyse, Portfolioanalyse und Produktpositionierung herangezogen werden → vgl. S. 102. Kundenbefragungen, Kundenzufriedenheitsanalysen, Auswertungen des Beschwerdemanagements und Handelsbefragungen tragen ebenfalls zur Entscheidungsfindung bei. **Programmanalysen** geben Aufschluss über die Struktur des Leistungsprogramms. Bei der **ABC-Analyse** → Glossar werden alle Produkte des Unternehmens z. B. nach ihrem Umsatzanteil geordnet (= **Umsatzstrukturanalyse**). Der Umsatz kann auch auf die in Anspruch genommen Produktionskapazitäten bezogen werden. Werden die Produkte nach ihren erzielten Deckungsbeiträgen sortiert, ergibt sich eine **Deckungsbeitragsstrukturanalyse**. Umsatz und Deckungsbeitrag können auch auf die Anzahl der Kunden bezogen werden (= **Kundenstrukturanalyse**). A-Produkte sind solche Produkte, die einen relativ hohen Anteil am Gesamtumsatz ausmachen. B-Produkte sind solche Produkte, die einen mittleren Anteil am Gesamtumsatz ausweisen und C-Produkte sind Produkte mit einem geringen Umsatzanteil am Gesamtumsatz. Die Grenzen zwischen A-, B- und C-Produkten sind nicht eindeutig definiert, sondern unternehmensspezifisch festzulegen. Manchmal wird empfohlen, 20 % der Produkte mit den höchsten Umsätzen als A-Produkte zu klassifizieren. Die nächsten 30 % der Produkte können als B-Produkte zusammengefasst werden. Die restlichen 50 % der Produkte werden als C-Produkte bezeichnet. C-Produkte sind zunächst nur eliminierungsverdächtig. Sie dienen häufig der Abrundung des Programms und zeigen Absatzverbundwirkungen zu A- und B-Produkten. Die Elimination von C-Produkten kann zu Absatzrückgängen bei A- und B-Produkten führen. ABC-Analysen zeigen auf, ob starke Konzentrationen und damit Abhängigkeiten bestehen. ABC-Analysen dürfen nicht dazu führen, die Marketing-Maßnahmen nur auf A-Produkte und A-Kunden zu konzentrieren.

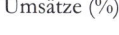

ABC-Analyse, Lorenzkurve | Abb. 6.5

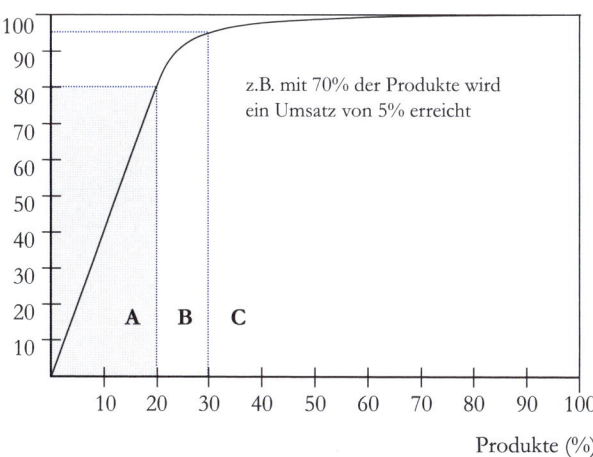

Merksatz

Programmstrukturanalysen und ABC-Analysen geben Aufschluss über die Dominanz oder Konzentration von Produkten und Kunden.

Programm- und Sortimentserweiterung | 6.6.2

Marketing-Maßnahmen zur **Programm- und Sortimentserweiterung** beziehen sich auf Programm- und Sortimentstiefe und auf Programm- und Sortimentsbreite:

● Ergänzung innerhalb der Produktlinie bzw. Warengruppe
● Einführung einer neuen Produktlinie bzw. Warengruppe

Durch Programm- und Sortimentserweiterungen sollen Kundenpotenziale besser ausgeschöpft und neue Kunden gewonnen werden. Handelsunternehmen profilieren durch die Sortimentsgestaltung die Einkaufsstätte und differenzieren sich gegenüber Konkurrenzunternehmen.

Eine **Ergänzung innerhalb der Produktlinie** bzw. das Ausweiten einer Produktlinie wird als **Produktdifferenzierung** → Glossar bezeichnet. Neben das ur-

sprüngliche Produkt tritt ein weiteres Produkt mit veränderten Produkteigenschaften. Beispiel: Der Hersteller Jacobs Suchard führte zusätzlich zur Marke Milka das Produkt Milka Diet für Diabetiker ein. Werden
Produktlinien durch neue Produkte (z. B. neue Größen- oder Mengen-
abstufungen) aufgefüllt, muss mit Kannibalisierungseffekten gerechnet
werden.

Trading up
Trading down
Die Ausweitung der Produktlinie kann auch in andere Qualitätsklassen erfolgen. **„Trading down"** bezeichnet die Vorgehensweise, mit neuen
Produkten auch untere Preis- und Qualitätsklassen (= Niedrigpreisseg-
ment) zu erschließen. Werden negative Imagewirkungen auf die weiterhin im oberen Qualitätssegment angebotenen Produkte erwartet, können die niedrigpreisigen Produkte unter einem anderen Markennamen
angeboten werden. Beim **„Trading up"** werden höhere Preis- und Qualitätsklassen belegt (= Hochpreissegment). Auch hier bietet es sich an, aus
Imagegründen neue Marken (= Premiummarken) einzuführen. Unternehmen, die ihre Produkte bisher nur im mittleren Preis- und Qualitätssegment anbieten, können beide Vorgehensweisen wählen.

Die **Einführung von neuen Produktlinien** ist eine **Diversifikation**, wenn das
Unternehmen völlig neuartige Produkte, die auf neuen Märkten ange-
boten werden, in das Programm oder Sortiment aufnimmt → vgl. Abb. 4.11,
S. 113.

6.6.3   Programm- und Sortimentsbereinigung

Marketing-Maßnahmen zur **Programm- und Sortimentsbereinigung** beziehen
sich auf Programm- und Sortimentstiefe und auf Programm- und Sortimentsbreite:

- Reduzierung der Anzahl der Produkte einer Produktlinie (Sorten-
  und Typenreduktion)
- Produktvariation, Produktmodifikation von Produkten einer Produktlinie (= Veränderung)
- Elimination einer Produktlinie (= Spezialisierung)

Produktvariation
Die **Reduzierung der Anzahl der Produkte** einer Produktlinie ist eine Verringerung der Programmtiefe. Die Produktlinie wird dabei nicht aufgegeben.
Die **Spezialisierung** bedeutet die Aufgabe einer Produktlinie. Bei einer **Produktvariation** → Glossar wird das Produkt in bestimmten Produktmerkmalen verändert. Die Grundfunktionen des Produkts bleiben erhalten. Geändert werden können ästhetische Eigenschaften (z. B. Design, Farbe,
Form), physikalische und funktionale Eigenschaften (z. B. Materialart,
technische Konstruktion, Haltbarkeit), symbolische Eigenschaften (z. B.
Markenname) und Value-Added Services (z. B. Kundendienst, Finanzie-

rung). Die kontinuierliche Produktanpassung wird auch als **Produktpflege** bezeichnet. Das Produkt kann dadurch den veränderten Kundenbedürfnissen angepasst werden. Das veränderte Produkt tritt an die Stelle des alten Produkts. Die Gesamtzahl der vom Unternehmen angebotenen Produkte bleibt unverändert. **Programmbreite** → Glossar und Programmtiefe verändern sich also nicht. Eine **Produktmodifikation (= Produktrelaunch** → Glossar**)** bezeichnet eine umfassende Veränderung des Produkts. Zusätzlich zu den veränderten Produkteigenschaften werden Veränderungen bei den Marketing-Instrumenten vorgenommen (z. B. Preissenkungen, neue Werbeslogans, neue Vertriebswege). Ein Produktrelaunch soll die Wiederbelebung einer stagnierenden oder rückläufigen Absatz- und Umsatzentwicklung bewirken. Die Eliminationsentscheidung wird aufgeschoben. Die Lebensdauer des Produkts wird verlängert.

Produktmodifikation

Produkte können durch Veränderungen ihrer Merkmale aufgewertet (= upgrading) oder abgewertet (= downgrading) werden. Eine **Produktaufwertung** kann durch die Verwendung von hochwertigerem Material geschehen, durch eine höhere Leistung, verbesserte Garantieleistungen, längere Haltbarkeit, durch mehr Funktionen und durch zusätzliche Serviceleistungen. Die Produktaufwertung muss wahrnehmbar sein und an relevanten Produktmerkmalen ansetzen. Durch die Produktaufwertung lässt sich ein höherer Preis am Markt durchsetzen, der zumindest die höheren Kosten deckt. Das Preis-Leistungsverhältnis kann unverändert bleiben. Die Produktaufwertung bedeutet für Hersteller die Möglichkeit, einen neuen qualitätsorientierten Absatzkanal zu erschließen. Eine **Selektive Distribution** → Glossar führt zu Händlern, die kompetente Beratung und ein angemessenes Verkaufsumfeld bieten. Eine begleitende neue Werbekampagne wird das quasi neue Produkt bekannt machen. Eine **Produktabwertung (Obsoleszenz** → Glossar**)** führt zu einer Produktausstattung, die auf ein Mindestmaß reduziert ist. Die Funktionserfüllung soll zu möglichst niedrigen Kosten erfolgen. „Überqualität" soll vermieden werden. Garantieleistungen werden nur in gesetzlichem Umfang geleistet. Die Produktabwertung soll für den Kunden zu keiner oder nur zu einer unwesentlichen Qualitätsverschlechterung führen. Durch die Kostensenkungen sind Preissenkungen möglich, damit das Preis-Leistungsverhältnis erhalten bleiben kann. Die Wahl von preisaggressiven Absatzkanälen bietet sich an. Handelsorientierte Verkaufsförderung kann als begleitende Maßnahme eingesetzt werden.

Es können quantitative und qualitative Kriterien für **Eliminationsentscheidungen** als Frühwarn-Indikatoren herangezogen werden. Die Beobachtung dieser Kriterien soll auf eliminierungsverdächtige Produkte aufmerksam machen.

Quantitative Kriterien sind z. B.: sinkende Absatzmengen, sinkende Umsätze, sinkende Marktanteile, sinkende Deckungsbeiträge

Qualitative Kriterien sind z. B.: Einführung von neuen Produkten durch die Konkurrenz, negative Imagewirkungen durch alte Produkte, veränderte Kundenwünsche, Kundenanforderungen und Gesetzesänderungen

Bevor Produkte eliminiert werden, sind mögliche Folgeerscheinungen zu untersuchen und kritisch zu prüfen:

→ Negative Imagewirkungen der Programmbereinigung

→ Stärkung der Konkurrenzposition

→ Negative Verbundwirkungen beim Verkauf der im Programm verbleibenden Produkte

→ Negative Verbundwirkungen im Einkauf durch geringere Rabattstaffeln

→ Durch Elimination freigewordene Produktionskapazitäten können nicht genutzt werden.

Entscheidungen zur Programm- und Sortimentsplanung basieren auf Daten der Kostenrechnung. Nach der Methode der **Vollkostenrechnung** → vgl. Kap. 7.4.1, S. 202 sind alle Produkte im Programm zu belassen, die einen positiven Stückgewinn ausweisen. Produkte mit einem Stückverlust sind zu eliminieren. Der Stückgewinn berechnet sich wie folgt:

Infokasten

$$SG = \frac{U - K}{x}$$

Wobei:

SG = Stückgewinn oder Stückverlust
U = Umsatz
K = Kosten
x = Absatzmenge

Die Anwendung der Vollkostenrechnung kann kurzfristig zu Fehlentscheidungen führen. Bei der Vollkostenrechnung werden die fixen Kosten in die Betrachtung miteinbezogen, obwohl diese fixen Kosten bei der Aufgabe von Produkten weiterhin anfallen. Sie belasten damit den Stückgewinn der im Programm verbleibenden Produkte. Bei einer kurzfristigen Betrachtung ist deshalb die Methode der **Teilkostenrechnung** → vgl. Kap. 7.4.2, S. 204 vorzuziehen. Alle Produkte mit einem positiven Deckungsbeitrag (= Deckungsspanne) sind im Programm zu belassen. Alle Produkte mit einem negativen Deckungsbeitrag sind aus dem Programm zu eliminieren. Der **absolute Deckungsbeitrag** → Glossar berechnet sich wie folgt:

$$DB_a = p - k_v$$

Wobei:

DB_a	=	absoluter Deckungsbeitrag (= Deckungsspanne) pro Stück
P	=	Verkaufspreis pro Stück
k_v	=	variable Kosten pro Stück (= variable Selbstkosten pro Stück)

Der Deckungsbeitrag dient zur Deckung der fixen Kosten und zur Erwirtschaftung eines Gewinns. Produkte mit einem positiven Deckungsbeitrag pro Stück leisten mindestens einen Beitrag zu Deckung der Fixkosten. Produkte mit einem negativen Deckungsbeitrag pro Stück sind stark eliminierungsverdächtig.

Bei Programmentscheidungen sind oft **Engpässe** zu berücksichtigen. Für Hersteller treten Engpässe z. B. bei Produktionskapazitäten auf. Im Handel sind es meist Verkaufs- und Regalflächen, die als Engpässe auftreten. Liegt eine Engpass-Situation mit konstanten Preisen und Absatzmengen vor, ist als Entscheidungskriterium auf den relativen Deckungsbeitrag zurückzugreifen. Die Engpassbelastung bezieht sich auf die Beanspruchung der Engpassfaktoren durch die einzelnen Produkte. Für alle Produkte wird eine Rangfolge nach relativen Deckungsbeiträgen erstellt. Die Produkte mit den höchsten relativen Deckungsbeiträgen werden bis zum Erreichen der Maximalkapazität des Engpassfaktors im Programm belassen. Der **relative Deckungsbeitrag** → Glossar berechnet sich wie folgt:

DB_r = absoluter Deckungsbeitrag (DB_a)/Engpassbelastung pro Stück

Bei langfristigen Programmentscheidungen ist auf die Methode der Vollkostenrechnung zurückzugreifen.

Im Falle von kurzfristigen Programmentscheidungen liefert die **Teilkostenrechnung** die besseren Ergebnisse.

Entscheidungen bei einem Engpass erfordern als Entscheidungskriterium die Anwendung von relativen Deckungsbeiträgen.

Kontrollfragen

1 Die Suche nach Produktideen verläuft in einem mehrstufigen Planungsprozess. Nennen und erläutern Sie die einzelnen Phasen.

2 Es werden systematische und intuitive Kreativitätstechniken unterschieden. Beschreiben Sie davon jeweils zwei Kreativitätstechniken.

3 Stellen Sie die Vorteile und Nachteile von Punktbewertungsverfahren dar.

4 Nennen Sie die wesentlichen Bestandteile eines Produktkonzepts.

5 Bei der Prüfung von Produktkonzepten werden Wirtschaftlichkeitsanalysen eingesetzt. Kennzeichnen Sie die Grundzüge der Break-even-Analyse und der Kapitalwertmethode.

6 Stellen Sie die Unterschiede zwischen Herstellermarke und Handelsmarke heraus.

7 Charakterisieren Sie die wesentlichen Markenstrategien.

8 Nennen Sie die wichtigsten Funktionen der Verpackung.

9 In der Servicepolitik werden Sekundärleistungen und eigenständige Leistungen mit zusätzlichem Kundennutzen unterschieden. Erläutern Sie den Begriff „Sekundärleistungen".

10 Beschreiben Sie die wichtigsten Bereiche der Servicepolitik.

11 Erläutern Sie die Begriffe „Produktvariation", „Produktmodifikation" und „Produktdifferenzierung". Wann wird der Begriff „Produktrelaunch" verwendet?

12 Diskutieren Sie die Bedeutung der Diversifikation für die Produktpolitik eines Unternehmens. Gehen Sie dabei auch auf die verschiedenen Arten der Diversifikation ein. Bilden Sie möglichst Beispiele.

13 Erläutern Sie das Prinzip der ABC-Analyse. Welche Bedeutung hat die ABC-Analyse innerhalb der Programm- und Sortimentsstrukturanalyse?

14 Nennen Sie die wichtigsten qualitativen und quantitativen Kriterien, die vor Eliminationsentscheidungen geprüft werden sollten.

15 Diskutieren Sie, welche Erkenntnisse Sie aus der Vollkostenrechnung und der Teilkostenrechnung für produktpolitische Entscheidungen ableiten können.

16 Beschreiben Sie die Bedeutung des Internets für die Produktpolitik.

Literatur

Albers, S./**Herrmann**, A. (Hrsg.) [2002]: Handbuch Produktmanagement. Strategieentwicklung, Produkt-planung, Organisation, Kontrolle, Wiesbaden
Baumgarth, C. [2004]: Markenpolitik, 2. Aufl., Wiesbaden
Bruhn, M. [2004]: Handbuch Markenführung, 2. Aufl., Wiesbaden
Bruhn, M./**Hadwich**, K. [2006]: Produkt- und Servicemanagement, München
Brockhoff, K. [1999]: Produktpolitik, 3. Aufl., Stuttgart
Esch, F.-R. [2008]: Strategie und Taktik der Markenführung, 4. Aufl., München
Haedrich, G./**Tomczak**, T. [1996]: Produktpolitik, Stuttgart
Hansen, U./**Hennig-Thurau**, T./**Schrader**, U. [2001]: Produktpolitik, 3. Aufl., Stuttgart
Koppelmann, U. [2001]: Produktmarketing, 6. Aufl., Berlin/Heidelberg
Meffert, H./**Burmann**, C./**Koers**, M. [2005]: Markenmanagement, 2. Aufl., Wiesbaden
Pepels, W. [2004]: Produktmanagement, 4. Aufl., München
Sattler, H./**Völckner**, F. [2007]: Markenpolitik, Stuttgart

7 | Preispolitik

7.1 | Bedeutung, Ziele und Instrumente der Preispolitik

Infokasten

Bestimmungsfaktoren, Ansätze und Strategien zur Preispolitik		
Kosten	Nachfrage	Konkurrenz
Preisbildung auf Voll- kostenbasis Preisbildung auf Teil- kostenbasis (Deckungs- beitrag) langfristige Preisunter- grenze kurzfristige Preisunter- grenze Target Costing	Target Pricing und Target Costing Preiselastizität Preis-Absatz-Funktionen Break-Even-Analyse Preisbewusstsein Preis als Qualitäts- indikator Preisdifferenzierung Nutzenbewertung	oberhalb oder unterhalb des durchschnittlichen Marktpreises bzw. des relevanten Wettbewer- bers Preisfolger oder Preis- führer Hochpreispolitik – Skimmingstrategie – Prämienpreisstrategie Niedrigpreispolitik – Penetrationsstrategie – Promotionspreis- strategie

Definition

**Preispolitik sind alle Marketing-Maßnahmen, die sich mit der Fest-
legung und Durchsetzung von Gegenleistungen befassen, die die
Kunden für die Inanspruchnahme der Unternehmensleistungen zu
entrichten haben.**

Preispolitische Entscheidungen betreffen die Preishöhe, Rabatte, Boni,
Skonti und Zahlungs- und Lieferungsbedingungen. Für den Begriff
Preispolitik werden alternativ auch die Begriffe **Konditionenpolitik** und **Kon-
trahierungspolitik** gebraucht.

Der Preis ist die Anzahl von Geldeinheiten, die der Käufer beim Kauf einer Mengeneinheit des Produkts bezahlt. Kann der Käufer zwischen mehreren Kaufalternativen wählen, wird er nicht nur die Preise der Produkte vergleichen, sondern auch das Verhältnis zwischen Preis und erwartetem bzw. wahrgenommenen Nutzen (Nutzen – Preis = Nettonutzen). Der Kauf kommt zustande, wenn die Preisforderung des Anbieters mit der Preisbereitschaft des Nachfragers übereinstimmt. Preisbereitschaft ist der maximale Geldbetrag, den ein potenzieller Käufer für das Produkt (d. h. für den damit verbundenen Nutzen) auszugeben bereit ist. Marketing-Maßnahmen zielen einerseits auf die Nutzenstiftung ab, andererseits auf den Preis. Die Wettbewerbsintensität auf den meisten Märkten erfordert Produkte, die einen höheren Nutzen (= eine bessere Leistung) als die Konkurrenzprodukte zum gleichen Preis bieten. Bei einer mit der Konkurrenz vergleichbaren Leistung erwarten die Käufer einen niedrigeren Preis. Wettbewerbsvorteile sind über eine erhöhte Nutzenstiftung durch Produkt-, Kommunikations- und Vertriebspolitik z. B. über Qualität, Design, Marke, Service, Erhältlichkeit oder über preispolitische Maßnahmen zu erzielen. Bei preispolitischen Maßnahmen ist besonders auf die gegenseitige Abhängigkeit (= Interdependenz) zwischen den Marketing-Instrumenten zu achten.

Preis und Nutzen

Die **Bedeutung der Preispolitik** hat in den letzten Jahren zugenommen. Dies ist u. a. auf folgende Entwicklungen zurückzuführen:

Bedeutung der Preispolitik

→ Stagnierende oder sinkende Realeinkommen erhöhen das Preisbewusstsein und die Notwendigkeit zum preisbewussten Einkauf.
→ Die Ausdehnung des internationale Wettbewerbs (= Globalisierung) wird durch Niedrigpreisstrategien bestimmt.
→ Die zunehmende Bedeutung von E-Commerce führt zu mehr Preistransparenz und erhöht die Preissensitivität der Käufer.
→ Der verschärfte Wettbewerb im Einzelhandel hat zu preisaggressiven Betriebsformen (= Discounter) geführt.

Die Preispolitik zeichnet sich im Vergleich zu anderen Marketing-Instrumenten durch folgende **Besonderheiten** aus:

Besonderheiten der Preispolitik

→ Der Preis beeinflusst unmittelbar die Höhe des Stückgewinns.
→ Preisänderungen haben meist eine direkte Auswirkung auf Absatz, Umsatz und Marktanteil.
→ Preisänderungen lassen sich schnell im Markt umsetzen.
→ Preisänderungen erfordern keine oder nur geringe Investitionen.

Es lassen sich grundsätzlich die erstmalige Preisfestsetzung und die Preisänderung von bestehenden Produkten unterscheiden. Die **Gründe für Preisänderungen** sind u. a.:

→ Veränderung der Konkurrenzpreise
→ Veränderungen der eigenen Kosten
→ Nachfrageveränderungen
→ Forderung des Handels nach Preisreduzierungen
→ Preisbeeinflussende Gesetze und Verordnungen

Ziele

Die preispolitischen Ziele sind aus den Marketing-Zielen abzuleiten. Das **allgemeine Ziel** der Preispolitik ist die Bestimmung und Durchsetzung des optimalen Preises unter Berücksichtigung der Unternehmenssituation, der Unternehmenszielsetzung und der Markt- und Konkurrenzsituation. **Spezielle preispolitische Ziele** sind z. B.:

→ Preisführerschaft oder Sicherung der Preisführerschaft
→ Einführung von Kampfpreisen in einem Marktsegment
→ Durchsetzung von marktorientierten Preisen in den Vertriebskanälen
→ Beeinflussung der Preisbeurteilung und Preiswahrnehmung

In empirischen Untersuchungen zu preispolitischen Zielen in der Praxis finden sich u. a. folgende Formulierungen: Gewinnmaximierung, zufrieden stellender oder branchenüblicher Gewinn, Absatzmengenmaximierung unter der Bedingung eines Mindestgewinns, Erhöhung von Absatz, Umsatz und Marktanteil, Erlösmaximierung.

Diese Ziele sind jedoch eher als Unternehmensziele zu klassifizieren. Im Hinblick auf die Oberziele (= Marketing-Ziele und Unternehmensziele) sind die preispolitischen Ziele Mittel zum Zweck. Beispiele: Durch niedrige Kampfpreise kann ein höherer Marktanteil erreicht werden. Mit Preisdifferenzierung lassen sich neue Marktsegmente erschließen.

Instrumente

Die wesentlichen **Instrumente** der Preispolitik (= preispolitische Maßnahmen) sind: Preis als monetäres Äquivalent der Leistung des Unternehmens, Preisnachlässe (= Rabatte, Boni, Skonti), Preiszuschläge (z. B. für Sonderleistungen), Zugaben (z. B. Werbekostenzuschüsse), Absatzkredite (z. B. Leasing), Lieferungs- und Zahlungsbedingungen.

Merksatz

Preispolitische Maßnahmen sind schnell zu realisieren und erfordern wenig finanzielle Mittel. Sie sind direkt erlöswirksam.

Prozess der Preisplanung | 7.2

Der Prozess der Preisplanung (= Preisbildung) läuft idealtypisch in folgenden Phasen ab:
- → Situationsanalyse
- → Bestimmung der preispolitischen Ziele
- → Formulierung der preispolitischen Strategie
- → Festlegung der preispolitischen Maßnahmen
- → Durchführung von Preiskontrollen

In der **Situationsanalyse** wird der **preispolitische Spielraum** ermittelt. Das **akquisitorische Potenzial** → Glossar eines Unternehmens schafft einen preispolitischen Spielraum, in dem sich das Unternehmen autonom verhalten kann. Die Analyse des kostenorientierten Spielraums zeigt auf, welcher Mindestpreis (= Preisuntergrenze) gefordert werden muss und welche Gewinne sich bei anderen Preisen einstellen. Die Analyse des nachfrageorientierten Preisspielraums soll aufzeigen, welche Preisforderungen sich maximal am Markt durchsetzen lassen (= Prüfung der Preisbereitschaft) und wie sich das Nachfrageverhalten bei unterschiedlichen Preisforderungen verändert. Dies ist durch die Ermittlung von Preis-Absatz-Funktionen und Preiselastizitäten möglich. Die **preispolitischen Ziele** sind aus den Marketing-Zielen abzuleiten. Leitlinien für die Formulierung der **preispolitischen Strategien** bilden die Marketing-Strategien. Die **Preiskontrolle** erstreckt sich auf die Prüfung der Händlerpreise, der Konkurrenzpreise und der Endkundenpreise. Die Ergebnisse der Preiskontrolle können zu Preiskorrekturen führen.

Preispolitische Strategien | 7.3

Preispolitische Basis-Strategien | 7.3.1

> Die Preisstrategie enthält mittel- bis langfristige Verhaltenspläne die angeben, mit welchen preispolitischen Schwerpunkten die preispolitischen Ziele im Planungszeitraum erreicht werden sollen.

Grundsätzlich lassen sich folgende preispolitische Strategien unterscheiden:
- Hochpreisstrategie
- Mittelpreisstrategie
- Niedrigpreisstrategie

Bei der **Hochpreisstrategie** wird zwischen Skimming-Strategie und Prämienpreisstrategie differenziert. Die **Skimming-Strategie** beschreibt das Preisverhalten im **Produktlebenszyklus** → vgl. Kap. 4.4.2, S. 102. Die **Prämienpreisstrategie** ist eine langfristig angelegte Hochpreispolitik, die auf besondere Leistungsvorteile für den Kunden beruht (z. B. Premiummarken, Herstellermarken). Die Prämienpreisstrategie unterstützt die **Qualitätsstrategie** → vgl. Kap. 4.4.4, S. 118. Sie konzentriert sich auf das obere Marktsegment. Die Preiselastizität der Nachfrage ist eher gering. Die **Mittelpreisstrategie** bezieht sich auf ein mittleres Preisniveau (= mittlerer Markt). Der mittlere Markt wird belegt durch Markenprodukte und Handelsmarken auf einem Standard-Qualitätsniveau. In der letzten Zeit wird ein Schrumpfen des mittleren Marktes festgestellt. Unternehmen betreiben ein „Trading up" zum oberen Preisniveau und ein „Trading down" zum niedrigeren Preisniveau. Die Mittelpreisstrategie ist die Strategie der Fachgeschäfte. Die **Niedrigpreisstrategie** tritt als **Penetrationspreisstrategie** und **Promotionspreisstrategie** (= Promotional Pricing) auf. Die Penetrationspreisstrategie beginnt mit einem niedrigen Einführungspreis, wobei die weiteren preisstrategischen Entscheidungen im Produktlebenszyklus (Preiserhöhung, Preissenkung, Preiskonstanz) offen bleiben. Bei der Promotionspreisstrategie wird ein dauerhaft niedriger Preis festgelegt oder regelmäßig zeitlich befristete Preisaktionen mit besonders günstigen Preisen durchgeführt. Die **Niedrigpreisstrategie** ist geprägt durch ein geringes Preisniveau bei einer Mindestqualität → vgl. Kap. 4.4.4, S. 118. Die Niedrigpreisstrategie wird z. B. von den preisaggressiven Betriebsformen des Einzelhandels betrieben (= Discounter). Die Preiselastizität der Nachfrage ist eher hoch.

7.3.2 | Preisstrategien bei der Einführung von neuen Produkten

Bei der Einführung von neuen Produkten werden grundsätzlich zwei strategische Ansätze für eine langfristig angelegte Preispolitik unterschieden:

- Skimming-Strategie (= hoher Preis, Strategie der Marktabschöpfung)
- Penetrationsstrategie (= niedriger Preis, Strategie der Marktdurchdringung)

Diese beiden Strategien berücksichtigen die Position des Produkts im Produktlebenszyklus. Langfristig ausgerichtete Preisentscheidungen sind insbesondere für die ersten Phasen des Produktlebenszyklus entscheidend. Die Preisfestsetzung hat einen entscheidenden Einfluss auf Absatz, Umsatz, Marktanteil und Gewinn. Zusätzlich entscheidet die Höhe des Preises über die entstehende Wettbewerbsituation. In den letzten Phasen des Produktlebenszyklus können die Preisentscheidungen kurzfristiger orientiert sein.

Die **Skimming-Strategie** ist durch einen **relativ hohen Preis** in der Einführungsphase des Produkts gekennzeichnet. Der Preis wird im Verlauf des Produktlebenszyklus im Zuge der Markterschließung und mit zunehmender Wettbewerbsintensität schrittweise gesenkt. Mit dem hohen Einführungspreis wird versucht, möglichst schnell Entwicklungskosten zu amortisieren und Gewinne abzuschöpfen. Dies wird insbesondere bei Produkten mit einem hohen Neuigkeitsgrad gelingen, die bei der Einführung eine monopolähnliche Marktposition besitzen. Die Kunden haben noch keinen Vergleichsmaßstab für den Preis und den Nutzen des Produkts. Innovatoren reagieren zudem relativ unelastisch (= unempfindlich) auf den Preis. Der hohe Preis bewirkt außerdem positive Prestige- und Qualitätseffekte. Produktions- und Vertriebskapazitäten müssen bei der Skimming-Strategie nur begrenzt und langsam aufgebaut werden. Besteht für das Produkt die Gefahr einer schnellen Veralterung (= kurzer Produktlebenszyklus), spricht dies für eine Skimming-Strategie. Der hohe Preis in der Anfangsphase des Produktlebenszyklus erlaubt es, später in größere, preiselastischer reagierende Marktsegmente einzudringen. Bei dieser Preisstrategie muss damit gerechnet werden, dass durch die am Markt durchgesetzten hohen Preise und die damit verbundene Erwartung hoher Gewinne die Konkurrenz mit ähnlichen Produkten in den Markt eintritt.

Skimming-Strategie

Bei der **Penetrations-Strategie** wird in der Einführungsphase ein **relativ niedriger Preis** gewählt. Der neue Markt soll schnell erschlossen werden. Diese Strategie eignet sich besonders bei Produkten mit einem geringen Neuigkeitsgrad (z. B. Me too-Produke). Da die Käufer Preis- und Nutzenvergleiche anstellen können, wird eine preiselastische Reaktion erwartet. Notwendig dazu sind genügend finanzielle Ressourcen zum Aufbau von Produktions- und Vertriebskapazitäten. Durch ein schnelles Absatzwachstum kann trotz geringer Stückdeckungsbeiträge ein hoher Gesamtdeckungsbeitrag erzielt werden. Die Gewinnsituation kann sich durch die Kostendegression bei hoher Ausnutzung der Kapazitäten ständig verbessern. Die schnelle Erhöhung der kumulierten Menge schafft durch Kostensenkungspotenziale die Voraussetzung, einen nur schwer einholbaren Kostenvorsprung gegenüber folgenden Wettbewerbern zu realisieren. Die Kosteneinsparungen „entlang der **Erfahrungskurve**" → Glossar können als Preissenkungen weitergegeben werden. Damit werden wirksame Markteintrittsbarrieren errichtet. Nach dem Aufbau einer starken Marktposition hat das Unternehmen alle preispolitischen Möglichkeiten. Es kann den Preis senken, erhöhen oder beibehalten.

Penetrations-Strategie

Der Einführungspreis kann **kostendeckend** oder **nicht-kostendeckend** sein. Ein nicht-kostendeckender Preis könnte den Markteintritt von Konkurrenten noch stärker behindern. Die Konkurrenten könnten keine bedeutenden Marktanteile erringen. Das neue Produkt hätte sehr schnell eine marktbeherrschende Stellung. Voraussetzung für diese Strategie ist eine hohe Preiselastizität. Nur dann bewirkt der niedrige Preis ein entsprechendes Mengenwachstum. Für die Entwicklung der Stückkosten entlang der Erfahrungskurve muss eine hohe Lernrate hinzukommen. Je schneller die Stückkosten der Erfahrungskurve folgen, desto eher gelangt das Unternehmen in die Gewinnzone. Die Anfangsverluste setzen ausreichende Finanzmittel voraus. Die Risiken dieser Strategie liegen darin, ob potenzielle Konkurrenten tatsächlich vom Markteintritt abgehalten werden, die Preiselastizität zum erwarteten Absatzwachstum führt und die erforderliche Lernrate im Unternehmen realisiert werden kann.

Internet-Preisstrategien

Bei den **Preisstrategien von Internet-Produkten** lassen sich statische Verfahren (Festpreise) und dynamische Verfahren (variable Preise) unterscheiden. Festpreise können durch den Anbieter (z. B. Amazon) und durch den Nachfrager (z. B. Name-Your-Price-Modell von Priceline) gesetzt werden. Variable Preise ergeben sich einerseits – eher selten – aus individuellen bilateralen Preisverhandlungen und andererseits aus kollektiven formalisierten Verfahren (z. B. Online-Auktionen/eBay). Durch den hohen Fixkostenanteil bei der Produktion und dem Vertrieb digitaler Produkte wird mit zunehmender Absatzmenge eine hohe Stückkostendegression entstehen. Um eine möglichst schnelle Verbreitung der Produkte zu erreichen, kann eine **Niedrigpreisstrategie** oder ein **Follow-the-Free-Pricing** (= kostenlose Abgabe) gewählt werden. Nach der kostenlosen Abgabe im 1. Schritt (Kundenbindungseffekt) werden im 2. Schritt Komplementärprodukte und leistungsfähigere Produktvariationen (Premiumprodukte, Upgrades) gegen Entgelt angeboten.

Merksätze

Die Skimming-Strategie führt durch den hohen Anfangspreis kurzfristig zu höheren Gewinnen. Die Penetrations-Strategie soll langfristig höhere Gewinne realisieren.

Preisstrategien im Wettbewerb | 7.3.3

Eine **konkurrenzorientierte Preispolitik** → vgl. Kap. 7.6, S. 209 unterscheidet drei grundsätzliche strategische Verhaltensweisen:
- Preisführerschaft
- Preisfolgerschaft
- Preiskampf

Bei der **dominierenden Preisführerschaft** → Glossar hat ein Unternehmen aufgrund seiner starken Marktstellung (= hoher Marktanteil) die Möglichkeit, den Marktpreis zu bestimmen. Die übrigen Unternehmen werden sich diesem Marktpreis anpassen oder sich an diesem Marktpreis orientieren. Sie können damit der Gefahr eines ruinösen Wettbewerbs entgehen. Bei einer **barometrischen Preisführerschaft** → Glossar sind mehrere in etwa gleich bedeutende Unternehmen am Markt vorhanden, die gemeinsam den Marktpreis vorgeben. Preisführerschaft kommt in Oligopolen vor. Bei ähnlichen Kosten- und Absatzsituationen der Wettbewerber führt diese Verhaltensweise zu für alle befriedigende Ergebnisse. Richtet sich die Preispolitik des Unternehmens an der Preispolitik des Preisführers aus, handelt es sich um die Strategie der **Preisfolgerschaft** → Glossar. Preiskämpfe werden meist mit dem Ziel geführt, Marktanteile zu gewinnen und/oder Wettbewerber aus dem Markt zu drängen. Überkapazitäten verbunden mit hohen Fixkosten können ebenfalls **Preiskämpfe** begründen.

Preisverhalten

Strategien der Preisdifferenzierung | 7.3.4

Definition

Bei der **Preisdifferenzierung** wird für ein und dasselbe Produkt ein abweichender Preis am Markt verlangt.

Das Ziel der Preisdifferenzierung ist die weitgehende Abschöpfung der **Konsumentenrente**. Käufer, die bereit gewesen wären, einen höheren Preis als den Marktpreis zu zahlen, erhalten eine Konsumentenrente. Sie profitieren von der Differenz zwischen ihrer höheren individuellen Preisbereitschaft und dem tatsächlichen Marktpreis.

Bei den Strategien der Preisdifferenzierung lassen sich fünf strategische Ansätze unterscheiden:
- Mengenmäßige Preisdifferenzierung
- Zeitliche Preisdifferenzierung

- Räumliche Preisdifferenzierung (= regionale Preisdifferenzierung)
- Persönliche Preisdifferenzierung
- Produktorientierte Preisdifferenzierung (= Preisbündelung)

Arten der Preisdifferenzierung

Bei einer **mengenabhängigen Preisdifferenzierung** werden die Produkte in Abhängigkeit von der nachgefragten Menge zu unterschiedlichen Preisen angeboten. Je höher die abgenommene Menge, desto geringer wird der Durchschnittspreis. Die Preisnachlässe für Großkunden entsprechen dem **Mengenrabatt** → vgl. S. 216. Bei der **zeitlichen Preisdifferenzierung** werden unterschiedliche Preise in Abhängigkeit vom Zeitpunkt des Kaufs (Tageszeit, Wochenzeit, Jahreszeit) angeboten. Ziel ist die zeitliche Steuerung der Nachfrage, um eine gleichmäßige Kapazitätsauslastung zu erreichen. Beispiele: Preise in der Saison und Preisnachlässe außerhalb der Saison, Subskriptionen, Frühbuchernachlässe bei Urlaubsreisen, günstigere Preise bei Bahnfahrten am Wochenende. Die **räumliche Preisdifferenzierung** oder **regionale Preisdifferenzierung** bietet unterschiedliche Preise in verschiedenen geografisch abgegrenzten Teilmärkten. Die räumliche Preisdifferenzierung kann sich auf Teilmärkte im Binnenmarkt oder auf verschiedene Auslandsmärkte beziehen. Die verschiedenen Teilmärkte weisen unterschiedliche Preiselastizitäten der Nachfrage auf. Beispiel: Höhere Preise für einen PKW von BMW in den USA, die sich nicht durch höhere Steuern oder Transportkosten erklären lassen. Die Möglichkeiten der räumlichen Preisdifferenzierung finden ihre Grenzen in der zunehmenden Bedeutung des elektronischen Handels (= E-Commerce). Die **persönliche Preisdifferenzierung** berechnet unterschiedliche Preise für bestimmte Kundensegmente. Personelle Differenzierung (= Preisdifferenzierung nach Käuferschichten) berücksichtigt z.B. das Alter und bestimmte Personengruppen. Es werden unterschiedliche Preise für Kinder, Jugendliche, Erwachsene und Senioren berechnet. Beispiele: Mitglieder des ADAC, Genossenschaftsmitglieder, Vereinsmitglieder und eigene Betriebsangehörige erhalten Preisnachlässe. Eine Sonderform ist die **Preisdifferenzierung nach dem Verwendungszweck**. Beispiel: Unterschiedliche Strompreise für private Haushalte und Gewerbebetriebe bei gleicher Abnahmemenge. **Preisdifferenzierung nach Produkten** (= **Preisbündelung** → Glossar) fasst einzelne Produkte zu Preisbündeln zusammen. Bei der Preisbündelung (= price bundling) verkaufen Mehrproduktunternehmen ihre Produkte und Dienstleistungen als Paket zu einem Komplettpreis. Beispiele: Theater- und Konzertabonnements, Menüs in Restaurants, EDV-Systeme (z.B. Drucker, Bildschirm, Rechner und Software) oder Pauschalreisen (z.B. Flug, Hotel, Ausflüge). Reine Preisbündelung (= pure bundling) liegt vor, wenn die Produkte ausschließlich als Bündel verkauft werden. Eine gemischte Preisbündelung

(= mixed bundling) wird betrieben, wenn einzelne Produkte und das Produktbündel am Markt angeboten werden. Durch eine Preisbündelung lässt sich der Umsatz erhöhen. Da der Bündelpreis meist unterhalb der Summe der Einzelpreise liegt, können Käufer gewonnen werden, denen die bisherigen Einzelpreise – zumindest teilweise – zu hoch waren. Es können auch Produkte in das Bündel aufgenommen werden, die die Käufer sonst nicht als nützlich bewertet hätten.

Preisdifferenzierung setzt **Marktsegmentierung** → vgl. S. 97 und 113 voraus. Durch die Identifikation von Marktsegmenten und durch die Durchführung der Preisdifferenzierung entstehen Kosten. Beispiele: Kosten für Marketing-Forschung und Marktsegmentanalyse, Kosten zusätzlicher Vertriebskanäle, Führung verschiedener Preislisten, Kosten für Produkt- und Verpackungsmodifikationen. Die Kosten steigen mit der Zahl der Segmente überproportional an. Der Gewinn steigt dagegen mit steigender Segmentzahl unterproportional. Die Gegenläufigkeit von Gewinnzuwachs und Kostenzuwachs führt zur Suche nach der optimalen Segmentzahl. Notwendig ist deshalb eine Kosten-Nutzen-Analyse der Preisdifferenzierung.

Eine große Bedeutung hat die Preisdifferenzierung beim **Yield Management** → Glossar im Dienstleistungsbereich. Es wird unterstellt, dass eine Dienstleistung zu unterschiedlichen Zeiten verschiedenen Nachfragern unterschiedlich viel Wert ist. Im Zuge einer dynamischen Preispolitik werden beim Verkauf einer nach Art und Zeitpunkt festgelegten Dienstleistung im Zeitablauf unterschiedliche Preise festgelegt. Beispiel: Preise für Linienflüge werden in Abhängigkeit zum Zeitpunkt des Ticketkaufs festgelegt. Das Yield-Management ist ein Instrument der Kapazitätssteuerung und Ertragsoptimierung.

Merksätze

Preisdifferenzierung ist eine preisbezogene Marktsegmentierung. Durch Preisdifferenzierung kann das Marktpotenzial optimal ausgeschöpft werden. Es werden die unterschiedlichen Preisbereitschaften der Zielgruppen ausgenutzt.

7.4 | Kostenorientierte Preisbestimmung

7.4.1 | Preisbestimmung auf Vollkostenbasis

Die kostenorientierte Preisbestimmung unterscheidet zwischen Vollkostenrechnung und Teilkostenrechnung. Bei der **Vollkostenrechnung** werden in der Kostenträgerrechnung die fixen und variablen Kosten den einzelnen Kostenträgern (= Produkte) zugerechnet. Grundlage der Preiskalkulation sind die Selbstkosten (bei einem Hersteller) oder die Einkaufspreise (bei einem Handelsunternehmen). Die Selbstkosten eines Produkts werden unter Berücksichtigung von sämtlichen Einzelkosten und Gemeinkosten ermittelt. Einzelkosten können einem Produkt direkt zugerechnet werden. Gemeinkosten werden durch mehrere oder alle Produkte verursacht. Gemeinkosten sind deshalb nur auf dem Wege bestimmter Umlageverfahren auf die einzelnen Produkte zurechenbar. Gemeinkosten können fixe oder variable Kosten sein. Zu den ermittelten Stückkosten (= Selbstkosten pro Stück) wird durch eine einfache Zuschlagskalkulation (Kosten-Plus-Gewinnzuschlag) eine Gewinnspanne aufgeschlagen:

$$P \quad = \quad k \, (1 + g/100)$$

Wobei:

P	=	Preisforderung pro Stück
k	=	Selbstkosten pro Stück
g	=	prozentualer Gewinnzuschlag pro Stück.

Beispiel: Ein Gewinnzuschlag von 100 % bedeutet, dass der Verkaufspreis die doppelte Höhe der Selbstkosten pro Stück hat.

Die Einzelkosten der Produkte (z. B. Material- und Fertigungseinzelkosten, Sondereinzelkosten des Vertriebs) werden direkt, die Gemeinkosten (z. B. Verwaltungs- und Vertriebsgemeinkosten) werden indirekt nach einem oder mehreren Gemeinkostenschlüsseln auf die einzelnen Produkte verteilt. Alle Einzelkosten und Gemeinkosten gehen in die Preisbestimmung ein. Es kann folgendes Schema zur Bestimmung der Selbstkosten verwendet werden:

Vollkostenrechnung

1		Materialeinzelkosten
2	+	Materialgemeinkosten (%-Satz von 1)
3	=	Materialkosten
4		Produktionseinzelkosten
5	+	Produktionsgemeinkosten (%-Satz von 4)
6	+	Sondereinzelkosten der Produktion
7	=	Produktionskosten (4 + 5 + 6)
8		Herstellkosten (3 + 7)
9	+	Verwaltungsgemeinkosten (%-Satz von 8)
10	+	Gemeinkosten Marketing + Vertrieb (%-Satz von 8)
11	+	Sondereinzelkosten des Vertriebs
12	=	Selbstkosten (8 + 9 + 10 +11)

Werden die errechneten Selbstkosten durch die erwartete Absatzmenge dividiert, ergeben sich die Selbstkosten pro Stück. Die Preisbestimmung auf Vollkostenbasis ist einfach zu handhaben. Es werden nur wenige Daten aus dem Rechnungswesen benötigt. Die Kapazitätssituation des Unternehmens findet eine angemessene Berücksichtigung, da die Selbstkosten auf der Grundlage einer geplanten, realisierbaren Absatzmenge berechnet werden. Die Festlegung des Gewinnzuschlags ist problematisch. In der Praxis werden manchmal branchenübliche Gewinnzuschläge berechnet. Eine verursachungsgerechte Aufteilung der Gemeinkosten nach einem bestimmten Schlüssel ist mit erheblichen Problemen verbunden. Produkte werden mit Kosten belastet, die sie nicht verursacht haben. Bei einer genaueren Preiskalkulation können vergleichbare Konkurrenzprodukte günstiger angeboten werden. Die Zurechnung von Gemeinkosten auf die einzelnen Produkte bleibt willkürlich. Die Preisbestimmung auf Vollkostenbasis wird bei sinkenden Absatzmengen zu Fehlentscheidungen führen. Die Gemeinkosten müssen bei sinkenden Absatzmengen auf eine geringere Stückzahl verteilt werden. Dies führt zu einem höheren Preis. Der höhere Preis kann wiederum sinkende Absatzmengen bewirken. Interdependenzen zwischen Kosten und Absatzmengen werden nicht beachtet. Eine Berücksichtigung von Nachfrageverhalten und Konkurrenzverhalten findet nicht statt. Die durch die **progressive Kalkulation** ermittelten Preise der Vollkostenrechnung gewährleisten nicht, dass sie sich auch im Markt durchsetzen lassen.

Die Preisbestimmung auf Vollkostenbasis ist nicht die geeignete Grundlage für kurzfristige preispolitische Entscheidungen.

7.4.2 | Preisbestimmung auf Teilkostenbasis

Bei der **Teilkostenrechnung** erfolgt die Trennung der Gesamtkosten in fixe Kosten und variable Kosten. Nur die variablen Kosten werden auf die Kostenträger (= Produkte) verteilt. Grundlage der Preisfestsetzung nach dem Prinzip der Teilkosten ist der Deckungsbeitrag (= Deckungsspanne). Der Deckungsbeitrag pro Stück errechnet sich wie folgt:

Preis pro Stück – variable Kosten pro Stück = Deckungsbeitrag pro Stück

Deckungsbeitrag   Ein positiver Deckungsbeitrag trägt zunächst zur Deckung der Fixkosten bei. Sind die Fixkosten abgedeckt, erhöht ein positiver Deckungsbeitrag den Gewinn. Die teilkostenorientierte Preisbildung wird auch als **Deckungsbeitragsrechnung** bezeichnet. Der Deckungsbeitrag ergibt sich als Restgröße. Der Preis ist nicht das Ergebnis der Kalkulation, sondern der Ausgangspunkt der Kalkulation (= retrograde Kalkulation). Die Deckungsbeitragsrechnung kann auch im Rahmen der progressiven Kalkulation eingesetzt werden. Es wird ein Soll-Deckungsbeitrag festgelegt, der die fixen Kosten abdeckt und einen Gewinnanteil enthält. Der prozentuale Deckungsspannenzuschlag muss höher als bei der Vollkostenrechnung sein. Der Preis ergibt dann wie folgt:

$$p \quad = \quad k_v \, (1 + ds/100)$$

Wobei:
p =   Preisforderung pro Stück
k_v =   variable Kosten pro Stück
ds =   prozentualer Deckungsspannenzuschlag

Bei der Preisfestsetzung auf Teilkostenbasis können alle Fixkosten als Block der Summe der Deckungsbeiträge gegenübergestellt werden (= Direct Costing). Ist eine genauere Analyse der Kostenstruktur möglich, kann eine stufenweise Fixkostendeckungsrechnung vorgenommen werden.

Deckungsbeitragsrechnung

Brutto-Umsatz

| ./. | Mehrwertsteuer |
| ./. | Erlösschmälerungen (Rabatte, Skonti) |

| = | Netto-Umsatz |
| ./. | variable Herstellkosten |

| = | Deckungsbeitrag I |
| ./. | umsatzvariable Marketing-Kosten (z. B. Lieferkosten) |

| = | Deckungsbeitrag II |
| ./. | nicht-umsatzvariable Marketing-Kosten (z. B. Marktforschung) |

=	Deckungsbeitrag III
./.	fixe Marketing- und Vertriebskosten (z. B. Verwaltung)
=	Netto-Erfolg

Die Preisbestimmung auf Teilkostenbasis ist die geeignete Grundlage für kurzfristige preispolitische Entscheidungen.

Bei der Teilkostenrechnung werden nur entscheidungsrelevante, variable Kosten einbezogen. Probleme mit der Verrechnung von Gemeinkosten treten nicht auf. Die Preisbildung auf Teilkostenbasis ist eher kurzfristig orientiert. Langfristig ist die Deckung der gesamten Kosten anzustreben.

Werden alle im Unternehmen anfallenden Kosten auf die Kostenträger (= Produkte) verteilt, liegt eine Preisfestsetzung auf Vollkostenbasis vor. Es werden variable und fixe Kosten berücksichtigt.
Bei einer Preisbestimmung auf Teilkostenbasis gehen nur die variablen Kosten in die Betrachtung ein.

| ## Preisuntergrenzen

Eine besondere Bedeutung im Rahmen der kostenorientierten Preisbildung hat die Ermittlung von **Preisuntergrenzen**. Es werden die kurzfristige Preisuntergrenze und die langfristige Preisuntergrenze unterschieden. Eine Bewertung der finanziellen Situation des Unternehmens erfolgt nicht (z. B. Liquiditätsengpässe).

Die **langfristige Preisuntergrenze** stellt sicher, dass die Existenz des Unternehmens auch dann nicht in Gefahr gerät, wenn dieser Preis auf Dauer beibehalten werden muss. Langfristig wird ein Unternehmen ein Produkt nur dann anbieten, wenn es seine variablen und fixen Kosten deckt. Die langfristige Preisuntergrenze wird somit durch die Vollkosten bestimmt (= **Deckung der Gesamtkosten je Stück**). Ein Unternehmen muss nicht nur auf Dauer seine Kosten decken, sondern zusätzlich einen Mindestgewinn erzielen, um wettbewerbsfähig zu sein. Werden alle die mit dem Produkt zusammenhängenden Einzahlungen und Auszahlungen erfasst und über die Kapitalwertmethode bewertet, muss der Kapitalwert der produktspezifischen Investitionen größer oder gleich Null sein. Damit ist die geplante Verzinsung des eingesetzten Kapitals sichergestellt. Bei einem Mehrproduktunternehmen scheitert die Ermittlung der Stückkosten am Problem der Gemeinkostenzurechnung. In Mehrproduktunternehmen werden die Produkte unterhalb und/oder oberhalb der zurechenbaren Stückkosten (= Einzelkosten) verkauft (= **kalkulatorischer Ausgleich**).

Die **kurzfristige Preisuntergrenze** sind die **variablen Kosten pro Stück**. Kurzfristig sind die fixen Kosten nicht abbaubar. Sie sollen aber weitgehend gedeckt werden. Ein Beitrag zur Deckung der Fixkosten wird immer dann erwirtschaftet, wenn der Preis pro Stück über den variablen Kosten pro Stück liegt (= Deckungsbeitrag pro Stück, DB). Die kurzfristige Preisuntergrenze liegt demnach bei den variablen Stückkosten. Die Differenz zwischen dem Preis und den variablen Stückkosten wird Stückdeckungsbeitrag genannt.

Merksätze

Die langfristige Preisuntergrenze sind die Vollkosten (= gesamte Stückkosten). Die kurzfristige Preisuntergrenze sind die variablen Stückkosten.

Nachfrageorientierte Preisbestimmung | 7.5

Die markt- und nachfrageorientierten Methoden der Preisbestimmung beziehen sich auf die Reaktionen der Marktteilnehmer. Es wird versucht, zu möglichst realistischen Absatz- und Umsatzschätzungen für alternative Preisforderungen zu kommen. Grundlage dieser Schätzungen bilden Daten der **Marketing-Forschung** → vgl. Storetests, Markttests S. 46 Bei der nachfrageorientierten Preisbestimmung liefern **Preistests** → vgl. Preistest, S. 45 Vorstellungen über mögliche, am Markt durchsetzbare Preise. Damit kann die Nachfrageintensität und die Preiselastizität → vgl. S. 215 bei unterschiedlichen Preisen ermittelt werden.

Die marktorientierten Verfahren der Preisbestimmung basieren auf der Teilkostenrechnung. Ein einfaches Verfahren ist die **Break-even-Analyse** → vgl. Kap. 6.2.3, S. 146. Die Break-even-Analyse berücksichtigt den Zusammenhang zwischen dem am Markt erzielbaren Preis und der Absatzmenge. Sie berechnet bei einem gegebenen Preis die für die Gewinnschwelle erforderliche Absatzmenge. Die **Gewinnschwelle** → Glossar, der Break-even-Point, ist erreicht, wenn die Gesamtkosten gleich dem Umsatz sind ($U = K$). Der **Break-even-Point** x_b lässt sich wie folgt errechnen:

$$K_f + k_v \cdot x_b = p \cdot x_b$$
$$K_f = p \cdot x_b - k_v \cdot x_b$$
$$K_f = x_b (p - k_v)$$
$$x_b = K_f / p - k_v$$

Infokasten

Der Schnittpunkt der Umsatz- und Kostenkurve gibt den Break-even-Point an. Erst bei einer Absatzmenge die größer ist als der Break-even-Point x_b, erzielt das Unternehmen einen Gewinn. Die Berechnung von kritischen Absatzmengen wird meist nicht nur für einen Preis, sondern für alternative Preise vorgenommen.

Die Break-even-Analyse liefert nur grobe Einschätzungen zum durchsetzbaren Marktpreis. Die Probleme der Break-even-Analyse liegen in der einperiodischen Betrachtung. Die Analyse beschränkt sich zudem auf ein Produkt. **Verbundeffekte** → Glossar werden nicht berücksichtigt. Die Annahme von konstanten Preisen und Kosten ist über einen bestimmten Zeitraum hinaus nicht realistisch. Die Bestimmung des erwarteten Absatzes ist subjektiv und mit Ungenauigkeiten verbunden. Die Annahmen über Preise und Absatzmengen müssen insbesondere vor dem Hintergrund gesehen werden, dass das Verhalten und die Reaktionen der Konkurrenz in dieses Modell nicht einfließt.

Die Preisbestimmung nach dem Deckungsbeitrag und der Deckungsbeitragsrate baut auf der Break-even-Analyse auf. Der Deckungsbeitrag beträgt bekanntlich DB = Preis pro Stück – **variable Kosten pro Stück** → vgl. Deckungsbeitragsrechnung, S. 205. Die Deckungsbeitragsrate ist wie folgt definiert:

$$DB_r = \frac{p - k_v}{p} = \frac{U - k_v}{U}$$

Die Gewinnschwelle (U = K) wird wie folgt berechnet:

$$U_{krit} = \frac{K_f}{DB_r}$$

In der Abstimmung zwischen Preispolitik und Produktpolitik (= Qualitätspolitik) kann die Frage diskutiert werden, ob der Preis für die Käufer als **Qualitätsindikator** dient. Qualitätsvergleiche werden durch Preisvergleiche vorgenommen. Die Überlegungen der kostenorientierten Preisbildung legen einen Zusammenhang zwischen Qualität und Kosten nahe: Je höher die Kosten, desto höher die Qualität. Eine besondere Qualität wird eine starke Nachfrage erzeugen und damit einen hohen Preis rechtfertigen. Beide Überlegungen müssen nicht zutreffen. Es lassen sich jedoch Tendenzaussagen machen. Der Preis kann dann eine Indikatorfunktion übernehmen, wenn keine weiteren Informationen über das

---

Abb. 7.1 | **Break-even-Analyse**

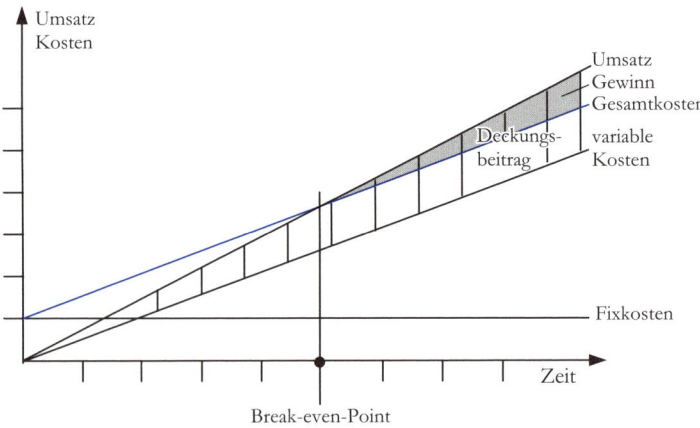

Produkt oder über die Einkaufsstätte vorliegen. Produktinformationen (z. B. ein bekannter Markenname) und Informationen über die Einkaufsstätte (z. B. mit einem günstigen Preisimage) werden den Zusammenhang zwischen Preis und vermuteter Qualität abschwächen. Die Indikatorfunktion des Preises wird eher in den Kaufsituationen gelten, wo geringes Produktwissen vorhanden ist, die Produktqualitäten der Hersteller stark unterschiedlich sind und keine anderen Qualitätsindikatoren zur Verfügung stehen. Mit zunehmender Erfahrung mit dem Produkt könnte die preisorientierte Qualitätsbeurteilung des Käufers zurückgehen. Bei Käufen unter Zeitdruck kann es auch zu einer preisorientierten Qualitätsbeurteilung kommen. Der Versuch, einen Zusammenhang zwischen Preis und Qualität anhand von Warentests nachzuweisen, hat nur zu schwachen positiven **Korrelationen** → Glossar geführt.

Konkurrenzorientierte Preisbestimmung | 7.6

Konkurrenzorientierte oder wettbewerbsorientierte Preisbestimmung ist die weitgehende Ausrichtung des eigenen Preisverhaltens am Preisverhalten der Konkurrenz → vgl. Kap. 7.3.3, S. 199. Die Unternehmen verzichten auf eine autonome Festsetzung des Preises. Die Kostensituation, die Kapazitätsauslastung und die Nachfragesituation sind für die Preisentscheidung des Unternehmens von untergeordneter Bedeutung.

Die Preisentscheidungen im **Angebots-Oligopol** sind durch wettbewerbsorientiertes Preisverhalten bestimmt. Die Marktform des Oligopols ist durch wenige Anbieter und viele Nachfrager gekennzeichnet. Durch die hohe Markttransparenz müssen Oligopolisten bei ihren Preisentscheidungen die Preisaktivitäten der Wettbewerber berücksichtigen. Es lassen sich drei grundsätzliche Verhaltensweisen unterscheiden:

- Friedliches Preisverhalten
- Koalitionsverhalten
- Kampfverhalten

Preisverhalten

Bei einem **friedlichen Preisverhalten** findet ein „geordneter" Preiswettbewerb statt. Die Unternehmen sind übereingekommen, sich durch ihr Preisverhalten nicht zu schaden. **Koalitionsverhalten** beruht auf mehr oder weniger ausdrücklichen Absprachen über das Preisverhalten. Die Unternehmen einigen sich darauf, nicht über den Preis zu konkurrieren. Bei einem preispolitischen **Kampfverhalten** wird versucht, die Konkurrenz durch eine Niedrigpreispolitik aus dem Markt zu drängen. Preiskriege, bei denen sich die Wettbewerber mehrfach in schneller Folge unterbieten, sind meist die Folge eines solchen Verhaltens. Kampfverhalten ist oft die Folge von Überkapazitäten.

Bei der Orientierung am Preisführer werden dominierende und barometrische Preisführerschaft unterschieden. Bei der dominierenden **Preisführerschaft** → Glossar kann der Preisführer (= hoher Marktanteil) einen Preis vorgeben, dem sich die Wettbewerber anschließen. Sie können damit der Gefahr eines ruinösen Wettbewerbs entgehen. Bei einer **barometrischen Preisführerschaft** → Glossar gibt es kein beherrschendes Unternehmen. Die Wettbewerber sind ungefähr gleich groß. Jedes Unternehmen kann zeitweise die Preisführerschaft übernehmen, falls dies von den übrigen Unternehmen akzeptiert wird. Der Preisführer gibt einen Preis vor, der von allen anderen Unternehmen übernommen werden kann. Auf diese Weise werden Preiskämpfe vermieden.

Es lassen sich drei weitere wettbewerbsorientierte Verhaltensweisen unterscheiden: Preisfestsetzung unterhalb der Konkurrenzpreise, Preisfestsetzung auf dem Niveau der Konkurrenzpreise, Preisfestsetzung oberhalb der Konkurrenzpreise

Merksatz

Das konkurrenzorientierte Preisverhalten kann sich am relevanten Wettbewerber, am Branchenpreis oder am Preisführer orientieren.

7.7 | Nutzenorientierte Preisbestimmung

Die nutzenorientierte Preisbestimmung basiert auf den Wertvorstellungen und Nutzenerwartungen der Käufer. Dazu müssen die Wertvorstellungen und Nutzenerwartungen gemessen werden. Zwei Vorgehensweisen werden dabei unterschieden:

● Nutzenbewertung auf der Grundlage von Leistungswerten
● Nutzenbewertung auf der Grundlage von ökonomischen Größen

Die nutzenorientierte Preisbestimmung auf der Grundlage von Leistungsgrößen setzt den Preis ins Verhältnis zu einem wichtigen Leistungsmerkmal. Es kommt zur Bildung eines Preis-Leistungsverhältnisses. Beispiele: Euro/m bei Wohngebäuden. Derartige Kennziffern sind meist nur Orientierungsgrößen, die durch weitere Leistungsmerkmale ergänzt werden. Sollen mehrere Leistungsmerkmale berücksichtigt werden, können **Punktbewertungsverfahren** → vgl. S. 171 eingesetzt werden. Die

Leistungsmerkmale werden nach individuellen Vorstellungen gewichtet. Die nutzenorientierte Preisbestimmung auf der Grundlage von ökonomischen Größen kann sich z. B. auf den Erlös beziehen, der dieses Produkt für den Käufer erbringt. Diese Überlegungen sind insbesondere im Investitionsgüterbereich von Bedeutung. Mit dem **Kapitalwertverfahren** → vgl. S. 174 lassen sich solche Bewertungen vornehmen.

Target Pricing | 7.8

Grundlage des Target Pricing ist eine markt- und wettbewerbsorientierte Kostenplanung (= Target Costing). Ausgehend von der Preisbereitschaft der Kunden (= Target price) und einem geplanten Gewinn (= Target profit) werden die Zielkosten (= Target costs) ermittelt. Der am Markt erzielbare Preis basiert auf den Nutzenvorstellungen der potenziellen Käufer. Das Produkt wird in den Markt eingeführt oder auf dem Markt gehalten, wenn die Zielkosten eingehalten werden können. In Abhängigkeit von der Unternehmens- und Marktsituation ist die langfristige oder die kurzfristige Preisuntergrenze zu beachten. Es wird nicht gefragt, was das Produkt kostet (Cost plus, Zuschlagskalkulation), sondern was es kosten darf (Price minus).

Zielkosten

Die marktorientierten Zielkosten (= zulässige Selbstkosten) lassen sich wie folgt ermitteln:

	Marktpreis
–	Plangewinn
=	Ist-Selbstkosten
–	Kostensenkungsbedarf
=	Ziel-Selbstkosten

Das Unternehmen muss prüfen, ob die Zielkosten erreichbar sind. Die wettbewerbsorientierten Zielkosten (= Kosten des Wettbewerbs) ergeben sich durch folgende Betrachtungsweise:

	Marktpreis
–	Plangewinn
=	Wettbewerbskosten

Die Zielkosten sind die Kosten des Wettbewerbs, die aus dem **Benchmarking** → Glossar bekannt sind. Das Unternehmen muss prüfen, ob es die Kosten des Wettbewerbs erreichen kann.

Target Pricing basiert auf Target Costing. Zielumsatz minus Zielgewinn zeigen die vom Markt „erlaubten" Kosten auf.

7.9 | Preis-Absatz-Funktionen

Eine Preis-Absatz-Funktion zeigt den Zusammenhang zwischen dem Preis eines Produkts und der erwarteten Absatzmenge für dieses Produkt. Die Preis-Absatz-Funktion ist der geometrische Ort aller mengenmäßigen Reaktionen der Nachfrager auf verschiedene Preisforderungen eines Anbieters.

Die **Preis-Absatz-Funktion** → Glossar ist eine formale Abbildung zwischen Angebotspreis und Absatzmenge eines Produkts. Die Preis-Absatz-Funktion beantwortet die Frage, zu welchem Preis welche Menge verkauft wird. Auf alternativ vorgegebene Preise wird der Nachfrager mit unterschiedlichen Kaufentscheidungen reagieren. Die verschiedenen Nachfrager werden aufgrund unterschiedlicher Präferenzen unterschiedliche Kaufentscheidungen treffen. Die für das anbietende Unternehmen relevante Preis-Absatz-Funktion ergibt sich aus der Aggregation der individuellen Funktionen. Die Preis-Absatz-Funktion ist eine Marktreaktionsfunktion. Aktionsparameter (= Aktionsvariable, unabhängige Variable) ist der Preis. Erwartungsparameter (= Reaktionsvariable, abhängige Variable) ist die Absatzmenge.

Es lassen sich z. B. folgende idealtypische Preis-Absatz-Funktionen unterscheiden:
- Lineare Preis-Absatz-Funktionen
- Doppelt geknickte Preis-Absatz-Funktionen

Eine **lineare Preis-Absatz-Funktion** stellt sich wie folgt dar:

$x = a - bp$

wobei:

p = Preis
a = Sättigungsmenge
b = Steigung der Preis-Absatz-Funktion
x = Menge

Die Preis-Absatz-Funktion hat einen linear fallenden Verlauf. Es wird unterstellt, dass die Absatzmenge eines Produkts bei steigendem Preis proportional zurückgeht bzw. bei fallendem Preis proportional wächst. Der Parameter b beschreibt die Reaktion des Absatzes auf Preisänderungen. Je größer b ist, desto stärker reagiert der Absatz auf Preisänderungen. Beispiel: Bei einer Preissenkung um eine Einheit steigt der Absatz um b Einheiten. Der Parameter a gibt den Schnittpunkt mit der Absatzachse an. Das ist der maximale Absatz bei einem Preis von Null (= Sättigungsmenge). Parameter a dividiert durch Parameter b ergibt den Maximalpreis, bei dem kein Absatz erzielt wird (= Schnittpunkt mit der Preisachse).

Die Annahme einer linearen Preis-Absatz-Funktion ist oft eine gute Annähung einer tatsächlich nicht linearen Funktion. Preise werden meist nicht radikal verändert, sondern nur in einem kleinen Intervall um den bisherigen Preis. Es kann deshalb ausreichend sein, Linearität in diesem kleinen Intervall zu unterstellen.

Lineare Preis-Absatz-Funktion, Preiselastizitäten   Abb. 7.2

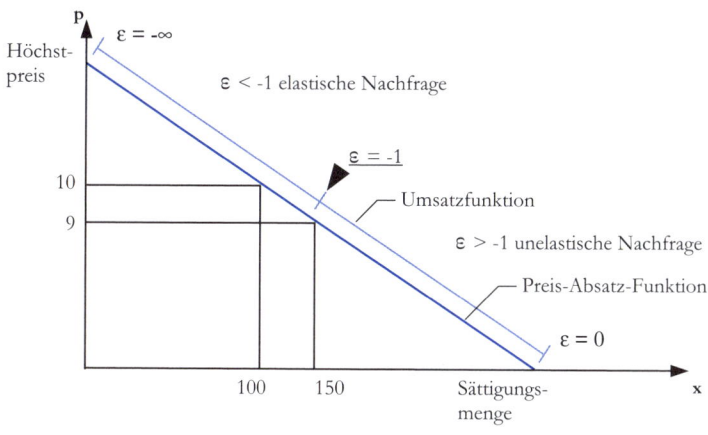

Die **doppelt geknickte Preis-Absatz-Funktion** → vgl. Abbildung 7.3 hat zwei relativ flache, elastische Bereiche und einen mittleren, relativ steilen unelastischen Bereich. Im mittleren Bereich der Preis-Absatz-Kurve hat das Unternehmen einen quasi-monopolistischen Preisspielraum. Die oberen und unteren Knicke der Preis-Absatz-Funktion sind **Preisschwellen**. Eine Preisschwelle ergibt sich jeweils vor runden Preisen und führt zu gebrochenen Preisen unmittelbar unterhalb der Preisschwelle. Ein Preis wird von Käufern gefühlsmäßig eher der Preiskategorie unterhalb der Preisschwelle zugeordnet, als dem viel näheren darüber liegenden glatten

Preis. Beispiel: Ein Preis von 39.800 € wird als wesentlich günstiger angesehen als ein Preis von 40.200 €. Diese Fragen der Preisoptik werden im Rahmen der psychologischen Preisbestimmung diskutiert und haben insbesondere im Handel eine gewisse Bedeutung.

Empirische
Bestimmung von
Preis-Absatz-
Funktionen

Die Preis-Absatz-Funktion lässt sich als Vorbereitung zur Preisfindung durch folgende **Marketingforschungsmethoden** empirisch bestimmen:

● Händlerbefragungen → vgl. Kap. 2.8.1, S. 60
● **Kundenbefragungen** → vgl. Kap. 2.8.1, S. 60
● **Preis-Experimente** → vgl. Kap. 2.4.4, S. 45
● Expertenbefragungen, **Gruppendiskussion** → vgl. Kap. 2.5, S. 50
● Verwendung realer Marktdaten
● **Conjoint Analyse** → Glossar, vgl. S. 57

Befragungen und **Experimente** → Glossar geben Aufschluss über Preis-Reaktionszusammenhänge. Befragt werden insbesondere Kunden, Händler und Verkaufsaußendienstmitarbeiter über ihre Einschätzung von bestimmten Preisänderungen. Beispiel: „Wie viel wären Sie bereit, für das Produkt X zu bezahlen?". **Expertenbefragungen** können als Gruppendiskussionen oder Delphi-Befragungen angelegt sein. Als Vorgaben können optimistische und pessimistischen Konkurrenz- und Umweltbedingungen dienen. Eine gute Datenbasis liefern **reale Marktdaten** auf der Grundlage von **Scanner-Panel-Erhebungen** → Glossar im Einzelhandel. Hier stehen auch die Konkurrenzpreise für eine Analyse zur Verfügung. Die nur geringe Variation der Preise in der Praxis führt meist zu einer „Wolke an Wertepaaren", die eine Vielzahl von „gleich guten" Regressionsfunktio-

---

Abb. 7.3 | **Doppelt geknickte Preis-Absatz-Funktion**

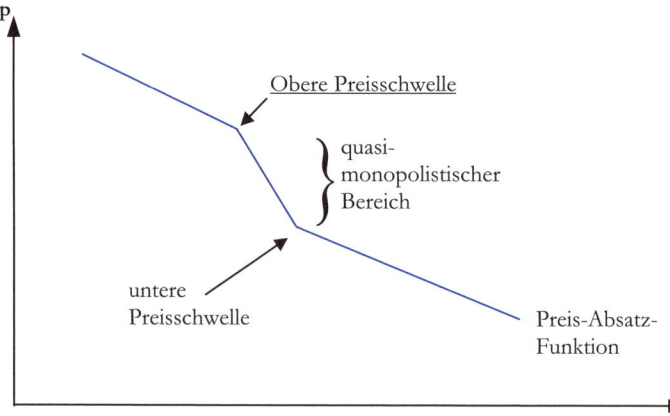

nen (= Preis-Absatz-Funktionen) zulässt. Erst wenn durch Preisänderungen ein breites Preisspektrum abgedeckt wird, sind zuverlässige Schätzungen der Preis-Absatz-Funktion möglich. Die **Conjoint Analyse** → vgl. Kap. 2.7, S. 57 zeigt Veränderungen der individuellen Präferenzwerte bei steigenden Preisen. Die Testpersonen werden gebeten, Produkte mit Preisangabe je nach Präferenz (= Vorziehenswürdigkeit) in eine Reihenfolge zu bringen oder Paarvergleiche anzustellen. Ein wichtiges Hilfsmittel der Datenanalyse und für die mathematische Bestimmung der Preis-Absatz-Funktion ist die **Regressionsanalyse** → vgl. Kap. 2.7, S. 56. Sie wird häufig als ökonometrisches Schätzverfahren für die empirische Ermittlung der Funktionsparameter herangezogen. Die Grundlage ökonometrischer Schätzverfahren für Preis-Absatz-Funktionen bilden Wertepaare empirischer Preis-Mengen-Kombinationen.

Preis-Absatz-Funktionen lassen sich durch Sättigungsmenge, Prohibitivpreis und Preiselastizität beschreiben. Die **Sättigungsmenge** ist die Menge, die bei einem Preis von p = 0 höchstens abgesetzt werden kann. Der **Prohibitivpreis** ist der Preis, der höchstens gefordert werden kann. Beim Prohibitivpreis kommt die Nachfrage zum Erliegen (x = 0). Die **Preiselasti-** Preiselastizität **zität der Nachfrage (= Nachfrageelastizität** → Glossar) gibt die Reaktionen der Nachfrage (= Absatzmenge) auf Änderungen des Preises an. Relative Mengenänderungen werden relativen Preisänderungen gegenübergestellt. Die Preiselastizität der Nachfrage lässt sich wie folgt bestimmen:

$$\varepsilon = -\frac{\frac{dx}{x}}{\frac{dp}{p}}$$

ε	=	Preiselastizitätskoeffizient
dx	=	Änderung der Absatzmenge
dp	=	Änderung des Preises

Der Preiselastizitätskoeffizient gibt Hinweise darauf, wie eine bestimmte Preisänderung Absatz und Umsatz beeinflusst. Der Preiselastizitätskoeffizient kann Werte zwischen 0 und $-\infty$ annehmen. Bei einer normal verlaufenden Preis-Absatz-Funktion mit einer negativen Steigung ist die Preiselastizität stets negativ → vgl. Abbildung 7.2, S. 213.

Wenn $\varepsilon < -1$ ist, dann hat die Preissenkung eine Absatzsteigerung zur Folge. Die prozentuale Mengenänderung ist größer als die prozentuale Preisänderung (= **elastische Reaktion**). Der Umsatz steigt. Wenn $\varepsilon > -1$ ist, bewirkt die Preissenkung eine steigende mengenmäßige Nachfrage, aber einen Umsatzrückgang. Die prozentuale Preisänderung ist größer als die prozentuale Mengenänderung (= **unelastische Reaktion**). Bei $\varepsilon = 0$ ist die nachgefragte Menge unabhängig vom Preis (= **vollkommen unelastische**

Nachfrage). Beispiel: Eine Preiselastizität von – 5 sagt aus, dass die prozentuale Absatzänderung das Fünffache der prozentualen Preisänderung ausmacht. Eine 10 %ige Preissenkung bewirkt eine 50 %ige Erhöhung der Absatzmenge → vgl. Abbildung 7.2, S. 213.

Merksatz

> Die Preiselastizität der Nachfrage ist das Verhältnis der relativen Änderung der Nachfrage (= Absatzmenge) zur relativen Änderung des Preises. Sie gibt die Reaktionen der Käufer auf eine Preisänderung wieder.

7.10 | Konditionenpolitik

Zur **Konditionenpolitik** zählen Rabatte, Boni, Skonti, Absatzfinanzierung (= Absatzkreditpolitik) und Lieferungs- und Zahlungsbedingungen.

Rabatte **Rabatte** → Glossar sind Preisnachlässe auf einheitlich festgelegte und bekannt gegebene Preise (= Listenpreise). Rabatte sind an bestimmte Leistungen der Kunden geknüpft. Es werden folgende **Rabattarten** unterschieden:

- Funktionsrabatte
- Mengenrabatte
- Zeitrabatte
- Treuerabatte

Rabatte werden als absoluter Betrag oder als prozentualer Abschlag ausgewiesen. Rabatte können als **Naturalrabatte** (= Warenrabatte) oder **Geldrabatte** auftreten.

Funktionsrabatte werden vom Hersteller dem Groß- und Einzelhandel gewährt, weil der Handel bestimmte Absatzfunktionen für den Hersteller übernimmt (z. B. Lagerung, Beratung, Kundendienst). **Mengenrabatte** → Glossar sind Preisnachlässe, die in Abhängigkeit von der Absatzmenge pro Auftrag oder pro Periode bemessen werden. Mengenrabatte sollen Anreize bieten, höhere Absatzmengen abzunehmen. Mengenrabatte werden oft in Form von Rabattstaffeln gestaltet. Rabattstaffeln können progressiv (= schneller steigend als die Menge), degressiv (= langsamer steigend als die Menge) oder linear (= parallel verlaufend zur Menge) gebildet werden. Aus Kostengründen empfiehlt sich ein degressiver Verlauf der Rabattstaffel. Progressive Rabattstaffeln dagegen haben eine besonders verkaufsfördernde Wirkung. Der Rabatt kann sich beziehen auf die gesamte Menge (= durchgerechneter Rabatt) oder auf den Mengenzuwachs (= angestoßener Rabatt). Der **Bonus** → Glossar ist eine Sonderform des Mengenrabatts. Boni werden nachträglich, z. B. am Jahresende, für eine große kumulierte Abnahmemenge gewährt. Der Bonus bezieht sich auf den gesamten Umsatz in der Periode. Die Anzahl und die Höhe der Einzelaufträge spielen dabei keine Rolle. **Zeitrabatte** sind Preisnachlässe, die in Abhängigkeit vom Bestellzeitpunkt in Ansatz gebracht werden. Zeitrabatte sind u. a. Einführungsrabatte, Auslaufrabatte, Frühbucherrabatte und Saisonrabatte. Das **Skonto** ist ein Preisnachlass für Vorkasse, frühzeitige oder fristgerechte Bezahlung. Die Wirkung ist mit dem Zeitrabatt vergleichbar. **Treuerabatte** finden bei langfristigen Geschäftsbeziehungen Anwendung. Sie sollen die Kundenbindung erhöhen.

Der **Absatzkredit** ist eine meist mittel- bis langfristige Stundung des Kaufpreises. Aufgabe und Ziel der **Absatzfinanzierung (= Absatzkreditpolitik)** liegt darin, für die zur Nachfrage notwendige Kaufkraft zu sorgen. Die Kundenbedürfnisse sollen sich so schnell wie möglich in effektiver Nachfrage niederschlagen. Die Absatzfinanzierung leistet damit einen Beitrag zur Sicherung und Erweiterung des Kundenkreises (= Neukundenakquisition). Zusätzlich wird die Kaufintensität der bisherigen Käufer erhöht und mögliche Vorverlegungen der Kaufzeitpunkte erreicht. **Leasing** → Glossar ist eine spezielle Form des Absatzkredits, d. h. eine bestimmte Art von Vermietung von Investitions- und Gebrauchsgütern. Der Kunde wird nicht Eigentümer des Produkts, sondern erhält nur das Nutzungsrecht über einen begrenzten Zeitraum. Für das Nutzungsrecht ist eine Leasingrate zu zahlen, die den Wertverlust des Produkts im Nutzungszeitraum und die Kapitalkosten enthält.

Kredite

Die **Lieferungsbedingungen** regeln Inhalt und Umfang der Lieferungsverpflichtungen. Dies sind u. a. der Erfüllungsort, die Lieferzeit, die Umtauschrechte und die Garantieleistungen sowie die Berechnung von Verpackung, Fracht und Versicherung. Durch eine kundenorientierte Gestaltung der Lieferungsbedingungen können akquisitorische Wirkungen erzielt werden. Die **Zahlungsbedingungen** regeln Inhalt und Umfang der Zahlungsverpflichtungen. Die Zahlungsbedingungen enthalten u. a. die Art und den Zeitpunkt der Zahlung, die Zahlungsfristen, das Skonto und die Sicherung der Zahlung (z. B. Eigentumsvorbehalt). Auch Zahlungsbedingungen können unter akquisitorischen Gesichtspunkten gestaltet werden.

Lieferbedingungen

1 Charakterisieren Sie die Bedeutung der Preispolitik im Vergleich zu anderen Marketing-Instrumenten.

2 Nennen Sie die wesentlichen Ziele der Preispolitik und zeigen Sie die Beziehungen zu den Marketing-Zielen auf.

3 Beschreiben Sie die Besonderheiten der Preispolitik.

4 Nennen Sie möglichst alle preispolitischen Instrumente.

5 Erläutern Sie die vier Grundprinzipien der Preisbestimmung.

6 Stellen Sie die Unterschiede von Vollkostenrechnung und Teilkostenrechnung heraus.

7 Erläutern Sie die Begriffe Deckungsbeitrag, Deckungsbeitrag pro Stück und Deckungsbeitrag pro Engpasseinheit.

8 Was verstehen Sie unter Preisdifferenzierung? Stellen Sie die verschiedenen Strategien der Preisdifferenzierung dar.

9 Bei der Einführung von neuen Produkten werden die Skimming-Strategie und die Penetrationsstrategie unterschieden. Diskutieren Sie die Argumente die für und gegen die verschiedenen strategischen Ansätze sprechen.

10 Nennen Sie die kurzfristige und die langfristige Preisuntergrenze.

11 Beschreiben Sie ausführlich das Prinzip des Break-even-Modells.

12 Zeigen Sie grafisch den Break-even-Point auf.

13 Was verstehen Sie unter Preisbündelung? Nennen Sie die verschiedenen Arten der Preisbündelung.

14 Durch welche Kennwerte lassen sich Preis-Absatz-Funktionen beschreiben?

15 Stellen Sie grafisch verschiedene Preis-Absatz-Funktionen dar und kommentieren Sie den Kurvenverlauf.

16 Erläutern Sie das Prinzip der Preiselastizität der Nachfrage.

17 Welche Ziele verfolgen Unternehmen mit der Absatzkreditpolitik?

18 Nennen Sie möglichst viele Rabattarten.

Literatur

Diller, H. [2007]: Preispolitik, 4. Aufl., Stuttgart
Pechtl, H. [2005]: Preispolitik, Stuttgart
Schmalen, H. [1995]: Preispolitik, Stuttgart
Schuppar, B. [2006]: Preismanagement, Wiesbaden
Siems, F. [2009]: Preismanagement, München
Simon, H. [1995]: Preismanagement kompakt, Probleme und Methoden des modernen Pricing, Wiesbaden
Simon, H./**Fassnacht**, M. [2008]: Preismanagement, Analyse – Strategie – Umsetzung, 3. Aufl., Wiesbaden

Kommunikationspolitik | 8

Bedeutung, Ziele, Strategien und Instrumente der Kommunikationspolitik | 8.1

Definition

Kommunikationspolitik sind alle Marketing-Maßnahmen, die auf Kenntnisse, Einstellungen und Verhaltensweisen relevanter Zielgruppen (**Stakeholder** → Glossar) einwirken, um das Unternehmen und seine Leistungen darzustellen.

Kommunikationspolitik besteht aus externer Kommunikation (= Marktkommunikation), interner Kommunikation (= Human Relations) und der interaktiven Kommunikation zwischen Mitarbeitern und Kunden (z. B. Beratungs- und Verkaufsgespräche).

Die **Bedeutung der Kommunikationspolitik** wird durch das Informationsverhalten der Konsumenten und durch die vorherrschenden Marktbedingungen bestimmt. Konsumenten nutzen nur einen kleinen Teil der verfügbaren Informationen. Untersuchungen belegen einen durchschnittlichen Informationsüberschuss von rund 98 %. Nur 2 % der insgesamt verfügbaren Informationen werden durchschnittlich aufgenommen. Durch die Informationsüberflutung wächst die Informationskonkurrenz. Für das Unternehmen wird es immer schwieriger und teurer seine Informationen an die Zielgruppe zu bringen. Um das durchschnittliche bildliche und sprachliche Informationsangebot einer Anzeige in einer Publikumszeitschrift aufzunehmen, sind zwischen 33 und 38 Sekunden Betrachtungszeit erforderlich. Die tatsächliche Beachtung beträgt jedoch nur 1 bis 2 Sekunden. Die Informationsüberflutung führt zu einem Abstumpfen gegenüber den angebotenen Informationen. Das Interesse lässt nach. Die Informationen werden nur noch bruchstückhaft und flüchtig aufgenommen. Dies hat ein wachsendes Informationsangebot und ein verändertes Kommunikationsverhalten zur Folge:

Bedeutung

→ Sprachliche Informationen werden so gestaltet, dass sie leichter aufgenommen werden (z. B. durch kurze Sätze).
→ Bildinformationen nehmen an Bedeutung zu.
→ Informationen werden aktivierender und emotionaler dargeboten.

Verdrängungswettbewerb und Produktdifferenzierung beeinflussen die Kommunikationspolitik. Die objektive und funktionale Qualität der Produkte ist zur Selbstverständlichkeit geworden. Die Folge ist ein nachlassendes Interesse an Produktinformationen. Der Verdrängungswettbewerb und die Produktdifferenzierung haben zu austauschbaren Produkten geführt. Die Kommunikationspolitik hat die Aufgabe, diese objektiv austauschbaren Produkte kommunikativ zu differenzieren (z. B. über ein besonderes Produktimage). Beispiel: Kinderschokolade.

Ziele   Kommunikationsziele sind aus den übergeordneten Marketing-Zielen abzuleiten. Das allgemeine **Ziel der Kommunikationspolitik** ist die Beeinflussung der Kenntnisse, Einstellungen und kaufrelevanten Verhaltensweisen aller Interessengruppen (= Stakeholder) des Unternehmens. Die wichtigsten speziellen **Kommunikationsziele** sind:
→ Erhöhung des Bekanntheitsgrades
→ Wecken von Aufmerksamkeit und Interesse am Produkt
→ Vermittlung von Produktkenntnis, Produktwissen
→ Positiver Image-Aufbau, Einstellung zum Produkt
→ Schaffung von Produktpräferenz
→ Kommunikative Profilierung des Produkts
→ Auslösung von Kaufwünschen
→ Direkte und indirekte Verhaltensbeeinflussung
→ Bestätigung des Kaufverhaltens

Definition

Die Kommunikationsstrategie enthält mittel- bis langfristige Verhaltenspläne die angeben, mit welchen Kommunikationsinstrumenten (= Kommunikationsmix) im Schwerpunkt die Kommunikationsziele im Planungszeitraum erreicht werden sollen.

Instrumente   Zur Erreichung der Kommunikationsziele können im Rahmen der Kommunikationsstrategie die folgenden **Kommunikationsinstrumente** eingesetzt werden:
→ Werbung
→ Verkaufsförderung
→ Sponsoring

→ Product-Placement
→ Messen, Ausstellungen
→ Direkt-Kommunikation
→ Events
→ Öffentlichkeitsarbeit
→ Corporate-Identity-Politik

Persönliche Kommunikation tritt bei unterschiedlichen Marketing-Instrumenten auf und wird in der Kommunikationspolitik nicht besonders behandelt. Persönliche Kommunikation zwischen Mitarbeitern und Kunden findet statt z. B. in der Verkaufsförderung, bei Events, bei Messen und Ausstellungen, in der Öffentlichkeitsarbeit und beim persönlichen Verkauf.

Persönliche Kommunikation

Prozess der Kommunikationsplanung | 8.2

Der idealtypische Prozess der Kommunikationsplanung durchläuft die folgenden Phasen:
● Situationsanalyse (intern und extern)
● Bestimmung der Kommunikationsziele
● Beschreibung der Zielgruppen
● Festlegung der Kommunikationsstrategie
● Einsatz von Kommunikationsinstrumenten
● Planung der Kommunikationsmaßnahmen
● Bestimmung des Kommunikationsbudgets
● Erfolgskontrolle der Kommunikation

Die **Situationsanalyse** des kommunikativen Verhaltens → vgl. Marketing-Situationsanalyse, S. 87 bezieht sich auf die externen Chancen und Risiken und die internen Stärken und Schwächen des Unternehmens. Aus der Situationsanalyse sind die **Kommunikationsziele** unter Beachtung der übergeordneten Marketing-Ziele abzuleiten. Die **Zielgruppen** → Glossar sind zu identifizieren und möglichst soziodemografisch und psychografisch zu beschreiben. Dabei sind Aussagen zur Mediennutzung von besonderer Bedeutung, da sie Hinweise zur Erreichbarkeit der Zielgruppen enthalten. Die Festlegung der **Kommunikationsstrategie** enthält die Beschreibung der schwerpunktartig eingesetzten Kommunikationsinstrumente und die Kommunikationsbotschaft (= grundsätzliche Argumentation). Die Kommunikationsstrategie enthält weiterhin die Festlegung der Kommunikationsmittel (z. B. Anzeigen) und der Kommunikationsträger (z. B. Medien). Die Bestimmung des **Kommunikationsbudgets** orientiert sich im

Idealfall an den Kommunikationszielen → vgl. Marketing-Budget, Kap. 8.3.4. Werbebudget, S. 228. In der Kommunikationsplanung erfolgt die Aufteilung der finanziellen Mittel auf die **Kommunikationsinstrumente** und die **Kommunikationsmaßnahmen** nach Effizienz- und Effektivitätskriterien. Dabei sind die Wirkungsbeziehungen zwischen den Instrumenten und Maßnahmen zu beachten. Festlegungen zu zeitlichen und räumlichen Aspekten ergänzen den Planungsprozess. Die **Erfolgskontrolle** der Kommunikation (= Überprüfung der Zielerreichung) durch die Marketing-Forschung und das Marketing-Controlling schliessen den Prozess ab → vgl. Kap. 4.6, S. 141. Der idealtypische Prozess der Kommunikationsplanung gilt grundsätzlich für alle Kommunikationsinstrumente.

8.3 | Werbung

8.3.1 | Begriff der Werbung und Träger der Werbung

Definition

Werbung → Glossar **ist eine Form der Massenkommunikation. Durch die Belegung von Werbeträgern mit Werbemitteln gegen leistungsbezogenes Entgelt werden Zielgruppen angesprochen, um Werbeziele zu erreichen.**

Werbeträger   Die Werbung (= Mediawerbung) wird manchmal als klassische Werbung (**Above-the-Line-Advertising** → Glossar) bezeichnet. Es ist eine indirekte Form der Kommunikation mit Hilfe von Medien. **Werbeträger** → Glossar sind Medien zur Übermittlung von Werbung. Sie sind Transportmittel der Werbemittel und damit der Werbebotschaft. Die klassischen Werbeträger sind z. B.:

- Zeitungen, Zeitschriften, Supplements, Lesezirkel-Mappen
- Hörfunk, Fernsehen
- Filmtheater (Kino)
- Flächen der Außenwerbung (z. B. Großflächen, Litfasssäulen)
- Online Medien

Bei den **Zeitungen** werden Tageszeitungen, Wochenzeitungen und Sonntagszeitungen unterschieden. Eine weitere Differenzierung führt zu Abonnementzeitungen und Kaufzeitungen, die überregional, regional oder lokal auftreten. **Zeitschriften** werden in Publikumszeitschriften und Fachzeitschriften unterteilt. Publikumszeitschriften sind u. a. Illustrierte,

Frauen- und Modezeitschriften, Programmzeitschriften und Special Interest Titel (z. B. aus den Bereichen Börse, Computer, Auto, Bauen und
Wohnen). Kostenlose Kundenzeitschriften kommen z. B. aus den Branchen Apotheken, Bäckereien, Drogerien und Energie. **Supplements** sind
ein beigelegtes redaktionelles Ergänzungsmedium. **Hörfunk** und **Fernsehen**
haben eine Haushaltsabdeckung von 100 Prozent. Eine große Angebots-
vielfalt von Sendern und Programmen führt zu einem intensiven
Kampf um Quoten.

Die Produktion von Kinospots kann von einfach bis aufwändig gestaltet werden. Die kleinste Belegungseinheit ist das einzelne Kino. Sta-
tionäre **Außenwerbung** sind Plakate, Spezialstellen wie z. B. Brücken und
elektronische Anzeigen. Bewegliche Außenwerbung ist die Verkehrsmittelwerbung z. B. der Bahn AG und der Unternehmen des öffentlichen
Nahverkehrs. Das **Online-Medium** Internet ermöglicht die direkte Kommunikation zwischen Unternehmen und potenziellen Kunden.

Merksatz

Werbemittel → Glossar sind sinnlich wahrnehmbare Erscheinungsformen
der Werbebotschaft. Die klassischen Werbemittel sind z. B. Anzeigen,
Fernseh-, Kino- und Rundfunk-Spots und Plakate. Ein Werbemittel im
Internet ist die eigene Web-Seite, die auch als Werbeträger für andere
Unternehmen dienen kann

Web-spezifische Werbemittel sind Buttons, Banner und Frames, die in   *Internet*
die Web-Seite integriert sind. Ein Button ist eine kleine, meist interaktive
Werbefläche. **Banner** → Glossar sind größere, meist schmale und recht-
eckige interaktive Werbeflächen. Frames sind größere Werbeflächen,
die meist mehrere Buttons und Banner enthalten. Bei New-Windows-
Ads (z. B. Pop-Up-Ad, Pop-Under-Ad) dagegen erscheinen die Einblen-
dungen automatisch in den sich öffnenden Browserfenstern. Beim Key-
word Advertising werden Banner bei Suchmaschinen (z. B. Google) in
Verbindung mit bestimmten Suchbegriffen platziert.

Merksatz

Eine Werbekonzeption enthält Aussagen zu Werbezielen, Zielgruppen,
Werbestrategien und Werbemaßnahmen.

8.3.2 | Werbeziele und Zielgruppen

Werbeziele → Glossar sind aus den übergeordneten Kommunikationszielen abzuleiten. Sie können zur Steuerung und zur Kontrolle eingesetzt werden. Werbeziele haben eine Steuerungsfunktion, da die Werbemaßnahmen so auszurichten sind, dass die Werbeziele möglichst genau erreicht werden. Werbeziele haben zusätzlich eine Kontrollfunktion, da die Werbeziele als Maßgröße für die **Werbeerfolgskontrolle** → vgl. Kap. 8.3.7 Werbewirkungskontrolle, S. 239 dienen.

Ziele   Da die Erreichung von ökonomischen Zielen (z. B. Absatz, Umsatz, Gewinn) nicht eindeutig auf Werbemaßnahmen zurückzuführen ist, sind als **Werbeziele** psychologische Ziele zu formulieren → vgl. Kap. 4.3 Marketingziele, S. 94:

→ Aufmerksamkeit
→ Wahrnehmung
→ Kenntnis von Marken
→ Wissen über Produktmerkmale
→ Produktinteresse
→ Einstellung, Produktimage
→ Produktpositionierung
→ Kaufabsicht

Diese Ziele sind messbar und direkt auf Werbemaßnahmen zurückzuführen, wenn sie operational formuliert sind. Für die operationale Formulierung der Werbeziele sind Zielinhalt, Ausmaß, Zeit, Objekt und Marktsegment bzw. Zielgruppe festzulegen. Beispiel: Steigerung der Markenbekanntheit (= Inhalt) des Produkts „Trendy" (= Objekt) bei den potenziellen männlichen Käufern von 30–50 Jahren (= Marktsegment, Zielgruppe) auf 60 % (= Ausmaß) innerhalb von 12 Monaten (= Zeit).

Die **Modelle der Werbewirkung** greifen zentrale Werbeziele auf. Sie stellen einen Verarbeitungsprozess dar, der über verschiedene Wirkungsstufen verläuft.

Ein bekanntes Werbewirkungsmodell ist das **AIDA-Modell**:

→ Aufmerksamkeit (**A**ttention)
→ Interesse (**I**nterest)
→ Kaufwunsch (**D**esire)
→ Kauf (**A**ction)

Dabei wird unterstellt, dass die nächste Stufe erst dann erreicht werden kann, nachdem die vorherige Stufe durchlaufen wurde. Ein anderes Modell enthält z. B. die Stufen Bewusstheit, Wissen, Bevorzugung und Loyalität. Das Ziel „Loyalität" geht über den einmaligen oder mehrmaligen Kauf hinaus und steht für eine dauerhafte Kundenbeziehung und Kundenbindung. Ein weiteres Werbewirkungsmodell unter Berücksichtigung von Werbeträger und Werbemittel geht von folgenden Wirkungsstufen aus: Physischem Werbeträgerkontakt, Physischem Werbemittelkontakt, Psychischer Verarbeitung des Werbemittels, Speicherung der empfangenen Werbebotschaft, Veränderung von Präferenzen, Handlung. Diese Stufenmodelle sind keine Gesetzmäßigkeiten. Die Modelle sollen als gedankliche Teilwirkungen (= Teilziele) der Werbung verstanden werden.

Merksatz

Stufenmodelle sind als Checklisten für Werbeziele zu verstehen, die die Vielzahl der intrapersonalen Informationsverarbeitungsprozesse kennzeichnen.

Die Formulierung von Zielen muss sich an **Zielgruppen** → Glossar orientieren. Die Bildung von Zielgruppen ist das Aufteilen des Marktes in homogene Kundengruppen → vgl. Marktsegmentierung, S. 97. Das Ziel der Zielgruppenbildung ist es, Kunden so zusammenzufassen, dass ihre Bedürfnisse durch einen bestimmten Marketing-Mix befriedigt werden können. In einem ersten Schritt müssen die Zielgruppen identifiziert werden. Zu den in der Marketing-Konzeption genannten Zielgruppen treten die Personengruppen hinzu, die Einfluss auf Meinungen, Einstellungen und Kaufverhalten ausüben (z. B. Meinungsführer, Referenzgruppen). In einem zweiten Schritt müssen die Zielgruppen beschrieben werden. Dazu werden in Konsumgütermärkten demographische, sozioökonomische, psychographische Merkmale und Verhaltensmerkmale herangezogen. In Investitionsgütermärkten werden branchenbezogene und unternehmensbezogene Kriterien und die Mitglieder der **Buying Center** → Glossar beschrieben. Zu einer möglichst vollständigen Charakterisierung der Zielgruppen sind mehrere Kriterien zu verwenden, die miteinander verknüpft werden. Im Konsumgüterbereich sind daraus eine Vielzahl von **Typologien** → Glossar (= Zielgruppentypologien, Konsumententypologien) entstanden. In einem dritten Schritt ist die Erreichbarkeit der Zielgruppe zu überprüfen. Die identifizierten und beschriebenen Zielgruppen müssen für die Kommunikations- und Werbestrategie über Medien erreichbar sein.

Zielgruppen

Die Zielgruppenidentifizierung und die Zielgruppenbeschreibung sind die Voraussetzungen für die Analyse der Erreichbarkeit der Zielgruppen. Die Zielgruppen müssen über kommunikationspolitische Instrumente erreichbar sein. Es müssen Informationen über die Nutzung von Informationsquellen und über die Nutzung von Medien vorliegen.

8.3.3 | Werbestrategien

Die Werbestrategie enthält mittel- bis langfristige Verhaltenspläne die angeben, mit welchen Schwerpunkten von Werbeträgern (= Medien) und Werbemitteln die Werbeziele im Planungszeitraum erreicht werden sollen.

Eine **Werbestrategie** → Glossar enthält grundsätzliche Entscheidungen zu den folgenden Punkten:
- Werbeobjekte
- Werbebotschaft
- Werbeträger (Mediastrategie)
- Werbemittel (Copy-Strategie)
- Zeitplanung
- Intensität

Die Basis der Werbestrategie ist das Werbeobjekt und die Werbebotschaft. Das **Werbeobjekt** ist eine Sach- oder Dienstleistung, über die eine Werbeaussage gemacht wird. Beispiele: Marke, Markenfamilie, Unternehmen. Die **Werbebotschaft** → Glossar ist die Aussage, die den Zielgruppen mitgeteilt werden soll. Dies kann z. B. eine bestimmte Produkteigenschaft sein. Mit der **Mediastrategie (= Mediaselektion)** wird in der **Mediaplanung** → vgl. S. 232 festgelegt, welchen Stellenwert die einzelnen Medien zur Zielerreichung einnehmen. Es geht um die grobe Bestimmung, welche unterschiedlichen Medien (wie z. B. die Medien der klassischen Werbung wie Zeitungen, Zeitschriften, Fernsehen und Hörfunk) mit welcher Gewichtung zum Einsatz kommen.

In der **Copy-Strategie** wird der Argumentations- und Gestaltungsstil für die Werbebotschaft festgelegt. Sie bildet den mittel- bis langfristigen

Rahmen für den Werbeauftritt des Produkts. Die Copy-Strategie dient als Vorgabe für die kreative Gestaltung der Werbebotschaft. Bei einer externen Umsetzung ist die Copy-Strategie ein wesentlicher Teil des **Briefings** → Glossar für die beauftragte Agentur.

Infokasten

Eine **Copy-Strategie** → Glossar enthält folgende Bestandteile:
- Werbeziele
- Beschreibung der Zielgruppen
- Zielpositionierung
- Produktnutzen (= Consumer Benefit)
- Begründung des Produktversprechens (= Reason Why)
- Grundton der Werbung (= Tonality)

Die Werbebotschaft ergibt sich unmittelbar aus der Positionierung des Produkts. In der Werbebotschaft muss der **Produktnutzen**, der **USP (= Unique Selling Proposition** → Glossar = einzigartiges Verkaufsversprechen), kommuniziert werden. Der USP ist ein spezifischer Nutzen für die Zielgruppe, den Konkurrenzprodukte nicht aufweisen oder bisher nicht für sich in Anspruch genommen haben. Der besondere Nutzen kann dabei physischer, psychischer, sozialer, zeitlicher oder finanzieller Art oder eine Kombination davon sein. Durch diesen einzigartigen Verkaufsvorteil wird das Produkt ganz spezifisch und nur schwer nachahmbar profiliert. Für die Kommunikation kann der USP in eine **Unique Communication Proposition (UCP)** → Glossar und für die Werbung in eine **Unique Advertising Proposition (UAP)** umgesetzt werden. UCP und UAP enthalten die kommunikative und werbliche Leitidee und Kernbotschaft. Eine kommunikative und werbliche Alleinstellung kann nur schwer imitiert werden. Die **Begründung des Produktversprechens** führt zu einer glaubhaften und überzeugenden Werbung. Dies kann über die Angabe von objektiven Produkteigenschaften erreicht werden. Mit der **Festlegung des Grundtons** der Werbung wird der **Werbestil** → Glossar bestimmt. Der Werbestil ist eine über einen längeren Zeitraum gleich bleibende einheitliche Umsetzung der Werbebotschaft. Ausgewählte Stilelemente (z. B. Kernaussage, Slogan, Typographie, Farbstimmung, Logo, Jingle) werden konstant gehalten. Andere Bestandteile (z. B. Bildmotive, Texte) werden aktualisiert und dem Zeitgeist angepasst.

Die **Zeitplanung** enthält die Festlegungen über den Werbeeinsatz in der Planungsperiode. Beispiele: kontinuierliche Werbung oder pulsierende Werbung, zyklische Werbung oder anti-zyklische Werbung. Die **Werbein-**

tensität legt den auszuübenden Werbedruck fest. Beispiel: Viele „kleine"
Anzeigen oder wenige „große"Anzeigen.

8.3.4 | Werbebudget

Das **Werbebudget** → Glossar **enthält die Kosten der Planung und Durchführung aller Werbemaßnahmen einer Planungsperiode.**

Nachdem Werbeziele und Werbestrategie festgelegt worden sind, kann
das Werbebudget geplant werden. Theoretisch wäre von **Werbereaktionsfunktionen** auszugehen, die die Auswirkungen von Werbemaßnahmen
auf die Werbeziele wiedergeben. Diese Optimierungsansätze haben
keine wesentliche praktische Bedeutung erlangt.

Budgetierungsmethoden Es lassen sich folgende **praxisorientierte Budgetierungsansätze** → vgl. Marke-
tingbudgetierung, S. 92 unterscheiden:

- Ausrichtung am Umsatz oder Gewinn
- Ausrichtung an Absatzmengen
- Ausrichtung an verfügbaren Finanzmitteln (= „**All you can afford Me-
thod**" → Glossar)
- Ausrichtung an der Konkurrenz (= **Wettbewerbs-Paritäts-Methode** → Glos-
sar)
- **Werbeanteils-Marktanteils-Methode** → Glossar
- Ausrichtung an Zielen und Aufgaben

Bei der **Ausrichtung am Umsatz oder Gewinn** wird ein bestimmter Prozentsatz
dieser Größen als Werbebudget festgelegt. Als Bezugsgröße dienen der
Ist-Umsatz/Gewinn der Vorperiode, der Plan-Umsatz/Gewinn der nächsten Periode oder Durchschnittswerte verschiedener Plan- oder Ist-Peri-
oden. Die Ausrichtung am Umsatz ist in der Praxis am häufigsten anzu-
treffen. Die durchschnittlichen Prozentsätze über alle Branchen liegen
zwischen 0,5 % und 5 % vom Umsatz. Eine Ausnahme bildet der Kosme-
tikmarkt, der deutlich höhere Werbebudgets erfordert. Das Verfahren
ist leicht handhabbar. Der Nachteil ist eine fehlende Ursache-Wirkungs-
Beziehung zwischen Werbebudget (= Ursache) und Umsatz (= Wirkung).
Bei sinkenden Umsätzen wird das Werbebudget reduziert. Dies kann zu
weiter sinkenden Umsätzen führen. Die Höhe des Prozentsatzes ist sach-

lich nicht zu begründen und damit willkürlich. Bei der **Ausrichtung an den Absatzmengen** wird ein konstanter Werbekostenbeitrag je Produkteinheit festgelegt. Der Vorteil dieser Methode liegt darin, dass nur wenige Informationen für die Budgetplanung benötigt werden. Die Nachteile der oben angeführten Methode gelten auch hier. Bei der **Ausrichtung an verfügbaren Finanzmitteln** ergibt sich das Werbebudget als Restgröße (= Residualgröße) aus der Umsatz- und Gewinnplanung. Werbekosten werden als vermeidbare finanzielle Belastung angesehen. Nur bei einer Gewinnsituation wird ein Werbebudget eingeplant. Nachteilig ist auch bei dieser Methode der fehlende Ursache-Wirkungs-Zusammenhang. Ebenso fehlt die Berücksichtigung der eigenen Marketing- und Kommunikationsziele. Die **Ausrichtung an der Konkurrenz** erfolgt über ausgewählte Kennzahlen. Orientierungsgrößen können die Werbebudgets der größten Konkurrenten sein oder Durchschnittswerte der Branche. Der Faktor **Share of Advertising** ist der Prozentanteil der Werbeausgaben einer Marke an den gesamten Werbeausgaben der Konkurrenz. Mit dem Share of Advertising wird der Werbedruck erfasst. Der Vorteil liegt in der ausdrücklichen Berücksichtigung von Konkurrenzverhalten. Dies wird besonders in Märkten mit intensivem Wettbewerb sinnvoll sein. Probleme können in der Datenbeschaffung auftreten. Die Konkurrenzinformationen führen zu einem reaktiven Verhalten. Die möglicherweise anders gelagerte werbliche Situation der Konkurrenz wird zum Maßstab für das eigene Verhalten genommen. Die **Werbeanteils-Marktanteils-Methode** → Glossar gehört zu den konkurrenzorientierten Verfahren. Das Werbebudget wird in Relation zum Marktanteil des eigenen Unternehmens festgelegt. Voraussetzung für dieses Verfahren ist die Kenntnis der gesamten Werbeaufwendungen einer Branche und deren Verteilung auf die einzelnen Konkurrenten. Aus diesen Informationen können Schlussfolgerungen auf das Wettbewerbsverhalten der einzelnen Marktteilnehmer gezogen werden. Falls z. B. der Werbeanteil eines Konkurrenten höher ist als sein Marktanteil, kann dies auf eine aggressive Werbestrategie hindeuten. Beide konkurrenzorientierten Verfahren berücksichtigen nicht die eigenen Marketing- und Kommunikationsziele. Die **Ausrichtung an Zielen und Aufgaben** berücksichtigt ausdrücklich die Kommunikations- und Werbesituation des Unternehmens. Ausgangspunkt bilden die operational formulierten Werbeziele. Die Kosten der zur Erreichung der Ziele notwendigen Werbemaßnahmen werden kalkuliert. Die Wirkungen der geplanten Werbemaßnahmen müssen prognostiziert werden. Dabei werden die Erfahrungen von früheren Werbemaßnahmen eine wichtige Rolle spielen. Zusätzlich ist es sinnvoll, auch Überlegungen über den Verlauf von Werbereaktionsfunktionen anzustellen, um die Entscheidungen theoretisch abzusichern → vgl. Kap. 8.3.6 Mediaplanung, S. 232.

Merksatz

Das Werbebudget wird entweder aus spezifischen Bezugsgrößen oder aus den zu erreichenden Werkszielen abgeleitet.

8.3.5 | Werbebotschaft

Definition

Die **Werbebotschaft** → Glossar **ist die grundsätzliche Argumentation, mit der die Aufmerksamkeit der Zielgruppe gewonnen werden soll. Die Werbebotschaft versucht, die Zielgruppen zu einer Einstellungsänderung oder zu einer Verhaltensänderung gegenüber dem Werbeobjekt zu bewegen.**

Mit der Werbebotschaft werden die Leistungen des Unternehmens herausgestellt. Die Werbebotschaft und ihre kreative Umsetzung sollen das Produkt (= Werbeobjekt) von den Konkurrenzprodukten abheben (**Copy Strategie** → Glossar, vgl. USP, S. 227). Der Inhalt der Werbebotschaft und die Gestaltung der Werbemittel müssen sich an den Kommunikations- und Werbezielen orientieren. Es lassen sich die Gestaltung des **Botschaftsinhalts** und die Gestaltung der **Botschaftsform** unterscheiden.

Gestaltung　　Bei der **Gestaltung des Botschaftsinhalts** werden rationale und psychologische Gestaltung unterschieden. Bei der **rationalen Gestaltung** der Werbebotschaft steht die Vermittlung von Informationen im Vordergrund. Die Darstellung der Produktvorteile erfolgt über objektive Tatbestände. Durch Argumente und nachprüfbare Beweise wird die sachliche Überzeugung der Zielgruppe angestrebt. Die **psychologische Gestaltung** der Werbebotschaft greift z. B. auf folgende Gestaltungselemente zurück: Emotionen, Erotik, Humor, Moral und Furcht. Werbebotschaften werden derzeit überwiegend emotional gestaltet. **Emotionale Ansprachen** aktualisieren und verstärken Bedürfnisse und haben über das Werbemittel eine hohe Kontaktwirkung. Durch die emotionale Gestaltung der Werbebotschaft wird die Aufmerksamkeit der Zielgruppe auf das Werbemittel gelenkt und der Kontakt zur Zielgruppe hergestellt. Zunehmend werden emotionale Erlebniswerte kommuniziert. Erlebniswerte können z. B. Liebe, Glück, Entspannung, Frische und Natur sein. Durch die Botschaft wird versucht, mit dem Produkt ein unverwechselbares Erlebnisprofil zu verbinden. Beispiel: Marlboro-Werbung. Die Ergebnisse von empiri-

schen Untersuchungen zur Kommunikationswirkung von erotischen   Wahrnehmung
Gestaltungselementen deuten auf höhere Aufmerksamkeitswerte und
auf die Beeinflussung des Produktimages hin. Humor wird bevorzugt
wahrgenommen, erregt das Interesse und kann zu einer positiven Einstellung gegenüber der Botschaft beitragen. Negative Auswirkungen
können sich auf die Glaubwürdigkeit und auf die Seriosität des Unternehmens ergeben. Die Botschaftsgestaltung kann auch auf die Nach-
ahmung von Personen ausgerichtet werden. Die Zielgruppe soll sich an
Testimonials → Glossar (= konkrete oder abstrakte Leitbilder), Stars, Experten und an der Darstellung von typischen Konsumenten aus der Zielgruppe orientieren. Bei negativen Appellen durch moralische Ansprachen und der Verwendung von Angst- und Furchtelementen besteht die
Gefahr von wirkungshemmenden Effekten.

Merksatz

Bei der Gestaltung von Botschaftsinhalten überwiegt die emotionale
Ansprache.

Der Botschaftsinhalt wird bei der **Gestaltung der Botschaftsform** in **Bilder** und
Sprache umgesetzt, die eine sinnvolle Kombination aus **Werbekonstanten**
und **Werbevariablen** enthält.

   Bilder werden bei Anzeigen aufgrund ihres höheren Informations-
gehalts überwiegend zuerst betrachtet. Daraus folgt, dass der Bildteil
eine höhere Wirkung hat als der Textteil. Bilder haben meist ein höheres
Aktivierungspotenzial als Texte. Dies hat positive Auswirkungen auf die
Wahrnehmung → Glossar und die Verarbeitung von Informationen. Die Verarbeitung im Gehirn erfolgt mit geringeren gedanklichen Anstrengun-
gen. Bilder können 40-mal schneller aufgenommen werden als Texte.
Die Erinnerung an Bilder ist stärker als die Erinnerung an Wörter. Die Bedeutung von Bildern wird weiterhin zunehmen. Die **Typographie** → Glossar
sorgt durch die Wahl von Schrifttypen und die räumliche Gestaltung
von Texten für die Erkennbarkeit und Lesbarkeit. Die sprachliche Gestaltung legt Wert auf die Verständlichkeit von Texten. Einfache **Slogans**
→ Glossar und kurze Sätze sind zu empfehlen. Dies gilt insbesondere für
die Großflächenplakate und die Verkehrsmittelwerbung auf Bussen und
Bahnen in der Außenwerbung. Bei Anzeigen werden kreative **Headlines**
(= Hauptüberschriften) die Aufmerksamkeit erhöhen und das Interesse
für die Werbebotschaft wecken. Die **Farbe** spielt für die Aufmerksamkeit,
für Gedächtniswirkungen und für die Identifizierung eine wesentliche
Rolle. Die Farbe ruft bestimmte Assoziationen beim Betrachter hervor. In

Hörfunk- und Fernsehspots wird die Verwendung von **Musik** zur Gestaltung der Werbebotschaft eingesetzt. Musiktitel (= Jingles) können hohe Bekanntheits- und Wiedererkennungswerte aufweisen. Die **Größe von Anzeigen** und die **Länge von Rundfunk- und Fernsehspots** wirken sich positiv auf Aufmerksamkeit, Erinnerung, Wiedererkennung und Produktkenntnis aus. Je größer die Anzeigen und je länger die Spots, desto bessere Werte werden erreicht. **Werbekonstante** sind Slogans, Marken, Symbole, Melodien, Farben und Layouts. Sie sorgen für eine gute Erinnerung und Wiedererkennbarkeit. **Werbevariablen** wie z. B. Bildmotive und Texte werden nur zeitweise eingesetzt. Sie verhindern Monotonie und Gewöhnung.

Merksatz

Bildinformationen sind Textinformationen weit überlegen. Werbekonstanten bewirken Wiedererkennung und Werbevariablen sorgen für Abwechslung.

8.3.6 Mediaplanung

Definition

Die **Mediaplanung** (= Streuplanung) enthält die zielgruppengerechte Aufteilung des Werbebudgets auf die Werbeträger (= Medien) für eine Planungsperiode.

Die Aufteilung des Werbebudgets erfolgt in sachlicher und zeitlicher Hinsicht. Die **sachliche Verteilung des Budgets** beschäftigt sich mit der Frage, auf welche Produkte, Werbeträger, Werbemittel und Regionen das Budget aufgeteilt werden soll. Die **zeitliche Verteilung des Budgets** legt die Belegungszeitpunkte im Zeitablauf fest (= „Timing" der Werbung).

Der Planungsprozess in der Mediaplanung (= **Mediaselektion**) findet in zwei Stufen statt.

- Intermediaselektion
- Intramediaselektion

Das Ergebnis ist der **Mediaplan.** Der Mediaplan zeigt die sachliche und zeitliche Verteilung des Budgets. Er zeigt die Belegung der einzelnen Werbeträger nach bestimmten Zeitintervallen. Der Mediaplan soll sicherstellen, dass die Nutzer der ausgewählten Medien mit den eigenen

Zielgruppen übereinstimmen. Ziel ist die **Minimierung von Streuverlusten**
→ Glossar.

In der **Intermediaanalyse** wird eine Vorauswahl unter den Werbeträgergruppen vorgenommen. Es lassen sich grundsätzlich die folgenden **Werbeträgergruppen** unterscheiden:

→ Print-Medien (z. B. Zeitungen, Zeitschriften)
→ Elektronische Medien (z. B. Fernsehen, Funk, Film, Internet)
→ Medien der Außenwerbung (z. B. Plakate, Verkehrsmittel)
→ Medien der Direkt-Kommunikation (z. B. Mailings, Telefonverkauf)

Innerhalb der Werbeträgergruppen wird meist ein Basismedium ausgewählt, das den höchsten finanziellen Anteil am Budget erhält. Die anderen Medien sind flankierende Medien. Die Kombination der Medien
ist der **Mediamix**. Mediastrategien beruhen auf Intermediavergleichen. Es
geht um die Auswahl von Werbeträgergruppen. Kriterien für die **Intermediaselektion** sind z. B.:

→ Funktion des Mediums für den Nutzer (z. B. Information, Unterhal-
  tung)
→ Darstellungsmöglichkeiten im Medium (z. B. Text, Bild, Ton, Farbe)
→ Erscheinungsweise (z. B. täglich, wöchentlich, monatlich)
→ Nutzungshäufigkeit (z. B. einmalige oder mehrmalige Nutzung einer
  Zeitschrift)
→ Situation der Wahrnehmung (z. B. zu Hause, am Arbeitsplatz, unter-
  wegs)
→ Reichweite (z. B. bezogen auf die Anzahl der erreichten Zielpersonen)
→ Kosten (z. B. bezogen auf 1.000 Kontakte, Werbemittel-Produktions-
  kosten)

Die Bewertung kann auf der Grundlage der oben genannten Bewertungskriterien über Punktbewertungsverfahren → vgl. Scoring-Modelle, S. 171
vorgenommen werden. Die Bewertungskriterien sollten nach ihrer Bedeutung gewichtet werden.

In der **Intramedianalyse** werden innerhalb der ausgewählten Werbeträgergruppen die Werbeträger ausgewählt, die am besten zur Erreichung
der Werbeziele beitragen. Dazu ist es notwendig, die Zielgruppe mit den
ausgewählten Medien zu erreichen. Messgröße für die Erreichung dieses
Ziels ist die **Affinität**. Die Affinität ist der prozentuale Anteil der Reichweite bei Zielpersonen an der gesamten Reichweite des Werbeträgers.
Zur Beurteilung und Auswahl von Medien können die folgenden Kriterien herangezogen werden:

→ Auflagen der Print-Medien
→ Anzahl der Fernseh- und Hörfunkgeräte

Mediaanalyse

→ Anzahl von Filmtheatern
→ Anzahl von Anschlagflächen bei der Außenwerbung
→ Kontakte
→ Reichweite
→ Attraktivität des Mediums
→ Gross-Rating-Points
→ Tausender-Kontakt-Preis

Kontakte

Bei den **Kontakten** werden Werbeträgerkontakt und Werbemittelkontakt unterschieden. Ein **Werbeträgerkontakt** ist jeder Kontakt zwischen einer Person und einem Werbeträger. Beispiel: Durchblättern einer Zeitung. Aus dem Werbeträgerkontakt ergibt sich eine **Kontaktwahrscheinlichkeit** für den Werbemittelkontakt. Der **Werbemittelkontakt** ist der Kontakt zwischen einer Person und einem Werbemittel. Beispiel: Beim Durchblättern der Zeitung wird die Anzeige wahrgenommen. Ein wiederholtes Durchblättern der Zeitung erhöht die Kontaktzahlen. Ein Werbeträgerkontakt ist die Voraussetzung für den Werbemittelkontakt. Eine für die Intramedia-

Reichweite

selektion entscheidende **Kontaktmaßzahl** → Glossar ist die **Reichweite** → Glossar eines Mediums. Die Reichweite gibt die Anzahl der Kontakte der Medien mit den Nutzern der Medien an. Es können verschiedene Reichweiten-begriffe unterschieden werden:

● Quantitative Reichweite
● Qualitative Reichweite (= Affinität)
● Nettoreichweite
● Bruttoreichweite
● Kumulierte Reichweite
● Kombinierte Reichweite

Die **quantitative Reichweite** drückt das Verhältnis der Leser je Ausgabe zur Gesamtbevölkerung im Verbreitungsgebiet aus. Die **qualitative Reichweite (= Affinität)** zeigt auf der Grundlage der quantitativen Reichweite den Anteil der Personen an, die zur Zielgruppe gehören. Die **Nettoreichweite** → Glossar gibt die Anzahl der Personen an, die von einem Medium mindestens einmal erreicht werden. Doppelleser werden abgezogen. Die **Bruttoreichweite** → Glossar ist die Summe der Einzelreichweiten mehrerer Ausgaben eines Mediums oder mehrerer Medien. Doppelleser werden nicht herausgerechnet. Die Bruttoreichweite enthält interne und externe Überschneidungen und gibt damit keine Information über die effektive Reichweite. **Interne Überschneidungen** → Glossar werden z. B. bei mehrfacher Schaltung einer Anzeige in einem Medium hervorgerufen. Mehrfachnutzer und Dauernutzer lesen mehrere Ausgaben. **Externe Überschneidungen** → Glossar ergeben sich durch die Nutzung verschiedener Medien durch ein und dieselbe Person. Die **kumulierte Reichweite** gibt die Anzahl der Mediennutzer an, die bei mehrmaliger Belegung erreicht werden. Dabei wird die Bruttoreichweite des Werbeträgers mit der Anzahl der Belegungen multipliziert und um diejenigen Nutzer bereinigt, die wiederholt erreicht wurden (= interne Überschneidungen). Die kumulierte Reichweite drückt aus, wie stark die Reichweite nach der Schaltung mehrerer Anzeigen ansteigt. Die Höhe der kumulierten Reichweite ist davon abhängig, ob das Medium regelmäßig, unregelmäßig oder nur gelegentlich genutzt wird. Beispiel: Je höher der Anteil der regelmäßigen Leser ist, desto geringer fällt die kumulierte Reichweite aus. Je höher der Anteil der unregelmäßigen Leser ist, desto höher ist die kumulierte Reichweite. Die **kombinierte Reichweite** beschreibt alle Mediennutzer, die bei mehreren Schaltungen in verschiedenen Medien erreicht werden. Die kombinierte Reichweite berücksichtigt interne und externe Überschneidungen. Die **Attraktivität eines Print-Mediums** kann durch folgende Faktoren bestimmt werden:

Faktoren zur Bewertung von Print-Medien

→ Druckqualität   → Möglichkeiten der Platzierung
→ Redaktionelles Umfeld   → Image des Mediums
→ Werbliches Umfeld   → Medientransparenz
→ Leser-Blatt-Bindung

Bei der Mediaselektion muss die Affinität des Mediums beachtet werden, um Streuverluste zu minimieren. Die Zielgruppe des Unternehmens sollte mit den Nutzern der Medien in hohem Maße übereinstimmen. Informationen über demographische Merkmale, sozio-ökonomische Merkmale, psychographische Merkmale und über Verhaltensmerkmale der Zielgruppe müssen berücksichtigt werden. Ein Medium besitzt eine hohe Transparenz, wenn diese Informationen vorliegen (**Medientransparenz**). **Gross-Rating-Points (= GRP = Bruttokontaktsumme)** sind eine Messgröße zur Bestimmung des relativen Werbedrucks. Die GRP ist die Summe aller Kontakte ohne Berücksichtigung von Überschneidungen. Der **Tausender-Kontakt-Preis (= TKP)** gibt die Werbekosten an, die notwendig sind, um 1.000 Personen der Mediennutzer zu erreichen. Der **ungewichtete TKP** errechnet sich wie folgt:

Tausender-Kontakt-Preis

Preis pro Anzeigenseite × 1.000/Auflage bzw. Reichweite = TKP

Der **gewichtete Tausender-Kontakt-Preis (= TKP)** gibt die Werbekosten an, die notwendig sind, um 1.000 Personen der Zielgruppe zu erreichen. Der gewichtete TKP errechnet sich wie folgt:

Preis pro Anzeigenseite × 1.000/Anzahl der erreichten Zielpersonen = TKP

Die **konkurrenzorientierte Mediaplanung** bezieht das werbliche Verhalten von Wettbewerbern in die eigene Planung ein. Für die Messung des Werbeverhaltens der Konkurrenten können drei Kriterien herangezogen werden:

Share-of-Kriterien
- Share of Advertising
- Share of Mind
- Share of Voice

Der **Share of Advertising** → vgl. Kap. 8.3.4 Werbebudget, S. 228 ist der eigene Werbeanteil an den gesamten Werbeausgaben des relevanten Marktes. Der Share of Advertising wird oft in Relation zum eigenen Marktanteil (= Share of Market) im relevanten Markt betrachtet. Ist der Share of Advertising größer als der Share of Market (= Overspending) kann das bedeuten, dass die Werbeausgaben bezogen auf den erreichten Umsatz im Vergleich zur Konkurrenz überproportional hoch – also ineffizient – sind. Es kann aber auch bedeuten, dass durch überproportionale Werbung ein höherer Marktanteil erzielt werden soll. Ist der Share of Advertising kleiner als der Share of Market (= Underspending) sprechen die unterproportionalen Werbeausgaben bezogen auf den Umsatzanteil für besonders effiziente Werbung. Es kann aber auch einen Verzicht auf Marktanteil bedeuten. Der **Share of Mind** gibt den prozentualen Anteil der durchschnittlich erzielten Kontakte pro Person im Verhältnis zu den im relevanten Markt erzielten gesamten Kontakten an. Der Share of Mind gibt den Werbedruck pro Person an. Der **Share of Voice** gibt den prozentualen Anteil der eigenen Zielgruppenkontakte → vgl. Bruttoreichweite, S. 234 an den gesamten Kontakten im relevanten Markt an. Der Share of Voice drückt im Vergleich zum Share of Advertising aus, wie effizient das Werbebudget auf die einzelnen Medien verteilt wurde.

Die für die Mediaplanung erforderlichen Daten werden durch die Marketing-Forschung bereitgestellt. Die folgenden Institutionen u. a. liefern jährlich die für die Mediaplanung relevanten Informationen:

Daten für die Mediaplanung
- Informationsgemeinschaft zur Feststellung der Verbreitung von Werbeträgern e. V. (= IVW)
- Allensbacher Werbeträger Analyse (= AWA)
- Media Analyse (Arbeitsgemeinschaft Media-Analyse e.v. = ag.ma)
- Verbraucher Analyse (= VA)

Die **IVW** ermittelt Auflagen und Verbreitungsdaten von periodisch erscheinenden Printmedien (z. B. Zeitungen, Zeitschriften) und Offline-Publikationen (CD-ROM). Die **AWA** ist eine Markt-Media-Studie (= Mehrthemenbefragung) über Konsumgewohnheiten und Mediannutzung. Auftraggeber sind Verlage und TV-Sender. Die Daten werden über bundesweit rund 20.000 persönliche Interviews erhoben. Die AWA berichtet über die Kauf- und Verbrauchsgewohnheiten auf über 2.000 Märkten. Im Medienbereich werden Informationen über mehr als 250 Titel angeboten. Es werden Reichweiten und Nutzungsdaten erhoben von Publikumszeitschriften, Magazinsupplements von überregionalen Tageszeitungen und Zeitschriften, Programmsupplements, Wochen- und Monatszeitungen, überregionalen und regionalen Kaufzeitungen und vielen Special-Interest-Publikationen. Die Studie enthält Daten über die Nutzung von Fernsehen, Hörfunk und Kino. Reichweiten, Kontaktchancen und Nutzungsfrequenzen von Anzeigenblättern, Plakatanschlägen, Verkehrsmitteln und Internet-Sites sind ebenfalls vorhanden. Die AWA wird neben der Mediaplanung auch zur Zielgruppenbestimmung eingesetzt. Die **ag.ma** ist ein Zusammenschluss von 250 Unternehmen der Werbewirtschaft. Die Mitglieder sind Werbe- und Mediaagenturen, Hörfunk- und Fernsehsender, Herausgeber von Tageszeitungen und Publikumszeitschriften sowie werbetreibende Unternehmen. Die ag.ma hat als Dachorganisation das Ziel, Werbeträger zu messen. Es liegen Daten zu Werbeträger- und Werbemittelreichweiten vor, die Hinweise auf externe und interne Überschneidungen enthalten. Die Reichweite der Printmedien erfolgt in **Leser pro Ausgabe (= LpA)** → Glossar. Bei Fernsehen und Hörfunk werden Seher bzw. Hörer pro Tag und Zeiteinheit erhoben. Bei den Kinos wird der Kinobesuch pro Woche ermittelt. Datenbasis bilden mehr als 50.000 Interviews über die Nutzung von rund 150 Zeitschriften, über 600 Zeitungen, 230 Radioprogramme und 27 Fernsehprogramme. Die **Verbraucheranalyse (VA)** → Glossar ist eine Markt-Media-Studie, die die Media-Analyse um Informationen über den Kauf und die Verwendung von Produkten ergänzt. Die Verbraucheranalyse (VA) konzentriert sich in erster Linie auf das Konsum- und Gebrauchsverhalten und in zweiter Linie auf Einstellungen oder Psychografien. Grundgesamtheit ist die deutsche Wohnbevölkerung ab 14 Jahren (ca. 65 Mio. Personen). Die VA will möglichst viele werberelevante Produktbereiche abbilden. Die Untersuchung ist eine Kombination aus schriftlicher und mündlicher Befragung nach dem **Single Source-Prinzip** → Glossar. Die Stichprobe umfasst rund 30.000 Fälle. Zum Konsumverhalten werden 669 Produktbereiche und 1.881 Marken untersucht. In die Media-Analyse gehen Auswertungen zu 170 Printmedien, 180 Rundfunksendern und 11 TV-Sendern ein. Supplements, Lesezirkel, Großflächen und City-Light-Poster gehören ebenfalls zum Untersuchungsbereich. Für die Psychografien werden 112 Freizeit-, Lese- und TV-Interessen, 82 Einstellungen (z. B. zu Geld, Gesundheit, Markenbewusstsein), persönliche Stilpräferenzen (z. B. Musik, Kleidung, Einrichtung) und 20 soziale Werte (z. B. Freunde, Familie) erhoben sowie soziodemografische Daten.

Der Mediaplan enthält nicht nur die sachliche Verteilung des Budgets, sondern auch die **zeitliche Verteilung des Budgets**. Die Werbewirkung ist abhängig von der Anzahl und der zeitlichen Verteilung der tatsächlichen Kontakte (= Schaltungen). Den Zusammenhang zwischen Kontakthäufigkeiten und Werbewirkung zeigen **Werbewirkungskurven** (= response functions) auf. Werbewirkungskurven ergeben sich aus einer Kombination von Lernkurven und Vergessenskurven. Eine lineare Werbewirkungskurve geht davon aus, dass mit jedem zusätzlichen Kontakt dieselbe zusätzliche Wirkung erzielt wird. Diese Annahme ist nicht realistisch. Degressive Werbewirkungsfunktionen unterstellen eine abnehmende Wirkung von Werbekontakten. Als typische Form der Werbewirkungsfunktion gilt die S-förmige Kurve. Bei zunehmender Wiederholung können auch negative Auswirkungen auf die Werbewirkung auftreten. Solche **Wear-out-Effekte** → Glossar machen sich als verminderte Aufmerksamkeits- und Erinnerungsleistungen bemerkbar.

Der Werbeeinsatz über einen Zeitraum kann wie folgt gestaltet werden:

→ Zeitlich begrenzte intensive Schaltungen
→ Kontinuierliche Schaltungen
→ Kurze intensive Schaltungen in unregelmäßigen Abständen

Eine Kombination aus den oben genannten Möglichkeiten ist ebenfalls denkbar. In Abhängigkeit von der Nachfrage wird zwischen einem prosaisonalen und einem antisaisonalen Werbeeinsatz unterschieden.

Merksätze

Der Mediaplan legt fest, welche Medien zu welchen Zeitpunkten belegt werden sollen, um die Werbeziele zu erreichen. Streuverluste sind zu vermeiden. Der gewichtete, zielgruppenspezifische Tausender-Kontakt-Preis ist als Entscheidungskriterium dem ungewichteten Tausender-Kontakt-Preis vorzuziehen.

Werbewirkungskontrolle

Definition

Die **Werbewirkungskontrolle** (= **Werbeerfolgskontrolle** → Glossar) untersucht die Frage, in welchem Ausmaß die quantifizierten **Werbeziele** → Glossar vgl. Kap. 8.3.2 Werbeziele und Zielgruppen, S. 224 erreicht wurden.

Die Werbewirkungskontrolle beendet den Planungsprozess der Werbung. Die Testmethoden in der Werbewirkungsforschung unterscheiden zwischen Tests, die vor dem Einsatz des Werbemittels im Markt erfolgen (= Pre-Tests) und Tests, die nach dem Einsatz des Werbemittels im Markt angewendet werden (= Post-Tests). Pre-Tests dienen der Werbewirkungsprognose. Post-Tests dienen der Werbewirkungskontrolle (= Wirkungsdiagnose).

Pre-Tests → Glossar werden bei der Auswahl alternativer Gestaltungen von Werbemitteln eingesetzt. Pre-Tests z. B. sind Anzeigen-Tests, Plakat-Tests, TV-Spot-Tests und Funkspot-Tests. Beispiel: Aus 6 Anzeigenentwürfen sollen für die tatsächliche Schaltung 3 Entwürfe ausgewählt werden. Pre-Tests versuchen, die für die Werbewirkung wesentlichen psychischen Prozesse zu messen (z. B. Aktivierung, Wahrnehmung, Erinnerung). Dazu werden **Beobachtung** → vgl. S. 38 und **Befragung** → vgl. S. 34 als Methoden der Primärforschung angewendet.

Es lassen sich bei der Beobachtung unabhängig vom Werbemittel u. a. folgende **apparative Testverfahren** unterscheiden:

Testverfahren

- Tachistoskop
- Augenkameras
- Psychogalvanometer
- Elektroenzephalogramm
- Herz-, Atem-, Stimmfrequenz- und Blutdruckmessung
- Kamera-Lesebeobachtung

Das **Tachistoskop** → Glossar kann die Wahrnehmensfähigkeit testen. **Augenkameras** halten die Augenbewegungen einer Testperson auf einer Anzeige fest. **Psychogalvanometer** messen den elektrischen Hautwiderstand als Indikator für die Höhe der Aktivierung. **Elektroenzephalogramme** liefern Informationen über die Verarbeitung von kommunikativen Reizen. **Herz-, Atem-, Stimmfrequenz-** und **Blutdruckmessungen** sollen das Aktivierungsniveau erfassen und Gefühlswirkungen aufzeigen. Bei der **Kamera-Lesebeobachtung** wird das Leseverhalten durch eine versteckte Kamera aufgezeichnet.

Pre-Tests in Form von Befragungen finden als qualitative Einzelinterviews oder Gruppendiskussionen statt. Bei **Anzeigen-Tests** werden die folgenden Methoden unterschieden:

- Kurzzeittest
- Folder-Test
- Print-DAR-Test

In **Kurzzeittests** werden Testpersonen Anzeigen für 2 bis 3 Sekunden gezeigt. Die Erinnerungswerte geben Hinweise auf die Aufmerksamkeitswirkung und Prägnanz von Anzeigen. Bei einem **Folder-Test** erhält die Testperson eine Mappe mit redaktionellen Beiträgen und Anzeigen (= künstliche Zeitschrift). Nach der Durchsicht der Mappe wird die Testperson gestützt und ungestützt nach Anzeigen gefragt, an die sie sich erinnert. Im **Print-DAR-Test** (DAR = Day-After-Recall) erhält die Testperson für mehrerer Tage ein Originalheft mit einer eingefügten Anzeige. Zwischen Anzeigenkontakt und Befragung soll mindestens ein Tag liegen (= Day-After-Recall), damit die Erinnerungswirkung realitätsnäher erhoben werden kann.

Post-Tests → Glossar messen die durch die Werbung ausgelösten kognitiven, affektiven und konativen Wirkungen. Dazu werden grundsätzlich die gleichen Testverfahren wie bei den Pre-Tests angewandt. Die **kognitiven Wirkungen** wie z. B. Aufmerksamkeit und Wahrnehmung werden durch Kameras, Tachistoskope und Blickaufzeichnungsgeräte gemessen. Erinnerung und Wissen werden durch Recall- und Recognition-Tests erhoben. Bei einem **Recall-Test** → Glossar (= **unaided Recall** → Glossar) wird die ungestützte Erinnerung getestet. Die Testpersonen werden gebeten, bekannte Anzeigen zu nennen und zu beschreiben. Ein Beispiel für einen ungestützten Recall-Test ist der Impact-Test. Testpersonen erhalten eine Zeitschrift mit der zu überprüfenden Anzeige. Nach einiger Zeit werden die Testpersonen befragt, an welche Anzeige sie sich erinnern. Der gestützte Recall-Test (= **aided Recall** → Glossar) verwendet in der Vorlage unvollständige Anzeigen. Bei einem **Recognition-Test** → Glossar (= Wiedererkennung) werden den Testpersonen Anzeigen vorgelegt. Die Testpersonen geben an, ob sie die Anzeigen schon einmal gesehen haben, Teile gelesen haben und sich an bestimmte Anzeigenelemente erinnern können. Bei einem kontrollierten Recognition-Test werden den Testpersonen in einem Folder veröffentlichte und nicht-veröffentlichte Anzeigen vorgelegt. Dies soll Aufschluss über den Anteil fehlerhafter Angaben der Testpersonen geben. Die Messung von **affektiven Wirkungen** ist insbesondere die Messung von Einstellungen und Emotionen. Einstellungen werden über Einstellungs- und Imageskalen erhoben. Emotionen werden durch die apparativen Testverfahren gemessen. Die Richtung der Emotionen – ob negativ oder positiv – kann nur durch direkte und indirekte Befragungen festgestellt werden. Die **konativen Wirkungen** beziehen sich auf Kaufbereitschaften und Kaufwahrscheinlichkeiten. Befragungen geben Aufschluss über Produktpräferenzen und Kaufabsichten.

Erscheinungsformen der Werbung, Werbeagenturen | 8.3.8

Die zahlreichen Erscheinungsformen der Werbung lassen sich nach verschiedenen Kriterien systematisieren. Nach den Werbezielen lassen sich Einführungswerbung, Erhaltungswerbung und Erinnerungswerbung unterscheiden. **Einführungswerbung** bezeichnet die Werbung für ein neues Produkt. Ziel dieser Werbung wird es sein, das Produkt bei der Zielgruppe bekannt zu machen. **Erhaltungswerbung** und **Erinnerungswerbung** zielen darauf ab, den bisherigen Bekanntheitsgrad oder das bisherige Produktimage zu erhalten und zu stabilisieren. Die **Herstellerwerbung** stellt meist das Produkt in den Vordergrund. Die Ziele beziehen sich auf die Produktbekanntheit, das Wissen um Produktmerkmale und das Produktimage. Die Herstellerwerbung ist im Gegensatz zur Handelswerbung eher langfristig ausgelegt. Herstellerwerbung im Konsumgüterbereich ist oft **Sprungwerbung** → Glossar. Sprungwerbung sind Werbemaßnahmen, die sich an Endverbraucher richten, obwohl der Hersteller seine Produkte nicht direkt, sondern indirekt über den Handel absetzt. Die Markenprodukte der Hersteller werden dadurch für den Handel „vorverkauft". Die **Handelswerbung** ist meist kurzfristig auf eine Absatzsteigerung oder Absatzstabilisierung ausgerichtet. Die Werbung der Handelsunternehmen wird sich auf Herstellermarken und Handelsmarken beziehen. Bei **Produktwerbung**, **Sortimentswerbung** und **Firmenwerbung** steht das Werbeobjekt im Mittelpunkt der Werbemaßnahmen. Ein Hersteller mit einer **Einzelmarken-Strategie** → vgl. S. 179 wird Produktwerbung betreiben. Ein Hersteller mit einer **Markenfamilienstrategie** → vgl. S. 179 wird für die Markengruppe (= Markenfamilie) werben. Bei einer **Dachmarken-Strategie** → vgl. S. 179 bietet sich Firmenwerbung an. Bei der **Kollektivwerbung** treten mehrere Unternehmen unter Nennung ihrer Firmennamen in einer gemeinsamen Werbeaktion auf (z. B. bei Anzeigen). Bei der **Gemeinschaftswerbung** treten die werbetreibenden Unternehmen nicht direkt in Erscheinung. Es wird meist von Verbänden für bestimmte Produktgruppen geworben (z. B. für Milch, Wurst, Tapeten).

Die Werbung wird vom Unternehmen selbst oder von einer **Werbeagentur** durchgeführt. Bei den Werbeagenturen werden Full-Service-Agenturen und Teil-Service-Agenturen unterschieden. Full-Service-Agenturen decken die Aufgaben des gesamten Kommunikationsspektrums ab. Full-Service-Agenturen bieten meist zusätzlich eine

Arten der Werbung

Werbeagenturen

Marketing- und Marktforschungsberatung an. Manchmal werden Full-Service-Agenturen aus Gründen der Effizienz mit der gesamten Marktkommunikation beauftragt (Kommunikation „aus einer Hand"). Dazu können dann beispielhaft die folgenden Maßnahmen gehören: Anzeigengestaltung, Anzeigenschaltung, Hörfunk-Spots (Gestaltung, Produktion und Schaltung), Kundenzeitschriften (Gestaltung, Redaktion, Produktion, Verteilung), Geschäftsbericht (Gestaltung und Produktion), Corporate Design.

Teil-Service-Agenturen haben sich auf Teilaufgaben spezialisiert (z.B. Kreativ-Agenturen, Agenturen für Web-Design, Media-Agenturen). Die so genannten „Kreativen" wie Texter, Grafiker und Fotografen können als freie Mitarbeiter (= Freelancer) für Werbeagenturen und für die eigene Werbeabteilung arbeiten. Druckereien und Filmstudios übernehmen z.B. die Produktion der Werbemittel.

8.4 | Verkaufsförderung

Definition

Verkaufsförderung → Glossar **sind zeitlich befristete Aktionen mit dem Ziel, andere Marketing-Maßnahmen zu unterstützen und durch Anreize bei Händlern und Kunden die Kommunikationsziele zu erreichen.**

Infokasten

Maßnahmen, Aktionen der Verkaufsförderung			
Hersteller ↔ Privatkunde	Hersteller ↔ Handel	Handel ↔ Kunde	Hersteller ↔ eigene VO
Werbeartikel Preisausschreiben Treuepunkte Beigaben	Händlertreffen Schulungen Wettbewerbe Displays Dekoration Prospekte Rabatte	Displays Dekoration Prospekte Kundenzeitung Beigaben Proben	Wettbewerbe Prämien Prospekte Handbücher

VO = Verkaufsorganisation

Maßnahmen der Verkaufsförderung erfüllen meist gleichzeitig kommunikative, preisliche und vertriebliche Aufgaben. Dabei steht der unmittelbare Einfluss auf das Verhalten von Kunden und Händlern im Vordergrund. Die Bedeutung der Verkaufsförderung hat in den letzten Jahren erheblich zugenommen.

Die **Ziele der Verkaufsförderung** sind aus den Kommunikationszielen ableiten. Zu den allgemeinen Zielen gehören die Verbesserung der Marktstellung von Herstellern und Händlern. Der Hersteller sieht seine Aufgabe vorrangig in der Herausstellung seiner Herstellermarken und in der Absatzförderung der eigenen Produkte. Der Händler beabsichtigt die Profilierung des eigenen Unternehmens und die Herausstellung seiner Handelsmarken. Zu den **operativen Zielen** der Verkaufsförderung zählen vor allem:

Ziele

- Förderung des kurzfristigen Verkaufs am Point-of-Sale
- Bekanntmachung neuer Produkte
- Steigerung von Probierkäufen
- Informationen über Produktveränderungen

Bei den Maßnahmen und Erscheinungsformen der Verkaufsförderung kann zwischen der Verkaufsförderung durch Hersteller und der Verkaufsförderung durch den Handel unterschieden werden. Bei der Unterscheidung zwischen handelsorientierter Verkaufsförderung und verbraucherorientierter Verkaufsförderung wird zwischen den Zielgruppen der Verkaufsförderung differenziert.

Bei der **Verkaufsförderung durch Hersteller** treten handelsorientierte Verkaufsförderung (= Trade Promotions) und verbraucherorientierte Verkaufsförderung (= Consumer Promotions) auf. Durch die **handelsorientierte Verkaufsförderung** soll der Handel motiviert werden, die Produkte des Herstellers in sein Sortiment aufzunehmen (= Förderung des Hineinverkaufs → vgl. Push-Strategie, S. 121). Es geht um die Gewinnung und Unterstützung der Handelsbetriebe. Maßnahmen sind z. B. Händlertreffen, Händlerschulungen und Händlerwettbewerbe. Der Handel wird zusätzlich beim Abverkauf der Herstellerprodukte unterstützt (= Förderung des Abverkaufs). Maßnahmen sind z. B. Displays und Sonderplatzierungen.

Die **konsumentengerichtete Verkaufsförderung** der Hersteller unterstützt ebenfalls den Hinausverkauf aus dem Handel. Maßnahmen sind z. B. Handzettel, Prospekte, Kostproben, Produktpräsentationen, Gutscheine, Preisausschreiben und Gewinnspiele. Diese Maßnahmen sind oft Bestandteil der **Pull-Strategie** → vgl. S. 121 des Herstellers. Verkaufsförderungsmaßnahmen außerhalb des Point-of-Sale werden meist vom Hersteller alleine durchgeführt. Maßnahmen am Point-of-Sale sind Kooperationen mit dem Handel. Konsumentenorientierte Verkaufsförderung – mit den gleichen Maßnahmen – wird auch vom Handel alleine initiiert und betrieben. Hersteller können sich dann in diese Maßnahmen „einkaufen". Maßnahmen, die sich an das Verkaufspersonal des Herstellers richten, werden in der Vertriebspolitik behandelt.

Merksatz

Der gemeinsame Einsatz von Verkaufsförderung mit anderen Kommunikationsinstrumenten und mit anderen Marketing-Instrumenten (z. B. mit der Preispolitik) hat insgesamt Synergie-Effekte und eine Verstärkung der gesamten kommunikativen Wirkung zur Folge.

8.5 | Sponsoring

Infokasten

Zusammenhang zwischen Fundraising und Sponsoring

Fundraising
= Maßnahmen zur Beschaffung von finanziellen, personellen und sachlichen Ressourcen

⇕   ↑

Sponsoren = erwarten kommunikative Gegenleistung	Spender, Mäzene = erwarten keine Gegenleistung

Definition

Sponsoring ist die systematische Förderung von Personen, Organisationen und Veranstaltungen im sportlichen, kulturellen, sozialen und ökologischen Bereich.

Das Unternehmen verfolgt mit dem Sponsoring konkrete Kommunikationsziele. Das ist der Unterschied zum Mäzenatentum und Spendenwesen. Spenden und Mäzenatentum haben uneigennützigen Charakter. Die Leistung des Sponsors geschieht durch die Bereitstellung von Geld,

Sachmitteln, Dienstleistungen oder Know-how. Die Gegenleistung des Gesponserten ist die Bereitstellung von Kommunikationsmöglichkeiten.

Die **Sponsoring-Ziele** sind aus den Kommunikationszielen abzuleiten. Die wesentlichen Ziele des Sponsorings sind:

→ Erhöhung der Markenbekanntheit
→ Erhöhung des Bekanntheitsgrades des Unternehmens
→ Verbesserung von Produkt- und Unternehmensimage
→ Schaffung einer Plattform zur Kontaktpflege mit Zielgruppen
→ Erlangung von Goodwill
→ Dokumentation gesellschaftlicher Verantwortung
→ Motivation der Mitarbeiter

Als **Erscheinungsformen** des Sponsorings werden unterschieden:

● Sport-Sponsoring
● Kultur-Sponsoring
● Sozio-Sponsoring
● Umwelt-Sponsoring
● Programm-Sponsoring

Sport-Sponsoring ist die Förderung von Einzelsportlern, Sportmannschaften und Sportveranstaltungen. Die Maßnahmen des Sport-Sponsorings sind häufig abhängig von der Medienwirksamkeit der Sportarten. Beispiel: Übertragung der Fußballspiele im Fernsehen. Das Image des Sports soll sich positiv auf das Marken- oder Unternehmensimage auswirken (= positiver Image-Transfer). Die Gefahr des negativen Image-Transfers im Sport besteht jedoch auch. Beispiel: Doping bei bekannten Einzelsportlern (= Testimonials) im Radsport oder in der Leichtathletik. Maßnahmen im Sport-Sponsoring sind z. B. Bandenwerbung, Hinweise auf Anzeigetafeln, Werbedurchsagen, Trikot-Werbung, Einrichtung einer VIP-Lounge im Stadion, beim Motorsport Werbung auf Fahrzeugen, am Fahrer und an den Strecken. **Kultur-Sponsoring** ist die Förderung von kulturellen Organisationen und kulturellen Veranstaltungen z. B. in den Bereichen Theater, Literatur und Musik. Beim Kultur-Sponsoring stehen oft die Schaffung von lokalem Goodwill, die Möglichkeit der Kontaktpflege mit relevanten Zielgruppen und die Mitarbeitermotivation im Vordergrund. Maßnahmen im Kultur-Sponsoring sind z. B. Anzeigen oder Logo im Programmheft sowie Nennung als Sponsor in der Pressekonferenz. Beim **Sozio- und Umwelt-Sponsoring** werden meist Non-Profit-Organisationen gefördert. Das Unternehmen verdeutlicht damit eine inhaltliche Identifikation mit den Zielen und dem Engagement der Organisation. Der Sponsor hofft daraufhin auf einen positiven Image-Transfer. Beim **Programm-Sponsoring** werden Fernsehsendungen oder be-

Sponsoring-Arten

stimmte Fernsehübertragungen finanziell gefördert. Es werden die Sendungen ausgewählt, die zum Produkt- oder Unternehmensimage passen. Ein TV-Spot am Anfang und am Ende der Sendung weist darauf hin.

Sponsoring ist ein ergänzendes Kommunikationsinstrument. Da meist nur das Produkt- oder Unternehmenslogo kommuniziert werden kann, sind andere Kommunikationsinstrumente notwendig, um Botschaften zu übermitteln. Sponsoring wird als ein teilweise kostengünstiges Kommunikationsinstrument angesehen. Untersuchungen zeigen, dass Bandenwerbung tendenziell einen günstigeren 1.000-Kontakt-Preis als die klassische TV-Werbung aufweist. Sponsoring tritt im Freizeitbereich auf. Dadurch kann eine ablehnende Haltung gegenüber der Werbung umgangen werden.

Merksatz

Die Ziele sind je nach Sponsoringform unterschiedlich ausgeprägt. Sponsoring ist im Einklang mit anderen Kommunikationsinstrumenten einzusetzen, um Synergien zu nutzen und eine möglichst hohe Wirkung der Maßnahmen zu erreichen.

8.6 | Direkt-Kommunikation

Definition

Direkt-Kommunikation (auch Direkt-Marketing, Dialog-Marketing) sind alle Kommunikationsmaßnahmen, die durch eine gezielte, individuelle Zielgruppenansprache Kontakte herstellen und einen Dialog einleiten.

Zu den Aufgaben der Direkt-Kommunikation gehört der individuelle Dialog mit den Zielgruppen. Grundlage sind Daten aus Interessenten- und Kundendatenbanken (= Database-Management). Die systematische Erfassung, Aufbereitung und Analyse der Zielgruppenmerkmale in einer Datenbank sind die Voraussetzungen für eine gezielte Direkt-Kommunikation. Direkt-Kommunikation zur gezielten Steuerung von Kundenbeziehungen wird im Rahmen von **Customer Relationship Management (= Kundenbeziehungsmanagement)** → vgl. S. 99, S. 155 eingesetzt.

Die **Ziele der Direkt-Kommunikation** sind aus den Kommunikationszielen abzuleiten. Auf der Grundlage von Kundendatenbanken sollen langfristige und profitable Kundenbeziehungen aufgebaut und erhalten werden. Spezielle Ziele der Direkt-Kommunikation sind z. B.:

→ Informationsübermittlung (z. B. Bekanntmachung neuer Produkte)
→ Gewinnung neuer Kunden
→ Motivation bestehender Kunden zu neuen Käufen
→ Betreuung und Pflege vorhandener Kunden (= Kundenbindung)

Erscheinungsformen und Maßnahmen bei der Direkt-Kommunikation sind z. B.:

Arten der
Direkt-Kommunikation

- Adressierte Mailings (= „Werbebriefe")
- Unadressierte Mailings (= Hauswurfsendungen)
- Couponanzeigen
- Kundenzeitschriften
- Telefonmarketing (inbound, outbound)
- E-Mail (Newsletter, E-Mailings, E-Mail-Abruf)

Der Dialog mit Kunden kann unpersonalisiert, personalisiert oder individualisiert hergestellt werden. Die klassische Maßnahme bei der Direkt-Kommunikation ist der Versand von personalisierten oder individualisierten Mail-order-packages. Ein **Mail-order-package** enthält einen adressierten Brief, einen Prospekt und eine Antwortkarte. Reagiert die Zielperson nicht, kann durch ein **Call Center** → Glossar telefonisch Kontakt aufgenommen werden. **Coupon-Anzeigen** sind Anzeigen mit einem Coupon, der ausgeschnitten, ausgefüllt und zugeschickt werden soll. Durch Coupon-Anzeigen werden Anschriften von Interessenten gewonnen. Kundenzeitschriften dienen primär der Kundenbindung. Sie sollten Response-Elemente enthalten (z. B. Beikleber, Beihefter, Beilagen mit Antwortmöglichkeiten). Passives **Telefonmarketing** (**Inbound** → Glossar) besteht in der Entgegennahme von Kundenanrufen (z. B. Bestellungen, Reklamationen). Aktives Telefonmarketing (**Outbound** → Glossar) ist die telefonische Kontaktaufnahme mit Kunden und potenziellen Kunden (z. B. Akquisition von Neukunden). **E-Mails** sind die meistgenutzten Internet-Anwendungen. Mit **E-Mails** können Werbebotschaften schnell und kostengünstig kleine und große Zielgruppen erreichen. Grundlage ist eine aktuelle **Datenbank** → Glossar (Database, Database-Marketing), die zielgruppenspezifische Segmentierungen ermöglicht. Newsletter sind periodisch versendete E-Mails an eine Gruppe von Adressaten. Newsletter sollten nicht nur Werbung, sondern auch Informationen für die Zielgruppe enthalten. Bei E-Mail-Newslettern sollten die Empfänger das Recht haben, sich jederzeit aus dem Verteiler streichen zu lassen. E-Mailings an ausgewählte Zielgruppen sind meist personalisiert (z. B. „Guten Tag, Herr Schmitz") oder individualisiert. Die Leistungsangebote können auf die individuellen Präferenzen abgestimmt werden (= **One-to-one-Marketing**). Der Empfänger muss ausdrücklich sein Einverständnis für die Zusendung von E-Mails erteilt haben (= **Permission Marketing**). Das Permission Marketing stellt die langfristige Kundenzufriedenheit in den Mittelpunkt. Sie ist wichtiger als ein einmaliger Verkaufserfolg. Beim E-Mail-Abruf geht die Initiative vom Kunden aus.

Merksätze

Kunden wollen individuell angesprochen werden. Die permanente Informationsüberflutung macht Direkt-Kommunikation (= One-to-One-Marketing) zu einem effizienten Kommunikationsinstrument.

8.7 | Messen und Ausstellungen

Definition

Messen und Ausstellungen sind zeitlich und räumlich begrenzte Veranstaltungen, auf denen Produkte präsentiert werden und sich das Fach- und Privatpublikum über das Leistungsprogramm des Unternehmens informieren kann

Bei Messen und Ausstellungen stehen Anbieter und Nachfrager in einem persönlichen Kontakt. Durch die Vielzahl der vorhandenen Anbieter können Anbieter und Nachfrager einen Konkurrenzvergleich vornehmen.

Messe- und Ausstellungsziele
- → Steigerung des Bekanntheitsgrades
- → Kontaktpflege bestehender Kunden, Kundenbindung
- → Neukundengewinnung
- → Marktpräsenz
- → Vorstellung neuer Produkte
- → Gewinnung und Austausch von Informationen

Bei der **Messe- und Ausstellungsplanung** sind folgende Maßnahmen und Instrumente zu berücksichtigen:
- Auswahl und Gestaltung der Ausstellungsgegenstände (= Exponate)
- Konzeption des Messestands

- Auswahl und Einsatz des Standpersonals
- Begleitende Kommunikationsmaßnahmen

Exponate können Original-Produkte, Muster oder Modelle sein. Die Auswahl der Exponate ist abhängig von Zielen, Zielgruppen und der erwarteten Konkurrenzpräsentation. Die **Konzeption** des Messestandes soll eine Vielzahl von Kommunikationsmöglichkeiten bieten (z. B. in der Nähe der Exponate, Sitzgruppen, Zonen für vertrauliche Gespräche, ein Bar-Bereich). Zur Konzeption des Messestands gehören die Festlegung zur Platzierung des Standes auf dem Messegelände und die Entscheidung über die Art und Größe des Standes (z. B. Reihenstand, Eckstand, Blockstand, Durchgangsstand). Die Auswahl des **Standpersonals** erfolgt nach fachlichen Qualifikationen und nach Persönlichkeitsmerkmalen (z. B. Kontaktfreudigkeit, Ausdrucksfähigkeit, Flexibilität). Vor dem Messeeinsatz ist oft eine Schulung des Standpersonals sinnvoll. Begleitende **Kommunikationsmaßnahmen** finden vor, während und nach der Messe statt. Kunden werden persönlich zur Messe und möglicherweise zu einem begleitenden Event eingeladen, Messeprospekte werden erstellt, auf der Homepage gibt es einen Hinweis und interne und externe PR-Maßnahmen publizieren Messeereignisse. Nach der Messe werden die Kundenkontakte durch Besuche, Telefonate (Call-Center), Briefe oder E-Mails aufrechterhalten.

Merksatz

Der Messeerfolg wird besonders beeinflusst durch die persönliche Kommunikation des Standpersonals und durch die begleitende integrierte Kommunikation.

Events   8.8

Definition

Events (auch Event-Marketing) sind inszenierte Veranstaltungen oder Ereignisse, bei denen Unternehmen eine erlebnis- und dialogorientierte Präsentation von Produkten und Dienstleistungen vornehmen.

Ein Event ist ein besonderes Ereignis. Das **allgemeine Ziel** von Events ist die Präsentation des Unternehmens in einem erlebnisorientierten Umfeld. Die Eventziele sind aus den Kommunikationszielen abzuleiten. **Eventziele** sind z. B.:

→ Erhöhung des Bekanntheitsgrades
→ Imageverbesserung
→ Schaffung einer Plattform zum persönlichen Dialog mit relevanten Zielgruppen

Events unterstützen die übrigen Kommunikationsinstrumente. Sie können besonders zielgruppenspezifisch eingesetzt werden. Eine Vernetzung mit anderen Kommunikationsinstrumenten ist sinnvoll. Beispiel: Verbindung von Events und Sponsoring-Maßnahmen. Als **Erscheinungsformen** von Events können unternehmensinterne Events, unternehmensexterne Events und Events mit dem Handel unterschieden werden. Events können in vielfältigen Ausprägungen auftreten: z. B. Händlerpräsentationen, Messen, Ausstellungen, Sport-, Theater und Musikveranstaltungen, Talkshows, Zirkus, Multimediapräsentationen. Events brauchen eine tragfähige Idee und möglichst eine konzeptionelle Klammer zu den Unternehmensaktivitäten.

Merksatz

Events vermitteln emotionale Reize und lösen starke Aktivierungsprozesse aus.

8.9 | Product Placement

Definition

Product Placement → Glossar **ist die gezielte Platzierung in visueller oder verbaler Form von Produkten und Marken als reales Requisit in Kino-, Video- oder Fernsehfilmen gegen Entgelt.**

Die **Ziele** von Product Placement sind aus den Kommunikationszielen abzuleiten. Ziele von Product Placement sind u. a.:

→ Erhöhung des Bekanntheitsgrades
→ Positiver Imagetransfer auf das Produkt

→ Erhöhung der Kaufabsicht
→ Emotionalisierung der Marke

Als **Erscheinungsformen** von Produktplatzierungen können
→ Kurzpräsentationen,
→ längere Präsentationen und die
→ Integration in die Filmhandlung auftreten.

Nach dem Grad der Integration in die Filmhandlung wird zwischen On Set Placement und Creative Placement unterschieden. Beim **On Set Placement** → Glossar wird das Produkt im Umfeld der Filmhandlung eingesetzt. Das **Creative Placement** zeigt die Einbeziehung des Produkts in die Spielhandlung. Nach der Kategorie des platzierten Produkts wird zwischen Generic Placement und Innovation Placement differenziert. **Generic Placement** stellt eine Warengruppe vor. Beispiel: Götterspeise in der TV-Serie Liebling Kreuzberg. **Innovation Placement** präsentiert eine Produktinnovation. Beispiel: Produkte von BMW in den James-Bond-Produktionen.

Öffentlichkeitsarbeit | 8.10

Definition

Öffentlichkeitsarbeit → Glossar **(= Public Relations, PR) sind kommunikative Maßnahmen, um bei internen und externen Zielgruppen Verständnis und Vertrauen aufzubauen und positive Reaktionen gegenüber dem Unternehmen und seinen Produkten auszulösen.**

Öffentlichkeitsarbeit ist Unternehmenskommunikation (= **Corporate Communications** → vgl. S. 253). Sie informiert die Öffentlichkeit über die vielfältigen Aktivitäten des Unternehmens. Zu den **Zielgruppen** (= Teilöffentlichkeiten, Stakeholder) der Öffentlichkeitsarbeit zählen u. a.:
→ Kunden und potenzielle Kunden (= **Produkt-PR** → Glossar)
→ Mitarbeiter und potenzielle Mitarbeiter (= Human Relations)
→ Investoren, Aktionäre, Banken (= Investor-Relations)
→ Medien, Journalisten (= Media-Relations)
→ Meinungsführer, Abgeordnete, Interessenvertreter (= Public Affairs)
→ Anwohner, Nachbarn (= Community Relations)

Die **Ziele** der Öffentlichkeitsarbeit sind aus den Kommunikationszielen abzuleiten. Ziele sind z. B.:

→ Schaffung von Verständnis und Vertrauen
→ Aufbau eines positiven Unternehmens-Images
→ Abbau negativer Einstellungen zum Unternehmen

Die **Maßnahmen** oder **Erscheinungsformen** der Öffentlichkeitsarbeit sind u. a.:

- Pressearbeit
- Persönlicher Dialog
- PR-Aktionen für ausgewählte Zielgruppen
- Mediawerbung
- Interne PR-Maßnahmen
- Internet-Auftritt

Die **Pressearbeit** beschäftigt sich z. B. mit Presseberichten, Pressekonferenzen, Interviews in Rundfunk und Fernsehen, Berichten über Produkte im redaktionellen Teil, Herstellung von Informationen über das Unternehmen (u. a. Prospekte, DVD, Videos), Ausschnittdienst, Archivierung der Presseberichterstattung. Der **persönliche Dialog** findet mit der Presse, mit Meinungsführern und bei Vorträgen statt. **PR-Aktionen** mit ausgewählten Zielgruppen sind z. B. der Tag der offenen Tür, Besichtigungen, Ausstellungen und Informationsaktionen für Schulen. **Mediawerbung** sind z. B. Anzeigen zur Profilierung des Unternehmens. **Interne Maßnahmen** sind z. B. Mitarbeiterzeitschriften, Intranet, Informationsveranstaltungen, Betriebsfeste, Betriebsausflüge, Anschlagtafeln und Sport-, Kultur- und Sozialeinrichtungen. Das **Internet** liefert grundsätzliche und aktuelle Informationen über das Unternehmen. Beispiele: Pressemitteilungen, Pressespiegel, Fotos, Reden, Unternehmensgrundsätze, Produktinformationen, interne Zuständigkeiten.

Merksatz

Öffentlichkeitsarbeit bedeutet die aktive Gestaltung der Kommunikation zwischen Unternehmen und Öffentlichkeit.

Corporate Identity Politik | 8.11

Definition

Die Corporate Identity Politik ist ein übergeordnetes, integriertes Konzept der Unternehmenskommunikation.

Corporate Identity → Glossar (= Unternehmensidentität) ist ein einheitliches, prägnantes Erscheinungsbild des Unternehmens in der Öffentlichkeit. Sie stellt einen Orientierungsrahmen für alle Kommunikationsmaßnahmen nach innen und nach außen dar. Die Aufgabe liegt in der Abstimmung (= Koordination) der Kommunikationsziele und Kommunikationsinstrumente zu einer einheitlichen Ausrichtung auf die strategische Positionierung des Unternehmens. Das allgemeine Ziel der Corporate Identity Politik ist eine unverwechselbare Soll-Identität (= Soll-Image). Ausgangspunkt ist die Messung der Ist-Identität (= Ist-Image). Daraus sind Maßnahmen zur Erreichung der Soll-Identität abzuleiten. Als **Ziele** der Corporate Identity Politik gelten u. a.:

→ Vereinheitlichung des Erscheinungsbildes
→ Vereinheitlichung der Selbstdarstellung des Unternehmens
→ Schaffung eines Wir-Gefühls

Die **Erscheinungsformen** (= **Handlungsfelder**) der Corporate Identity Politik sind:

- Corporate Communication
- Corporate Design
- Corporate Behavior

Corporate Communication (= Unternehmenskommunikation) ist der abgestimmte Einsatz aller nach innen und außen gerichteten Kommunikationsinstrumente. Die Unternehmenskommunikation richtet sich an die Absatz- und Beschaffungsmärkte und die Öffentlichkeit. Die Kommunikationsinstrumente sind aufeinander abzustimmen (= integrierte Unternehmenskommunikation) und auf die Soll-Unternehmensidentität auszurichten.

Corporate Design (= Unternehmensdesign) ist die unverwechselbare Gestaltung des visuellen Erscheinungsbilds des Unternehmens. Ziel ist ein einheitliches Erscheinungsbild. Zum Corporate Design gehören z. B. Firmenname, Firmenzeichen (= Logo), Verwendung von Farben, Schrifttyp, Architektur und Produkt-Design. Corporate Design ist die optische Umsetzung der Corporate Identity. In Corporate Design Handbüchern (= CD-Manual) ist der formale Auftritt des Unternehmens genau festgelegt.

Corporate Behavior (= Unternehmensverhalten) sind die Verhaltensweisen der Mitarbeiter untereinander und gegenüber der Öffentlichkeit.

Abb. 8.1 | **Handlungsfelder und Instrumente der Corporate Identity Politik**

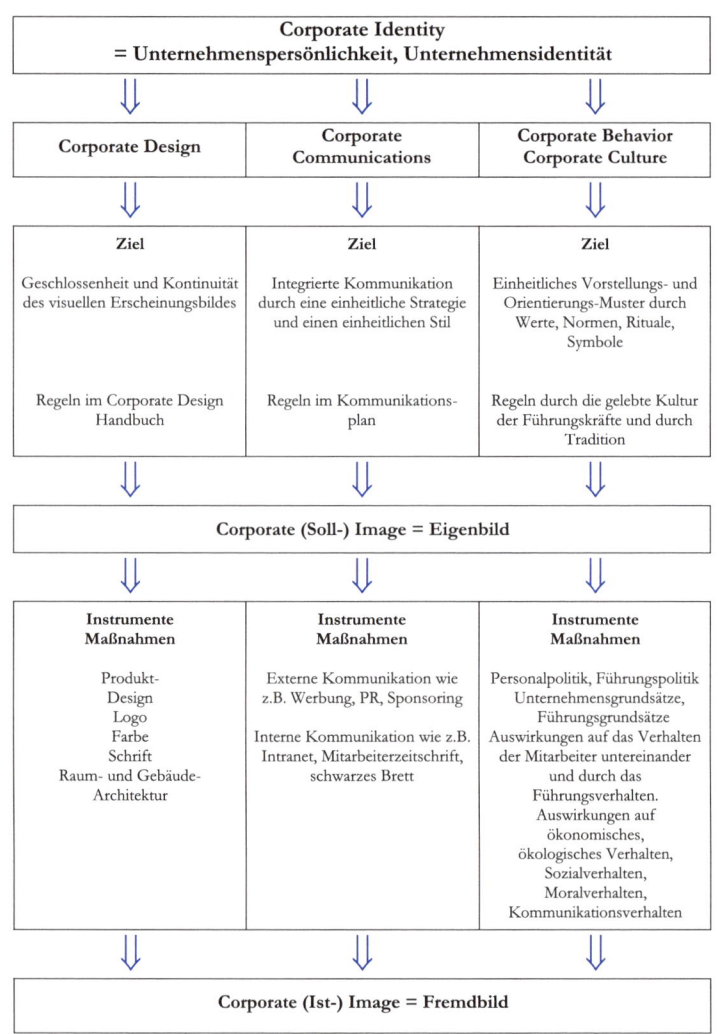

Corporate Behavior ist ein Ausdruck der **Unternehmenskultur** → Glossar. Durch die Personalpolitik und die Führungspolitik wird das Unternehmensverhalten geprägt. Maßnahmen sind Führungsgrundsätze und Führungsanweisungen.

Merksätze

Corporate Identity ist ein ganzheitliches Konzept, das alle nach innen und außen gerichteten Kommunikationsprozesse steuert und Kommunikationsziele, Kommunikationsstrategien und Kommunikationsmaßnahmen unter einem einheitlichen Dach integriert. Corporate Identity enthält die Bestandteile Corporate Design, Corporate Communication und Corporate Behaviour.

Kontrollfragen

1 Nehmen Sie Stellung zur Bedeutung der Kommunikationspolitik innerhalb des Marketing-Mix.

2 Nennen Sie die Zielinhalte von mindestens fünf kommunikationspolitischen Zielen. Zwei Ziele formulieren Sie bitte operational.

3 Zur Erreichung der Kommunikationsziele werden die Kommunikationsinstrumente eingesetzt. Nennen Sie möglichst viele Kommunikationsinstrumente (= Kommunikationsmaßnahmen).

4 Inwieweit eignen sich ökonomische Größen zur Beurteilung der Wirksamkeit einzelner kommunikationspolitischer Maßnahmen? Nehmen Sie dazu am Beispiel der Zielgröße „Umsatz" Stellung.

5 Diskutieren Sie die unterschiedliche Eignung der Kommunikationsinstrumente als „Basisinstrumente" und als „begleitende Instrumente".

6 Welche Entscheidungstatbestände müssen bei der Werbeplanung berücksichtigt werden?

7 Die Begriffe „Werbeträger" und „Werbemittel" stehen in einem engen Zusammenhang. Zeigen Sie diesen Zusammenhang an einigen Beispielen auf.

8 Zeigen Sie die unterschiedliche Eignung der Werbeträger Tageszeitungen, Publikumszeitschriften, Fachzeitschriften, Fernsehen, Hörfunk und Großflächenplakate innerhalb einer Werbekonzeption auf.

9 Stellen Sie das Problem der optimalen Werbemittelgestaltung dar und zeigen Sie Lösungsmöglichkeiten auf.

10 Diskutieren Sie die Aussagekraft des AIDA-Modells oder ein anderes Stufenmodell Ihrer Wahl.

11 Bei der Formulierung von Zielgruppen wird manchmal auf Typologien zurückgegriffen. Zeigen Sie die Vorteile von Typologien auf.

12 Nennen Sie die wesentlichen Bestandteile einer Werbestrategie.

13 Stellen Sie den Zusammenhang zwischen Werbestrategie und Copy-Strategie dar.

14 Diskutieren Sie ausführlich die Methoden zu Bestimmung des Werbebudgets. Gehen Sie auf Vorteile und Nachteile der verschieden Methoden ein.

15 Welche Zusammenhänge werden zwischen Werbebudget und Werbewirkung unterstellt?

16 Kennzeichnen Sie das Entscheidungsproblem in der Mediaselektion. Definieren Sie die Begriffe „Intermediaselektion" und „Intramediaselektion".

17 Welche Kriterien können für die Selektionsentscheidungen in der Intermediaselektion herangezogen werden?

18 Welche Kriterien können für die Selektionsentscheidungen in der Intramediaselektion herangezogen werden?

19 Die Reichweite gibt die Anzahl der Kontakte mit den Mediennutzern an. Erläutern Sie kurz die verschiedenen Formen der Reichweite.

20 Zeigen Sie den Unterschied zwischen internen Überschneidungen und externen Überschneidungen auf.

21 Diskutieren Sie den Tausender-Kontakt-Preis als Kriterium der Intermediaselektion.

22 Nennen Sie mindestens drei apparative Testverfahren der Werbewirkungsforschung. Erläutern Sie davon ein Verfahren ausführlich.

23 Erklären Sie den Unterschied zwischen Recall-Test und Recognitiontest.

24 Grenzen Sie die Kommunikationsinstrumente „Öffentlichkeitsarbeit" und „Sponsoring" gegeneinander ab.

25 Zeigen Sie die Grundzüge von Corporate Identity auf.

Literatur

Back, L./**Benttler**, S. [2003]: Handbuch Briefing, Stuttgart

Birkgirt, K./**Stadler**, M. (Hrsg.) [2000]: Corporate Identity, 10. Aufl., Landsberg am Lech

Bortoluzzi Dubach, E./**Frey**, H. [2000]: Sponsoring, 2. Aufl., Stuttgart

Bruhn, M. [2006]: Integrierte Unternehmens- und Markenkommunikation, 4. Aufl., Stuttgart

Bruhn, M. [2007]: Kommunikationspolitik, 4. Aufl., München

Bruhn, M. [2005]: Unternehmens- und Marketing-Kommunikation, München

Dallmer, H. [2002]: Handbuch Direct Marketing & more, 8. Aufl., Wiesbaden

Dannenberg, M./**Wildschütz**, F./**Merkel**, S. [2003]: Handbuch Werbeplanung, Stuttgart

Ellinghaus, U. [2000]: Werbewirkung und Markterfolg, Marktübergreifende Werbewirkungsanalysen, München

Gedenk, K. [2002]: Verkaufsförderung, München

Huth, R./**Pflaum**, D. [2005]: Einführung in die Werbelehre, 7. Aufl., Stuttgart

Kloss, I. [2007]: Werbung, 4. Aufl., München

Kroeber-Riel, W./**Esch**, F.-R. [2004]: Strategie und Technik der Werbung, Stuttgart

Leuteritz, A./**Wünschmann**, S./**Schwarz**, U./**Müller**, S. [2008]: Erfolgsfaktoren des Sponsoring, Göttingen

Martin, M. [2008]: Unternehmenskommunikation, Stuttgart

Mast, C./**Huck**, S./**Güller**, K. [2005]: Kundenkommunikation, Stuttgart

Mast, C. [2008]: Unternehmenskommunikation, 3. Aufl., Stuttgart

Nickel, O. [2006]: Eventmarketing, 2. Aufl., München

Pepels, W. [2005]: Marketing-Kommunikation. Werbung – Marken – Medien, Rinteln

Puttenat, D. [2007]: Praxishandbuch Presse- und Öffentlichkeitsarbeit, Wiesbaden

Rogge, H.-J. [2004]: Werbung, 6. Aufl., Ludwigshafen

Ruisinger, D. [2007]: Online Relations, Stuttgart

Schneider, K. (Hrsg.) [2003]: Werbung in Theorie und Praxis, 6. Aufl., Waiblingen

Schweiger, G./**Schrattenecker**, G. [2005]: Werbung. Eine Einführung, 6. Aufl., Stuttgart

Unger, F./Fuchs, W., [2005]: Management der Marketing-Kommunikation, 3. Aufl., Berlin/Heidelberg

Vergossen, H. [2004]: Marketing-Kommunikation, Ludwigshafen

9 | Vertriebspolitik

9.1 | Bedeutung, Aufgaben und Ziele der Vertriebspolitik

Vertriebspolitik				
Vertriebswege			Verkaufspolitik	Vertriebslogistik
Entscheidungen über die Anzahl der Vertriebswege – Single Channel-Vertrieb / Multi Channel-Vertrieb			Gestaltung des persönlichen Verkaufs Auswahl	Entscheidungen über die physischen Bewegungen
direkter Vertrieb	indirekter Vertrieb			
z. B. Filialen Niederlassungen E-Commerce Telefonverkauf Teleshopping Marktveranstaltungen	Gestaltung der vertikalen Vertriebswege (=Stufen) und horizontalen Vertriebswege z. B. über Groß- und Einzelhandel		– intern = eigenes Verkaufspersonal – extern = fremdes Verkaufspersonal Steuerung und Kontrolle	Lieferservice Auftragsabwicklung Lagerhaltung Transport Verpackung

Vertriebspolitik (= Distributionspolitik) sind alle Marketing-Maßnahmen, die sich auf den Weg des Produkts vom Hersteller (= von der Produktion) bis zum Endkäufer (= Konsum oder gewerbliche Verwendung) beziehen.

Die Vertriebspolitik beschäftigt sich mit Management und Steuerung des Vertriebs (= Vertriebswege, Absatzwege, Absatzkanäle), mit der Verkaufspolitik und mit der Vertriebslogistik.

In der Praxis des Industriegütermarketings hat der Vertrieb gegenüber den anderen Marketing-Instrumenten oft eine herausgehobene Bedeutung. Dies gilt sowohl für die akquisitorischen als auch für die vertriebslogistischen Aufgaben. Im Konsumgütermarkt (insbesondere im Lebensmittelsektor) hat der Handel inzwischen meist eine stärkere Marktstellung als der Hersteller. Die marktorientierten akquisitorischen Aufgaben des Vertriebs sind meist auf die **Erzielung von Kaufabschlüssen** gerichtet. Es geht z. B. um die direkte, persönliche Ansprache **(= persönlicher Verkauf)** von bestehenden und potenziellen Kunden. Bei den vertriebslogistischen Aufgaben steht die Sicherstellung der physischen Verfügbarkeit der Produkte bei den Kunden (z. B. durch Transport und Lagerhaltung) im Mittelpunkt. Der Aufbau des Vertriebs ist kosten- und zeitintensiv. Die strategischen Entscheidungen über Vertriebswege lassen sich nur schwer rückgängig machen.

Bedeutung

Aufgaben

Die **Vertriebsziele** sind aus den Marketing-Zielen abzuleiten. Spezielle Vertriebsziele sind z. B.:

Ziele

→ Steigerung des Distributionsgrades (= Distributionsquote)
→ Beeinflussung des Einkaufsverhaltens des Handels
→ Senkung der Lieferzeiten
→ Erhöhung der Lieferbereitschaft und Lieferzuverlässigkeit
→ Senkung der Vertriebs- und Logistikkosten
→ Verbesserung des Vertriebsimages
→ Erhöhung der Kooperationsbereitschaft des Handels
→ Verbesserung der Beratungsqualität

Ein wesentliches Ziel der Vertriebspolitik ist die Erreichung eines bestimmten numerischen oder gewichteten Distributionsgrades. Der Distributionsgrad drückt die Erhältlichkeit und Verfügbarkeit der Produkte im Absatzkanal aus. Der **numerische Distributionsgrad** errechnet sich aus der Anzahl der belieferten Verkaufsstellen dividiert durch die Anzahl aller Verkaufsstellen, die beliefert werden könnten. Die **numerische Distribution** → Glossar gibt also an, wie viel Prozent aller Händler, die in den Absatzkanal eingebunden werden könnten, tatsächlich eingebunden sind. In diese Kennzahl geht die Belieferung eines kleinen Handelsgeschäfts mit dem gleichen Gewicht ein, wie die Belieferung eines großen Verbrauchermarktes. Bei dem **gewichteten Distributionsgrad** → Glossar wird die Umsatzbedeutung der Verkaufsstellen berücksichtigt.

Merksatz

Die Vertriebspolitik schließt die Lücke zwischen Angebot und Nachfrage. Sie sorgt damit für die Verfügbarkeit der Produkte am Markt und schafft die Voraussetzung für die Wirksamkeit der übrigen Marketinginstrumente.

9.2 | Prozess der Vertriebsplanung

Grundlage der Vertriebspolitik ist das **Vertriebskonzept** (= Vertriebskonzeption). Das Vertriebskonzept entsteht durch die Vertriebsplanung. Der Prozess der Vertriebsplanung läuft idealtypisch in folgenden Phasen ab:

- interne und externe Situationsanalyse
- Bestimmung der Vertriebsziele
- Formulierung der Vertriebsstrategie
- Planung der Vertriebsmaßnahmen
- Bestimmung des Vertriebsbudgets
- Vertriebskontrolle

Die **Situationsanalyse** untersucht die Stellung der Vertriebswege im Markt, die Effizienz der Verkaufsorgane und das Verhältnis von Kosten und Leistungen der Logistik. Nach der Analyse der Vertriebssituation werden unter Berücksichtigung der Marketing-Ziele die **Vertriebsziele** formuliert. Dabei können akquisitorische Ziele und logistische Ziele unterschieden werden. Es werden strategische und operative Ziele geplant. Die Ziele beziehen sich auf die Zielgruppen Kooperationspartner, z.B. Franchiser, Absatzmittler (z.B. Großhandel, Einzelhandel), Absatzhelfer (z.B. Spediteure) und Endkunden. Die **Vertriebsstrategie** zeigt die Wege zur Zielerreichung auf. Sie bildet einen Orientierungsrahmen für die vertriebspolitischen Maßnahmen. Basisentscheidungen über Vertriebswege (direkte/indirekte/single – channel/multi – channel), Grundsatzentscheidungen zum Verhalten gegenüber dem Handel (aktiv/passiv) und die Ausgestaltung der Logistik bilden den Kern der Vertriebsstrategie. Das **Vertriebsbudget** orientiert sich an den Vertriebszielen und an der gewählten Strategie. Die Stellung der Budgetfixierung im Planungsprozess der Vertriebskonzeption ist abhängig von der gewählten Budgetierungsmethode. Bei der Ziel- und Maßnahmenmethode → vgl. Kap. 4.2.2, S. 92 ist die Planung der Vertriebsmaßnahmen die Grundlage für die Budgetbestimmung. Sie liegt dann im Planungsprozess vor der Festlegung des Vertriebsbudgets. Es ist in das Marketing-Budget zu integrieren. Auf der Grundlage der Vertriebsstrategie und des Vertriebsbudgets werden die **Vertriebsmaßnahmen** geplant. Die **Vertriebskontrolle** stellt fest, inwieweit die strategischen und operativen Vertriebsziele nach Ablauf der Planungsperiode erreicht wurden.

Vertriebswege | 9.3

Entscheidungen über Vertriebswege | 9.3.1

Bei der Auswahl der Vertriebswege wird festgelegt, über welche Vertriebswege (= Absatzkanäle) die Hersteller ihre Endkunden erreichen wollen. Die Festlegung der Vertriebswege ist eine strategische Entscheidung (= Grundsatzentscheidung). Der **Vertriebsweg** → Glossar **(= Absatzweg** → Glossar**)** beschreibt den Weg des Produkts über die verschiedenen Stufen des Absatzes (= Absatzkanals). Die Entscheidungen über die **vertikale Vertriebsstruktur** (= Absatzkanalstruktur) legen die Anzahl der Absatzstufen zwischen Hersteller und Endkunden fest. Grundsätzlich wird zwischen direktem Vertrieb (= **direkter Absatz** → Glossar) und indirektem Vertrieb (= **indirekter Absatz** → Glossar) unterschieden. Beim **direkten Vertrieb** erfolgt der Absatz durch interne Absatzorgane, externe Absatzorgane (= Absatzhelfer wie z.B. Spediteure) oder Medien. Beim **indirekten Vertrieb** sind Absatzmittler (= Handelsunternehmen) zwischen Hersteller und Endkunden zwischengeschaltet. Die Entscheidungen über die **horizontale Vertriebsstruktur** legen die Anzahl der Absatzmittler auf den einzelnen Stufen des Vertriebsweges fest.

Grundsatzentscheidungen betreffen die folgenden Vertriebswege:
- Direkter Vertrieb
- Indirekter Vertrieb
- Formen der vertikalen Kooperation

Definition

Beim direkten Vertrieb (= Direktvertrieb) verkauft der Hersteller unmittelbar an den Endkunden. Die Vertriebsaufgaben können von unternehmenseigenen oder unternehmensfremden Verkaufspersonen wahrgenommen werden.

Es lassen sich folgende **Formen des direkten Vertriebs** unterscheiden: Formen
- Einsatz Verkaufspersonen (= Mitarbeiter im Verkauf)
- Verkaufsstellen des Herstellers
- Herstellergebundene Verkaufsstellen
- Direktverkauf
- Teleshopping
- Online-Shopping
- Marktveranstaltungen
- Verkaufsautomaten

direkter Vertrieb Beim Einsatz von **Verkaufspersonen** können z. B. Außendienstmitarbeiter oder Handelsvertreter den **Persönlichen Verkauf** → vgl. Verkaufspolitik, S. 267 übernehmen. **Verkaufsstellen des Herstellers** sind Verkaufsfilialen und **Verkaufsniederlassungen** → Glossar. Sie sind rechtlich und wirtschaftlich nicht selbständig, sondern stehen unter der Kontrolle des Herstellers (z. B. Factory Outlets). Bei **herstellergebundenen Verkaufsstellen** treten die Inhaber in eigenem Namen und auf eigene Rechnung auf (z. B. Franchiseunternehmen). **Direktverkauf** ist der Verkauf über Werbebriefe, E-Mails, Telefon und Kataloge. **Teleshopping** → Glossar ist der Verkauf über Verkaufssendungen im Fernsehen. **Online-Shopping** ist der Verkauf über das Internet auf der Grundlage von Internet-Katalogen (= **E-commerce, E-Markets** → Glossar). Mit E-Markets können neue Zielgruppen erschlossen werden. Die geographische Reichweite des Unternehmens erhöht sich. Kosten für die Auftragsabwicklung und die Kundenbetreuung können gesenkt werden. Für den Käufer wird der Einkaufsprozess effizienter. **Marktveranstaltungen** sind Messen und Ausstellungen, Warenbörsen und Auktionen. Messen und Ausstellungen werden auch zu den Instrumenten der Kommunikationspolitik gezählt. Der Vertrieb über **Verkaufsautomaten** → vgl. Vendingunternehmen, S. 265 eignet sich für die Hersteller von problemlosen Produkten mit dem Ziel der **Ubiquität** (z. B. Zigaretten, Süßwaren, Erfrischungsgetränke). Beispiel: Aufstellung und Betrieb von Getränkeautomaten durch Coca Cola.

Beim **direkten Vertrieb** ist eine unmittelbare Steuerung und Kontrolle aller Vertriebsaktivitäten durch den Hersteller gegeben. Der Hersteller kann eine hohe Beratungsqualität garantieren, die insbesondere bei erklärungswürdigen Produkten eine bedeutende Rolle spielt. Die direkte Marktbearbeitung durch den Hersteller kann eine selektive Zielgruppenansprache mit geringen Streuverlusten sicherstellen. Durch die Unabhängigkeit vom Handel hat der Hersteller große Freiräume in der Preisgestaltung und bessere Möglichkeiten der Pflege von Firmenname und Herstellermarken. Durch den direkten Kontakt zum Markt und zum Kunden kann der Hersteller schnell auf Marktveränderungen und Veränderungen im Kundenverhalten reagieren. Aufbau, Steuerung und Kontrolle des direkten Vertriebs sind kosten- und zeitaufwendig. Eine flächendeckende Bearbeitung des Marktes ist mit hohen Kosten verbunden und kann das Unternehmen überfordern.

Der direkte Vertrieb kann über unternehmenseigene, über unternehmensfremde Verkaufsorganisationen und über vertragliche gebundene Verkaufsorganisationen (= **Kontraktmarketing**) sowie über Marktveranstaltungen vorgenommen werden.

Definition

Ein **indirekter Vertrieb** liegt vor, wenn zwischen Hersteller und End-kunde unternehmensfremde, rechtlich und wirtschaftlich selb-ständige Unternehmen (= Absatzmittler, z. B. Großhandel, Einzel-handel) eingeschaltet werden.

Die Absatzmittler übernehmen durch ihr strategisches und operatives Handelsmarketing Vertriebsleistungen für Hersteller.

Die Formen des indirekten Vertriebs sind durch Groß- und Einzel-handel geprägt. Beim indirekten Vertrieb übernimmt der Handel fol-gende Funktionen (= **Handelsfunktionen** → Glossar):

Vertikale
Vertriebsstruktur

→ Sortimentsbildung
→ Lagerung
→ Verkaufsfläche in Kundennähe
→ Kundendienst
→ Beratung
→ Werbung und Verkaufsförderung am „Point of Sale"
→ Gewährung von Absatzkrediten

Großhändler sind Unternehmen, die ihre Produkte an andere Handels-unternehmen (= Wiederverkäufer), Hersteller, Weiterverarbeiter und Großabnehmer in relativ großen Mengen verkaufen. Es werden die fol-genden **Betriebsformen des Großhandels** unterschieden:

● Zustell-Großhandel
● Cash-und-Carry-Großhandel (**Abholgroßhandel** → Glossar)
● **Rack-Jobber-Großhandel** → Glossar
● Strecken-Großhandel
● Sortiments-Großhandel
● Spezial-Großhandel

Beim **Zustell-Großhandel** werden die Produkte auf Bestellung an die Einzel-händler geliefert. Beispiel: Lekkerland. Im **Cash-und-Carry-Großhandel** wer-den die Produkte vom Einzelhandel abgeholt und sofort bezahlt. Bei-spiele: Metro, Fegro. Der **Rack-Jobber-Großhändler** übernimmt Regalpflege beim Einzelhandel auf eigenes Risiko. Bei einem **Streckengeschäft** kauft der Einzelhändler beim Großhandel, bezieht die Produkte aber direkt vom Hersteller. Der **Sortiments-Großhandel** bietet dem Einzelhandel ein breites und flaches Sortiment. Der **Spezial-Großhandel** hat ein enges, aber tiefes Sortiment.

Einzelhändler sind Unternehmen, die ihre Produkte überwiegend an Endkunden (= private Haushalte) verkaufen. Es lassen sich folgende **Betriebsformen des Einzelhandels** unterscheiden:

- Fachgeschäfte
- Spezialgeschäfte
- Warenhäuser
- Kaufhäuser
- Versandhäuser
- Supermärkte
- Verbrauchermärkte
- SB-Warenhäuser
- Discounter
- Fachmärkte
- Tankstellen-Shops
- Vendingunternehmen
- Einkaufszentren (= Shopping Center)
- Factory Outlets

Betriebsformen

Fachgeschäfte haben ein eher enges, tiefes Sortiment, hohe Produktqualität und eine qualifizierte Beratung. Beispiele: Spielwarenfachhandel, Schuhgeschäfte, Schmuckgeschäfte, Sportgeschäfte. **Spezialgeschäfte** sind Fachgeschäfte mit nur einem Sortimentsbereich. Beispiel: Geschäfte für Anglerbedarf, Fotofachgeschäfte. **Warenhäuser** zeichnen sich durch ein breites und flaches Sortiment und eine zentrale Lage aus. Beispiel: Kaufhof. **Kaufhäuser** haben gegenüber Warenhäusern ein schmaleres, branchenorientiertes Sortiment. Beispiel: Woolworth. **Versandhäuser** stellen ihr Sortiment in Katalogen, Prospekten oder Anzeigen dar. Die Kunden bestellen per Post, Telefon oder Internet. Es werden Großversandhäuser (z. B. Otto) und Spezialversender unterschieden. **Supermärkte** haben eine Verkaufsfläche zwischen 400 und 800 m und bieten Food- und Non-Food-Produkte in Form der Selbstbedienung an. Beispiel: Geschäfte von Spar und Edeka. **Verbrauchermärkte** bieten ein breites, preisgünstiges Sortiment im Food- und Non-Food-Bereich über Selbstbedienung an. Kleine Verbrauchermärkte weisen Verkaufsflächen zwischen 800 und 1.500 m auf. Große Verbrauchermärkte bieten eine Verkaufsfläche zwischen 1.500 und 5.000 m. **SB-Warenhäuser** haben eine Verkaufsfläche über 5.000 m. Beispiele für Verbrauchermärkte und SB-Warenhäuser: Plaza, Massa, Allkauf. **Discounter** sind preisaggressive Einzelhändler. Sie bieten problemlose Produkte über Selbstbedienung mit der Beschränkung auf die notwendigsten Dienstleistungen an. Beispiele: Aldi, Lidl. **Fachmärkte** haben sich auf bestimmte Warengruppen spezialisiert. Dazu zählen z. B. Baumärkte, Drogeriemärkte, Möbelmärkte und Heimwerkermärkte. Sie bieten ein breites Sortiment zu günstigen Preisen an. Die Standorte sind meist außerhalb von Citylagen von Großstädten. Beispiel: Bauhaus. **Tankstellen-Shops** bieten ein schmales Food- und Non-Food-Sortiment des täglichen Bedarfs an. Beispiel: Aral. **Vendingunternehmen** betreiben die Aufstellung und den Betrieb von Verkaufsautomaten. Beispiel: Masterfoods mit den Marken Mars, Snickers, Twix, Bounty, m&m's, Balisto, Milky Way etc. und Nestlé mit den Marken Nuts, Smarties, Rolo, KitKat, Lion etc. bieten Vendingunternehmen eine Vertriebspartnerschaft an, die die Aufstellung von Süßwarenautomaten fördert.

Einkaufszentren (= Shopping Center) sind Verbundsysteme des Einzelhandels. Sie sind eine Agglomeration vieler Einkaufsstätten unterschiedlicher Branchen nach einem Konzept, dass auf die Bedürfnisse der Region zugeschnitten wurde. **Factory Outlets** (= Fabrikverkauf der Hersteller) führen Auslaufmodelle und Produkte zweiter Wahl meist führender Markenartikelhersteller (z. B. Boss, Nike, Adidas, Benetton). Das Sortiment wird teilweise durch aktuelle Ware erweitert. Bei **Factory Outlet Centern** oder **Factory Outlet Malls** kommen verschiedene Hersteller unter einem Dach zusammen oder gruppieren sich zu einer Einkaufspassage meist in abgelegener Lage.

In der **horizontalen Vertriebsstruktur** werden die **Art** (z. B. Fachgeschäfte oder Discounter) und die **Anzahl** der Handelsunternehmen je Absatzstufe festgelegt. Es werden folgende Selektionsstrategien unterschieden:

horizontale Vertriebsstruktur

- Intensiver Vertrieb (= Universalvertrieb)
- Selektiver Vertrieb
- Exklusiver Vertrieb

Bei einem **intensiven Vertrieb** werden vom Hersteller möglichst viele Handelsunternehmen eingeschaltet. Das Ziel des Herstellers ist die Überallerhältlichkeit (= Ubiquität) seiner Produkte. Die Produkte zeigen damit eine hohe Präsenz am Markt. Es sind meist Produkte des täglichen Bedarfs. Käufer können diese Produkte leicht beschaffen. Beispiele: Zigaretten, Zeitungen. Der **selektive Vertrieb** ist durch besonders ausgewählte Handelsunternehmen gekennzeichnet. Der Hersteller legt fest, welche Anforderungskriterien die Händler erfüllen müssen. Kriterien sind z. B. eine bestimmte Umsatzhöhe, Sicherstellung einer fachlich guten Beratung und die Bereitschaft zur Kooperation. Das Ziel des Herstellers ist es, eine angemessene Marktdurchdringung zu erreichen. Beispiele: Kosmetikprodukte, Unterhaltungselektronik. Im **exklusiven Vertrieb** akzeptiert der Hersteller nur hochwertige Handelsunternehmen. Es werden nur wenige Handelsunternehmen eingeschaltet. Wichtige Bewertungskriterien sind Standort, Beratungsqualität und Image. Der exklusive Vertrieb eignet sich für hochwertige Markenprodukte des aperiodischen Bedarfs. Beispiel: Exklusive Oberbekleidung.

Zur Beurteilung der Eignung von Vertriebssystemen können Punktbewertungsverfahren, Stärken-Schwächen-Analysen, Chancen-Risiken-Analysen, Portfolio-Analysen und Investitionsrechnungsverfahren herangezogen werden. **Beurteilungskriterien für die Auswahl von Handelsunternehmen** sind z. B.: Wachstumsraten des Betriebstyps, Qualität der Beratung, Image des Betriebstyps, Kooperationsbereitschaft, Vertriebskosten, Erreichung der Vertriebsziele.

Kooperationen **Formen der vertikalen Kooperation** (= Kontraktmarketing) beschreiben die Zusammenarbeit von Unternehmen unterschiedlicher Marktstufen in der gleichen Branche. Das Ziel ist die Überwindung der Interessenkonflikte im Vertriebskanal. Formen sind z. B. Rack Jobber, Shop-in-Shop-System, **Franchising** → Glossar, Vertragshändler. Der Handel vermietet Regalfläche an **Rack Jobber** → Glossar. Die Regalfläche wird von Rack Jobbern selbst bewirtschaftet (= Warenbereitstellung, Merchandising). Der Handel vermietet beim **Shop-in-the-Shop-System** einen Teil seiner Geschäftsfläche an einen Hersteller. Der Hersteller übernimmt eigenständig die Präsentation der Produkte. Es werden dazu Markenhersteller ausgewählt, die „Magnetwirkung" für den Standort haben. Beim **Vertriebs-Franchising** überträgt der Hersteller (= Franchisegeber) einem Franchisenehmer den Vertrieb seiner Produkte. Der Franchisenehmer wird **Warenzeichen** → Glossar, Symbole, Namen und Marke des Franchisegebers übernehmen und die Ausgestaltung des Verkaufsraums nach den Vorgaben des Franchisegebers ausstatten. Beispiele: Obi, Eismann, McDonald's, Sunpoint. Die Vorteile für Franchisegeber liegen in der Möglichkeit der schnellen Expansion. Der Franchisegeber erhält umsatzabhängige Einnahmen ohne Fixkostenbelastung. **Vertragshändler** → Glossar werden auf eigenem Namen und auf eigene Rechnung tätig. Er verpflichtet sich, ausschließlich die Produkte eines Herstellers anzubieten und ein aktives Marketing für die Produkte zu betreiben. Er ist fest in die Vertriebsorganisation des Herstellers eingegliedert. Konkurrenzprodukte kann er nur mit Zustimmung des Herstellers vertreiben. Der Vertragshändler kann mit einem Gebietsschutz (= Exklusivhändler, Alleinhändler) ausgestattet werden. Beispiele: Formen von Vertragshändlersystemen finden sich z. B. in den Branchen Kfz-Handel, Mineralölhandel, Brauereien (Belieferung von Gaststätten).

Bei der Auswahl der Vertriebswege ist die Grundsatzentscheidung zwischen direktem und indirektem Vertrieb zu treffen. Notwendig sind Entscheidungen zu den Formen des direkten Vertriebs oder zur Auswahl von Handelsunternehmen beim indirekten Vertrieb. Zusätzlich können auch Formen der vertikalen Kooperation gewählt werden (z. B. Franchising, Vertragshändler). Die Anzahl der Vertriebspartner wird durch die Entscheidung zum intensiven, selektiven oder exklusiven Vertrieb festgelegt.

Verkaufspolitik 9.3.2

Infokasten

Verkaufspolitik

unternehmenseigene Verkaufsorganisationen	unternehmensfremde Verkaufsorganisationen	
	Formen vertikaler Kooperation = Kontraktmarketing	unternehmensgebundene Verkaufsorganisationen
Verkaufsaußendienst Verkaufsinnendienst Verkaufsniederlassungen Key Account Management Category Management	Vertriebsbindungen Agenturen Vertragshändler Franchising Rack Jobber Shop-in-the-Shop	Handelsvertreter Kommissionäre Makler

Definition

Verkaufspolitik sind alle Marketing-Maßnahmen, die in Zusammenhang mit dem persönlichen Verkauf der Produkte stehen.

Die Aufgaben der Verkaufspolitik sind die Auswahl und Gestaltung der Verkaufsorganisation sowie die Steuerung, die **Motivation** → Glossar und die Kontrolle des Verkaufspersonals. Bei der Auswahl und Gestaltung der Verkaufsorganisation lassen sich grundsätzlich folgende **Verkaufsorgane** → Glossar (= **Verkaufspersonen, Absatzorgane**) unterscheiden:

Verkaufsorganisation

Unternehmenseigene Verkaufsorgane (= unternehmensinterne Vertriebsorgane):
- Vertriebsaußendienst (z. B. Verkäufer, Reisende)
- Vertriebsinnendienst (z. B. Call Center, Backoffice)
- Personen mit Vertriebsaufgaben im Einzelfall (z. B. Geschäftsführung)

Unternehmensfremde Verkaufsorgane (= unternehmensexterne Vertriebsorgane):
- Vertragshändler
- Franchisepartner
- Handelsvertreter
- Kommissionäre
- Makler
- Vertriebsagenturen
- Logistikunternehmen
- Großhandel
- Einzelhandel

Vertragshändler und **Franchisepartner** gehören zu den **unternehmensgebundenen Verkaufsorganen**. Durch den eingeschränkten eigenen Handlungsspielraum gelten sie als Quasi-Filialunternehmen. Vertragshändler sind rechtlich selbständig. Sie sind jedoch durch Verträge in die Vertriebsstrategie des Herstellers eingebunden. Die Verträge können z. B. vorsehen, dass der Vertragshändler ausschließlich die Marken des Herstellers führt und die Vertriebsmaßnahmen des Herstellers unterstützt. Im Gegenzug verpflichtet sich der Hersteller meist zu einem Gebietsschutz. Vertragshändler finden sich z. B. in den Branchen Kfz-Handel, Kosmetik, Brauereien und Mineralöl. Die Kooperation mit Franchise-Partnern bedeutet eine noch stärkere Vertriebspartnerbindung.

Unternehmensunabhängige Verkaufsorgane sind Handelsvertreter, Kommissionäre, Makler, Vertriebsagenturen und Logistikunternehmen (= **Absatzhelfer**). Der **Handelsvertreter** handelt als selbständiger Verkäufer im Namen und auf Rechnung eines oder mehrerer Unternehmen. Der **Kommissionär** handelt in eigenem Namen auf Rechnung eines anderen Unternehmens und unterliegt deshalb besonderen Weisungsrechten dieses Unternehmens (z. B. Preisvorgaben). Beispiele: Buchhandel, Kunsthandel. **Makler** vermitteln Geschäfte. Beispiele: Versicherungen, Reisen. **Vertriebsagenturen** leisten Unterstützung beim Verkauf und der Abwicklung. **Logistikunternehmen** übernehmen die Lagerhaltung und den Transport. **Großhandel** (= Wholesaler) und **Einzelhandel** (= Retailer) sind **Absatzmittler**. Absatzmittler sind Handelsunternehmen, die in eigenem Namen und auf eigene Rechnung auftreten → vgl. S. 263 ff.

Die **unternehmenseigenen Verkaufsorgane** sind Mitarbeiter des Unternehmens in einem festen Angestelltenverhältnis. Sie sind weisungsgebunden. In Abhängigkeit von der Bedeutung der Verkaufsaufgabe werden die Geschäftsleitung, die Marketing- oder Vertriebsleitung, der Key-Account-Manager, der Category Manager, der Verkäufer im Innendienst oder der Verkäufer im Außendienst (= Reisende) tätig. Zu den wesentlichen Aufgaben der **Verkäufer im Außendienst** gehören: Kunden und potenzielle Kunden (= Neukundenakquisition) besuchen, Produkte anbieten und Verkaufsgespräche führen, Aufträge entgegennehmen, Kontaktpflege betreiben (= Kundenbindung, Kundenbetreuung), (Beschaffung von) Informationen über den Kunden, den Wettbewerb und den Markt beschaffen.

Die **unternehmensfremden Verkaufsorgane** sind rechtlich selbständige Gewerbetreibende, die über Verträge an das Unternehmen gebunden sind.

Die Grundsatzentscheidung bezieht sich auf die Frage, ob Verkäufer im Außendienst oder Handelsvertreter eingesetzt werden sollen. In einem ersten Schritt werden quantitative Verfahren eingesetzt, die in einem zweiten Schritt durch die Prüfung qualitativer Kriterien ergänzt werden. In der quantitativen Analyse werden **Kosten- und Gewinnvergleichsrechnungen** eingesetzt. Eine Kostenvergleichsrechnung ist dann ausreichend, wenn die Auswahlentscheidung keinen Einfluss auf den Umsatz hat. Nach der quantitativen Analyse sind qualitative Beurteilungskriterien zu prüfen: Qualität und Intensität der Kundenberatung, Fachwissen und Marktkenntnis, Eigeninitiative, unternehmerisches Denken, Steuerbarkeit, Flexibilität und Kontrolle des Einsatzes, Umfang des betreuten Sortiments, Berichterstattung an das Unternehmen, Reklamationsabwicklung und Imagewirkungen.

Reisende oder Handelsvertreter

Die qualitative Analyse muss auf die unternehmensspezifischen Gegebenheiten abgestimmt werden. Quantitative und qualitative Analysen sind in einer abschließenden Bewertung zusammenzufassen. Der Verkaufsaußendienst kann auch mit Reisenden und mit Handelsvertretern gestaltet werden, um die Vorteile von beiden Alternativen zu nutzen. In diesen Fällen oder für einen zeitlich befristeten Einsatz können Außendienstmannschaften geleast werden (= Außendienst-Leasing).

Merksatz

Quantitative Gewinnvergleichsrechnungen und qualitative Bewertungen (= Punktbewertungsverfahren) werden zur Lösung des Entscheidungsproblems „Reisende oder Handelsvertreter" eingesetzt.

Bei der **Steuerung und Kontrolle** innerhalb der Verkaufsorganisation lassen sich folgende Aufgaben unterscheiden:

- Aufteilung der Verkaufsbezirke
- Planung der Verkaufsquoten
- Planung der Verkaufsrouten
- Planung der Besuchshäufigkeit
- Bereitstellung von Verkaufsinformationen
- Schulung und Training

Steuerung Der Gesamtmarkt ist in **Verkaufsbezirke** aufzuteilen, die ergebnisverantwortlich von den Verkaufsorganen bearbeitet werden müssen. Die Kriterien für die Aufteilung sind z. B. das Marktpotenzial, die Anzahl der Kunden, die Entfernung zwischen den Kunden sowie die zeitliche Belastung durch die Kundenbetreuung. Die Planung und Vorgabe von **Verkaufsquoten** beziehen sich als Zielgrößen auf Absatz, Umsatz oder Deckungsbeitrag. Ebenso werden die Anzahl der Kundenbesuche und die Anzahl der Neukundenkontakte vorgegeben. Die Planung der **Verkaufsrouten** kann zentral durch das Vertriebsmanagement oder durch die Verkaufsorgane selbst erfolgen. Als Kriterien für die Planung der Verkaufsrouten dienen die Reisezeiten und die Länge der Kundenbesuche. Bei der Planung der **Besuchshäufigkeit** wird häufig nach A-, B- und C-Kunden differenziert. Kaufwahrscheinlichkeit und Bestellrhythmen spielen ebenfalls eine Rolle. Zu **Verkaufsinformationen** zählen z. B. Absatz-, Umsatz- und Deckungsbeitragsstatistiken, Kundenbeschwerden und Informationen über **Wettbewerber**. **Schulungs- und Trainingsmaßnahmen** beziehen sich auf die Vermittlung von produktspezifischem Wissen und auf Verkaufstraining.

Kontrolle Die **Kontrolle** und **Leistungsbeurteilung** von Verkaufspersonen kann über quantitative und qualitative Kriterien vorgenommen werden. Quantitative Kriterien können messbare Zielvorgaben sein. Beispiele: Absatz, Umsatz, Deckungsbeitrag, Anzahl der gewonnenen Neukunden, Anzahl der Kundenbesuche. Qualitative Kriterien können z. B. Beratungsqualität, Produktkenntnisse und Teamfähigkeit sein. Ergänzend kommen Informationen aus der **Primärforschung** → vgl. S. 30 hinzu. Im Zuge von Kundenzufriedenheitsanalysen werden Kunden über ihre Zufriedenheit mit dem Verkaufspersonal befragt. Die **Motivation** → Glossar des Verkaufspersonals geschieht über materielle und immaterielle Anreize. Bei **materiellen Anreizen** werden meist zu einem festen Gehalt zusätzlich Provisionen gezahlt. Die Provisionen sind üblicherweise abhängig vom erzielten Umsatz oder vom erreichten Deckungsbeitrag. Hinzutreten können Verkaufsprämien, die sich nach einem bestimmten Punktesystem richten. Auch die Überlassung von Dienstwagen oder der Abschluss von Lebensversicherungen zählen zu den üblichen materiellen Anreizen. Zu den **im-**

materiellen Anreizen (= incentives → Glossar) gehören z. B. Reisen, Auszeichnungen, Clubzugehörigkeiten und besondere Arbeitszeit- und Urlaubsregelungen. Wirksam sind die Anreize, die zu einer Statusverbesserung nach innen und außen beitragen. Sinnvoll ist eine Kombination aus materiellen und immateriellen Anreizen, um den Präferenzen möglichst vieler Mitarbeiter zu entsprechen.

Vertriebslogistik | 9.4

Begriff, Bedeutung und Aufgaben der Vertriebslogistik | 9.4.1

Infokasten

Vertriebslogistik
= physische Verteilung von Leistungen

| Lieferservice | Auftragsab-wicklung | Lagerhaltung | Transport | Verpackung |

Definition

Vertriebslogistik (= Marketinglogistik) → Glossar **sind die Marketing-Maßnahmen, die den Transport und die Lagerung von Produkten und die damit zusammenhängenden Informationen betreffen.**

Die Vertriebslogistik befasst sich mit der physischen Bewegung des Produkts zwischen Hersteller (= Produktion) und Endkäufer (= Verwender, Nutzer). Sie gestaltet, steuert und kontrolliert die Lager- und Transportvorgänge, die zur Auslieferung der Produkte notwendig sind. Es geht um die Überbrückung von Raum und Zeit. Grundsätzliche Aufgabe der Vertriebslogistik ist es dafür zu sorgen, dass das richtige Produkt in der richtigen Menge, zum richtigen Ort, zur gewünschten Zeit und im richtigen Zustand zu minimalen Logistikkosten gelangt.

Die **Bedeutung** der Vertriebslogistik hat in der letzten Zeit zugenommen. Bei einer hohen Austauschbarkeit der Produkte kann die Vertriebslogistik über die Gestaltung des Lieferservice einen Beitrag zur Erzielung von Wettbewerbsvorteilen leisten. Zusätzlich sind die Logistikkosten zu einem Wettbewerbsfaktor geworden. Beispiel: In der Nahrungsmittelbranche betragen die Logistikkosten rund 30 % vom Umsatz.

Die Aufgaben der Vertriebslogistik sind Lieferservice, Auftragsabwicklung und Lagerhaltung.

9.4.2 | Lieferservice

Definition

Der **Lieferservice** wird durch die Aufgaben der Marketing-Logistik gewährleistet: Auftragsabwicklung, Lagerhaltung, Transport und Verpackung.

Der zu erbringende Lieferservice wird durch die Kundenbedürfnisse bestimmt. Bei homogenen Produkten kann der Lieferservice kaufentscheidend sein. Beispiel: 24-Stunden-Service. Der Lieferservice setzt sich aus folgenden Teilleistungen zusammen:

- Lieferzeit (= Zeitspanne von der Auftragserteilung bis zur Warenannahme)
- Lieferbereitschaft (= Verfügbarkeit der Produkte am Lager)
- Lieferzuverlässigkeit (= Einhaltung der Liefertermine)
- Liefergenauigkeit (= richtige Lieferung nach Art und Menge)
- Lieferungsbeschaffenheit (= einwandfreier Zustand der Ware)
- Lieferflexibilität (= Berücksichtigung von Sonderwünschen)

Die Kundenwünsche nach kurzen **Lieferzeiten** haben zugenommen. Die Zielsetzungen der Unternehmen, die Lagerbestände zu minimieren und damit die Kapitalbindungskosten zu senken, haben zur **Just-in-Time-Logistik** → Glossar geführt. Ziel der Just-in-Time-Logistik ist eine nachfragesynchrone Belieferung. Die Produkte werden genau zum benötigten Zeitpunkt angeliefert. Eine Just-in-Time-Lieferung bedeutet für den Kunden den Wegfall der Lagerhaltung und damit die Möglichkeit kurzfristiger Dispositionen. Der Lieferant hat dagegen hohe Logistikkosten. Just-in-Time ist auf solche Produkte zu beschränken, die aufgrund ihrer Wert- oder Verbrauchsstruktur eine derartige Logistik-Konzeption wirtschaftlich gestalten. Die **Lieferbereitschaft** ist die Voraussetzung kurzer Lieferzeiten. Je höher die Lieferbereitschaft des Herstellers ist, desto geringer sind die Sicherheitsbestände beim Kunden. Seine hohe Lieferbereitschaft zwingt den Hersteller zu hohen Sicherheitsbeständen. Dies führt zu hoher Kapitalbindung. **Lieferzuverlässigkeit**, **Liefergenauigkeit** und **Lieferungsbeschaffenheit** sind Kundenanforderungen, die erfüllt werden müssen. Werden die Kundenanforderungen nicht erfüllt, beeinträchtigen Beschwerden die Geschäftsbeziehung. Die **Lieferflexibilität** führt zu einem individuellen Lieferservice für den Kunden.

Die Gewährleistung eines hohen Service-Standards kann zu Zielkonflikten führen. Um z. B. eine hohe Lieferbereitschaft sicherzustellen, müssen hohe Lagerbestände bereitgehalten werden. Mit hohen Lagerbeständen sind jedoch hohe Lagerhaltungs- und Kapitalbindungskosten verbunden. Ein konsistentes **Zielsystem** → Glossar sollte diese Zielkonflikte verhindern.

Merksatz

Der Lieferservice kann Präferenzen beim Kunden schaffen. Durch Schnelligkeit, Zuverlässigkeit und Flexibilität kann sich das Unternehmen gegenüber den Wettbewerbern profilieren.

Auftragsabwicklung   9.4.3

In der Auftragsabwicklung werden die **Auftragsdaten** erfasst und die **Auftragsunterlagen** zusammengestellt. Auftragsdaten sind z. B. Mengen, Preise, Rabatte, Liefertermine, Kundennummern und Auftragsnummern. Auftragsunterlagen sind z. B. Angebote, Auftragsbestätigungen, Lieferscheine, Rechnung und Statistiken. Grundlage der Auftragsabwicklung bilden Datenbanken. Übertragungsstandards vereinheitlichen den elektronischen Datenaustausch zwischen Hersteller und Handel (= **Electronic Data Interchange = EDI** → Glossar).

Lagerhaltung   9.4.4

Die Entscheidungen über die Lagerhaltung betreffen:
- Festlegung der Zwischenlagerstufen
- Festlegungen zu Anzahl, Größe und Standorte der Lager
- Entscheidung über Eigen- oder Fremdlager
- Entscheidungen über die Höhe der Lagerbestände

Der **Absatzweg** → Glossar, die Art der Produkte, die Anzahl, Größe und geographische Verteilung der Kunden, der angestrebte Lieferservice und die Kosten bestimmen die Zahl der **Zwischenlagerstufen**. Beispiele für Zwischenlagerstufen: Fertigwarenlager beim Hersteller (= Werkslager), Zentrallager, Regionallager und Auslieferungslager der Hersteller, Umschlagslager der Spediteure, Lager bei Groß- und Einzelhandel. Die vertikale Vertriebsstruktur ist umso dezentraler, je mehr Lagerstufen eingerichtet werden. Kundenanforderungen, Wettbewerbsorientierung und Einflussgrößen des eigenen Unternehmens bestimmen, ob die Struktur eher dezentral oder zentral gestaltet wird. Die Zahl und Größe der Kunden, die Bestellhäufigkeit und Größe der Aufträge und die von den Kunden gewünschten Lieferzeiten (= Lieferservice) sind ebenso zu berücksichtigen wie die räumliche Verteilung der eigenen Produktionsstätten. In einem zweiten Schritt sind die **Anzahl** und **Größe** der Lager auf jeder Stufe sowie deren Standorte und deren Zuordnung zu Absatzgebieten vorzunehmen. Bei der **Standortwahl** kann zwischen produktions- und marktorientierten Standorten differenziert werden. Die Verkehrsinfrastruktur und die Verteilung der Nachfrage über das Absatzgebiet spielen bei Standortentscheidungen eine wesentliche Rolle. Neben den bereits genannten Kriterien sind **Lagerhaltungskosten** und die **Kosten des Transports** zwischen Produktionsstätten, Lagern und Kunden ebenfalls zu bewerten. Die fixen und variablen Lagerhaltungskosten steigen mit der Anzahl der Lager an. Bei vielen Lagern werden die einzelnen Lager kleiner ausfallen als bei wenigen Lagern. Kleinere Lager können weniger effizient geführt werden als größere Lager. Je größer die Anzahl der Auslieferungslager, desto kleiner werden die Transportkosten (= Auslieferungskosten) von den Auslieferungslagern zu den Kunden. Desto höher werden aber dafür die Kosten für den Transport zwischen den vorgelagerten Lagerstufen (= Belieferungskosten). Die Entscheidung, ob eigene Lager errichtet oder fremde Lager genutzt werden, ist abhängig von den verfügbaren finanziellen Mitteln und der angestrebten Flexibilität. **Eigenlager** sind sinnvoll, wenn die Nachfrage in der Zeit stabil ist und die Märkte dauerhaft konzentriert sind. **Fremdlager** sind zweckmäßig, wenn die Nachfrage saisonal schwankt, die Märkte sich räumlich verändern und die Transportmittel häufiger gewechselt werden müssen. Grundsätzlich ist zu entscheiden, ob alle Produkte in allen Lagern bevorratet werden sollen (= **vollständige Lagerhaltung**) oder bestimmte Produkte nur in ausgewählten Lagern bereitgestellt werden (= **selektive Lagerhaltung**). Die Höhe der **Lagerbestände** wird bestimmt durch das Bestellverhalten (= Bestellmengen, Bestellzeitpunkte), die Wiederbeschaffungszeiten für die Produkte und die Höhe der Sicherheitsbestände (= Mindestbestände). Sicherheitsbestände sind notwendig, um kurzfristig auftretende Nachfrageschwankungen auffangen zu können.

Merksatz

Die Entscheidungen über die Lagerhaltung sind eng miteinander verzahnt und beeinflussen sich gegenseitig.

Transport | 9.4.5

Die Entscheidungen über **Transportmittel** und **Transportwege** sind abhängig von der Art der Produkte. Die Produkte unterscheiden sich z. B. nach Sperrigkeit, Wert, Empfindlichkeit und Gefährlichkeit. Bei den Transportmitteln werden Lkw, Schiff, Bahn und Flugzeug unterschieden. Es ist festzulegen, wer die Transportleistung erbringen soll. Der Hersteller kann die Transportleistungen selbst bereitstellen oder betriebsfremde Transportmittel (= Spediteure) einsetzen. Entscheidend wird sein, ob die zu tätigenden Investitionen für eigene Transportmittel wirtschaftlich sind. Bei der **Auswahl des geeigneten Transportmittels** sind die folgenden Kriterien zu prüfen: Kosten, Geschwindigkeit und Frequenz, Verlässlichkeit, Flexibilität und Verfügbarkeit, Vernetzungsfähigkeit, Anfangs- und Endpunkte, Geografische Reichweite → vgl. Kap. 6.4 Verpackungspolitik, S. 180.

Merksatz

Transportentscheidungen sind grundsätzlich an den Transportkosten auszurichten. Zusätzlich sind jedoch die Auswirkungen auf den Lieferservice zu beachten und in die Entscheidungen mit einzubeziehen.

Verpackung | 9.4.6

Die Verpackung erfüllt innerhalb der Vertriebslogistik die folgenden Funktionen:
→ Schutz der Produkte
→ Sicherstellung der Lagerfähigkeit
→ Informationsübermittlung über die Produkteigenschaften (z. B. Zerbrechlichkeit, Bestimmungsort)

Über die Art der Verpackung werden Lager- und Transporteinheiten geschaffen. Bei den Entscheidungen über die Verpackungsart sind ökonomische und ökologische Aspekte zu berücksichtigen.

Zusammenarbeit zwischen Hersteller und Handel | 9.5

Die Hersteller-Handels-Beziehungen sind in den extremen Positionen durch Kooperationen und Konflikte geprägt → vgl. Kap. 4.4.6 Handelsorientierte Strategien, S. 121. **Kooperation** → Glossar ist eine freiwillige, meist vertraglich geregelte Zusammenarbeit rechtlich und wirtschaftlich selbständiger Un-

Kooperationen

ternehmen zum Zweck der Verbesserung ihrer Leistungsfähigkeit. Es geht um die Harmonisierung von Interessen.

Eine Kooperationsform, eine Form der Zusammenarbeit zwischen Hersteller und Handel, ist das Konzept des **Efficient Consumer Response** → Glossar (= ECR = effiziente Reaktion auf die Kundennachfrage).

Infokasten

Efficient Consumer Response ECR			
Efficient Replenshisment	Efficient Store Assortments	Efficient Product Introductions	Efficient Promotions
Supply Chain Management	Category Management		
Verbesserung der Logistikprozesse, automatische, über die Nachfrage gesteuerte Disposition und Produktion (Warenfluss), Just-in-time-Logistik	Kontinuierliche Sortimentsverbesserung, am Bedarf orientierte Warengruppeneinteilung	schnelle Reaktion auf Kundenwünsche, gemeinsame Produktentwicklung und Markttests, Senkung der Floprate	Abstimmung der Maßnahmen zwischen Hersteller und Handel, Reduzierung des Handlingaufwands
Enabling Technologies (= Basistechnologien) stellen einen reibungslosen Informationsfluss sicher, z. B. über einen elektronischen Datenaustausch (= Electronic Data Intercharge) und Scannerkassen.			

Durch **Category Manager** oder **Key-Account-Manager** → Glossar versuchen die Hersteller ihre Position gegenüber dem Handel zu verbessern → vgl. Marketing-Organisation, S. 132 f.

Das Konzept des **Efficient Consumer Response** bezieht sich auf die gesamte Betrachtung der **Wertschöpfungskette** → Glossar zwischen Hersteller, Handel und Endkunde. Das Ziel ist, die Wünsche und Bedürfnisse der Kunden zu ermitteln, so gut wie möglich zu befriedigen (= nachfrageorientiertes Management) und Effizienzsteigerungen entlang der Wertschöpfungskette zu erzielen.

Supply Chain Management → Glossar mit den Elementen Efficient Replenishment (automatisches Bestellwesen, Just-in-Time-Logistik) und Electronic Data Interchange ist auf eine Reduzierung der Zeit und der Kosten der Waren- und Informationsströme innerhalb der Wertschöpfungskette zwischen Hersteller und Handel ausgerichtet (= Logistikoptimierung, Warenflussoptimierung). Dazu muss der Waren- und Informationsfluss zwischen Hersteller und Handel abgestimmt, gesteuert und optimiert werden. Der Bedarf beim Kunden muss möglichst schnell und präzise erkannt werden. Die elektronische Verkaufsmitteilung aus dem Handel wird online an den Hersteller übermittelt. Der Hersteller verarbeitet die Daten und gibt seinerseits Bedarfsmeldungen an seine Zulieferer. An den Kassen der verschiedenen Handelsgeschäfte wird der Absatz zeitaktuell und produktgenau erfasst. Die Absatzzahlen werden je Laden zusammengestellt und lösen Bedarfsmeldungen aus. Die Meldung geht an die Handelszentrale und von dort aus an das Zentrallager des Handels. Die Meldung geht gleichzeitig an den Hersteller und löst dort einen Bestellvorgang in das Zentrallager des Handels aus. Der Bestellvorgang enthält die Menge, wie die Produkte bei der letzten Bestellung abgeflossen sind. Grundlage des Supply Chain Management sind **Warenwirtschaftssysteme** → Glossar, automatische Disposition und ein elektronischer Informations- und Datenaustausch (= **Electronic Data Interchange** → Glossar).

Merksatz

Das Supply Chain Management beabsichtigt die Reduzierung der Kosten der Waren- und Informationsflüsse. Dafür sorgt eine nachfragesynchronisierte Produktion in Verbindung mit einer nachfragegesteuerten Just-in-Time-Logistik für den Warennachschub im Handel.

Das **Category Management** → vgl. S. 132 des Herstellers wird das Angebot an den Handel nach den Wünschen und Bedürfnissen des Handels ausrichten. Das Category Management des Handels wird die strategischen Warengruppen (= Categories) so gestalten, dass die Kunden sein Handelsgeschäft vorziehen, ein angemessener Deckungsbeitrag erzielt wird, der Marktanteil erhöht wird und die Kundenzufriedenheit sich auf dem angestrebten Niveau bewegt. **Efficient Promotion** zielt durch eine Koordination von Verkaufsförderungsmaßnahmen zwischen Hersteller und Handel auf eine erhöhte Effizienz der Verkaufsförderung ab. Die Kosten bei Verwaltung, Lager, Transport und Personal sollen minimiert werden. Die Bevorratung des Handels mit großen Warenmengen zu Aktionspreisen wird verhindert. Dadurch geht die Kapitalbindung durch hohe Bestandmengen an Aktionsware zurück. **Efficient Store Assortments** strebt durch eine Verkaufsflächenoptimierung eine verbesserte Sortimentsproduktivität an. Der am Point of Sale zur Verfügung stehende Platz soll optimal genutzt werden. Gleichzeitig soll die Kundenzufriedenheit erhöht werden. **Efficient Product Introductions** sorgt für eine Optimierung der Produktentwicklung und eine Optimierung bei der Produkteinführung.

Ziel ist die gemeinsame Neuproduktentwicklung von Hersteller und Handel. Im Vordergrund stehen bessere Testmöglichkeiten und schnellere Reaktionen auf das Kundenverhalten. Die mit der Produkteinführung verbundenen Kosten sollen ebenso gesenkt werden wie die hohen Flopraten. Es ist beabsichtigt, den Kunden in möglichst kurzer Zeit qualitativ hochwertige Produkte anzubieten. Häufig werden deshalb keine originären Innovationen geschaffen, sondern nur geringfügig veränderte Produkte.

Merksatz

Im Category Management werden die Warengruppen des Handels als strategische Geschäftseinheiten betrachtet, für die Handel und Hersteller gemeinsame Strategien entwickeln und umsetzen. Durch die konsequente Ausrichtung an den Bedürfnissen der Kunden soll eine bessere Leistung der Warengruppe erzielt werden.

Konflikte
Die **Konflikte zwischen Hersteller und Handel** sind zum Teil auf die unterschiedlichen Zielsetzungen im Marketing-Mix zurückzuführen. **Produktpolitik**: Während die Hersteller bestrebt sind, ihre Herstellermarken zu fördern, stehen im Handel die Profilierung der Einkaufsstätte und die Präsentation ihrer Handelsmarken im Vordergrund. Die Produktpolitik der Hersteller wird bestimmt durch Maßnahmen zum Produktimage, zum Markenimage und zum Herstellerimage. Der Handel hat die Aufgabe, eine kundenorientierte Sortimentsstruktur aufzubauen. Im Mittelpunkt seiner Bemühungen wird das Sortimentsimage stehen. **Preispolitik**: Der Handel bevorzugt eine variable Preisbildung mit Möglichkeiten zu aktionsgebundenen Preisreduzierungen. Der Hersteller legt dagegen Wert auf eine dem Produkt- und Markenimage angepasste dauerhafte Preispositionierung. Der Hersteller versucht, möglichst niedrige Handelspannen durchzusetzen, während der Handel möglichst hohe Handelsspannen anstrebt. **Vertriebspolitik**: Der Hersteller wird hohe Bestellmengen, einen hohen Distributionsgrad, günstige Regalplatzierungen und die Abnahme seines gesamten Herstellerprogramms sicherstellen wollen. Der Handel erwartet die Belieferung mit geringen Mengen. Ziel ist eine möglichst niedrige Lagerhaltung. **Kommunikation**: Der Hersteller wird die Präferenzbildung und Markentreue für seine Produkte in den Mittelpunkt seiner Kommunikation stellen. Über die Pull-Strategie werden seine Produkte „vorverkauft". Die Kommunikation des Handels wird ausgerichtet sein auf die Erhöhung der Kundenbindung und die Gewinnung neuer Kunden. Wichtig für den Handel ist die Kommunikation am Point of Sa-

le. Die Kommunikationspolitik wird auf das Unternehmensimage und die Profilierung der Einkaufsstätte gerichtet sein.

Weitere Konflikte zwischen Hersteller und Handel sind auf die Veränderungen der **Machtverhältnisse** zurückzuführen. Die derzeitige Marktsituation zeigt deutlich eine Verschiebung der Machtverhältnisse zugunsten des Handels. Die Absatzprogramme einzelner Hersteller verlieren durch das Überangebot der Konsumgüterindustrie für den Handel zunehmend an Bedeutung. Durch die zunehmende Konzentration im Handel kontrollieren immer weniger Unternehmen die von den Herstellern begehrten Regalflächen. Die auf Ubiquität (= Überallerhältlichkeit) angewiesenen Markenhersteller treffen auf eine steigende Nachfragemacht des Handels.

Merksatz

Konflikte zwischen Hersteller und Handel führen zu einer Verschlechterung der **Wertschöpfung** → Glossar. Hersteller und Handel sollten bestrebt sein, Kooperationsformen zu finden, die den wirtschaftlichen Situationen auf beiden Seiten gerecht werden → vgl. **Category Management** → Glossar.

Kontrollfragen

1 Ein zentrales Vertriebsziel ist das Erreichen eines bestimmten Distributionsgrades. Erklären Sie den Unterschied zwischen dem numerischen Distributionsgrad und dem gewichteten Distributionsgrad.

2 Die Festlegung der Vertriebsziele soll möglichst konfliktfrei erfolgen. Zeigen Sie mögliche Zielkonflikte zwischen Vertriebszielen auf.

3 Die Entscheidung des Herstellers zwischen direktem Vertrieb und indirektem Vertrieb ist eine vertriebspolitische Grundsatzentscheidung. Welche Faktoren beeinflussen die Entscheidungen eines Herstellers bei der Wahl der Vertriebswege?

4 Beim Direktvertrieb verkauft der Hersteller unmittelbar an den Endkunden. Nennen Sie die wesentlichen Formen des direkten Vertriebs.

5 Nennen Sie die Vorteile des direkten Vertriebs für einen Hersteller.

6 Beim indirekten Vertrieb werden zwischen Hersteller und Endkunden Handelsunternehmen zwischengeschaltet. Welche Marketing-Aufgaben übernimmt der Handel für den Hersteller im Rahmen des indirekten Vertriebs?

7 Nennen Sie die wesentlichen Betriebsformen des Großhandels und des Einzelhandels.

8 Nach welchen Merkmalen lassen sich die verschiedenen Betriebsformen des Handels unterscheiden?

9 Bei der Festlegung der horizontalen Vertriebsstruktur werden die Art und die Anzahl der Handelsunternehmen bestimmt. Welche Selektionsstrategien werden dabei unterschieden?

10 Welche Beurteilungskriterien können für die Auswahl von Handelsunternehmen herangezogen werden?

11 Zur Beurteilung von Vertriebssystemen können Punktbewertungsverfahren herangezogen werden. Nehmen Sie zu diesem Verfahren kritisch Stellung.

12 Welche Aufgaben gehören zu den Mitarbeitern im Verkaufsaußendienst?

13 Zur Lösung des Entscheidungsproblems „eigener Außendienst oder Handelsvertreter" werden quantitative und qualitative Beurteilungskriterien herangezogen. Erläutern Sie bitte die beiden Verfahren.

14 Nennen Sie die wesentlichen Aufgaben zur Steuerung und Kontrolle des Verkaufsaußendienstes.

15 Diskutieren Sie die verschiedenen Möglichkeiten zur Motivation der Außendienstmitarbeiter.

16 Kennzeichnen Sie die wesentlichen Entscheidungsbereiche in der Vertriebslogistik.

17 Zeigen Sie beispielhaft den Zusammenhang zwischen Entscheidungen in der Vertriebslogistik und übrigen Entscheidungen im Marketing-Mix auf.

18 Der Lieferservice ist ein wesentlicher Bestandteil der Vertriebslogistik. Inwieweit kann der Lieferservice einen Beitrag zur Erzielung von Wettbewerbsvorteilen leisten?

19 Aus welchen Teilleistungen setzt sich der Lieferservice zusammen?

20 Erläutern Sie den Begriff „Just-in-Time-Logistik".

21 Diskutieren Sie den Zusammenhang zwischen der Lieferbereitschaft und den Kosten der Lieferzeitpolitik.

22 Die Lagerhaltung ist ein Teilbereich der Vertriebslogistik. Zeigen Sie die grundlegenden Entscheidungen in diesem Bereich auf.

23 Welche Faktoren werden Sie für die Auswahl von Transportmitteln und Transportwegen heranziehen?

24 Die Hersteller-Handels-Beziehungen sind oft durch Kooperationen geprägt. Erläutern Sie das Konzept des Efficient Consumer Response.

25 Zeigen Sie das Konfliktpotenzial in der Hersteller-Handelsbeziehung auf. Gehen Sie dabei insbesondere auf die unterschiedlichen Ziele von Hersteller und Handel ein.

26 Stellen Sie die Bedeutung der Push- und Pull-Strategie für die Vertriebspolitik dar.

Literatur

Ahlert, D. [2001]: Distributionspolitik, 4. Aufl., Stuttgart/Jena

Albers, S./**Krafft**, M. [2003]: Vertriebsmanagement, Wiesbaden

Bänsch, A. [2006]: Verkaufspsychologie und Verkaufstechnik, 8. Aufl., München

Czech-Winkelmann, S. [2003]: Vertrieb, Kundenorientierte Konzeption und Steuerung, Berlin

Diller, H./**Haas**, A./**Ivens**, B. [2005]: Verkauf und Kundenmanagement

Haller, S. [2001]: Handels-Marketing, 2. Aufl., Ludwigshafen

Homburg, C./**Schäfer**, H./**Schneider**, J. [2008]: Sales Excellence, Vertriebsmanagement mit System, 5. Aufl., Berlin

Olbrich, R. [2006]: Instrumente des Marketing. Distributionspolitik, Hagen

Pepels, W. [2001]: Einführung in das Distributionsmanagement, 2. Aufl., München

Pfohl, H.-C. [2004]:Logistikmanagement, 2. Aufl., Heidelberg

Specht, G./**Fritz**, W. [2005]: Distributionsmanagement, 4. Aufl., Stuttgart

Weis, H.-C. [2005]: Verkaufsmanagement, 6. Aufl., Ludwigshafen

Winkelmann, P. [2004]: Marketing und Vertrieb, 4. Aufl., München

Winkelmann, P. [2008]: Vertriebskonzeption und Vertriebssteuerung, 4. Aufl., Landshut

Wirtz, B. W. [2006]: Multi-Channel-Marketing, Wiesbaden

Übungsklausuren

Klausur 1

Zeit: 90 Minuten
Maximal erreichbare Punktzahl: 90 Punkte
Hilfsmittel: Taschenrechner

1. Marktforschung (10 Punkte)
a) Unterscheiden Sie Pre-Tests und Post-Tests. b) Zeigen Sie beispielhaft einige Untersuchungstatbestände der Werbewirkungskontrolle auf (= Werbeforschung, Werbeerfolgskontrolle).

2. Käuferverhalten (5 Punkte)
Erläutern Sie das S-R-Modell und das S-O-R-Modell. Gehen Sie dabei besonders auf die Stellung der inneren psychischen Prozesse ein.

Marketing-Management
3. Marketing-Planung (10 Punkte)
Die Absatzentwicklung eines neuen Produkts wird für die nächsten 3 Jahre wie folgt prognostiziert: 1. Planjahr 6.000 Stück, 2. Planjahr 8.000 Stück, 3. Planjahr 10.000 Stück. Auf den vorhandenen Anlagen können nicht mehr als 10.000 Stück produziert werden (= Kapazitätsgrenze). Am Markt kann über alle drei Planjahre ein Preis von 120 €/Stück durchgesetzt werden. Aus der Kostenrechnung liegen folgende Daten vor: 1. Planjahr 800.000 € Gesamtkosten. 2. Planjahr 900.000 € Gesamtkosten. Gehen Sie von einem proportionalen Kostenverlauf aus. a) Berechnen Sie die Betriebsergebnisse für die 3 Planjahre. b) Berechnen Sie den Break-even-Point. c) Geben Sie die Kostenfunktion an.

4. Marketing-Strategien (10 Punkte)
a) Zeigen Sie die Vorteile und die Nachteile des Marktwachstums-Marktanteils-Portfolios (= BOSTON CONSULTING Matrix) auf. b) Benennen Sie die Felder der Matrix. c) Nennen Sie die Normstrategien.

5. Marketing-Organisation (5 Punkte)
Zeigen Sie exemplarisch den Ablauf eines Geschäftsprozesses auf, der mit einer Kundenanfrage beginnt.

6. Marketing-Controlling (10 Punkte)
Ein neues Produkt kann nach Ergebnissen der Marketing-Forschung zu einem Preis von 25
€/Stück am Markt abgesetzt werden. Bei diesem Preis wird ein Absatz von 10.000 Stück erwartet.
Um diesen Markterfolg zu erzielen ist ein Budget für Werbung und Verkaufsförderung 100.000 €
notwendig. Für das neue Produkt fallen Investitionskosten für Maschinen und Anlagen von
100.000 € an, die auf 5 Jahre abgeschrieben werden. Die variablen Kosten pro Stück werden von
der Produktion mit 10 € angegeben. a) Wie hoch ist die Break-even-Menge? b) Wie hoch ist die
Break-even-Menge, wenn das Unternehmen eine Umsatzrendite von 15 % erzielen will? c) Soll das
Produkt eingeführt werden? Wie hoch ist der Deckungsbeitrag? Wie hoch ist der Gewinn?

7. Produkt- und Sortimentspolitik (10 Punkte)
a) Erläutern Sie die Aufgabe von Punktbewertungsverfahren bei der Einführung von neuen Produkten. b) Nennen Sie die Vorteile und die Nachteile dieses Verfahrens.

8. Preispolitik (10 Punkte)
Der Absatzpreis eines Produktes beträgt 25 €/Stück. Bei diesem Preis setzt das Unternehmen
40.000 Einheiten ab. Die variablen Kosten betragen 15 €/Stück. Die Fixkosten liegen pro Periode
bei 50.000 €. Die Preiselastizität der Nachfrage beträgt E= –2,5. Halten Sie unter der Zielsetzung der
Deckungsbeitragsmaximierung eine Preissenkung von 2 €/Stück für vertretbar?

9. Kommunikationspolitik (10 Punkte)
Beschreiben Sie den Einsatz des Kommunikationsinstruments „Werbung" in den verschiedenen
Phasen des Produkt-Lebenszyklusses.

10. Vertriebspolitik (10 Punkte)
Anhand welcher Kriterien lassen sich die verschiedenen Betriebstypen des Einzelhandels (z. B.
Fachgeschäfte, Discounter) unterscheiden? Nennen Sie 5 Kriterien.

Klausur 2

Zeit: 90 Minuten
Maximal erreichbare Punktzahl: 90 Punkte
Hilfsmittel: Taschenrechner

1. Marktforschung (10 Punkte)
a) Ein Auswahlverfahren zur Bildung von Stichproben ist das Quotenverfahren. Erläutern Sie die
wesentlichen Merkmale des Quotenverfahrens. b) Welche Auswahlkriterien sollten zur Bildung einer Stichprobe für ein Einzelhandelspanel herangezogen werden? c) Wodurch kann die Repräsentanz von Panels gefährdet werden?

2. Käuferverhalten (10 Punkte)
Durch welche Merkmale unterscheiden sich das Kaufverhalten von Konsumenten und das Kaufverhalten von Organisationen?

Marketing-Management
3. Marketing-Planung (5 Punkte)
Kennzeichnen Sie kurz den Top-down und den Button-up-Ansatz der Marketing-Planung.

4. Marketing-Strategien (5 Punkte)
Marktsegmentierung ist die Voraussetzung für eine differenzierte Marktbearbeitung. Nennen Sie die Anforderungen, die an Segmentierungskriterien zu stellen sind.

5. Marketing-Organisation (5 Punkte)
Erläutern Sie die wesentlichen Aufgaben eines Produktmanagers.

6. Marketing-Controlling (10 Punkte)
Führen Sie eine Programmstrukturanalyse durch. Aus der Kostenrechnung liegen folgende Ergebnisse vor:

Produkte	A	B	C	D
Preise	15,50	18,00	12,40	11,00
K_{var}/St.	13,10	12,00	8,00	12,00
Kapazität/St. *)	2	10	4	2
Absatzerwartung	625 Stück	200 Stück	800 Stück	200 Stück

*) Erläuterung zur Tabelle: Die Herstellung des Produkts A beansprucht 2 Kapazitätseinheiten, das Produkt B 10 usw. Maximal stehen dem Unternehmen zur Produktion 6.400 Kapazitätseinheiten im Maschinenpark zur Verfügung.

Berechnen Sie a) den Deckungsbeitrag pro Stück und erstellen Sie eine Rangfolge und b) den relativen Deckungsbeitrag pro Stück bezogen auf die Kapazitätseinheiten mit einer Rangfolge. c) Berechnen Sie die gesamten Deckungsbeiträge der Produkte A, B und C sowie den gesamten Deckungsbeitrag mit und ohne Berücksichtigung der Kapazitätsgrenze von 6.400 Einheiten.

7. Produkt- und Sortimentspolitik (10 Punkte)
Führen Sie bitte eine Programmstrukturanalyse durch und interpretieren Sie das Ergebnis. Müssen Produkte aus dem Programm eliminiert werden? Aus der Kostenrechnung liegen folgende Informationen vor:

	Produkt A	Produkt B	Produkt C
Absatz in Stück	2.000	1.500	8.000
Preis €/Stück	20,00	25,00	12,00
Var. Kosten €/St.	10,00	15,00	6,00
Fixkosten in €	40.000,00	15.000,00	20.000,00

8. Preispolitik (10 Punkte)

Es ist eine Preis-Absatz-Funktion in folgender Form gegeben: $x = 100 - 5p$. Nennen Sie die allgemeine Form. Interpretieren Sie diese Preis-Absatz-Funktion. Gehen Sie insbesondere auf die Schnittpunkte der Funktion mit der Absatzachse und der Preisachse ein.

9. Kommunikationspolitik (5 Punkte)

Als Werbeziele werden manchmal Absatz, Umsatz oder Marktanteil genannt. Warum sind diese ökonomischen Ziele als Inhalte von Werbezielen problematisch?

10. Vertriebspolitik (10 Punkte)

a) Handelsvertreter und Mitarbeiter im Verkaufsaußendienst (= Reisende) erhalten meist Provisionen. Welche Kriterien sollten für die Bemessung der Provisionen herangezogen werden? b) Nennen Sie mindestens 5 qualitative Kriterien zur Entscheidung zwischen Handelsvertretern und eigenen Mitarbeitern im Verkaufsaußendienst.

11. Marketing-Mix (10 Punkte)

Erläutern Sie die unterschiedlichen Auswirkungen von Hochpreisstrategien und Niedrigpreisstrategien auf die übrigen Instrumente des Marketing.

Hinweise zur Bearbeitung von Prüfungsaufgaben

Verschaffen Sie sich zunächst einen Überblick. Nachdem Sie die Prüfungsaufgaben erhalten haben, verschaffen Sie sich zunächst einen Überblick über die Gesamtmenge der Aufgaben. Prüfen Sie die Klausur auf Vollständigkeit. Wenden Sie sich an die Prüfungsaufsicht, wenn Sie feststellen sollten, dass Ihre Klausur unvollständig ist.

Halten Sie sich an die Zeitplanung. Stellen Sie fest, welche Punktzahl Sie maximal erreichen können und wie viel Zeit Ihnen zur Bearbeitung der einzelnen Aufgaben zur Verfügung steht. Verwenden Sie nur so viel Zeit für eine Aufgabe, wie Sie dafür anteilig errechnet haben. Nur so verhindern Sie, dass Sie sich an einer Aufgabe „festbeißen" und damit für die Bearbeitung weiterer Aufgaben Zeit verlieren. Lassen Sie auf dem Klausurblatt ausreichend Platz, falls Sie später Zeit für Ergänzungen haben.

Die **Bearbeitungstiefe** und **Bearbeitungsbreite** ergibt sich grundsätzlich aus der Punktzahl der Aufgabe und damit aus der Ihnen für die Bearbeitung der Aufgabe zur Verfügung stehenden Zeit. Achten Sie aber auch auf die Wortwahl in der **Aufgabenstellung.** Bei dem Begriff „nennen" genügt i.d.R. die stichwortartige Aufzählung mit klar unterscheidbaren Nennungen. Werden die Begriffe „erläutern", „beschreiben" oder „diskutieren" verwendet, wird eine ausführliche Antwort in ganzen Sätzen erwartet. Bilden Sie kurze, knappe Sätze. Absätze trennen in sich abgeschlossene Gedankengänge.

Legen Sie Ihre eigene Reihenfolge fest. Entscheiden Sie möglichst schnell, mit welcher Aufgabe Sie beginnen. Sie müssen nicht die erste Aufgabe zuerst bearbeiten. Wählen Sie die Aufgaben aus, die Ihnen leicht fallen. So können Sie die zuerst die Mindestpunktzahl erreichen. Gleichzeitig stellt sich ein Erfolgsgefühl ein. Sie werden selbstsicherer für die Bearbeitung der schwierigeren Aufgaben.

Lesen Sie die Aufgaben genau durch. Jedes Wort hat Bedeutung. Benutzen Sie – falls erlaubt – einen Textmarker, um die wichtigen Angaben im Text deutlich zu machen. Stellen Sie bei umfangreichen Aufgaben Zahlen und Fakten gesondert zusammen.

Achten Sie auf Auswahlaufgaben. Beispiel: Bearbeiten Sie fünf von acht Aufgaben. Gehen Sie nicht der Reihenfolge nach vor, sondern lesen Sie zunächst alle Aufgaben durch und wählen Sie danach die für Sie leichtesten Aufgaben aus.

Beantworten Sie nur das, was gefragt wird. Zusätzliche Angaben „am Thema vorbei", führen nicht zu zusätzlichen Punkten. Sollten Sie die Aufgabe nicht verstehen oder unsicher sein, geben Sie dies offen zu. Erläutern Sie dann, wie Sie die Frage verstanden haben. Geben Sie an, von welchen Annahmen Sie ausgegangen sind.

Behalten Sie den roten Faden. Bei der Beantwortung der Fragen sollten Sie nicht vom Thema abschweifen. Behalten Sie stets die Aufgabenstellung im Auge.

Schreiben Sie sauber, leserlich und übersichtlich. Nur so können Sie vermeiden, dass schlechte Schrift und unordentliche Darstellungen sich negativ auf Ihre fachlichen Ausführungen auswirken. Wenn Sie eine neue Seite oder ein neues Blatt beginnen, geben Sie stets an, welche Aufgabe Sie gerade bearbeiten. Lassen Sie am Rand des Blattes genügend Raum für Korrekturen.

Rechenwege müssen nachvollziehbar sein. Ansätze und Zwischenergebnisse müssen Ihren Rechengang erkennen lassen.

Verwenden Sie keine unerlaubten Hilfsmittel.

Legen Sie kurze Pausen ein. Augen zu und einige Mal kräftig durchatmen. Nach dieser kurzen Pause können Sie entspannter an die Arbeit gehen. Gerade in Zeitnot und bei Stress helfen kurze Entkrampfungspausen.

Viel Erfolg!

Lösungen zu den Übungsklausuren

Klausur 1

Zeit: 90 Minuten
Maximal erreichbare Punktzahl: 90 Punkte

1. Marktforschung (10 Punkte)
a) Pre-Tests untersuchen die Wirkung von Werbemitteln vor dem Einsatz auf dem Markt. Post-Tests untersuchen die Wirkung von Werbemitteln nach dem Einsatz auf dem Markt. b) Beispiele: Überprüfung der Aktivierung von Anzeigen (= Stärke der emotionalen Wirkung) über Hautwiderstandsmessungen. Messung von Aufmerksamkeit von Anzeigen durch Tachistioskop und Blickregistrierung (= apparative Verfahren). Messung von Glaubwürdigkeit und Akzeptanz der Werbebotschaft durch Befragung (= über Rating-Skalen). Messung der Gedächtniswirkung (z.B. Produktkenntnisse, Bekanntheitsgrad) über freie Wiedergabe (= Recall), gestützte Wiedergabe (= Aided Recall) und Wiedererkennen (= Recognition), Messungen von Einstellungen (= Image) durch Befragungen (Rating-Skalen, Polaritätenprofil, semantisches Differential).

2. Käuferverhalten (5 Punkte)
Beim S-R-Modell ist nur das beobachtbare Verhalten Gegenstand der Untersuchung. Innere psychischen Prozesse werden nicht untersucht. Verhalten wird in diesem Modell durch Stimuli in der Umwelt erklärt. Beim S-O-R-Modell gibt es zwischen den beobachtbaren Reizen der Umwelt (= Stimuli) und dem beobachtbaren Verhalten intervenierende psychische Prozesse (= Variablen). Diese Variablen werden unterteilt in vorwiegend aktivierende Prozesse (z.B. Emotionen, Motive, Einstellungen) und vorwiegend kognitive Prozesse (z.B. Aufmerksamkeit, Erinnerung).

Marketing-Management
3. Marketing-Planung (10 Punkte)
Vorüberlegungen: Berechnung der Kosten: Die Differenz von 6.000 Stück auf 8.000 Stück beträgt 2.000 Stück. Diese im Planjahr 2 zusätzlich produzierten Stück haben zusätzliche Kosten von 100.000 € verursacht. Die variablen Kosten pro Stück betragen also 100.000 € : 2.000 Stück = 50 €/Stück.

a)

	Planjahr 1	Planjahr 2	Planjahr 3
Absatz in Stück	6.000	8.000	10.000
Umsatz in €	720.000	960.000	1.200.000
Kosten (variabel)	300.000	400.000	500.000
Kosten (fix)	500.000	500.000	500.000
Ergebnis	- 80.000	60.000	200.000

b) Berechnung des Break-even-Point: 500.000 € Fixkosten : (120 € Preis/Stück – 50 €/Stück variable Kosten) = 7.143 Stück.

c) Allgemeine Kostenfunktion: $K_G = K_{fix} + K_{var}$. Hier: $K_G = 500.000 + 50x$

4. Marketing-Strategien (10 Punkte)

a) Vorteile: Das Portfolio ist leicht zu erstellen. Die notwendigen Informationen sind einfach zu beschaffen. Das Portfolio ist anschaulich und in der Lage, strategische Fragestellungen in einfacher Form zu kommunizieren. Nachteile: Die Situationsanalyse beruht nur auf zwei Faktoren. Die Trennlinien des Portfolios sind nicht eindeutig definiert. Die Normstrategien sind nicht allgemein gültig. b) Fragezeichen, Sterne, Milchkühe, arme Hunde. c) Offensiv-, Investitions-, Abschöpfungs- und Desinvestitionsstrategie.

5. Marketing-Organisation (5 Punkte)

Anfrage → Anfragenbearbeitung → Zusendung von Informationen, persönliche Kundenberatung durch den Verkaufsaußendienst → Erstellung des Angebots durch den Verkaufsinnendienst → Auftragsbestätigung nach Kundenauftrag → Arbeitsauftrag an Produktion oder Lager → Auftragsdurchführung/Erbringung der Leistung → Lieferung → Rechnungsstellung/Fakturierung → Zahlungseingang/Buchung → eventuelle Reklamationsbearbeitung durch das Beschwerdemanagement.

6. Marketing-Controlling (10 Punkte)

a) Die Break-even-Menge beträgt 100.000 + 20.000 = 120.000 € : 15 € = 8.000 Stück. b) Die Break-even-Menge beträgt 100.000 + 20.000 + 37.500 = 157.500 € : 15 € = 10.500 €. c) Das Produkt sollte eingeführt werden, auch wenn die erwartete Umsatzrendite nicht erzielt wird. Der Deckungsbeitrag beträgt 150.000 €. Der Gewinn beträgt statt 37.500 € nur 30.000 €.

7. Produkt- und Sortimentspolitik (10 Punkte)

a) Punktbewertungsverfahren sollen in einer groben Vorauswahl Neuproduktideen auf ihre Marktfähigkeit (= Erfolgsaussichten) hin untersuchen. Dabei müssen die Ziele und die Ressourcen des Unternehmens berücksichtigt werden. b) Vorteile: Das Produktbewertungsverfahren ist leicht durchzuführen. Der Bewertungsprozess ist nachvollziehbar. Es kann eine konkrete Entscheidungsregel vorgegeben werden. Eine Gewichtung der Kriterien ist möglich. Das Marktrisiko kann durch subjektive Wahrscheinlichkeiten abgebildet werden. Nachteile: Welche Bewertungskriterien und wie viele Bewertungskriterien untersucht werden, wird subjektiv durch das Bewertungsteam festgelegt. Das Bewertungsergebnis kann bei unterschiedlichen Bewertungsteams oder bei einzelnen Experten unterschiedlich ausfallen. Die Gewichtung, die Bewertung, die Skalierung und die Festlegung der Entscheidungsregel sind subjektiv und abhängig von den Einschätzungen des Bewertungsteams. Die ausgewählten Bewertungskriterien sind nicht immer überschneidungsfrei. Die Art der gewählten Verknüpfung (additiv oder multiplikativ) beeinflusst das Untersuchungsergebnis.

8. Preispolitik (10 Punkte)
Die Preissenkung von 25 €/Stück auf 23 €/Stück beträgt 8 %. Daraus resultiert eine prozentuale Mengenänderung (= Absatzänderung) von 2,5 × 8 % = 20 %. Der Absatz von 40.000 Einheiten erhöht sich also um 8.000 Einheiten. Der Deckungsbeitrag pro Stück geht von 10 € auf 8 € zurück. Es ergibt sich folgende Deckungsbeitragsrechnung:

Umsatz vor der Preissenkung:	40.000 × 25 € =	1.000.000 €
Umsatz nach der Preissenkung:	48.000 × 23 € =	1.104.000 €
Deckungsbeitrag vor der Preissenkung:	40.000 × 10 € =	400.000 €
Deckungsbeitrag nach der Preissenkung:	48.000 × 8 € =	384.000 €

Die Preissenkung sollte vor dem Hintergrund der vorhandenen Zielsetzung „Deckungsbeitragsmaximierung" nicht durchgeführt werden.

9. Kommunikationspolitik (10 Punkte)
In der Einführungsphase ist meist ein hohes Werbebudget notwendig, um das Produkt im Markt bekannt zu machen. Dies ist insbesondere dann notwendig, wenn eine Strategie der schnellen Marktabschöpfung (mit hohem Preis) oder eine Strategie der schnellen Marktdurchdringung (mit niedrigem Preis) betrieben wird. Die Wachstumsphase zeigt das relativ geringste Werbebudget. Eine Intensivierung der Werbung wird in der Reifephase notwendig, da in dieser Phase der Konkurrenzdruck wächst. In der Sättigungsphase wird eine Produktvariation oft durch einen Werberelaunch begleitet. Durch die geänderte Werbung wird das Produkt zusätzlich aktualisiert. In der Degenerations- oder Verfallphase kann ein Revival noch einmal Investitionen in die Werbung notwendig machen.

10. Vertriebspolitik (10 Punkte)
Kriterien: Umfang des Sortiments (= Sortimentsbreite und Sortimentstiefe), Struktur des Sortiments (z. B. Food-/Non-Food-Anteile), Umfang und Qualität der Beratung, Art und Umfang der Bedienung (Bedienung, Selbstbedienung oder Teil-Selbstbedienung) und Preislage (= Preisniveau), Größe der Verkaufsfläche, Art der Preispolitik (z. B. aggressive Preispolitik der Discounter, konventionelle Preispolitik), Standort (z. B. City-Lage).

Klausur 2

Zeit: 90 Minuten
Maximal erreichbare Punktzahl: 90 Punkte

1. Marktforschung (10 Punkte)
a) Dem Interviewer werden Quoten vorgegeben, die bei der Auswahl der Testpersonen oder Unternehmen beachtet werden müssen. Dadurch soll gewährleistet werden, dass die Struktur der Grundgesamtheit mit der Struktur der Stichprobe identisch ist. Dazu müssen bestimmte Strukturmerkmale (= Kenngrößen) der Grundgesamtheit bekannt sein. Beispiele: Geschlecht, Alter, Einkommen, Beruf. b) Zur Quotenbildungen sollten folgende Auswahlkriterien berücksichtigt werden: Umsatz, Sortimentsstruktur, Standort, Bedienungsform, Preisniveau. c) Panelsterblichkeit, Paneleffekte (= overreporting und underreporting), fehlende Marktabdeckung (= Coverage).

2. Käuferverhalten (10 Punkte)
Beim Kauf von Konsumenten handelt es sich um den Kauf durch eine einzelne Person oder um Familienentscheidungen. In wenigen Kaufsituationen sind 2 Personen beteiligt. In Ausnahmefällen, z. B. bei Entscheidungen zum Urlaub, können mehr als 2 Personen beteiligt sein. Das Kaufverhalten von Organisationen ist durch einen multipersonalen Entscheidungsprozess (= Buying Center) gekennzeichnet. Beteiligte bei der Kaufentscheidung sind Benutzer (= User), Einkäufer (= Buyer), Beeinflusser (= Influencer), Informationsselektierer (= Gatekeeper) und Entscheider (= Decider). Bei Kaufentscheidungen von Organisationen (= Beschaffungsprozesse) können auf der Anbieter- und auf der Nachfragerseite mehrere Organisationen beteiligt sein. Der Kaufprozess von Organisationen ist meist bestimmt durch eine aktive Suche nach Informationen. Konsumenten suchen eher selten aktive nach Informationen (Ausnahme: bei High-Involvement). Sie zeigen meist ein passives Informationsverhalten. Die Zeitdauer des Kaufprozesses kann sehr unterschiedlich sein. Das organisationale Beschaffungsverhalten kann ein sehr komplexer Prozess sein. Er zergliedert sich oft in verschiedenen Phasen (z. B. Erstkontakt, Überprüfung der Anforderungserfüllung, Angebot, Verhandlung, Vertragsabschluss). Der Entscheidungsprozess kann relativ lang werden. Der Kaufprozess der Konsumenten kann sich dagegen sehr schnell ablaufen. Beispiel: Impulskauf. Der Kaufprozess von Konsumenten ist häufig deutlich emotional geprägt. Der Beschaffungsprozess von Organisationen zeichnet sich stärker durch rationales Verhalten aus.

3. Marketing-Planung (5 Punkte)
Erfolgt die Planung Top-down so ist der Unternehmensplan maßgeblich für die Planung der Bereichspläne. Bei der Button-up-Planung werden die einzelnen Bereichspläne zum Unternehmensplan aggregiert.

4. Marketing-Strategien (5 Punkte)
Die Segmentierungskriterien müssen mit den Methoden der Marketing-Forschung messbar sein. Die Kriterien müssen in einem Zusammenhang mit dem Kaufverhalten stehen. Die Kriterien müssen zu „tragfähigen" Marktsegmenten führen. Die differenzierte Marktbearbeitung muss wirt-

schaftlich sein. Die Kriterien müssen über einen längeren Zeitraum stabil sein. Die Kriterien müssen einen gezielten Einsatz der Marketing-Instrumente ermöglichen. Die Marktsegmente müssen durch die Marketing-Instrumente erreichbar und beeinflussbar sein.

5. Marketing-Organisation (5 Punkte)
Die wesentlichen Aufgaben eines Produktmanagers sind: Marktanalyse, Marketing-Planung, Markenführung, Entwicklung von neuen Produkten, Produktvariation, Produktdifferenzierung, Prozess- und Ergebniskontrollen.

6. Marketing-Controlling (10 Punkte)

Produkte	A	B	C	D
Preis/Stück	15,50	18,00	12,40	11,00
K_{var}/Stück	13,10	12,00	8,00	12,00
Kapazitätsbelastung/Stück	2	10	4	2
Absatzerwartung	625 Stück	200 Stück	800 Stück	200 Stück
Analyse				
DB in €/Stück	2,40	6,00	4,40	– 1,00
Rangfolge	3	1	2	–
DB in €/Kapazitätseinheit	1,20	0,60	1,10	–
Rangfolge	1	3	2	–
Kapazitäts-Belastung insges.	1.250	2.000 *)	3.200	–
Kapazitätsbelastung A	1.250	1.950	3.200	–
Produktion A in Stück	625	195	800	–
Deckungsbeitrag A in €	1.500	1.170	3.520	–
Produktion B	600	200	800	–
Kapazitätsbelastung B	1.200	2.000	3.200	–
Deckungsbeitrag B in €	1.440	1.200	3.520	–

*) Erläuterung der Tabelle: Die Kapazitätsbeanspruchung von Produkt B beträgt bei der Produktion von 200 Stück (200 × 10 =) 2000 Kapazitätseinheiten. Die Produktion von A, B und C mit 1.625 Stück benötigt 6.450 Kapazitätseinheiten. Da nur 6.400 Kapazitätseinheiten vorhanden sind, muss die Herstellung von Produkt B um 50 Kapazitätseinheiten (50 : 10 = 5 Stück) auf 1.950 Kapazitätseinheiten (= 195 Stück) zurückgefahren werden. Grund: Produkt B hat mit 0,60 € Deckungsbeitrag pro Kapazitätseinheit den geringsten (relativen) Deckungsbeitrag pro Stück (= Deckungsbeitrag A). Der Deckungsbeitrag A beträgt insgesamt 6.190 €. Deckungsbeitrag B: Ohne Berücksichtigung des Deckungsbeitrages pro Kapazitätseinheit würde von Produkt A (50 : 2 = 25 Stück) weniger produziert. A hat den geringsten absoluten Deckungsbeitrag 2,40 €/Stück. Der Deckungsbeitrag B beträgt 6.160 €.

7. Produkt- und Sortimentspolitik (10 Punkte)

	Produkt A	Produkt B	Produkt C
Absatz in Stück	2.000	1.500	8.000
Preis €/Stück	20,00	25,00	12,00
var. Kosten €/St.	10,00	15,00	6,00
Fixkosten in €	40.000,00	15.000,00	20.000,00
Analysedaten			
DB/Stück	10,00	10,00	6,00
ges. var. Kosten	20.000,00	22.500,00	48.000,00
Gesamtkosten	60.000,00	37.500,00	68.000,00
Stückkosten in €	30,00	25,00	8,50
Gewinn/Verlust/St.	−10,00	0,00	3,50

Da alle drei Produkte einen positiven Deckungsbeitrag abwerfen, ist kein Produkt zu eliminieren. Produkt A ist trotz des negativen Stückgewinns nicht vom Markt zu nehmen, da die Fixkosten sich nicht kurz- oder mittelfristig abbauen lassen.

8. Preispolitik (10 Punkte)

Die Preis-Absatz-Funktion stellt den Zusammenhang zwischen der nachgefragten Menge eines Produkts und den verschiedenen möglichen Preises dieses Produkts dar. Der Preis ist die unabhängige Variable. Die Menge ist die abhängige Variable. Gegeben ist eine lineare Abhängigkeit der Absatzmenge × vom Preis p. Die allgemein Form lautet wie folgt: x = a – bp. Die Preis-Absatz-Funktion hat einen linear fallenden Verlauf. Der Absatz sinkt, wenn der Preis steigt. Der Absatz steigt, wenn der Preis sinkt. 100 (= a) gibt den Schnittpunkt mit der Absatzachse und damit den maximalen Absatz an. Der Preis ist Null. Der Quotient a : b (100 : 5 = 20) bestimmt den Preis, bei dem der Absatz Null wird. Dieser Preis entspricht dem Schnittpunkt mit der Preisachse (= Höchstpreis). Die Absatzänderung bei der Änderung einer Preiseinheit gibt b (= 5) an. Je größer b ist, desto stärker reagiert der Absatz auf Preisänderungen.

9. Kommunikationspolitik (5 Punkte)

Werbeziele sollen aus den übergeordneten Kommunikationszielen abgeleitet sein. Ökonomische Ziele können für die Werbung keine notwendigen Steuerungs- und Kontrollfunktionen übernehmen. Aus den ökonomischen Größen lassen sich keine Hinweise auf Werbestrategien ableiten. Die direkte Wirkung der Werbemaßnahmen auf die ökonomischen Zielgrößen ist nicht messbar. Die Zielerreichung ist von allen Marketing- und Kommunikationsmaßnahmen beeinflusst. Es ist nicht möglich, den Teil zu isolieren, der auf die Werbemaßnahmen zurückzuführen ist. Die Werbewirkung setzt oft erst mit einer zeitlichen Verzögerung ein (= Timelag) oder erstreckt sich über einen längeren Zeitraum (z. B. bei einer Image-Kampagne). In diesen Fällen kann das Werbebudget keiner Periode zugerechnet werden.

10. Vertriebspolitik (10 Punkte)

a) Die Provisionen sollten nach Produkte bzw. Produktgruppen differenzieren. Die Provisionen sind an den Zielen der Vertriebspolitik auszurichten. Kriterien sind z. B. Deckungsbeiträge, Umsätze, Anzahl der Neukunden, Anzahl der Kundenbesuche (= Kundenbetreuung, Kundenpflege). b) Produktkenntnisse (= Fachkenntnisse), Marktkenntnisse, Verkaufsfähigkeit, Einsatz (= Engagement, Eigeninitiative), Steuerbar- und Kontrollierbarkeit, Loyalität zum Unternehmen, Informationsbeschaffung, Berichterstattung.

11. Marketing-Mix (10 Punkte)

Hochpreisstrategien: Der Kunde erwartet bei einem hohen Preis eine entsprechende „hohe" Qualität (Produktpolitik = Preis-Qualitäts-Zusammenhang). Kundeninformation, Beratung und übrige Serviceleistungen erhalten eine hohe Bedeutung (Produktpolitik). Es ist eine zielgruppenspezifische intensive Werbung notwendig (Kommunikationspolitik). Im Mittelpunkt der Kommunikation steht der USP des Produkts. Der Vertrieb erfolgt über Kanäle, die das entsprechende preisliche Umfeld gewährleisten und den Hersteller bei der Sicherstellung der Serviceleistungen unterstützen. Niedrigpreisstrategien: Die Qualität des Produktes wird eher niedrig eingeschätzt. Die Kommunikation richtet sich an eine größerer Zielgruppe. Das Budget ist eher gering. Vorrangiges Verkaufsargument ist der Preis. Der Vertrieb bietet nur die notwendigsten Serviceleistungen.

Überprüfen Sie Ihr Klausurergebnis am Beispiel einer Noten – Punkte – Verteilung!

Note	1,0	1,3	1,7	2,0	2,3	2,7	3,0	3,3	3,7	4,0	5,0
Punkte	90–88	87–84	83–80	79–76	75–71	70–67	66–62	61–58	57–51	50–45	44–0

Glossar

ABC-Analyse Die ABC-Analyse ist ein Instrument der Programm- und Sortimentsanalyse. Sie nimmt die Einteilung von Analyseobjekten nach Wichtigkeit vor. Es wird eine Rangreihe der Objekte nach ihrem Erfolgsbeitrag gebildet. Die Beiträge werden kumuliert und in A-, B- und C-Objekte zusammengefasst. Meist werden die kumulierten Anteile bis 50 % zu A-Objekten (= sehr wichtig), von 50 % bis zu 80 % zu B-Objekten (= wichtig) und von 80 % bis 100 % zu C-Objekten (= weniger wichtig) erklärt. Es können auch andere Gruppengrenzen gewählt werden. Objekte sind z. B. Absatz, Umsatz, Deckungsbeitrag, Kunden, Produkte oder Regionen.

Abholgrosshandel Beim Abholgroßhandel (= Cash & Carry) erfolgt der Warenübergang am Ort des Großhändlers (Residenzprinzip).

Ablauforndungsfrage Ablauforndungsfragen sind → Filterfragen und Gablungsfragen. Filterfragen lassen bestimmte Fragen für Testpersonen nicht zu, weil diese Fragen nicht auf sie zutreffen. Gablungsfragen gliedern Testpersonen auf verschiedene Fragenkomplexe auf.

Ablenkungsfrage Die Ablenkungsfrage soll den eigentlichen Fragebogeninhalt verschleiern. Dadurch wird eine nichtdurchschaubare Fragesituation geschaffen, in der die Testperson keine Auskunftsverzerrungen einbringen kann, weil ihr das eigentliche Befragungsziel nicht bekannt ist.

Above-the-Line-Advertising bzw. Below-the-line-Advertising Above-the-Line-Advertising ist der Einsatz von klassischer Werbung (z. B. Anzeigen, TV- und Rundfunk-Spots, Plakate). Manchmal wird auch die Öffentlichkeitsarbeit dazu gezählt. Below-the-line-Advertising ist dagegen Verkaufsförderung, Product Placement, Sponsoring, Licensing u. a. „The Line" beschreibt die Wahrnehmungsschwelle. Werbung „above the line" wird bewusst als Werbung wahrgenommen, während Werbung

„below the line" vordergründig nicht direkt als Werbung wahrgenommen wird.

Absatz, direkter Beim direkten Absatz vertreibt ein Hersteller seine Produkte ohne Einschaltung des Handels.

Absatz, indirekter Beim indirekten Absatz vertreibt der Hersteller seine Produkte unter Einschaltung des Handels.

Absatzpotenzial Das Absatzpotenzial ist die theoretische Obergrenze für den Absatz des eigenen Unternehmens.

Absatzprognose → **Marktprognose** Die Absatzprognose ist eine Aussage über zukünftige Ereignisse auf dem Absatzmarkt. Sie stützt sich auf Befragungen → **Beobachtungen** und sachlogische Begründungen.

Absatzvolumen Das Absatzvolumen ist der Absatz (oder Umsatz), den ein Unternehmen gegenwärtig in einer Periode auf dem Markt realisiert hat.

Absatzweg Der Absatzweg ist der Weg des Produkts über verschiedene Stationen des Absatzkanals vom Hersteller zum Kunden.

Adoption Schrittweiser Prozess der Übernahme einer Innovation.

AIDA-Formel Die AIDA-Formel ist ein Stufenmodell der Werbewirkung. Das Modell geht von einer phasenweisen Entwicklung in den Stufen Attention, Interest, Desire und Action aus.

Aided Recall → **Unaided Recall** Aided Recall ist ein Begriff aus der Werbewirkungsforschung. Aided Recall ist eine Methode zur Messung der gestützten Werbeerinnerung. Es werden Erinnerungshilfen und Gedächtnisstützen (z. B. eine Liste mit Markennamen) gegeben.

AIO-Ansatz → **VALS-Ansatz** Der AIO-Ansatz ist ein Klassifizierungsansatz für den → **Lebensstil**. Es werden Aktivitäten, Interessen und Einstellungen erhoben. AIO steht für activities, interests and opinions.

Akquisitorisches Potenzial Das akquisitorische Potenzial beschreibt einen quasi monopolistischen Bereich, in dem Un-

ternehmen ihre Kunden ähnlich einem Monopolisten an sich binden können. Das Verlassen dieses Bereichs führt zum sofortigen Verlust dieser Kunden an die Konkurrenz. Innerhalb der doppelt geknickten → **Preis-Absatz-Funktion** ist der monopolistische Bereich der mittlere Abschnitt mit großer negativer Neigung.

All you can afford-Budgetierung Die zur Verfügung stehenden Finanzmittel bestimmen die Höhe des Budgets.

Alternativfrage Die Alternativfrage lässt nur die Wahl zwischen zwei Antwortalternativen.

Ansoff-Matrix (Produkt-Markt-Matrix) → **GAP-Analyse** Die Produkt-Markt-Matrix ist eine Kombination aus gegenwärtigen und neuen Produkten und gegenwärtigen und neuen Märkten. Daraus lassen sich vier Wachstumsstrategien ableiten: Die Marktdurchdringungsstrategie will Wachstum mit gegenwärtigen Produkten auf gegenwärtigen Märkten erreichen. Bei einer Marktentwicklungsstrategie sucht das Unternehmen für die gegenwärtigen Produkte neue Märkte. Bei einer Produktenwicklungsstrategie wird versucht, Wachstum mit neuen Produkten auf den gegenwärtigen Märkten zu erlangen. Die Diversifikationsstrategie strebt Wachstum mit neuen Produkten auf neuen Märkten an.

Apperzeption Apperzeption ist die ausführliche und bewusste → **Wahrnehmung** eines Objekts sowie die Einordnung und Verarbeitung vor dem Erfahrungshintergrund des Individuums.

Auswahl, bewusste Die bewusste Auswahl ist ein nicht-zufallsgesteuertes Verfahren zur Stichprobenauswahl → **Quotenverfahren** → **Konzentrationsverfahren**. Ob ein Element der → **Grundgesamtheit** in die Stichprobe aufgenommen wird, ist abhängig von der Struktur der Grundgesamtheit.

Auswahl, geschichtete Die geschichtete Auswahl ist ein Verfahren der → **Zufallsauswahl**. Die → **Grundgesamtheit** wird in verschiedene Schichten zerlegt. Innerhalb der Schichten wird jeweils eine Zufallsstichprobe gezogen.

AUSWAHL, MEHRSTUFIGE Die mehrstufige Auswahl – meist ein zweistufiges Verfahren – ist ein Verfahren der → ZUFALLSAUSWAHL. In der ersten Stufe werden Primäreinheiten (= Flächen, Klumpen, Schichten) aus der → GRUNDGESAMTHEIT durch Zufallsauswahl gezogen. In der zweiten Stufe erfolgt eine Zufallsauswahl aus den gezogenen Primäreinheiten.

AUSWAHL, TYPISCHE Die typische Auswahl ist ein Verfahren der → BEWUSSTEN Stichproben-Auswahl. Die Auswahl zielt auf relativ wenige aber charakteristische Elemente der → GRUNDGESAMTHEIT ab.

BALLON-TEST → PICTURE-FRUSTATION-TEST

BANNER Der Banner ist eine Anzeige in Form eines Streifens im WWW. Banner sind meist anklickbar und per Hyperlink mit der Web-Site des Anbieters verbunden.

BASISTECHNOLOGIE Die Basistechnologie ist das Know-how, über das alle Marktteilnehmer verfügen.

BCG-PORTFOLIO → BOSTON CONSULTING GROUP PORTFOLIO → VIER-FELDER-PORTFOLIO

BEDARF Bedarf beschreibt den Teil der Bedürfnisse, der konkretisierbar ist. Bedarf wird zur → NACHFRAGE, wenn Kaufkraft vorhanden ist und der Nachfrage ein Angebot gegenübersteht.

BEDÜRFNIS Ein Bedürfnis ist ein von der → NACHFRAGE empfundener Mangel, den sie beseitigen will.

BEKANNTHEITSGRAD Der Bekanntheitsgrad ist ein kommunikationspolitisches Ziel. Er gibt an, wie viel Prozent einer bestimmten → ZIELGRUPPE eine Marke, eine → WERBEBOTSCHAFT oder andere Meinungsgegenstände kennen.

BENCHMARKING Ein Benchmark ist ein Vergleichsmaßstab zur Beurteilung der Leistungsfähigkeit eines Unternehmens mit „Best-practice"-Unternehmen. Benchmarking zeigt Kostensenkungs- und Qualitätsverbesserungspotenziale auf. Es werden Funktionsbereiche (z. B. Produktion, Vertrieb), Prozesse (z. B. Auftragsabwicklung) oder Produkte meist branchenübergreifend

mit anderen Unternehmen verglichen, die in Bezug auf den untersuchten Bereich als führend gelten.

BEOBACHTEREINFLUSS Beobachtereinflüsse können bei offenen und teilnehmenden → BEOBACHTUNGEN entstehen. Beobachter können den beobachteten Sachverhalt steuern und Daten nur selektiv erfassen.

BEOBACHTUNG Die Beobachtung ist eine planmäßige Erfassung wahrnehmbarer Sachverhalte oder Vorgänge durch Personen oder Apparate.

BEOBACHTUNGSEFFEKTE Beobachtungseffekte treten dadurch auf, dass der Beobachtete unter dem Einfluss der → BEOBACHTUNG sein Verhalten ändert.

BIONIK Die Bionik ist eine Kreativitätstechnik. Die Bionik greift auf Analogien aus dem Bereich der Biologie zurück.

BLACK-BOX-MODELL Das Black-Box-Modell untersucht zur Erklärung des Käuferverhaltens nur die beobachtbaren Stimulus- und Reaktionsvariablen → S-R-MODELL. Die innerhalb des menschlichen Organismus ablaufenden Vorgänge gelten als unbeobachtbar (als „Black Box") und werden nicht untersucht.

BLICKREGISTRIERUNG Die Blickregistrierung ist eine Methode der apparativen → BEOBACHTUNG. Der Blickverlauf über ein → WERBEMITTEL oder eine Packung wird ermittelt. Die Aufzeichnung des Blickverlaufs erfolgt mit einer Augenkamera, die die Versuchsperson aufsetzt. Die Pupillenbewegungen werden registriert und zeigen, über welche Teile der Vorlage der Blick geht.

BONUS Der Bonus ist eine Form des → MENGENRABATTS. Der Bonus wird meist am Ende einer Periode bei der Erreichung bestimmter Absatz- oder Umsatzgrößen gewährt.

BOSTON CONSULTING GROUP PORTFOLIO → VIER-FELDER-MATRIX

BRAINSTORMING Brainstorming ist eine intuitiv-laterale Kreativitätstechnik. Brainstorming ist eine Gruppensitzung, in der durch ungehemmte Diskussionen kreative Leistungen erbracht werden.

BRAND EQUITY = MARKENWERT Brand Equity bezeichnet den finanziellen Wert von Markennamen. Zur Markenbewer-

tung werden u. a. folgende Kriterien herangezogen: Bekanntheitsgrad, Marktanteil, Markentreue, Zukunftspotenzial.

BRANDING Branding beschreibt die Hervorhebung des Markenzeichens in der Kommunikationspolitik des Unternehmens.

BREAK-EVEN-POINT Der Break-even-Point (= Gewinnschwelle) ist die Absatzmenge, bei der der Umsatz gleich den Kosten ist (Umsatz = Kosten). Der Break-even-Point ergibt sich wie folgt: Fixkosten/Deckungsbeitrag pro Stück.

BRIEFING Das Briefing ist eine Aufgabenbeschreibung für externe Dienstleister. Es enthält zusätzlich in kurzer Form Informationen über Ziele, Produkte, Märkte und Ressourcen des Auftraggebers.

BRUTTOREICHWEITE = KONTAKTSUMME Die Bruttoreichweite ist die Summe der Einzelreichweiten eines Mediums. Sie umfasst sämtliche Kontakte aller Personen mit einem Medium oder mehreren Medien.

BUYING CENTER Das Buying Center besteht aus verschiedenen Personen, die unterschiedliche Funktionen bei der Beschaffung wahrnehmen. Mitglieder des Buying Centers: Buyer (= Einkäufer), User (= Benutzer), Decider (= Entscheider), Gate Keeper (= Informationsselektierer) und Influencer (= Beeinflusser).

CALL CENTER Das Call Center ist eine organisatorische Einheit für die telefonische Abwicklung von Kundenkontakten.

CAPI → COMPUTER ASSISTED PERSONAL INTERVIEWING = BILDSCHIRMBEFRAGUNG MIT INTERVIEWER. CAPI ist eine Form der Befragung, bei der der Fragebogen auf einem PC- oder Lap-Top-Bildschirm erscheint. Der Interviewer liest die Fragen vom Bildschirm ab und gibt die Antworten ein.

CARRY-OVER-EFFEKT Der Carry-over-Effekt ist eine teilweise oder vollständige Verlagerung der Wirkung von Marketing-Maßnahmen in spätere Perioden.

CATEGORY MANAGEMENT Category Management ist eine Organisationsform auf der Basis von Warengruppen (categories) bei Herstellern und Handel. Ziel ist eine gemeinsame effiziente Produktentwicklung, Sortimentsgestaltung und Verkaufsförderung.

COMPUTER AIDED SELLING (= CAS) CAS bezeichnen computergestützte Vertriebstätigkeiten, z. B. der Einsatz mobiler Computer (= Laptop) zur Unterstützung der Aufgaben im Verkaufsaußendienst.

COMPUTER ASSISTED PERSONAL INTERVIEWING (→ CAPI)

COMPUTER ASSISTED TELEPHONE INTERVIEWING (= CATI) CATI ist eine Sonderform der telefonischen Befragung. Der Interviewer liest die Fragen vom PC-Display ab und gibt die Antworten direkt in den Computer ein.

COMPUTER ASSISTED WEB INTERVIEWING (= CAWI) → ONLINE-BEFRAGUNG

CONTENT, CONTENT-PERSPEKTIVE Content bezeichnet den Inhalt einer Web-Site. Die Web-Site umfasst das gesamte Informationsangebot eines Anbieters im Internet und enthält meist zahlreiche einzelne Seiten (= Pages). Die Content-Perspektive stellt ab z. B. auf die redaktionelle Qualität und auf Wert der Web-Site für den Kunden.

CLUSTERANALYSE Die Clusteranalyse ist ein multivariates statistisches Analyseverfahren. Die Aufgabe der Clusteranalyse ist die Zusammenfassung bestimmter Objekte zu Clustern, Klassen oder Gruppen. Zwischen den Objekten derselben Klasse soll größtmögliche Ähnlichkeit bestehen. Zwischen den Objekten unterschiedlicher Klassen soll größtmögliche Verschiedenheit erreicht werden.

CONJOINT ANALYSE (synonym CONJOINT MEASUREMENT) Die Conjoint Analyse ist ein multivariates statistisches Analyseverfahren. Es ist ein Analyseverfahren zur Dekomposition (= Zerlegung) von Einstellungs- und Präferenzurteilen. Die Conjoint Analyse kann den Einfluss von zwei oder mehreren unabhängigen Variablen (z. B. Flaschenform, Etikett) auf die Rangordnung einer abhängigen Variablen (z. B. Präferenz) messen. Das Ziel des Verfahrens ist es, aus globalen Urteilen die Nutzenbeiträge einzelner Merkmale zu ermitteln.

COPY STRATEGIE Die Copy Strategie enthält grundlegende Argumente und Gestaltungsideen für eine visualisierte und verbalisierte Umsetzung der → WERBEBOTSCHAFT in → WERBEMITTEL. Dazu gehören insbesondere das Nutzenversprechen (= Consumer Benefit und → UNIQUE SELLING PROPOSITION = USP), die Nutzenbegründung (= Reason Why) und eine einheitliche visuelle und verbale Linie der Kommunikation (= Tonality).

COPY TEST Copy Tests sind verschiedene Testverfahren zur Medianutzung. Copy Tests ermitteln Kontaktwahrscheinlichkeiten, Beobachtungs- und Aufmerksamkeitswerte zur Abschätzung der Werbewirkung.

CORPORATE CULTURE → UNTERNEHMENSKULTUR Corporate Culture bezeichnet die grundlegenden gemeinsamen Vorstellungen und Orientierungen, die das Verhalten der Mitglieder eines Unternehmens nach innen und nach außen prägen. Die → UNTERNEHMENSKULTUR zeigt sich in Normen, Werten, Symbolen und Ritualen.

CORPORATE IDENTITY → UNTERNEHMENSIDENTITÄT - Corporate Identity ist die Einheit und Übereinstimmung von Erscheinung, Worten und Taten eines Unternehmens mit seinem formulierten Selbstverständnis (= Selbstbild). Corporate Identity besteht aus drei Bausteinen: Corporate Design (= visuelles Erscheinungsbild), Corporate Behavior (= Verhalten des Unternehmens) und Corporate Communication (= Unternehmenskommunikation).

CORPORATE MISSION = UNTERNEHMENSZWECK Corporate Mission ist ein übergeordnetes Leitbild des Unternehmens. Das Leitbild beschreibt den Geschäftszweck des Unternehmens.

COVERAGE → PANELCOVERAGE

CUSTOMER RELATIONSHIP MANAGEMENT = KUNDENBEZIEHUNGSMANAGEMENT Customer Relationship Management ist ein kontinuierlicher, systematischer und individualisierter Dialog mit Kunden und potenziellen Kunden auf der Grundlage einer Kundendatenbank (= → DATA WAREHOUSE).

CUSTOMER LIFETIME VALUE = KUNDENKAPITALWERT - Customer Lifetime Value ist der Ge-

winn, den ein Unternehmen mit einem Kunden über die Dauer der gesamten Kundenbeziehung erzielt.

CUTT-OFF-VERFAHREN → KONZENTRATIONSVERFAHREN

DACHMARKE (= Corporate Branding, Umbrella Branding) Bei einer Dachmarke werden alle Produkte des Unternehmens unter einer Marke angeboten.

DATA MINING Data Mining ist die Suche nach bislang unbekannten Zusammenhängen in Unternehmensdaten. Dies betrifft insbesondere die Datenanalyse von Neukunden. → DATA WAREHOUSE, CRM

DATENBANK, DATABASE, DATA WAREHOUSE, DATABASE-MARKETING Die Datenbank (= Database, Data Warehouse) enthält Stammdaten (z. B. Name, Anschrift, Bankverbindung, Kundennummer), Potenzialdaten (= z. B. Daten über gekaufte Produkte), Aktionsdaten (z. B. Daten über Mailings) und Reaktionsdaten (z. B. Reaktionen auf Mailings). Database-Marketing ist die rechnergestützte Marktbearbeitung auf der Grundlage von Datenbanken, die systematisch erfasste und aufbereitete Adressen von Kunden und potenziellen Kunden enthalten.

DECKUNGSBEITRAG, ABSOLUTER Der absolute Deckungsbeitrag ist die Differenz aus Umsatz und variablen Kosten. Der Deckungsbeitrag dient zu Deckung der Fixkosten und zur Gewinnerzielung.

DECKUNGSBEITRAG, RELATIVER Der relative Deckungsbeitrag ist der Deckungsbeitrag je Stück und je Zeiteinheit des Kapazitätsengpasses.

DEGENERATIONSPHASE Die Degenerationsphase ist eine Phase im Produktlebenszyklus. Sie ist durch einen Rückgang von Absatz, Umsatz und → DECKUNGSBEITRAG gekennzeichnet.

DELPHI-METHODE Die Delphi-Methode ist eine qualitative Prognosetechnik (= Gruppenprognose). Bei der Delphi-Methode werden in Form einer schriftlichen Befragung mehrere Experten befragt, die untereinander anonym bleiben. Das Ziel der Delphi-Methode ist es, während mehrerer Befragungsrunden eine Annäherung der Einzelprognosen zu erreichen, ohne dass sich die Experten in

→ GRUPPENDISKUSSIONEN gegenseitig beeinflussen.

DIFFUSION, DIFFUSIONSPROZESS Diffusion beschreibt in Phasen den Prozess der Ausbreitung von neuen Ideen, Produkten und Verhaltensweisen im Zeitablauf. Diese Phasen werden durch Adopter (= Übernehmer) beschrieben: Innovatoren, frühe Übernehmer, frühe Mehrheit, späte Mehrheit und → NACHZÜGLER.

DISPROPORTIONALE SCHICHTUNG Die disproportionale Schichtung tritt in der → GESCHICHTETEN ZUFALLSAUSWAHL auf. Die Schichten der Stichprobe haben einen von der → GRUNDGESAMTHEIT abweichenden Anteil.

DISSONANZ Dissonanz ist ein psychisches Ungleichgewicht, das bei nachteilig empfunden Folgen eines Kaufes auftreten kann.

DISTRIBUTION, EXKLUSIVE Eine exklusive Distribution liegt vor, wenn das Absatzgebiet so aufgeteilt ist, dass es zu relativen Monopolstellungen kommt.

DISTRIBUTION, GEWICHTETE Die gewichtete Distribution (= gewichteter Distributionsgrad) gibt die mit dem Umsatz gewichtete Bedeutung der das einzelne Produkt führenden Handelsgeschäfte an den Umsätzen aller die Produktgruppen führenden Handelsgeschäfte an (Angabe meist in Prozent).

DISTRIBUTION, INTENSIVE Eine intensive Distribution liegt vor, wenn möglichst viele Handelsunternehmen in den Absatz des Produktes mit einbezogen werden.

DISTRIBUTION, NUMERISCHE Die numerische Distribution (= numerischer Distributionsgrad) ist der Anteil aller ein bestimmtes Produkt führenden Handelsgeschäfte an allen die Produktgruppe führenden Handelsgeschäften (Angabe meist in Prozent).

DISTRIBUTION, SELEKTIVE Eine selektive Distribution liegt vor, wenn nur bewusst ausgewählte Handelsgeschäfte, die individuell festgelegten Anforderungen genügen, mit dem Absatz des Produkts betraut werden.

E-COMMERCE (E-BUSINESS) E-Commerce sind alle Tätigkeiten, die den elektro-nischen Handel betreffen. Im weiteren Sinn werden darunter manchmal auch alle elektronisch gestützten Geschäftstätigkeiten verstanden (= besser E-Business).

ECONOMIES OF SCALE Kostenvorteile (= Stückkostendegression) werden durch die Erhöhung des Marktanteils (= Steigerung der Absatzmenge) erreicht (→ ERFAHRUNGSKURVE). Die Economies of Scale beziehen sich auf ein Produkt.

ECONOMIES OF SCOPE Kostenvorteile werden durch die Produktion mehrerer Produkte erzielt.

EFFEKTIVITÄT („Die richtigen Dinge tun") Effektivität ist die generelle Eignung einer Maßnahme (eines Instruments) zur Erfüllung eines bestimmten Zwecks.

EFFICIENT CONSUMER RESPONSE Efficient Consumer Response (= ECR) ist die effiziente Reaktion auf die Kundennachfrage als ganzheitliche Betrachtung der Wertschöpfungskette vom Hersteller bis zum Endkunden. Das Konzept des ECR basiert auf dem Category Management → und dem Supply Chain Management → .

EFFIZIENZ („Die Dinge richtig tun") Effizienz beschreibt das Verhältnis von Input zu Output bzw. die Kosten-Nutzen-Relation zur Zielerreichung (= Produktivität, Wirtschaftlichkeit).

ELECTRONIC DATA INTERCHANGE (= EDI) Electronic data interchange ist der elektronische Datenaustausch über Geschäftstransaktionen (z. B. Bestellungen, Rechnungen, Überweisungen) zwischen Unternehmen.

E-MARKET Elektronische Marktplätze sind komplexe Plattformen die über elektronische Netzwerke die Interaktionen verschiedener Marktteilnehmer (Käufer, Verkäufer, Dienstleister) über die gesamte → WERTSCHÖPFUNGSKETTE ermöglichen.

EISBRECHERFRAGE → KONTAKTFRAGE

ERFAHRUNGSKURVE, ERFAHRUNGSKURVEN-EFFEKT, BOSTON-EFFEKT Der Erfahrungskurveneffekt besagt, dass die variablen, preisbereinigten Stückkosten mit jeder Verdopplung der kumulierten Produktionsmenge in einem konstanten Prozentsatz von 20 bis 30 Prozent zu-rückgehen können (= Kostensenkungspotenzial). Der Erfahrungskurveneffekt wird auf Lerneffekte, Größendegression (= → ECONOMIES OF SCALE) und Technologiedegression zurückgeführt.

EVOKED SET Das Evoked Set sind die spontan erinnerten und für relevant angesehenen Kaufalternativen in einer bestimmten Kaufsituation. Das Evoked Set begrenzt die Anzahl der Kaufalternativen. Gegenüber den im Evoked Set befindlichen Produkten besteht grundsätzlich eine positive Einstellung. Alle objektiv vorhandenen Kaufalternativen bilden das Total Set oder Available Set.

EXPERIMENT Das Experiment ist die Erhebung von Daten durch Befragung und → BEOBACHTUNG zur empirischen Überprüfung einer Kausalhypothese. Experimente dienen der Aufdeckung von Ursache-Wirkungszusammenhängen. In einem Experiment wird die interessierende Ursache (= unabhängige Variable, z. B. der Preis) variiert und alle anderen Ursachen (z. B. die übrigen Marketing-Instrumente) konstant gehalten oder eliminiert. Die eingetretenen Veränderungen (= Wirkung) bei der abhängigen Variablen (z. B. Absatz, Umsatz) werden gemessen.

EXPERIMENTALGRUPPE Die Experimentalgruppe ist diejenige Gruppe in einem → EXPERIMENT, die durch die Veränderung der unabhängigen Variablen (z. B. Preis) beeinflusst wird. Die Messung der Wirkung erfolgt meist im Vergleich zur Messung bei einer → KONTROLLGRUPPE.

EXPLORATION → INTERVIEW, FREIES Die Exploration ist ein intensives, tiefergehendes Gespräch innerhalb der qualitativen, psychologischen → MARKETING-FORSCHUNG.

FAKTORENANALYSE Die Faktorenanalyse ist ein multivariates statistisches Analyseverfahren. Es werden wechselseitige Beziehungen zwischen Variablen untersucht. Eine größere Menge von Variablen wird auf eine kleinere Zahl dahinterstehender, voneinander unabhängiger Variablen (Faktoren) verdichtet. Diese Faktoren sollen den gewünschten Erklärungsbeitrag leisten.

FAST MOVING CONSUMER GOODS (= FMCG) Fast Moving Consumer Goods (= Convenience Goods, Low Interest Produkte) sind Produkte des täglichen Bedarfs. Der Einkauf ist problemlos, erfolgt in kurzen Zeitabständen und ist stark habitualisiert.

FELDEXPERIMENT Ein Feldexperiment ist eine Befragung und/oder eine → Beobachtung in einem natürlichen Umfeld.

FERNSEHPANEL→ PANEL Das Fernsehpanel mit 5.640 Haushalten und rund 13.000 Personen ist ein verkleinertes Abbild aller Privathaushalte in Deutschland mit mindestens einem Fernsehgerät. Damit wird die Fernsehnutzung von rund 73 Mio. Personen ab drei Jahren oder rund 35 Mio. Haushalten abgebildet.

FILTERFRAGE = GABLUNGSFRAGE Die Filterfrage dient in der Marketing-Forschung der Steuerung des Befragungsablaufs. Bestimmte Fragen werden, je nach Bedeutung für die befragte Person, ausgelassen oder eingefügt.

FLÄCHENSTICHPROBE Die Flächenstichprobe gehört zu den zufallsorientierten Auswahlverfahren. Sie ist eine Form des → KLUMPENAUSWAHLVERFAHRENS.

FRAGE, GESCHLOSSENE Eine geschlossene Frage lässt als Antwort die Auswahl unter begrenzt vielen Antwortvorgaben zu.

FRAGE, INDIREKTE Eine indirekte Frage lässt vordergründig für den Befragten keinen erkennbaren Zusammenhang mit dem interessierenden Sachverhalt erkennen.

FRAGE, OFFENE Eine offene Frage lässt eine vom Befragten frei formulierte Antwort zu. Es gibt keine Antwortvorgaben.

FRANCHISING Franchising ist eine Form der vertikalen Kooperation. Der Franchisegeber (z. B. ein Hersteller) räumt auf der Grundlage einer langfristigen Kooperation rechtlich selbständig bleibenden Franchisenehmern (z. B. Händlern) gegen Entgelt das Recht ein, Produkte oder Dienstleistungen unter Nutzung von Namen, → WARENZEICHEN usw. des Franchisegebers anzubieten.

FRONT-END-PERSPEKTIVE Die Front-End-Perspektive ist die Betrachtung der Schnittstelle des Online-Anbieters zum Kunden. Front-End bezeichnet den Teil des Internetangebotes, der für den Internetnutzer sichtbar und bedienbar ist.

FUNDRISING Fundrising ist die Beschaffung von Finanzleistungen, Sachleistungen, Dienstleistungen oder Arbeitsleistungen für gemeinnützige Zwecke einer Non-Profit-Organisation. Der Geber erwartet keine materielle bzw. kommunikative Gegenleistung.

GABELUNGSFRAGEN→ FILTERFRAGEN

GAP-ANALYSE = Analyse des strategischen Lücke → ANSOFF-MATRIX Die GAP-Analyse ist eine Planungsmethode in der strategischen Marketing-Planung. Die derzeitige Absatz- oder Umsatzentwicklung wird für die Zukunft fortgeschrieben (z. B. durch Trendextrapolation). Sie wird daraus ergebende erwartete Entwicklung wird der gewünschten Entwicklung (= Zielvorstellungen) gegenübergestellt. Es entsteht ein GAP oder eine strategische Lücke. Die strategische Lücke kann durch Marktdurchdringung, Marktentwicklung, Produktentwicklung und Diversifikation geschlossen werden.

GATTUNGSMARKEN → NO NAMES

GEBRAUCHSMUSTER, GEBRAUCHSMUSTERSCHUTZ Das Gebrauchsmuster ist ein gewerbliches Schutzrecht für technische Erfindungen, das neben dem Patentrecht für vor allem kleinere Erfindungen geschaffen wurde. Das Gebrauchsmuster stellt im Hinblick auf Neuheit und Erfindungsleistung geringere Anforderungen als das Patent.

GENERAL-INTEREST-TITEL General-Interest-Titel sind Print-Medien, die sich mit einer Vielzahl von Themen an alle Bevölkerungsgruppen wenden (z. B. Illustrierte).

GEBIETSVERKAUFSTEST Der Gebietsverkaufstest ist ein Feldexperiment. Auf einem realen → TESTMARKT werden insbesondere neue Produkte probeweise verkauft.

GESCHLOSSENE FRAGE → FRAGE

GEWINNSCHWELLE → BREAK-EVEN-POINT

GLOBALISIERUNG Globalisierung bezeichnet eine internationale Marktsituation mit weltweiten standardisierten Leistungsprogrammen. Kerngedanke der Globalisierung ist die Identifizierung interkultureller Gemeinsamkeiten zur Bildung transnationaler Zielgruppen. Durch die Vereinheitlichung des Marketings soll die internationale Wettbewerbsfähigkeit durch Kostensenkung erhöht werden (= Global Marketing).

GRUNDGESAMTHEIT Die Grundgesamtheit bezeichnet die Gesamtmenge der Objekte (z. B. Personen, Haushalte, Unternehmen) auf die sich die in einer Untersuchung gewonnenen Erkenntnisse beziehen.

GRUNDNUTZEN = generischer Nutzen Grundnutzen ist der Nutzen, der gattungstypisch für eine ganze Produktgruppe gilt. Die Produkte werden über den → ZUSATZNUTZEN differenziert.

GRUPPENDISKUSSION (synonym GRUPPENEXPLORATION, GRUPPENINTERVIEW) Die Gruppendiskussion ist eine Variante des → TIEFENINTERVIEWS. Es werden mehrere Personen zugleich interviewt. Ein Moderator steuert die Diskussion anhand eines Gesprächsleitfadens. Gruppendiskussionen können von 30 Minuten bis zu zwei Stunden dauern. Sie werden oft durch Videokameras aufgezeichnet.

HANDELSFUNKTIONEN Handelsfunktionen sind die Raumüberbrückung zwischen Hersteller und Verbraucher, die Zeitüberbrückung zwischen Angebot und → NACHFRAGE durch Lagerung, die Quantitätsfunktion (= Mengenausgleich zwischen Angebot und Nachfrage) und die Akquisitionsfunktion (→ WERBUNG, → VERKAUFSFÖRDERUNG, Kredite usw.).

HANDELSMARKE Handelsmarken sind durch den Handel markiert. Sie sind aus → NO NAME Produkten entstanden und bewegen sich durch Qualitätsverbesserungen in Richtung der Herstellermarken.

HANDELSPANEL → PANEL Das Handelspanel ist eine regelmäßige Erhebung bei Handelsunternehmen. Erhoben werden u. a. Warenbewegungen, Preise und Lagerbestände.

HAUSHALTSPANEL → **PANEL** Das Haushaltspanel ist eine kontinuierliche meist elektronische Erfassung aller Einkäufe eines Haushalts.

HIGH-INVOLVEMENT-KÄUFE → **INVOLVEMENT** → **LOW-INVOLVEMENT** High-Involvement-Käufe sind Käufe mit hoher Ich-Beteiligung. Mit dem Kauf wird sich intensiv auseinandergesetzt. Meist handelt es sich um hochpreisige Produkte.

HOME SHOPPING = **TELESHOPPING, ONLINE-SHOPPING** Home Shopping ist eine Vertriebsform, bei der der Verkauf der Produkte über TV-Kanäle, Internet oder über Datenträger (elektronische Kataloge) erfolgt.

HOME USE TEST Bei einem Home Use Test erhalten Personen ein Testprodukt zu meist längerem Gebrauch in ihrer häuslichen Umgebung.

IMAGE Ein Image gibt die subjektiven Ansichten und Vorstellungen wieder. Dazu gehören das subjektive Wissen und gefühlsmäßige Wertungen. Image bestimmt das Verhalten.

IMPULSKAUF Impulskäufe sind ungeplante Käufe mit geringer kognitiver Steuerung. Emotionen und spontane Eindrücke bestimmen den Kauf.

INBOUND Inbound bezeichnet einen passiven Telefonkontakt. Es werden Anrufe entgegen genommen.

INCENTIVE Incentives sind materielle oder ideelle Leistungsanreize zur → **MOTIVATION** von Mitarbeitern, Händlern und Kunden.

INDIKATOR Ein Indikator ist ein beobachtbares Merkmal, das mit einem anderen – nicht beobachtbaren Merkmal – stark korreliert. Ein Indikator ist eine Hilfsgröße, die mit dem eigentlichen Untersuchungsgegenstand in Verbindung steht, aber leichter erhebbar ist als der Untersuchungsgegenstand selbst.

INNOVATION Eine Innovation ist die Markteinführung eines neuen Produktes, einer neuen Dienstleistung oder eines neuen Prozesses. Es werden Innovationen für den Markt und Innovationen für ein Unternehmen unterschieden.

INTERMEDIAVERGLEICH = **INTERMEDIALSELEKTION** Der Intermediavergleich ist ein Vergleich und die Auswahl von Werbeträgergruppen (z. B. Zeitschriften, Tageszeitungen, Fernsehen, Rundfunk, Großflächenplakate).

INTERVALLSKALA Bei einer Intervallskala erfolgt die Messung in konstanten Einheiten ohne festen Nullpunkt.

INTERVIEW, FREIES → **EXPLORATION** Ein freies Interview ist eine mündliche Befragung in kleinen Fallzahlen. Nur das Thema der Befragung liegt fest. Der Ablauf des Interviews liegt vollständig in der Hand des Interviewers. Interviewer sind Experten oder Psychologen.

INTERVIEW, STANDARDISIERT Das standardisierte Interview ist eine mündliche Befragung auf der Basis eines Fragebogens mit in der Reihenfolge und im Wortlaut fest vorgegebenen Fragen.

INTERVIEW, STRUKTURIERTES Das strukturierte Interview ist ein → **STANDARDISIERTES** → **INTERVIEW** mit Freiräumen im Einzelfall.

INTERVIEW, UNSTRUKTURIERTES Das unstrukturierte Interview ist eine mündliche Befragung auf der Basis eines Leitfadens, der die wichtigsten Fragen enthält, die angesprochen werden müssen. Formulierung und Reihenfolge der Fragen sind nicht festgelegt.

INTRAMEDIAVERGLEICH = **INTRAMEDIASELEKTION** Der Intramediavergleich vergleicht die → **WERBETRÄGER** innerhalb einer Werbeträgergruppe (z. B. die Auswahl von 2 TV-Sendern unter allen TV-Sendern).

INVOLVEMENT = innere Beteiligung → **HIGH-INVOLVEMENT** → **LOW-INVOLVEMENT** Involvement beschreibt einen inneren Zustand der Aktivierung. Es wird die persönliche Wichtigkeit und das Interesse gegenüber einem Sachverhalt deutlich. Involvement ist abhängig von den Objekten, Personen, Situationen und Reizen.

JOINT VENTURE Joint Venture ist eine spezielle Form der → **KOOPERATION**. Die Kooperationspartner gehen eine kapitalmäßige und vertragliche Bindung ein. Kein Kooperationspartner verliert seine Unabhängigkeit. Typischerweise kommt es zu einer 50:50-Beteiligung.

JUST-IN-TIME = Just-in-Time-Logistik Just-in-Time ist eine ganzheitliche Betrachtungsweise aller Material- und Informationsflüsse von der Produktion bis zum (End-)Kunden. Das Ziel ist eine nachfragesynchrone Bedarfsdeckung auf allen Stufen der → **LOGISTIK-Kette**.

KÄUFERMARKT Auf dem Käufermarkt liegt ein Angebotsüberhang vor. Die Käufer sind in einer besseren Marktsituation als die Anbieter.

KAUFENTSCHEIDUNG, EXTENSIVE Eine extensive Kaufentscheidung kommt nach Prüfung aller in Betracht gezogenen Kaufalternativen zustande.

KAUFENTSCHEIDUNG, HABITUELLE Eine habituelle Kaufentscheidung ist eine gewohnheitsmäßige Entscheidung auf der Basis früherer Erfahrungen.

KAUFENTSCHEIDUNG, IMPULSIVE Eine impulsive Kaufentscheidung ist – durch die unmittelbare Situation bedingt – eine spontane, ungeplante Kaufentscheidung.

KAUFENTSCHEIDUNG, LIMITIERTE Limitierte Kaufentscheidungen zeichnen sich durch bewährte Problemlösungsmuster und Erfahrungen aus früheren ähnlichen Käufen aus. Es müssen nur wenige Alternativen bewertet werden. Der Käufer sucht so lange nach neuen Kaufalternativen, bis er ein Produkt gefunden hat, das seinen auf der Basis seiner Erfahrungen gemachten Ansprüchen genügt.

KAUFKRAFT Kaufkraft ist der Geldbetrag, der Konsumenten für Konsumzwecke zur Verfügung steht.

KERNKOMPETENZ Kernkompetenzen sind Fähigkeiten eines Unternehmens, die von anderen Unternehmen nur schwer imitiert werden können. Diese Fähigkeiten beziehen sich auf Produkt- und Leistungsmerkmale, die vom Kunden als sehr bedeutsam wahrgenommen werden. Kernkompetenzen sind Wettbewerbsvorteile, die über einen längeren Zeitraum aufgebaut worden sind.

KEY-ACCOUNT-MANAGEMENT Key-Account-Management ist eine kundenorientierte Form (= objektorientierte Form) der Marketing-Organisation. Kundenmanager sind für die Betreuung weniger

Kunden (= Schlüsselkunden) oder nur für die Betreuung eines einzelnen Kunden zuständig.

KLUMPENAUSWAHLVERFAHREN Das Klumpenauswahlverfahren ist ein zufallsorientiertes Auswahlverfahren. Bei der Klumpenauswahl erfolgt die Auswahl der Untersuchungseinheiten nicht direkt bei den Elementen der → GRUNDGESAMTHEIT, sondern es werden Gruppen oder Klumpen ausgewählt. Innerhalb der ausgewählten Klumpen werden alle Elemente befragt.

KOMPARATIVER KONKURRENZVORTEIL (= KKV) Ein KKV eines Unternehmens ist in der subjektiven → WAHRNEHMUNG des Kunden ein besseres Leistungsangebot im Vergleich zur Konkurrenz.

KONTAKTFRAGE Die Kontaktfrage (= → EISBRECHERFRAGE) steht am Beginn des Fragebogens. Sie soll gegenüber dem Interviewer eine konstruktive Befragungsatmosphäre aufbauen. In der schriftlichen Befragung soll das Interesse des Befragten geweckt werden.

KONTAKTMASSZAHL Die Kontaktmaßzahl gibt Informationen über die Anzahl von Kontakten oder Kontaktwahrscheinlichkeiten eines Mediums mit seinen Nutzern. Eine Kontaktmaßzahl ist die → REICHWEITE.

KONTROLLFRAGE Kontrollfragen dienen zur Überprüfung bereits gestellter Fragen und zur Interviewerkontrolle.

KONTROLLGRUPPE Die Kontrollgruppe ist diejenige Gruppe in einem → EXPERIMENT, auf die durch die unabhängige Variable (z. B. Preis) kein Einfluss genommen wird. Die autonome Veränderung der Kontrollgruppe wird gemessen. Die Kontrollgruppe muss in ihrer Struktur mit der → EXPERIMENTALGRUPPE identisch sein.

KONZENTRATIONSVERFAHREN Das Konzentrationsverfahren ist ein nicht-zufallsorientiertes Auswahlverfahren. Es werden nur die für das Untersuchungsziel wesentlichen Elemente der → GRUNDGESAMTHEIT untersucht.

KONZEPTTESTS Bei einem Konzepttest werden Produktkonzepte oder Produktmuster (= Prototypen) einem Test unterzogen. Geprüft wird die

Marktfähigkeit des zukünftigen Produkts.

KOOPERATION Eine Kooperation ist eine freiwillige, meist vertraglich geregelte Zusammenarbeit rechtlich und wirtschaftlich selbständiger Unternehmen zur Verbesserung ihrer Leistungsfähigkeit.

KORRELATIONSANALYSE Die Korrelationsanalyse ist ein statistisches Verfahren der Datenanalyse zur Ermittlung des Zusammenhangs zwischen zwei Variablen.

KOSTENFÜHRERSCHAFT Die Kostenführerschaft eines Unternehmens ist durch einen deutlichen Kostenvorsprung gegenüber den Konkurrenten gekennzeichnet. Die Kostenführerschaft erfordert einen hohen relativen Marktanteil und das Ausnutzen von Kostensenkungspotenzialen (→ ERFAHRUNGSKURVE).

KREATIVITÄT, KREATIVITÄTSTECHNIKEN Kreativität ist die Fähigkeit, Ideen zu entwickeln, die in wesentlichen Merkmalen neu sind oder die Fähigkeit, bekannte Elemente zu einem neuen Ergebnis zusammenzustellen. Kreativitätstechniken sind Arbeitstechniken zur Förderung der Kreativität. Die Kreativ-Teams sind meist interdisziplinär und interhierarchisch zusammengesetzt. Die klassischen Kreativtechniken sind z. B. → BRAINSTORMING, Methode 635 (= Brainwriting), Metaplan-Technik, Synektik, → BIONIK, Morphologischer Kasten, Attribute Listing, → DELPHIMETHODE.

KUNDENLAUFSTUDIE Eine Kundenlaufstudie ist eine → BEOBACHTUNG des Laufverhaltens der Kunden, meist in Handelsgeschäften. Dadurch kann der Kontakt zu bestimmten Warenplatzierungen ermittelt werden.

KUNDENLOYALITÄT Kundenloyalität zeigt sich im Wiederkaufverhalten von Kunden, in der Art der Weiterempfehlung (= bisheriges Verhalten), in der Wiederkaufabsicht, in der Bereitschaft zu Zusatzkäufen (Cross Selling Potenzial) und in der Weiterempfehlungsabsicht (= beabsichtigtes Verhalten).

KUNDENWERT = CUSTOMER EQUITY, KUNDENLEBENSZEITWERT → CUSTOMER LIFETIME VALUE - Der Kundenwert ist der diskontierte

Einzahlungsüberschuss, den ein Kunde im gesamten Verlauf seiner Geschäftsbeziehung für das Unternehmen erzeugt.

KUNDENZUFRIEDENHEIT Kundenzufriedenheit ergibt sich aus dem Vergleich der tatsächlichen Erfahrung bei der Erbringung der Leistung (= Ist-Leistung) mit einem bestimmten Vergleichsstandard beim Kunden (= Soll-Leistung).

LABOREXPERIMENT Ein Laborexperiment ist eine Befragung und/oder eine → BEOBACHTUNG in einem künstlichen Umfeld.

LÄNGSSCHNITTANALYSE → PANEL → TRACKING STUDIES Bei Längsschnittanalysen werden dynamische Phänomene im Zeitablauf zu mehreren Zeitpunkten wiederholt gemessen.

LASSWELL-FORMEL Die LASSWELL-Formel beschreibt die wesentlichen Bestandteile eines Kommunikationsprozesses: „Wer sagt was über welchen Kanal zu wem mit welchem Ziel." Sie enthält: Sender, Botschaft, Medien, → ZIELGRUPPE, Ziel.

LEASING Leasing ist die mittel- bis langfristige Vermietung von Wirtschaftsgütern und langfristigen Gebrauchsgütern.

LEBENSSTIL Der Lebensstil (= → TYPOLOGIE) beschreibt, wie Menschen leben, ihre Zeit verbringen und ihr Geld ausgeben. Die Merkmale des Lebensstils dienen der → MARKTSEGMENTIERUNG zur Abgrenzung homogener Käufergruppen (= → ZIELGRUPPEN).

LEBENSZYKLUS-MODELL Das Lebenszyklus-Modell ist eine zeitraumbezogene Marktreaktionsfunktion. Die Ergebnisse (Absatz, Umsatz, Gewinn) werden in Abhängigkeit vom Zeitablauf betrachtet. Idealtypisch wird eine GAUSS'sche Normalverteilung unterstellt. Kumuliert ergeben die Werte eine logistische Funktion.

LESER PRO AUSGABE (LPA-WERT) Der LpA-Wert ist eine Kennzahl aus der Werbeträgerforschung. Er gibt die Zahl der Personen an, die im Durchschnitt eine Zeitschrift oder eine Zeitung lesen.

LESER PRO EXEMPLAR (LPE-WERT) Der LpE-Wert ist eine Kennzahl aus der Werbeträgerforschung. Der Wert ergibt sich durch Division des LpA-Wertes durch die verbreitete Auflage.

LICENSING = Lizenzen
Licensing ist die Einräumung der Möglichkeit zur kommerziellen Nutzung von gewerblichen Schutzrechten gegen Entgelt (= Produktlizenzen, Werbelizenzen).

LICHTSCHRANKENMESSUNG Die Lichtschrankenmessung ist ein Testverfahren zur Erfassung der Passierfrequenz oder der Verweildauer von einem Testobjekt.

LIDSCHLAGMESSUNG Die Lidschlagmessung ist ein psychomotorisches Testverfahren zur Messung der Aktivierung von Testpersonen.

LOGFILE, LOGFILE-ANALYSEN Ein Logfile ist eine Datei, in der ein Server jeden Zugriff auf seine Dienste registriert. In Logfile-Analysen werden die Nutzungsprotokolle des Servers ausgewertet (z. B. IP-Adresse des anfordernden Rechners, Anzahl, Datum, und Uhrzeit der Seitenbesuche).

LOGISTIK = VERTRIEBSLOGISTIK, MARKETING-LOGISTIK Logistik umfasst alle Tätigkeiten, die sich auf die Gestaltung des Materialflusses (= Lager- und Transportvorgänge) und Informationsflusses von den Lieferanten in ein Unternehmen hinein, innerhalb des Unternehmens und vom Unternehmen zu den Kunden beziehen.

LOW-INVOLVEMENT-KÄUFE Low-Involvement-Käufe sind Käufe mit geringer „Ich-Beteiligung". Die Wertigkeit des Kaufs ist gering und das Kaufrisiko ist klein. Das Interesse am Produkt ist gering.

MARKETING-FORSCHUNG Marketing-Forschung ist die Sammlung, Aufbereitung, Analyse und Interpretation von Informationen, die für Marketing-Entscheidungen benötigt werden.

MARKETING-KONZEPTION Eine Marketing-Konzeption enthält Ziele, Strategien und Maßnahmen (= Einsatz der Marketing-Instrumente).

MARKETING-PROGNOSEN → MARKTPROGNOSEN → ABSATZPROGNOSEN Markting-Prognosen sind auf empirische Daten und Analysen gestützte Vorhersagen über zukünftige Marketing-Situationen von Unternehmen.

MARKT Der Markt ist das Zusammentreffen von Angebot und → NACHFRAGE.

MARKTABDECKUNG → PANELCOVERAGE

MARKTABGRENZUNG (synonym MARKTAUFSPALTUNG, MARKTSTRUKTURIERUNG) Die Marktabgrenzung ist die Aufteilung eines globalen Marktes nach zweckmäßigen Kriterien in Teilmärkte.

MARKTANALYSE (synonym → QUERSCHNITTSANALYSE) Die Marktanalyse ist eine zu einem bestimmten Zeitpunkt durchgeführte Analyse einer → GRUNDGESAMTHEIT (Ggs. → LÄNGSSCHNITTANALYSE).

MARKT, RELEVANTER Der relevante Markt ist derjenige Markt, auf dem ein Anbieter tätig sein möchte. Er wird meist als die Gesamtheit der von den Kunden als austauschbar angesehenen Angebote betrachtet.

MARKTANTEIL Der Marktanteil ist die Relation des Absatz- oder Umsatzvolumens eines Unternehmens zum → MARKTVOLUMEN.

MARKTANTEIL, RELATIVER Der relative Marktanteil ist der Marktanteil eines Unternehmens im Verhältnis zum Marktanteil des größten Wettbewerbers oder der größten (drei oder fünf) Wettbewerber.

MARKTBEOBACHTUNG → LÄNGSSCHNITTANALYSE - Die Marktbeobachtung ist die permanente („laufende") Analyse eines Marktes in regelmäßigen Abständen. Marktbeobachtungen erfolgen als → TRACKING STUDIES und als → PANELS.

MARKTLÜCKEN (synonym MARKTNISCHE) Marktlücken sind Bedarfsnischen, die bisher noch von keinem Anbieter bedient werden.

MARKTPOTENZIAL Das Marktpotenzial beschreibt die maximale Aufnahmefähigkeit eines Marktes.

MARKTPROGNOSE (synonym → ABSATZPROGNOSE) Die Marktprognose ist eine sachlogische und auf empirische Untersuchungen gestützte Vorhersage über zukünftige Marktentwicklungen. Jede → PROGNOSE basiert auf einer Analyse der Vergangenheit.

MARKTSÄTTIGUNG Die Marktsättigung wird durch den Anteil des → MARKTVOLUMENS am → MARKTPOTENZIAL beschrieben.

MARKTSEGMENTIERUNG Marktsegmentierung ist die Aufteilung des Gesamtmarktes in hinsichtlich ihrer Marktreaktionen intern möglichst homogener und extern möglichst heterogener Teilmärkte.

MARKTVOLUMEN Das Marktvolumen beschreibt die tatsächliche Größe des Marktes. Die Angaben können sich auf Absatzgrößen (Menge) und auf Umsatzgrößen (Wert) beziehen.

MEINUNGSFÜHRER Meinungsführer sind Mitglieder einer Gruppe, die im Kommunikationsprozess einen stärkeren Einfluss ausüben als andere Mitglieder der Gruppe. Sie können die Meinung anderer Gruppenmitglieder beeinflussen oder ändern.

MENGENRABATT Der Mengenrabatt ist ein Instrument (= Maßnahme) der Rabattpolitik. Mengenrabatte sind Preisnachlässe auf die vom Kunden abgenommene Menge.

MOTIV Ein Motiv ist die Bereitschaft einer Person zu einem bestimmten Verhalten. Motive sind Kräfte, die Personen in bestimmte Richtungen zu bestimmten Zwecken und Zielen drängen, um einen Spannungszustand zu beseitigen.

MOTIVATION Motivation ist die aktivierende Ausrichtung einer Person auf ein Ziel.

MOTIVATIONSFRAGE Motivationsfragen sollen innerhalb einer Befragung die Auskunftsbereitschaft der Befragten erhöhen.

NACHFRAGE Nachfrage ist individueller oder aggregierter → BEDARF, der durch → KAUFKRAFT gedeckt ist.

NACHZÜGLER = LAGGARD Nachzügler sind eine Personengruppe im → DIFFUSIONSPROZESS. Idealtypisch beträgt die Gruppe der Nachzügler 2,5 % der gesamten Personen.

NETTOREICHWEITE Die Nettoreichweite ist ein Begriff der Mediaplanung. Die Nettoreichweite bezeichnet die Personen einer → ZIELGRUPPE, die bei Schaltungen in → WERBETRÄGERN mindestens einmal erreicht wurden. Bei mehreren Schaltungen in einem Werbeträger oder Schaltungen in mehreren Werbeträgern werden die → INTERNEN und EXTERNEN ÜBERSCHNEIDUNGEN bereinigt.

NETZPLAN Der Netzplan ist eine übersichtliche Darstellung der zeitlichen Abfolge von Maßnahmen, die zur Erreichung eines Zieles geplant sind. Der Netzplan erleichtert das Erkennen von gegenseitigen Abhängigkeiten der Maßnahmen. Der Netzplan dient der Planung und Kontrolle des gesamten Ablaufs.

NEUN-FELDER-PORTFOLIO = MCKINSEY-PORTFOLIO In der Matrix werden Marktattraktivität der Branche (= abgeleitet aus der Chancen- und Risiko-Analyse) und relative Wettbewerbsstärke (= abgeleitet aus der Stärken- und Schwächen-Analyse) dargestellt. Die beiden Achsen der Matrix erhalten drei gleiche Abschnitte. Die entstehenden neun Felder ergeben drei Zonen, denen Normstrategien zugeordnet werden.

NIELSEN-GEBIETE Das NIELSEN-Marktforschungsinstitut hat eine räumliche Aufteilung der deutschen Länder vorgenommen (Nielsen-Gebiete I bis VII).

NOMINALSKALA Bei einer Nominalskala geschieht die Klassifizierung durch die Zuweisung zu Kategorien oder Attributen. Die Zuordnung erfolgt dabei nach Gleichheit – Verschiedenheit. Beispiele: Geschlecht, Familienstand, Attribute: gut/schlecht.

NO NAME = weiße Ware, Generic, Gattungsmarke
No Name ist die Bezeichnung für ein markenloses Produkt, das nur die Produktgattung repräsentiert. No Names sind meist auf Low-Interest-Produktgruppen beschränkt.

OBSOLESZENZ, OBSOLESZENZ, GEPLANTE Obsoleszenz beschreibt den Vorgang der Veralterung von Produkten. Geplante Obsoleszenz sind qualitätsmindernde Maßnahmen.

ÖFFENTLICHKEITSARBEIT = PUBLIC RELATIONS Öffentlichkeitsarbeit ist die gezielte, aktive Gestaltung der Kommunikationsbeziehungen zwischen Unternehmen und anderen sozialen Gruppen (= Teilöffentlichkeiten, → STAKEHOLDER, z. B. Kunden, Mitarbeiter, Presse, Verbände, Parteien, Banken). Öffentlichkeitsarbeit ist Bestandteil der Kommunikationspolitik.

OMNIBUSBEFRAGUNG Eine Omnibusbefragung ist eine Mehrthemenbefragung. In der Befragung werden Fragen zu mehreren voneinander unabhängigen

Themen gestellt, die meist von verschiedenen Auftraggebern stammen.

ONLINE-BEFRAGUNG → COMPUTER ASSISTED WEB INTERVIEWING (= CAWI) Online-Befragungen sind WWW-Befragungen und E-Mail-Befragungen. Bei WWW-Befragungen werden die Fragebögen ungeschützt ins Internet gestellt. Jeder kann darauf zugreifen. Dagegen werden bei Pop-up-Befragungen bei zufällig ausgewählten Website-Besuchern Pop-up-Fenster eingeblendet, die zum Besuch des Fragebogens einladen. Mit passwortgeschützten Online-Befragungen wird über ein Online-Access-Pool versucht, repräsentative Stichproben zu bilden. E-Mail-Befragungen greifen auf Kundendatenbanken mit einem E-Mail-Verzeichnis zurück.

ONLINE-PANELS Ein Online-Panel ist eine Gruppe von registrierten Personen, die sich bereiterklärt haben, wiederholt an → ONLINE-BEFRAGUNGEN teilzunehmen.

ONLINE-SHOPPING → HOME SHOPPING

OPINION LEADER = Meinungsbildner, Meinungsmultiplikator → MEINUNGSFÜHRER

ORDINALSKALA Bei einer Ordinalskala erfolgt eine Zuweisung von Rangziffern, die eine Anordnung ermöglichen. Beispiele: Schulnoten, Produkt A wird dem Produkt B vorgezogen.

OUTBOUND Outbound bezeichnet einen aktiven Telefonkontakt zur Auftragsakquisition.

OVERREPORTING Overreporting bezeichnet eine Verhaltensweise von Panelteilnehmern im Panel (→ PANELEFFEKT). Es werden Käufe angegeben, die tatsächlich nicht getätigt wurden. Der Grund kann darin liegen, dass Panelteilnehmer den Kauf der Produkte als sozial erwünscht empfinden (z. B. Körperpflegeprodukte). Es können aber auch Prestigegründe eine Rolle spielen (z. B. demonstrativer Konsum). Overreporting beeinflusst negativ die Repräsentanz des → PANELS.

PANEL → LÄNGSSCHNITTANALYSE → TRACKING STUDIES Ein Panel ist ein bestimmter gleichbleibender Kreis von Adressaten, bei dem in regelmäßigen zeitlichen Abständen Erhebungen zum im

Prinzip gleichen Untersuchungsgegenstand durchgeführt werden. Die Erhebungen können durch mündliche, schriftliche, telefonische oder durch → ONLINE-BEFRAGUNGEN sowie durch → BEOBACHTUNG vorgenommen werden.

PANELCOVERAGE Panelcoverage beschreibt die → MARKTABDECKUNG des → PANELS. Die Abdeckung zeigt, ausgedrückt in Prozent vom Gesamtverkauf einer Produktgruppe, welchen Anteil das Panel ausweist und wie viel Prozent des Verkaufs nicht erfasst werden.

PANELEFFEKTE Paneleffekte sind Veränderungen im Kaufverhalten durch die Beteiligung an einem → PANEL.

PANELROUTINE Panelroutine bezeichnet die Unlust der Panelteilnehmer, sich weiterhin an der Erhebung zu beteiligen.

PANELROTATION Panelrotation ist der gewollte Austausch von Panelteilnehmern, um → PANELSTERBLICHKEIT, → PANELROUTINE und → PANELEFFEKTEN entgegenzuwirken.

PANELSTERBLICHKEIT Panelsterblichkeit bezeichnet das Ausscheiden von Panelteilnehmern. Die Panelsterblichkeit beeinflusst die Repräsentanz des → PANELS.

PARTIALMODELLE Partialmodelle des Käuferverhaltens konzentrieren sich bei der Erklärung des Kauf- und Entscheidungsprozesses auf Teilaspekte des Gesamtprozesses. Partialmodelle sind daher detaillierter und weniger abstrakt als → TOTALMODELLE. Partialmodelle stellen auf ein Konstrukt oder wenige Konstrukte ab. Konstrukte sind z. B. Einstellung, → MOTIVE, → WAHRNEHMUNG, Präferenzen.

PICTURE-FRUSTATION-TEST → ROSENZWEIG-TEST

PIMS-PROJEKT = PROFIT IMPACT OF MARKET STRATEGIE Das PIMS-Projekt ist eine permanente empirische Untersuchung von mehr als 3.000 strategischen Geschäftsfeldern die zeigt, wie sich strategische Marktentscheidungen auf die Rentabilität des Unternehmens auswirken. Der → MARKTANTEIL und die Produktqualität sind die wesentlichen Erfolgsfaktoren mit deutlichen Auswirkungen auf den Profit des Unternehmens.

POST-TESTS Post-Tests sind → WERBETESTS. Diese sollen die Wirksamkeit von Werbemaßnahmen (z. B. Anzeigen, Rundfunkspots) nach ihrem Einsatz im Markt empirisch untersuchen (z. B. Day-After-Recall-Test, Werbemonitoring).

PREIS-ABSATZ-FUNKTION Die Preis-Absatz-Funktion ist ein formales Modell über den Zusammenhang zwischen der Höhe des Angebotspreises und der erwarteten Absatzmenge eines Produkts.

PREISBÜNDELUNG, PRODUKTBÜNDELUNG Preisbündelung ist der Verkauf mehrerer Produkte zu einem Komplettpreis.

PREISDIFFERENZIERUNG, VERTIKALE Eine vertikale Preisdifferenzierung liegt vor, wenn ein Unternehmen für ein Produkt auf verschiedenen Märkten unterschiedliche Preise verlangt. Die unterschiedlichen Preise dürfen nicht auf Kostenunterschiede zurückzuführen sein.

PREISELASTIZITÄT DER NACHFRAGE Die Preiselastizität der Nachfrage gibt an, wie sich die → NACHFRAGE nach einem Produkt bei Erhöhung oder Senkung des Preises verändert. Die relative Mengenänderung wird der sie verursachenden relativen Preisänderung gegenübergestellt

PREISFOLGERSCHAFT Die Unternehmen passen sich in ihrer Preispolitik an den Preisführer an.

PREISFÜHRERSCHAFT, BAROMETRISCHE Mehrere gleich bedeutende Unternehmen bestimmen gemeinsam gegenüber unbedeutenden Wettbewerbern den Marktpreis.

PREISFÜHRERSCHAFT, DOMINANTE Ein Unternehmen hat eine so starke Marktstellung, dass die Wettbewerber sich in ihrer Preispolitik an die Preispolitik dieses Unternehmens anpassen.

PRE-TESTS Pre-Tests sind → WERBETESTS. Diese sollen die Wirksamkeit von Werbemaßnahmen (z. B. Anzeigen, Rundfunkspots) vor ihrem Einsatz im Markt empirisch untersuchen.

PRIMÄRFORSCHUNG = FIELD RESEARCH Erhebung neuer Daten durch Befragung und → BEOBACHTUNG. Die Erhebung wird für einen spezifischen Untersuchungszweck neu vorgenommen. Die Daten werden „vor Ort" erhoben.

PRIMÄRORGANISATION Die Primärorganisation ist die hierarchische Grundstruktur des Unternehmens. Sie umfasst alle dauerhaft eingerichteten Organisationseinheiten, die durch hierarchische Beziehungen miteinander verbunden sind. → SEKUNDÄRORGANISATION

PRODUCT PLACEMENT Product Placement ist die gezielte Platzierung eines Produkts als Requisit in einer Film- oder Fernsehhandlung.

PRODUKTELIMINIERUNG Produkteliminierung bedeutet das Herausnehmen eines Produkts aus dem Programm eines Unternehmens.

PRODUKTLEBENSZYKLUSMODELL → LEBENSZYKLUSMODELL

PRODUKTDIFFERENZIERUNG Produktdifferenzierung bezeichnet die Produktpolitik eines Unternehmens, ein Produkt in verschiedenen Ausführungen (= Varianten) auf den Markt zu bringen.

PRODUKT-PR Produkt-PR sind alle Maßnahmen der Öffentlichkeitsarbeit, die nicht das Unternehmen, sondern seine Produkte und Dienstleistungen zum Inhalt haben (z. B. Pressekonferenz zur Einführung eines neuen Produkts).

PRODUKTTESTS Produkttests sind experimentelle Untersuchungen, in denen Testpersonen probeweise überlassene Produkte gebrauchen oder verbrauchen. Danach erfolgt eine subjektive Beurteilung der Produkte.

PRODUKTVARIATION = PRODUKTMODIFIKATION, PRODUKTRELAUNCH Produktvariation ist die Veränderung eines bestehenden Produkts. Der Produktkern bleibt unverändert.

PROFIT CENTER Das Profit Center ist ein nach Produkten, Kunden oder Regionen abgegrenzter Geschäftsbereich. Das Management hat gegenüber der nächst höheren Hierarchieebene (z. B. einer Holding) meist alle Freiheiten eines unabhängigen Unternehmens.

PROGNOSE Eine Prognose ist eine auf Analytik und Empirie begründete Vorhersage über das zukünftige Eintreffen ökonomischer Sachverhalte auf dem Markt.

PROGRAMMBREITE Die Programmbreite bezeichnet die Anzahl der verschiedenen Einzelprodukte.

PROGRAMMTIEFE Die Programmtiefe bezeichnet ein stark spezialisiertes Angebot mit differenzierten Produkten (Line Extension, Produktdifferenzierung).

PULSFREQUENZMESSUNG Die Pulsfrequenzmessung ist ein psychomotorisches Testverfahren. Es wird z. B. zur Messung der Werbewirkung eingesetzt. Die Pulsfrequenz der Testpersonen wird ohne und mit → WAHRNEHMUNG des Testobjekts (z. B. einer Anzeige) gemessen. Die Veränderung der Pulsfrequenz wird als Wirkung der Wahrnehmung interpretiert.

PULL-STRATEGIE Die Pull-Strategie (→ PUSH-STRATEGIE) ist eine Stimulierungsstrategie innerhalb des vertikalen Marketings. Der Hersteller schafft meist durch intensive → WERBUNG (→ SPRUNGWERBUNG) eine Verbrauchernachfrage („Sog"), die den Handel veranlasst, das Produkt in sein Sortiment aufzunehmen („zu listen").

PUSH-STRATEGIE Die Push-Strategie (→ PULL-STRATEGIE) ist eine Stimulierungsstrategie innerhalb des vertikalen Marketings. Der Hersteller versucht, seine Produkte aktiv bis aggressiv in den Handel „hineinzuverkaufen". Dies geschieht über die Preispolitik (z. B. Niedrigpreise oder → RABATTE) und über Verkaufsförderungsmaßnahmen. Der Hersteller übernimmt z. B. die Regalpflege und den Aufbau von → ZWEITPLATZIERUNGEN.

PUFFERFRAGE (synonym → ABLENKUNGSFRAGE, FÜLLFRAGE) Pufferfragen haben in Befragungen die Aufgabe, Ausstrahlungseffekte zwischen aufeinanderfolgenden Themen innerhalb einer Befragung zu vermeiden.

QUERSCHNITTSANALYSE → MARKTANALYSE

QUOTENVERFAHREN Das Quotenverfahren ist ein nicht-zufallsorientiertes Auswahlverfahren zur Stichprobenbildung. Aus der Struktur der Grundgesamtheit ergeben sich Quoten (= ein Quotenplan) auf der Grundlage soziodemografischer Angaben für die zu befragenden Personen.

RABATTE Rabatte sind ein Instrument der Preispolitik (= Konditionenpolitik). Ra-

batte werden als Abschlag von Listen-
preisen gewährt. Sie beziehen sich
i. d. R. auf besondere Umstände in
der Geschäftsbeziehung. Es werden
z. B. Funktionsrabatte, → Mengenrabatte, Barzahlungsrabatte und Frühbucherrabatte unterschieden.

Rack Jobber = Regalgroßhändler
Der Handel vermietet Regalflächen
an Hersteller oder Großhändler, die
dort Produkte auf eigene Rechnung
verkaufen (= Form der vertikalen
→ Kooperation). Der Rack Jobber
übernimmt Bestandsaufnahme, Be-
darfsermittelung und Sortimentspfle-
ge. Für die Überlassung der Fläche
und die Übernahme des Inkassos erhält der Handel einen festen Betrag
(= Miete) und/oder eine Umsatzpro-
vision.

Random-Route-Verfahren Das Random-
Route-Verfahren ist ein Zufallsverfah-
ren zur Bildung von repräsentativen
Stichproben. Von einer zufällig ausgewählten Stadtadresse wird nach
streng vorgegebenen Regeln hinsichtlich Gehrichtung, Hausnummern,
Stockwerken usw. die Befragung von
Personen durchgeführt.

Recall-Test → Aided Recall → Unaided Recall

Recognition-Test Der Recognition-Test (z. B.
der → Starch-Test) ist ein Wieder-
erkennungstest (= Werbewirkungskontrolle; Werbeerfolgskontrolle). Anzeigen werden in einem Folder
(= künstliche Zeitschrift) mit redaktio-
nellem Umfeld den Testpersonen vorgelegt. Die Testpersonen werden befragt, ob sie die Anzeige gesehen
haben oder Teile der Anzeige wiedererkennen. Recognition-Tests gelten
als zuverlässige Kontrollinstrumente.

Regressionsanalyse Die einfache Regressionsanalyse untersucht die lineare Abhängigkeit zwischen einer metrisch
skalierten abhängigen Variablen und
einer metrisch skalierten unabhängigen Variablen. Die multiple Regressionsanalyse untersucht die Abhängigkeit einer abhängigen Variablen von
zwei oder mehreren unabhängigen
Variablen.

Reichweite Die Reichweite ist eine Maßzahl
für Kontakte. Sie gibt an, wie viele

Personen durch die Belegung eines
Mediums bzw. einer Werbeträger-
kombination mindestens einmal erreicht wurden. Sie sagt nichts darüber aus, wie oft die einzelnen
Personen erreicht wurden.

Relaunch Ein Relaunch ist eine Reaktivie-
rung (= Wiedereinführung) eines bereits länger im Markt vorhandenen
Produkts (z. B. in der Sättigungsphase
oder → Degenerationsphase des Produktlebenszyklusses). Ziel ist es, dem
stagnierenden oder rückläufigen Absatz neue Wachstumsimpulse zu geben. Dies kann durch produktpolitische Maßnahmen
(→ Produktvariation, Produktmodifikation) und/oder durch kommunikative Maßnahmen geschehen. Daraus
ergibt sich meist eine neue Positionierung des Produkts. Ein Revival ist
eine „Wiederbelebung" des Produkts.

Reliabilität Die Reliabilität gibt den Grad
der Genauigkeit an, mit dem ein bestimmtes Merkmal gemessen wird
(= Verlässlichkeit der Messung).

Repräsentativität = Repräsentanz Die Repräsentativität einer Stichprobe ist dann
gegeben, wenn die Verteilung der untersuchten Merkmale der Stichprobe
der Verteilung der Merkmale in der
→ Grundgesamtheit entsprechen. Die
Stichprobe muss also ein verkleinertes, aber ansonsten wirklichkeits-
getreues Abbild der Grundgesamtheit
sein. Nur dann ist die Hochrechnung
der Stichprobenergebnisse auf die
Grundgesamtheit zulässig.

Rosenzweig-Test = Picture-Frustation-Test Der
Rosenzweig-Test ist eine besondere
Form des → Satzergänzungstests. Den
Testpersonen werden Bilder vorgelegt, die Sprechblasen mit unvollständige Sätzen enthalten. Die Testpersonen müssen diese Sätze
vervollständigen. Ermittelt werden
sollen Einstellungen und → Motive.

Saccaden Saccaden sind ruckartige Augenbewegungen im Rahmen der
→ Blickregistrierung, für die keine
oder nur geringe → Wahrnehmung
unterstellt werden.

Satzergänzungstests Der Satzergänzungstest
ist ein assoziatives Testverfahren. Den
Testpersonen wird ein Satzanfang

vorgegeben, den sie zu einem vollständigen Satz zu ergänzen haben.

Scanner-Panels Durch Scanner-Panels werden kontinuierlich die Abverkäufe
und tatsächlichen Preise im Handel
erhoben. Scanner-Panels im Haushalt
erfassen über eine Identifizierungs-
karte, die bei jedem Einkauf vor-
gezeigt wird, die Einkäufe der Haushalte.

Schnellgreifbühne Die Schnellgreifbühne ist
ein apparatives Testverfahren. Auf einer bühnenähnlichen Apparatur werden für kurze Zeit mehrere Testobjekte (z. B. Produkte) gezeigt.
Davon hat die Testperson spontan ein
Objekt auszuwählen. Dadurch kann
die Durchsetzungsfähigkeit von Produkten im direkten Vergleich mit
konkurrierenden Produkten getestet
werden.

Sekundärforschung = Desk Research Sekundärforschung ist die Erhebung von Informationen aus bereits vorhande-
nem Datenmaterial.

Sekundärorganisation Die Sekundärorganisation umfasst alle hierarchieergän-
zenden und hierarchieübergreifenden
Organisationsstrukturen. Sie soll
Schwachstellen der → Primärorganisation (z. B. Schnittstellen, Flexibilität,
Innovationsgrad) beheben.

Selling Center, Selling Team Im Industriegüter-Marketing steht dem → Buying
Center auf der Verkäuferseite meist
ein Selling Center oder ein Selling
Team gegenüber. Dem Selling Team
gehören alle Personen an, die Vertrieb und Kundenbetreuung im Team
vornehmen. Dem Selling Center gehören Personen an, die auch Aufgaben
außerhalb des Selling Centers wahrnehmen. Das Selling Center kann z. B.
aus dem Geschäftsführer, einem Techniker oder Vertriebsingenieur, einem
Key-Accounter, einem Anwendungsberater und einem Verkaufsaußendienstmitarbeiter bestehen. Wichtig
ist, dass bei Verhandlungen die Mitglieder von → Buying Center und Selling Center den gleichen Rang und
die gleiche Kompetenz haben. Auch
die Rollen im Selling Center sollten
klar definiert sein (z. B. Angreifer,
Nachfasser, Moderator, Experte).

SEMANTISCHES DIFFERENTIAL Das semantische Differential ist eine mehrdimensionale Skalierung zur Messung von Einstellungen (= → IMAGE). Die Einstufung erfolgt meist auf einer fünf- bis neunstufigen Skala, die mit gegensätzlichen Eigenschaften beschrieben wird (z. B. sauer – süß). Die Eigenschaften haben nur metaphorischen Charakter, sind jedoch wesentlich für das zu beurteilende Produkt oder Unternehmen.

SINGLE SOURCE-ERHEBUNG Bei der Single Source-Erhebung werden alle erhobenen Daten aus einer Stichprobe gewonnen. Die Daten stammen aus einer Quelle.

SLOGAN Ein Slogan ist die kreative Umsetzung der → WERBEBOTSCHAFT (= Werbeaussage) in eine kurze und prägnante verbale Form.

STARCH-TEST → RECOGNITION-TEST

STORE-TEST Beim Store-Test wird der Verkauf von Testprodukten in ausgewählten Handelsgeschäften meist über Scannererfassung mit Kundenkartenauswertung ermittelt. Zusätzlich können Marktleiterbefragungen, Verbraucherbefragungen und Verbraucherbeobachtungen am Point-of-Sale (= POS) durchgeführt werden, um eine qualitative Einschätzung der Testprodukte zu erhalten.

STREUVERLUSTE Ein Medium erreicht Personen, die nicht zur → ZIELGRUPPE gehören.

SPRUNGWERBUNG Die Sprungwerbung („überspringt den Handel") bezeichnet die → WERBUNG der Hersteller beim Endkunden. Der Hersteller versucht damit, eine → NACHFRAGE im Handel hervorzurufen (→ PULL-STRATEGIE). Der Käufer soll im Handel gezielt die Markenprodukte der Hersteller nachfragen.

S-R-MODELL = → BLACK-BOX-MODELL, Stimulus-Response-Modell, Reiz-Reaktions-Modell
S-R-Modelle erklären das Käuferverhalten nur aus den direkt beobachtbaren Stimulus-Wirkungen (→ BLACK-BOX-MODELL).

SPILL-OVER-EFFEKTE Spill Over Effekte sind Ausstrahlungseffekte. Die Wirkung einer Marketing-Maßnahme geht über den angestrebten Zielbereich hinaus. Die Wirkung des Marketing-Mix auf bisherige Produkte überträgt sich z. B. auf neue Produkte.

STAKEHOLDER Stakeholder (= Anspruchsgruppen, Interessgruppen) sind Personen, die die Ziele, Strategien und Maßnahmen des Unternehmens beeinflussen können oder davon betroffen sind. Wichtige Stakeholder sind z. B. Kunden, Mitarbeiter, Händler, Lieferanten, Aktionäre (= Shareholder), Medien, Verbände und staatliche Institutionen.

STRATEGISCHES GESCHÄFTSFELD (= SGF) Strategische Geschäftsfelder sind Marktsegmente, auf die eine Strategie eines Unternehmens (bzw. einer → STRATEGISCHEN GESCHÄFTSEINHEIT) ausgerichtet ist.

STRATEGISCHE GESCHÄFTSEINHEITEN (= SGE) Strategische Geschäftseinheiten sind Organisationseinheiten (z. B. Business Units, Profit Center) innerhalb eines Unternehmens, die auf bestimmten SGF tätig sind.

SUPPLY CHAIN MANAGEMENT Supply Chain Management ist das Kosten- und Informations-Management entlang der gesamten → WERTSCHÖPFUNGSKETTE von der Rohstoffgewinnung über Produktion und Handel bis zum Kunden hin (→ EFFICIENT CONSUMER RESPONSE).

TACHISTOSKOP Das Tachistoskop ist ein Projektionsgerät, das Projektionszeiten im Millisekundenbereich erlaubt. Durch die kurzzeitigen Darbietungen wird der Prozess des Entstehens von visuellen → WAHRNEHMUNGEN oder die Prägnanz von Wiedererkennungsprozessen untersucht.

TELESHOPPING → HOME SHOPPING

TESTIMONIALS Testimonials sind als Verwender oder Experten konkrete oder abstrakte Leitbilder. Ihre positiven Äußerungen zu einem Produkt führen bei ihren Anhängern zu einer positiven Einstellung.

TESTMARKT, REGIONALER / MINITESTMARKT Ein regionaler Testmarkt ist ein räumlich abgegrenzter Markt, auf dem ein probeweiser Verkauf eines Produktes stattfindet. Ziel ist es, Erkenntnisse über die Marktfähigkeit von neuen Produkten oder über die Wirksamkeit von Werbemaßnahmen vor der großflächigen Markteinführung zu gewinnen.

TIEFENINTERVIEW Das Tiefeninterview ist eine nicht-standardisierte Befragung. Der Interviewer hat völlige Freiheit bei der Durchführung des Interviews oder es liegt ein grob strukturierter Fragebogen vor. Dabei können die Reihenfolge und die Formulierung der Fragen von Interview zu Interview variieren.

TOTALMODELLE Totalmodelle des Kaufverhaltens versuchen, den gesamten Kauf- und Entscheidungsprozess des Käufers abzubilden (Howard-Sheth-Modell). Totalmodelle sind deshalb komplex und haben ein hohes Abstraktionsniveau (→ PARTIALMODELLE).

TRACKING STUDIES → MARKTBEOBACHTUNG → LÄNGSSCHNITTANALYSE Tracking studies (= → WERBETRACKING) sind kontinuierlich durchgeführte → POSTTESTS, die Werbewirkungen (z. B. Markenbekanntheit, Einstellungen zur Marke) im Zeitablauf messen. Den gemessenen Werten werden die Werbeausgaben (= spendings) gegenübergestellt.

TREND Grundausrichtung einer Entwicklung über eine lange Zeit. Der Entwicklung liegen Daten aus der Vergangenheit in Form einer Zeitreihe zugrunde.

TRENDFUNKTION Die Trendfunktion ist eine empirische Funktionsgleichung, die den langfristigen Verlauf einer Zeitreihe repräsentiert. Sie wird zur → PROGNOSE der in Zukunft anfallenden Werte herangezogen.

TRENDFUNKTION, EXPONENTIELLE Die exponentielle Trendfunktion ist durch eine gleichbleibende relative Wachstumsrate der interessierenden Variablen (z. B. Absatz, Umsatz) gekennzeichnet.

TRENDFUNKTION, LINEAR Die lineare Trendfunktion ist durch eine gleichbleibende absolute Wachstumsrate der interessierenden Variablen (z. B. Absatz, Umsatz) gekennzeichnet.

TRENDFUNKTION, LOGISTISCHE Die logistische Trendfunktion hat einen S-förmigen Verlauf. Die Wachstumskurve verläuft zu beiden Seiten des Wendepunkts symmetrisch.

TYPOGRAPHIE Typographie ist die Textanordnung und Anordnung von Schriften in → WERBEMITTELN nach Zeichensatz, Stil und Punktgröße.

TYPOLOGIE Typologie (= → LEBENSSTIL) ist die Einteilung einer Personengruppe nach mehr zu einem demographischen, sozio-ökonomischen und psychographischen Merkmal. Lebensstil-Typologien sind durch Aktivitäten, Interessen, Meinungen und Werte charakterisiert.

ÜBERSCHNEIDUNG, EXTERNE Die externe Überschneidung ist ein Begriff aus der Mediaplanung. Er bezeichnet Personen, die zeitgleich verschiedene der belegten → WERBETRÄGER nutzen.

ÜBERSCHNEIDUNG, INTERNE Die interne Überschneidung ist ein Begriff aus der Mediaplanung. Er bezeichnet Personen, die im Zeitablauf mehrere Ausgaben des gleichen belegten → WERBETRÄGERS nutzen.

UNAIDED RECALL → AIDED RECALL Unaided Recall ist ein Begriff aus der Werbewirkungsforschung. Es handelt sich dabei um eine Methode zur Messung der ungestützten Werbeerinnerung. Es werden keine Erinnerungshilfen oder Gedächtnisstützen gegeben.

UNDERREPORTING → OVERREPORTING Underreporting bezeichnet eine Verhaltensweise von Panelteilnehmern (→ PANELEFFEKT). Tatsächlich getätigte Käufe werden nicht angegeben. Panelteilnehmer verschweigen den Kauf (z. B. bei Tabuprodukten) oder vergessen die Angaben (z. B. Käufe auf Reisen oder am Arbeitsplatz). Underreporting bezeichnet negativ die Repräsentanz des → PANELS.

UNIQUE COMMUNICATION PROPOSITION = Unique Advertising Proposition Unique Communication Proposition (UCP) bezeichnet die kommunikative Alleinstellung eines Produktes am Markt, ohne eine faktische Alleinstellung zu haben.

UNIQUE SELLING PROPOSITION (= USP) Unique Selling Proposition bezeichnet die faktische (= tatsächliche) Alleinstellung eines Produktes am Markt.

UNTERNEHMENSKULTUR → CORPORATE CULTURE - Unternehmenskultur sind gemeinsame Werte, Normenvorstellungen, Denk- und Überzeugungsmuster in einem Unternehmen.

UNTERNEHMENSGRUNDSÄTZE = UNTERNEHMENSLEITSÄTZE, UNTERNEHMENSPHILOSOPHIE Unternehmensgrundsätze enthalten grundsätzliche Wertvorstellungen, Verhaltensweisen (= Stile) und Regeln (= Leitsätze), die das Selbstverständnis des Unternehmens ausdrücken. Neben der Kommunikation und dem Erscheinungsbild sind sie die Grundlage der Unternehmensidentität (→ CORPORATE IDENTITY).

UNTERNEHMENSSTRATEGIE Unternehmensstrategien legen fest, in welchen Produkt-Markt-Kombinationen das Unternehmen tätig werden soll. Unternehmensstrategien basieren auf dem Unternehmenszweck (= Mission), den → UNTERNEHMENSGRUNDSÄTZEN und der Unternehmensidentität. In den Unternehmensstrategien werden insbesondere die finanziellen Ressourcen für die → STRATEGISCHEN GESCHÄFTSEINHEITEN festgelegt.

VALIDITÄT Die Validität (= Gültigkeit) ist die materielle Genauigkeit (= Güte) einer Messung (= eines Messinstruments) im Hinblick auf die charakteristischen Eigenschaften des Messobjektes. Eine Messung ist dann valide, wenn das gemessen wird, was gemessen werden soll.

VALS-ANSATZ → AIO-ANSATZ Der VALS-Ansatz ist ein Klassifizierungsansatz für den → LEBENSSTIL. Er #zielt# (stellt) ab auf Aktivitäten, Interessen, Meinungen (= Lifestyle) und Werte (= Values), die durch Fragenkataloge erfasst werden. Gemeinsam mit soziodemografischen Merkmalen werden Lebensstiltypen gebildet (z. B. „Erfolgstypen", „Traditionsverbundene").

VERBRAUCHERANALYSE (VA) Die Verbraucheranalyse erfasst in erster Linie das Konsum- und Gebrauchsverhalten und in zweiter Linie Einstellungen oder Psychografien. Sie ist eine Kombination aus schriftlicher und mündlicher Befragung. Die Stichprobe umfasst rund 30.000 Fälle.

VERBRAUCHERMARKT Der Verbrauchermarkt ist eine Betriebsform des Einzelhandels. Die Betriebsgröße liegt bei über 1.000 qm Verkaufsfläche. Er hat ein sehr breites Sortiment auf anspruchslosem Sortimentsniveau. Die Preisbildung ist eher aggressiv. Als Standorte werden Randlagen von Städten und Ballungsräumen bevorzugt.

VERBUNDEFFEKTE Verbundeffekte sind Nachfrage-, Bedarfs- und Kaufverflechtungen zwischen Teilen des Programms und des Sortiments (z. B. Kaffee und Kaffeefilter).

VERHÄLTNISSKALA Bei einer Verhältnisskala erfolgt die Messung in konstanten Einheiten mit einem festen Nullpunkt.

VERKÄUFERMARKT Beim Verkäufermarkt hat der Anbieter gegenüber den Nachfragern eine stärkere Marktposition. Die → NACHFRAGE ist größer als das Angebot (= Nachfrageüberhang).

VERKAUFSFÖRDERUNG = SALES PROMOTION Verkaufsförderung ist ein Instrument der Kommunikationspolitik. Durch Verkaufsförderung soll der Absatz des Produktes kurzfristig und unmittelbar beeinflusst werden. → ZIELGRUPPEN sind Vertriebsmannschaft (= Außendienst-/Staff-Promotion), Absatzmittler (= Händler-/Trade-Promotion) und Endkunden (= Consumer-/Verbraucherpromotion).

VERKAUFSNIEDERLASSUNG = VERKAUFSFILIALEN Verkaufsniederlassungen sind unternehmenseigene → VERKAUFSORGANE, die rechtlich und wirtschaftlich in die Organisation eines Herstellers oder Händlers eingebunden sind.

VERKAUFSORGANE Verkaufsorgane nehmen Verkaufstätigkeiten wahr. Sie erlangen im Gegensatz zu den Absatzmittlern (= Händler) kein Eigentum an den Produkten. Unternehmenseigene Verkaufsorgane sind z. B. Mitarbeiter der Verkaufsabteilung, Verkaufsfahrer, Key-Account-Manager, → VERTRIEBSGESELLSCHAFTEN und → VERKAUFSNIEDERLASSUNGEN Unternehmensfremde Verkaufsorgane sind rechtlich selbständige Gewerbetreibende, die das Unternehmen beim Verkauf der Produkte akquisitorisch unterstützen,

z. B. Handelsvertreter, Handelsmakler, Kommissionäre.

VERTRAGSHÄNDLER Der Vertragshändler ist ein selbständiger Händler, der sich langfristig verpflichtet hat, die Produkte eines Herstellers zu führen und deren Absatz zu fördern. Meist wird auf das Angebot von Konkurrenzprodukten verzichtet. Vertragshändler haben i. d. R. ein Alleinvertriebsrecht für ein bestimmtes Gebiet.

VERTRIEBSGESELLSCHAFT Die Vertriebsgesellschaft ist im Unterschied zur Vertriebsniederlassung ein rechtlich selbständiges Unternehmen, das hauptsächlich die vom Produktionsunternehmen hergestellten Produkte vertreibt.

VERSANDHANDEL Der Versandhandel ist eine Betriebsform des Einzelhandels, in der Konsumenten Produkte auf dem Wege des Direktvertriebs angeboten werden.

VERTRIEBSWEG → ABSATZWEG (= ABSATZKANAL, MARKTKANAL, DISTRIBUTIONSWEG, MARKETING CHANNEL)

VIER-FELDER-PORTFOLIO Das Vier-Felder-Portfolio ist das Marktanteils-Marktwachstums-Portfolio der BOSTON CONSULTING GROUP. Auf der vertikalen Achse wird das Marktwachstum (in %) abgetragen, auf der horizontalen Achse der relative Marktanteil (= eigener Marktanteil im Verhältnis zum Marktanteil des stärksten Wettbewerbers). Eine horizontale Achse trennt hohes Marktwachstum von niedrigem Marktwachstum in Abhängigkeit vom untersuchten Markt. Eine vertikale Achse trennt Marktführer (bei 1,0 oder 1,5) von den übrigen Marktteilnehmern.

VOLLERHEBUNG Bei einer Vollerhebung werden alle Untersuchungseinheiten (z. B. Haushalte, Unternehmen) befragt oder beobachtet.

WAHRNEHMUNG Wahrnehmung ist ein aktiver, subjektiver und selektiver Prozess der Informationsverarbeitung. Gegenstände, Vorgänge und Beziehungen werden z. B. gesehen oder gehört. Die Erfahrungen (= Informationen) werden interpretiert und in einen sinnvollen Zusammenhang gebracht.

WARENHAUS Das Warenhaus ist ein Betriebstyp des Einzelhandels (Beispiel: Kaufhof, Karstadt) mit einem Vollsortiment einschließlich Lebensmittel. Das Sortiment ist sehr breit, flach und branchenübergreifend, die Lage ist zentral, das Einzugsgebiet ist weit, es gibt Fremd- und Selbstbedienung, die Preisbildung ist flexibel, manchmal aggressiv. Die Kommunikationspolitik hat eine große Bedeutung.

WARENWIRTSCHAFTSSYSTEM Ein Warenwirtschaftssystem erfasst lückenlos den mengen- und wertmäßigen Warenfluss pro Artikel in einem Handelsunternehmen. Wesentliche Bestandteile sind z. B. Wareneingang, Warenausgang, Rechnungskontrolle, Disposition, Kasse und Bestellwesen.

WARENZEICHEN = MARKE Warenzeichen sind Kennzeichen, die Waren eines bestimmten Unternehmens von den Waren eines anderen Unternehmens unterscheidbar machen. Warenzeichen haben Herkunftsfunktion, Gütefunktion, Werbefunktion und eine Wertfunktion (= Markenwert).

WEAR-OUT-EFFEKTE Der Wear-out-Effekt besagt, dass nach einer bestimmten Anzahl von Werbekontakten zusätzliche Schaltungen keine Wirkung mehr erzielen, sondern „Abnutzungserscheinungen" die Wirkung mindern.

WERBEANTEILS-MARKTANTEILS-METHODE Die Werbeanteils-Marktanteils-Methode ist ein Verfahren der Werbebudgetplanung. Die Höhe des Werbeetats orientiert sich am eigenen → MARKTANTEIL.

WERBEBOTSCHAFT Die Werbebotschaft ist der Kern der Werbeaussage, die an die → ZIELGRUPPE übermittelt wird.

WERBEBUDGET Das Werbebudget (= Werbeetat) sind die finanziellen Mittel, die für eine Periode zur Durchführung von Werbemaßnahmen zur Verfügung stehen.

WERBEERFOLG Der Werbeerfolg beschreibt das Ausmaß der durch eine Werbemaßnahme erreichten → WERBEZIELE (z. B. Erhöhung des → BEKANNTHEITSGRADES).

WERBEERFOLGSKONTROLLE = WERBEWIRKUNGSKONTROLLE Die Werbeerfolgskontrolle ist die Überprüfung (Soll-Ist-Vergleich),

inwieweit die → WERBEZIELE durch die Werbemaßnahmen erreicht wurden.
→ WERBETESTS

WERBEKOSTENZUSCHÜSSE (= WKZ) Werbekostenzuschüsse sind finanzielle Leistungen von Herstellerunternehmen an Handelsunternehmen, damit der Handel die Produkte des Herstellers in sein Sortiment aufnimmt und produktbezogene Marketing-Maßnahmen (z. B. → WERBUNG, → VERKAUFSFÖRDERUNG) durchführt.

WERBEMITTEL Werbemittel sind reale, sinnlich wahrnehmbare Erscheinungsformen der → WERBUNG (z. B. in Wort, Bild und Ton), durch die eine → WERBEBOTSCHAFT dargestellt wird. Werbemittel sind z. B. Anzeigen, Fernseh-Spots, Rundfunk-Spots und Plakate.

WERBESTIL Ein Werbestil ist eine über einen längeren Zeitraum gleichbleibende Umsetzung der → WERBEBOTSCHAFT.

WERBESTRATEGIE = WERBEKONZEPTION → COPY STRATEGIE Innerhalb einer Werbestrategie werden Grundsatzentscheidungen zu → WERBEZIELEN, → ZIELGRUPPEN, Werbeobjekten, → WERBESTIL, Medien, → WERBEMITTELN, zum zeitlichen Einsatz und zur Intensität getroffen.

WERBETESTS Werbetests untersuchen empirisch die Wirksamkeit von Werbemaßnahmen. → PRE-TESTS → POST-TEST → KONZEPTTESTS

WERBETRACKING = WERBETESTS Werbetracking ist ein kontinuierlicher → POST-TEST. Empirisch untersucht wird die Werbewirkung im Zeitablauf (z. B. Markenbekanntheit).

WERBETRÄGER Werbeträger sind Medien, durch die → WERBEMITTEL an die → ZIELGRUPPEN herangetragen werden. Werbeträger als Transportmittel der → WERBEBOTSCHAFTEN sind z. B. Zeitungen, Zeitschriften, Fernsehen, Rundfunk, Anschlagflächen.

WERBEZIEL Ein Werbeziel ist ein angestrebter Zustand in der Zukunft, der durch Werbemaßnahmen erreicht werden soll.

WERBUNG Werbung (= Instrument der Kommunikationspolitik) ist der bewusste und gezielte Einsatz von → WERBEMITTELN und → WERBETRÄGERn zur Erreichung von → WERBEZIELEN.

WETTBEWERBS-PARITÄTS-METHODE Die Wettbewerbs-Paritäts-Methode ist ein Verfahren der Werbebudgetplanung. Die Höhe des Werbeetats richtet sich nach den Werbeausgaben der relevanten Konkurrenten.

WIEDERERKENNUNGSVERFAHREN → **RECOGNITION-TEST**

WERTKETTE, WERTSCHÖPFUNGSKETTE Die Wertkette enthält wertsteigernde Aktivitäten und die Gewinnspanne des Unternehmens. Primäre wertsteigernde Aktivitäten sind Aktivitäten, die mit der physischen Herstellung des Produktes zusammenhängen (z. B. Logistik, Fertigung, Qualität, Marketing, Vertrieb, Kundendienst). Sekundäre wertsteigernde Aktivitäten sind Aktivitäten, die zur reibungslosen Abwicklung der primären Aktivitäten dienen (z. B. Einkauf, Personal, Führung).

WERTSCHÖPFUNG In der finanzwirtschaftlichen Betrachtung wird Wertschöpfung definiert als Umsatz abzüglich bezogener Vorleistungen.

WORT-ASSOZIATIONSTEST (= WAT) Bei einem Wort-Assoziationstest nennt die Testperson Begriffe, die ihr auf vorgegebene Reizworte (z. B. einen Markennamen) spontan einfallen.

YIELD-MANAGEMENT Yield-Management ist eine preisgesteuerte Nachfragelenkung. Ziel ist eine Optimierung der Kapazitätsauslastung durch Umsatzmaximierung. Dabei wird insbesondere die Preisdifferenzierung zur Steuerung der Kapazitätsauslastung eingesetzt.

ZIEL Ein Ziel ist ein angestrebter Zustand in der Zukunft. Ziele werden auf der Grundlage der internen Situationsanalyse (= Unternehmensanalyse) und externen Situationsanalyse (= Chancen- und Risiko-Analyse) festgelegt. Ziele sind möglichst genau nach Inhalt, Ausmaß und Zeitbezug zu bestimmen, damit eine Kontrolle durchgeführt werden kann.

ZIELGRUPPE Zielgruppen entstehen durch die Aufteilung des Marktes (= **MARKTSEGMENTIERUNG**) in Marktsegmente (= Zielmärkte). Die Bedürfnisse der Zielgruppen werden mit einem bestimmten Marketing-Mix befriedigt. Die Zielgruppe sollte möglichst homogen bezüglich der Erwartungen und Ansprüche an das Produkt sein.

ZIELHIERARCHIE Eine Zielhierarchie legt fest, dass übergeordnete Entscheidungsebenen (= Oberziele, z. B. Marketingziele) die Auswahl der Mittel auf diesen Ebenen und die Auswahl der → **ZIELE** auf der nächst niedrigen Ebene (= Unterziele, z. B. Kommunikationsziele) beeinflussen. Es entsteht eine Ziel-Mittel-Hierarchie.

ZIELSYSTEM Ein Zielsystem ist ein konsistentes (= widerspruchsfreies) Bündel von → **ZIELEN**, die ein Unternehmen gleichzeitig erreichen will. Notwendig ist eine horizontale und vertikale Abstimmung der Ziele, da die einzelnen Ziele gleichrangig oder hierarchisch gegliedert sein können.

ZUFALLSAUSWAHL Bei der Zufallsauswahl hat jedes Element der → **GRUNDGESAMTHEIT** (z. B. jede Person) eine berechenbare von Null verschiedene Chance (= Wahrscheinlichkeit), in die Stichprobe zu gelangen.

ZUFALLSAUSWAHL, GESCHICHTETE Die → **GRUNDGESAMTHEIT** wird in mehrere Schichten zerlegt. Aus diesen Schichten werden dann nach dem Prinzip der reinen Zufallsauswahl die in die Stichprobe eingehenden Elemente gezogen. Die Grundgesamtheit sollte verschiedenartig (= inhomogen, heterogen) sein. Die Schichten sollten in sich relativ gleichartig (= homogen) sein.

ZUFALLSFEHLER Ein Zufallsfehler entsteht dadurch, dass statt der → **GRUNDGESAMTHEIT** eine Zufallsstichprobe untersucht wird. Der Fehler ist berechenbar.

ZUSATZNUTZEN → **GRUNDNUTZEN** Zusatznutzen ist der Nutzen, der Produkte über den Grundnutzen hinaus von anderen Produkten differenziert (= unterscheidbar macht).

ZUSCHAUERFORSCHUNG Die Zuschauerforschung als Teil der Mediaforschung ermittelt die Zusammensetzung und die Gewohnheiten der Fernsehzuschauer (z. B. Einschaltquoten). Kennzahlen sind z. B. Seher pro halbe Stunde, Seher pro Tag und Zuschauer je Werbeblock.

ZWEITMARKE Die Zweitmarke ist ein Produkt, dass sich von der Erstmarke (= Markenartikel) durch bestimmte Produktmerkmale, z. B. durch Name, Design oder Verpackung, unterscheidet. Die Zweitmarke bedient andere → **ZIELGRUPPEN**, z. B. über andere → **VERTRIEBSWEGE**, als die Erstmarke. Sie wird meist über eine Niedrigpreisstrategie in den Markt gebracht.

ZWEITPLATZIERUNG Die Zweitplatzierung ist eine Warenpräsentation zusätzlich zur Stammplatzierung in den Regalen des Handels (= Aktionsplatzierung, Saisonplatzierung).

Literatur

Ahlert, D. [2001]: Distributionspolitik, 4. Aufl., Stuttgart/Jena

Albers, S./Herrmann, A. (Hrsg.) [2002]: Handbuch Produktmanagement. Strategieentwicklung, Produktplanung, Organisation, Kontrolle, Wiesbaden

Albers, S./Krafft, M. [2003]: Vertriebsmanagement, Wiesbaden

Back, L./Benttler, S. [2003]: Handbuch Briefing, Stuttgart

Backhaus, K./Buschken, J./Voeth, M. [2003]: Internationales Marketing, 5. Aufl. Stuttgart

Backhaus, K./Büschken, J./Voeth, M. [2003]: Internationales Marketing, 3. Aufl., Stuttgart

Backhaus, K./Schneider, H.. [2007]: Strategisches Marketing, Stuttgart

Backhaus, K./Voeth, M. [2007]: Industriegütermarketing, 8. Aufl., München

Balderjahn, I./Scholderer, J. [2007]: Konsumentenverhalten und Marketing, Stuttgart

Bauer, E. [2002]: Internationale Marketingforschung, 3. Aufl., München

Baumgarth, C. [2004]: Markenpolitik, 2. Aufl., Wiesbaden

Becker, J. [2006]: Marketing-Konzeption, 8. Aufl., München

Berekoven, L./Eckert, W./Ellenrieder, P. [2006]: Marktforschung, Methodische Grundlagen und praktische Anwendung, 11. überarb. Aufl., Wiesbaden

Birkgirt, K./Stadler, M. (Hrsg.) [2000]: Corporate Identity, 10. Aufl., Landsberg am Lech

Bortoluzzi Dubach, E./Frey, H. [2000]: Sponsoring, 2. Aufl., Stuttgart

Brockhoff, K. [1999]: Produktpolitik, 3. Aufl., Stuttgart

Bruhn, M. [2004]: Handbuch Markenführung, 2. Aufl., Wiesbaden

Bruhn, M. [2005]: Marketing für Nonprofit-Organisationen, Stuttgart

Bruhn, M. [2005]: Unternehmens- und Marketing-Kommunikation, München

Bruhn, M. [2006]: Integrierte Unternehmens- und Markenkommunikation, 4. Aufl., Stuttgart

Bruhn, M. [2007]: Kommunikationspolitik, 4. Aufl., München

Bruhn, M. [2008]: Relationship Marketing, 2. Aufl., München

Bruhn, M./Hadwich, K. [2006]: Produkt- und Servicemanagement, München

Bruhn, M./Homburg, C. (Hrsg.) [2003]: Handbuch Kundenbindungsmanagement, Wiesbaden

Bruhn, M./Homburg, C. (Hrsg.) [2004]: Gabler Lexikon Marketing, 2. Aufl., München

Bruhn, M./Meffert, H. (Hrsg.) [2001]: Handbuch Dienstleistungsmanagement, Wiesbaden

Bänsch, A. [2002]: Käuferverhalten, 9. Aufl., München

Bänsch, A. [2006]: Verkaufspsychologie und Verkaufstechnik, 8. Aufl., München

Böhler, H. [2004]: Marktforschung, 3. Aufl., Stuttgart

Chaffey, D./Mayer, R./Johnston, K./Ellis-Chadwick, F. [2001]: Internet-Marketing, München

Czech-Winkelmann, S. [2003]: Vertrieb, Kundenorientierte Konzeption und Steuerung, Berlin

Dallmer, H. [2002]: Handbuch Direct Marketing & more, 8. Aufl., Wiesbaden

Dannenberg, M./Wildschütz, F./Merkel, S. [2003]: Handbuch Werbeplanung, Stuttgart

Diller, H. [2007]: Grundprinzipien des Marketing, 2. Aufl., München

Diller, H. [2007]: Preispolitik, 4. Aufl., Stuttgart

Diller, H./Haas, A./Ivens, B. [2005]: Verkauf und Kundenmanagement

Ehrmann, H. [2004]: Marketing-Controlling, 4. Aufl., Ludwigshafen

Ellinghaus, U. [2000]: Werbewirkung und Markterfolg, Marktübergreifende Werbewirkungsanalyse, München

Ellinghaus, U. [2000]: Werbewirkung und Markterfolg, Marktübergreifende Werbewirkungsanalysen, München

Esch, E. R./Herrmann, A./Sattler, H. [2008]: Marketing, 2. Aufl., München

Esch, F.-R. [2008]: Strategie und Taktik der Markenführung, 4. Aufl., München

Foscht, T./Swoboda, B. [2007]: Käuferverhalten, Wiesbaden

Freter, H. [2004]: Marketing, Die Einführung mit Übungen, München

Freter, H. [2008]: Markt- und Kundensegmentierung, 2. Aufl., Stuttgart

Fritz, W./von der Oelnitz, D. [2006]: Marketing, 4. Aufl., Stuttgart

Gedenk, K. [2002]: Verkaufsförderung, München

Geuel, R./Lauer, H. [2004]: Das kleine Lexikon der Marketingforschung, 3. Aufl., Stuttgart

Haedrich, G./Tomczak, T. [1996]: Produktpolitik, Stuttgart

Haller, S. [2001]: Handelsmarketing, 2. Aufl., Ludwigshafen

Haller, S. [2001]: Handels-Marketing, 2. Aufl., Ludwigshafen

Haller, S. [2005]: Dienstleistungsmanagement, 3. Aufl., Wiesbaden

Hammann, P./Erichson, B. [2000]: Marktforschung, 4. Aufl., Stuttgart

Hansen, U./Hennig-Thurau, T./Schrader, U. [2001]: Produktpolitik, 3. Aufl., Stuttgart

Hermann, A./Homburg, C. (Hrsg.) [2000]: Marktforschung, 2. Aufl., Wiesbaden

Hermanns, A./Kindl, S./van Overloop, P. [2007]: Marketing, München

Herrmann, A./Homburg, A./Klarmann, M. (Hrsg.) [2008]: Handbuch Marktforschung, Wiesbaden

Hildmann, G./Vossebein, U. [2003]: Effektives Marketing-Controlling, Wiesbaden

Homburg, C./Krohner, H. [2003]: Marketing-Management, Wiesbaden

Homburg, C./Schäfer, H./Schneider, J. [2008]: Sales Excellence, Vertriebsmanagement mit System, 5. Aufl., Berlin

Huth, R./**Pflaum**, D. [2005]: Einführung in die Werbelehre, 7. Aufl., Stuttgart

Hünerberg, R. [2003]: Marketing, 2. Aufl., München

Hüttner, M./**Schwarting**, U. [2002]: Grundzüge der Marktforschung, 7. Aufl., München

Jenner, T. [2003]: Markting-Planung, Stuttgart

Kamenz, U. [2001]: Marktforschung, 2. Aufl., Stuttgart

Kleinaltenkamp, M./**Hellwig**, Andrea [2007]: Business- und Dienstleistungsmarketing, Stuttgart

Kloss, I. [2007]: Werbung, 4. Aufl., München

Koch, J. [2001]: Marktforschung, Begriffe und Methoden, 3. Aufl., München

Kollmann, T. [2007]: Online-Marketing, Stuttgart

Koppelmann, U. [2001]: Produktmarketing, 6. Aufl., Berlin/Heidelberg

Kotler, P./**Armstrong**, G./**Saunders**, J./**Wong**, V. [2007]: Grundlagen des Marketing, 4. Aufl., München

Kotler, P./**Bliemel**, F. [2001]: Marketing-Management, Analyse, Planung, Umsetzung und Steuerung, 10. Aufl., Stuttgart

Kotler, P./**Keller**, K.L./**Bliemel**, F. [2007]: Marketing-Management, 12. Aufl., München

Kreutzer, R. T. [2006]: Praxisorientiertes Marketing, Wiesbaden

Kroeber-Riel, W./**Esch**, F.-R. [2004]: Strategie und Technik der Werbung, Stuttgart

Kroeber-Riel, W./**Weinberg**, P./**Gröppel-Klein**, A. [2008]: Konsumentenverhalten, 9. Aufl., Stuttgart

Kuhlmann, C. [2004]: Grundlagen des Marketing, München

Kuss, A. [2000]: Käuferverhalten, 2. Aufl., Stuttgart

Kuss, A. [2004]: Marktforschung, Wiesbaden

Kuss, A./**Tomaczak** T. [2004]: Käuferverhalten, Stuttgart

Kuss, A./**Tomczak**, T. [2004]: Marketing-Planung, 4. Aufl., Wiesbaden

Lang, F. [2002]: Die Marketing-Konzeption, 3. Aufl., Düsseldorf

Leuteritz, A./**Wünschmann**, S./**Schwarz**, U./**Müller**, S. [2008]: Erfolgsfaktoren des Sponsoring, Göttingen

Liebmann, H.-P./**Zentes**, J./**Swoboda**, B. [2008]: Handelsmanagement, 2. Aufl., München

Martin, M. [2008]: Unternehmenskommunikation, Stuttgart

Mast, C. [2008]: Unternehmenskommunikation, 3. Aufl., Stuttgart

Mast, C./**Huck**, S./**Güller**, K. [2005]: Kundenkommunikation, Stuttgart

Meckl, R. [2006]: Internationales Management, München

Meffert, H. [2001]: Marketing-Management, Analyse – Strategie – Implementierung, 2. Aufl., Wiesbaden

Meffert, H./**Burmann**, C./**Kirchgeorg**, M. [2008]: Marketing, 10. Aufl., Wiesbaden

Meffert, H./**Burmann**, C./**Koers**, M. [2005]: Markenmanagement, 2. Aufl., Wiesbaden

Meier, A./**Stormer**, H. [2008]: E-Business und E-Commerce, 2. Aufl., Berlin

Müller, S./**Gelbrich**, K. [2004]: Interkulturelles Marketing, München

Müller-Hagedorn, L. [2005]: Handelsmarketing, 4. Aufl., Stuttgart

Müller-Hagedorn, L./**Schuckel**, M. [2003]: Einführung in das Marketing, 3. Aufl., Stuttgart

Nickel, O. [2006]: Eventmarketing, 2. Aufl., München

Nieschlag, R./**Dichtl**, E./**Hörschgen**, H. [2002]: Marketing, 19. Aufl., Berlin/München

Oehme, W. [2001]: Handelsmarketing, 3. Aufl., München

Olbrich, R. [2006]: Instrumente des Marketing. Distributionspolitik, Hagen

Pechtl, H. [2005]: Preispolitik, Stuttgart

Pepels, W. [2001]: Einführung in das Distributionsmanagement, 2. Aufl., München

Pepels, W. [2004]: Marketing, 4. Aufl., München

Pepels, W. [2004]: Produktmanagement, 4. Aufl., München

Pepels, W. [2005]: Marketing-Kommunikation. Werbung – Marken – Medien, Rinteln

Pfohl, H.-C. [2004]:Logistikmanagement, 2. Aufl., Heidelberg

Preissner, A. [1999]: Marketing-Controlling, 2. Aufl., München

Puttenat, D. [2007]: Praxishandbuch Presse- und Öffentlichkeitsarbeit, Wiesbaden

Ramme, I. [2004]: Marketing, 2. Aufl., Stuttgart

Reinecke, S./**Janz**, S. [2007]: Marketingcontrolling, Stuttgart

Rogge, H.-J. [2004]: Werbung, 6. Aufl., Ludwigshafen

Ruisinger, D. [2007]: Online Relations, Stuttgart

Sander, M. [2004]: Marketing-Management, Stuttgart

Sattler, H./**Völckner**, F. [2007]: Markenpolitik, Stuttgart

Scharf, A./**Schubert**, B. [2001]: Marketing, 3. Aufl., Stuttgart

Scheider, W. [2004]: Marketing und Käuferverhalten, München

Schmalen, H. [1995]: Preispolitik, Stuttgart

Schneider, K. (Hrsg.) [2003]: Werbung in Theorie und Praxis, 6. Aufl., Waiblingen

Schuppar, B. [2006]: Preismanagement, Wiesbaden

Schweiger, G./**Schrattenecker**, G. [2005]: Werbung. Eine Einführung, 6. Aufl., Stuttgart

Siems, F. [2009]: Preismanagement, München

Simon, H. [1995]: Preismanagement kompakt, Probleme und Methoden des modernen Pricing, Wiesbaden

Simon, H./**Fassnacht**, M. [2008]: Preismanagement, Analyse – Strategie – Umsetzung, 3. Aufl., Wiesbaden

Specht, G./**Fritz**, W. [2005]: Distributionsmanagement, 4. Aufl., Stuttgart

Steffenhagen, H. [2008]: Marketing, 6. Aufl., Stuttgart

Theobald, A./**Dreyer**, M./**Starsetzki**, T. (Hrsg.) [2003]: Online-Marktforschung, 2. Aufl., Wiesbaden

Trommsdorf, V. [2008]: Konsumentenverhalten, 7. Aufl., Stuttgart

Unger, F./**Fuchs, W.**, [2005]: Management der Marketing-Kommunikation, 3. Aufl., Berlin/Heidelberg

Vergossen, H. [2004]: Marketing-Kommunikation, Ludwigshafen

Weis, H. C./**Steinmetz**, P. [2002]: Marktforschung, 5. Aufl., Ludwigshafen

Weis, H.-C. [2005]: Verkaufsmanagement, 6. Aufl., Ludwigshafen

Weis, H.-C. [2007]: Marketing, 14. Aufl., Ludwigshafen

Welker, M./**Werner**, A./**Scholz**, J. [2005]: Online-Research, Markt- und Sozialforschung mit dem Internet, Heidelberg

Winkelmann, P. [2004]: Marketing und Vertrieb, 4. Aufl., München

Winkelmann, P. [2008]: Vertriebskonzeption und Vertriebssteuerung, 4. Aufl., Landshut

Wirtz, B. W. [2006]: Multi-Channel-Marketing, Wiesbaden

Wolf, V. [2007]: E-Marketing, München

Zentes, J./**Swoboda**, B. [2001]: Grundbegriffe des Marketing, 5. Aufl., Stuttgart

Zentes, J./**Swoboda**, B./**Schramm-Klein**, H. [2006]: Internationales Marketing, München

Zerres, M./**Zerres**, C. [2006]: Marketing, 2. Aufl., Stuttgart

Register

Weiterlesen bei UTB